交通排放评估与实践案例

于　雷　宋国华　陈旭梅　郭继孚　著

人民交通出版社股份有限公司

内 容 提 要

本书结合特定的交通规划、交通管理与控制及驾驶行为策略实际案例,对面向宏观、中观、微观的交通排放评估问题进行了深入的分析和论述。本书由基础方法类实践案例和应用类实践案例两大部分构成,共分为6章,包括评估方法类案例、规划设计类评估案例、管理控制类评估案例和驾驶行为类评估案例等内容。

本书为交通排放相关研究人员和从事交通排放优化控制的城市规划管理者提供了方法指导和实际案例参考,有助于推进低碳交通理念的建立和完善。本书可供交通排放研究领域的教学、科研、管理人员使用,亦可作为交通运输规划与城市规划相关专业师生的参考用书。

图书在版编目(CIP)数据

交通排放评估与实践案例 / 于雷等著. — 北京 : 人民交通出版社股份有限公司, 2016.12

ISBN 978-7-114-13478-4

Ⅰ.①交… Ⅱ.①于… Ⅲ.①交通运输—二氧化碳—废气排放量—研究—中国 Ⅳ.①X511

中国版本图书馆CIP数据核字(2016)第279066号

书　　名:交通排放评估与实践案例
著 作 者:于　雷　宋国华　陈旭梅　郭继孚
责任编辑:张　鑫　周　凯
出版发行:人民交通出版社股份有限公司
地　　址:(100011)北京市朝阳区安定门外外馆斜街3号
网　　址:http://www.ccpress.com.cn
销售电话:(010)59757973
总 经 销:人民交通出版社发行部
经　　销:各地新华书店
印　　刷:北京盛通印刷股份有限公司
开　　本:787×1092　1/16
印　　张:18
字　　数:426千
版　　次:2016年12月　第1版
印　　次:2016年12月　第1次
书　　号:ISBN 978-7-114-13478-4
定　　价:80.00元

前　言

本书以与交通环境相关的各类实际研究案例为基础编写而成。近年来,交通污染问题日益严峻,其造成的负面影响不断蔓延并扩大,关于交通环境问题的研究值得关注。北京交通大学交通运输学院于2002年正式成立交通环境实验室,实验室不仅拥有一流的设备和先进的研究理念,同时也是国内第一个专门以交通为视角对机动车排放与控制问题进行研究的实验室。成立至今,实验室已先后承担并完成了20余项与机动车油耗排放建模、控制策略评价直接相关的研究项目。同时,实验室在动态交通排放测算建模、交通运输能耗和排放的评价与控制、交通信号协调控制与优化、大规模交通数据采集、大型数据库研发、与排放相关的交通特性预测以及基于排放的智能交通优化技术等领域积累了丰富的研究经验和成果。多年的研究成果为本书的编写提供了丰富的理论基础与实践案例。

本书由基础方法类实践案例和应用类实践案例两大部分构成,全书以交通排放评估相关研究为主线展开。第三章为评估方法类案例,第四章至第六章为规划设计类、管理控制类及驾驶行为类案例。

本书以城市排放清单建立方法、交通排放模型及测算方法为理论基础,同时以交通规划、交通管理与控制及驾驶行为优化作为解决交通拥堵、提高交通运行效率和改善道路交通安全环境的具体措施。交通排放评估问题的研究重点随着研究对象不同而有较大差别,例如:宏观层面上,主要研究内容为评估不同的道路网规划、土地利用形式、轨道交通规划、交通枢纽规划及城市综合交通规划等具体的交通规划方案对交通尾气排放造成的影响;中观层面上,主要研究内容为评估不同的交通管理控制措施,如不同的交叉口信号控制策略、公交专用道的设置及公交信号优先控制策略对车辆尾气排放的影响;而在微观层面上,主要研究内容为评估不同的个体驾驶行为策略或交叉口车辆驾驶行为策略对车辆排放的影响。本书结合特定的交通规划、交通管理与控制及驾驶行为策略实际案例,对面向宏观、中观、微观的交通排放评估问题进行分析和论述,包括针对具体案例的方法设计以及方法应用。本书为交通排放相关研究人员和从事交通排放优化控制的城市规划管理者提供了方法指导和实际案例参考。同时,本书有助于从事交通规划的管理者建立并完善低碳交通理念。

本书体现了北京交通大学交通环境实验室多年来在交通环境领域研究过程中的分析、思考与总结，是北京交通大学交通环境实验室和北京交通发展研究中心等其他三家合作单位共同劳动的结晶与成果。感谢北京交通发展研究中心、环境保护部机动车排污监控中心、中国汽车技术研究中心、北京易华录信息技术股份有限公司的共同参与，使本书的研究工作顺利完成。感谢参与本书案例整理与撰写的北京交通大学交通环境实验室的博士研究生张双红、寇伟斌、李晨旭，硕士研究生臧金蕊、唐艺、王静旖、柯靖宇、李祖芬、陈娇杨、谢东岐，是他们的勤奋努力使本书得以顺利编写完成。

由于作者知识水平有限，加之成书时间仓促，书中难免有错误和不当之处，恳请读者批评指正。

作 者

2016 年 9 月于北京交通大学

目　录

第一章　绪　　论

随着城市经济的飞速发展和城市规模的不断扩大，我国各大城市正处于机动化进程中的关键阶段，交通需求与供给之间的矛盾日益突出。交通拥堵、交通安全、公交服务效率低等问题成为许多大城市亟待解决的难题。同时，与之相伴的环境污染给城市居民的身心健康带来了严重损害，连续出现的大范围雾霾天气引起城市居民和各级政府部门的深切关注，而交通运输行业已经成为大气污染的重要来源。环境保护部发布的《2015 年中国机动车污染防治年报》显示，我国已连续六年成为世界机动车产销第一大国，机动车污染已成为我国空气污染的重要来源，是造成灰霾、光化学烟雾污染的重要原因，机动车污染防治的紧迫性日益凸显。监测结果表明，随着机动车保有量的快速增加，我国城市空气开始呈现出煤烟和机动车尾气复合污染的特点，直接影响群众健康。2014 年，全国机动车排放污染物 4 547.3 万 t，其中氮氧化物（NO_x）627.8 万 t，颗粒物（PM）57.4 万 t，碳氢化合物（HC）428.4 万 t，一氧化碳（CO）3 433.7 万 t。汽车尾气排放是上述污染物总量的主要贡献者，其排放的 NO_x 和 PM 超过 90%，HC 和 CO 超过 80%。

在机动化迅猛发展和居民对出行及人居环境提出更新更高要求的新形势下，如何采取有效的路网机动车排放控制策略，减少交通尾气对环境造成的污染，构筑绿色交通体系，已成为世界各国政府普遍关注的问题。而制定有效的路网机动车排放控制策略的前提是准确合理地对路网机动车排放污染进行量化评估，并对具体的交通规划设计案例、交通管控措施及不同的驾驶行为等对交通环境的影响进行评估。因此，建立高效和准确的交通排放评估方法不仅能够实现对节能减排控制策略效果的评估，还可对整个城市的现代交通网络的规划与设计及现代化的交通管理控制措施等进行环境评估。基于此，本书案例分为四大类：

（1）面向交通排放评估方法的研究类案例。

（2）面向交通规划与设计的排放评估类案例。

（3）面向交通管理与控制的排放评估类案例。

（4）面向不同驾驶行为的排放评估类案例。

交通排放评估基础方法的研究是科学高效进行交通排放评估的基础。本书第三章为侧重交通排放评估基础方法的研究类案例，内容涉及城市路网排放清单建立方法研究，路网交通排放评估数据源的类型、收集和处理类案例，交通排放测算模型及测算方法研究类案例，面向排放测算的交通仿真模型研究类案例等。对交通排放评估基础方法的研究有助于指导城市管理者和决策者对各种交通活动进行科学的评估，减少交通对城市环境造成的污染。

由于传统的城市交通规划以满足交通需求为交通规划的目标，未考虑交通发展对资源的占用和对环境的影响，因此，我国大部分城市的交通建设并不完全符合可持续发展的要求，不仅交通拥堵问题十分严重，而且环境质量日益恶化，城市交通问题已成为城市经济发展及人民生活水平提高的制约因素。按照城市交通可持续发展的理念，需要将资源优化利用、环境保护引入城市交通规划过程，改变传统的以满足交通需求、解决交通问题为唯一规划目标的规划方法，从可持续发展的城市交通规划角度，按照"以人为本"的理念，探讨解决城市交通污染问题的对策，以满足城市交通的可持续发展要求。因此，本书第四章以交通规划设计为研究对象，展示了交通排放评估方法在交通规划设计过程中的应用案例，内容涉及不同道路拓扑结构、土地利用和城市综合交通规划及城市轨道交通线路和枢纽规划对车辆排放及环境影响的评估类案例。

随着近年来自动化与计算机技术的迅速发展以及智能交通技术（ITS，Intelligent Transportation Systems）水平的不断提高，越来越多先进的交通管理手段运用到现有的道路运输系统及其管理体系，比如：信号协调系统、公交专用道设置、公交信号优先策略、车辆生态驾驶，电子收费系统（ETC，Electronic Toll Collection）、出行者信息服务系统等，从而大幅度地提高了路网的通行能力和服务质量。但随之而来的城市道路交通噪声与尾气污染问题越来越严重，道路交通环境问题突出，控制机动车排放污染也日益成为社会关注的焦点。因此，许多学者和研究机构开始致力于研究交通管理控制策略对环境的影响。本书第五章以交通管理控制策略为研究对象，展示了交通排放评估方法在交通管理控制策略的环境影响评价中的应用，内容涉及直接面向交通管理策略评估的移动源温室气体排放评估、不同的交通信号控制策略和先进的公交管理措施（公交专用道设置、公交信号优先策略等）对交通排放的影响评估。

在以交通安全及交通拥堵为主题的研究领域，驾驶行为一直是主要研究方向之一，而驾驶行为又是影响车辆排放的最主要因素之一，不良的驾驶行为，如急加速、频繁停车等均造成车辆的高排放和高能耗。本书第六章即面向驾驶行为，对不同驾驶行为造成的车辆排放进行评估，包括交叉口附近区域不同驾驶行为策略和驾驶员个体行为对车辆排放的评估类案例。第六章案例 20 介绍了一套面向生态驾驶的智能手机应用程序，并对其造成的机动车尾气排放进行了评估。

此外，为便于读者更好地阅读和理解本书研究内容，本书第二章对各研究案例中出现的重要概念、专业术语进行了整理和总结。

参考文献

[1] 中华人民共和国环境保护部. 2015 年中国机动车污染防治年报[EB/OL]. http://www.zhb.gov.cn/gkml/hbb/qt/201601/t20160119_326622.htm.

[2] Hao Y, Yu, L, Song G, et al. Analysis of Driving Behavior and Emission Characteristics for Diesel Transit Buses Using PEMS Measurements [C]. Transportation Research Board 89th Annual Meeting. 2010 (10-0563).

[3] Rapone M, Della Ragione L, Prati M V, et al. Driving Behavior and Emission Results for a Small Size Gasoline Car in Urban Operation [R]. SAE Technical Paper, 2000.

第二章　重要概念与术语

本书展示了交通排放研究各个领域的案例，为方便读者快速理解与查阅，本章第一部分介绍了交通排放研究中的重要概念，第二部分总结了本书涉及的交通排放领域的相关术语。

（1）重要概念

①浮动车数据（FCD，Floating Car Data）

浮动车数据或称FCD，是指浮动车在路网中获取的数据。GPS提供的经纬度与GIS（Geographic Information System，地理信息系统）技术结合可以识别不同道路上车辆的点车速、路段平均车速等道路交通信息，这些信息正是行驶周期开发的必需信息。因此，FCD是交通排放研究中重要的数据来源。

②机动车比功率（VSP，Vehicle Specific Power）

机动车比功率或称VSP，指发动机每移动1t质量（包括自重）所输出的功率，kW/t（或W/kg）。VSP的定义见下式：

$$\mathrm{VSP} = v \times [a \times (1+\varepsilon) + g \times \mathrm{grade} + g \times C_{\mathrm{R}}] + \frac{1}{2}\rho \times \frac{C_{\mathrm{D}} \times A \times v^3}{m}$$

式中：m——车辆质量（t）；

v——车辆瞬时速度（m/s）；

a——车辆瞬时加速度（$\mathrm{m/s^2}$）；

ε——质量因子，表示传动系统中转动部分的当量质量，（取0.1）；

grade——道路坡度（%）；

g——重力加速度，取$9.81\mathrm{m/s^2}$；

C_{R}——滚动阻力系数，一般在0.008 5～0.016间取值；

C_{D}——风阻系数；

A——车辆前横截面积（$\mathrm{m^2}$）；

ρ——空气密度，20℃时取$1.207\mathrm{kg/m^3}$。

用于计算轻型车逐秒VSP的方法见下式：

$$\mathrm{VSP} = v \times (1.1a + 0.132) + 0.000\,302v^3$$

式中：v——车辆的逐秒速度（m/s）；

a——车辆的逐秒加速度（$\mathrm{m/s^2}$）。

VSP变量旨在描述驾驶条件（包含：A. 整个行程的平均速度；B. 怠速、加速、减速、匀速四种状态在整个行程中的时间比；C. 机动车的类型；D. 驾驶员驾驶特性）对机动车排放的影响，可以更好地将车辆的瞬时运动状态与油耗和排放联系起来，且相对于速度和加速度，其与油耗和排放的关系更加密切。

③排放率(ER,Emission Rate)

排放率或称ER,是指机动车行驶单位时间所排放污染物的质量(g/s)。

④排放因子(EF,Emission Factor)和排放量

排放因子或称EF,是指机动车行驶单位距离所排放污染物的质量(g/km)。排放因子的计算公式如下:

$$\text{排放因子} = \frac{\sum \text{VSP Bin 平均排放率} \times \text{VSP 分布值}}{3\,600 \times \text{平均速度}}$$

式中: 排放因子——机动车行驶单位距离所排放污染物的质量(g/km);

VSP Bin平均排放率——机动车在各VSP Bin(VSP区间)下的排放率(g/s);

VSP分布值——机动车在行驶周期内各VSP Bin下的时间比例,无量纲;

平均速度——机动车单位时间所行驶的距离(km/h)。

定义排放因子后,可利用其计算机动车排放量,如下:

$$\text{排放量} = \frac{\text{排放因子} \times \text{长度} \times \text{车流量}}{1\,000}$$

式中:排放量——机动车单位时间所排放污染物的质量(kg/h);

排放因子——机动车行驶单位距离所排放污染物的质量(g/km);

长度——路段的长度(km);

车流量——单位时间通过道路横断面的车辆数(veh/h)。

⑤行驶周期(Driving Cycle)

行驶周期是指一段车速随时间的变化历程,由一系列连续速度数据构成,以代表一个城市或地区的机动车行驶特征。

行驶周期通常用于实验室汽车排放测试,其主要参数,如平均速度、平均加速度和减速度等应和所在地区的实际交通状况尽量接近。建立标准行驶周期的最初目的是进行标准化的实验室油耗排放测试,但其测试数据长期应用在油耗排放模型开发中,因此也直接影响到区域尾气量化的准确程度。世界各国均制定了不同的标准行驶周期。根据所反映的交通特性进行分类,这些标准行驶周期可分为城市和城郊两大类。

(2)术语

术 语 表

英 文 全 称	缩写	中文名称
Average Speed Intervals	ASI	平均速度区间
Bus Rapid Transit	BRT	快速公交
China Vehicle Emission Model	CVEM	中国机动车排放模型
Compressed Natural Gas	CNG	压缩天然气
Defensive Driving Course	DDC	防御性驾驶过程
Driving Cycle	—	行驶周期
Eco-driving	—	生态驾驶
Electronic Toll Collection System	ETC	电子收费站

续上表

英 文 全 称	缩写	中文名称
Emission Factors	EF	排放因子(g/km)
Emission Rates	ER	排放率(g/s)
Floating Car	—	浮动车
Floating Car Data	FCD	浮动车数据
Fritzsche Model	—	Fritzsche 模型
Full Velocity Difference Model	FVDM	全速度差模型
Geographic Information System	GIS	地理信息系统
Generalized Force Model	GFM	广义力模型
Global Positioning System	GPS	全球定位系统
High Occupancy Vehicle Lane	HOV	大容量车道
Improved Full Velocity Difference Model	IFVDM	改进的全速度差模型
International Vehicle Emission Model	IVE	国际机动车排放模型
Liquefied Petroleum Gas	LPG	液化石油气
Manual Toll Collection System	MTC	人工收费站
Mean Square Error	MSE	均方误差
MOBILE Source Emission Factor Model	MOBILE	移动源排放模型
Motor Vehicle Emission Simulator Model	MOVES	机动车排放模拟模型
New European Driving Cycle	NEDC	欧洲车辆测试的行驶周期
On-board Emission Measurement	OEM	车载尾气排放检测系统
Operating Mode	opMode	运行模式
Operating Mode ID	opMode ID	运行模式编号
Optimal Velocity Model	OVM	最优速度模型
Portable Emission Measurement System	PEMS	便携式排放测试系统
Relative Error	RE	相对误差(%)
Remote Traffic Microwave Sensor	RTMS	远程交通微波传感器
Revolutions per Minute	RPM	额定转速
Vehicle Specific Power	VSP	机动车比功率(kW/t)
Vehicle Specific Power Bin	VSP Bin	机动车比功率区间
Wiedemann Model	—	Wiedemann 模型

第三章　评估方法类案例

交通排放评估是进一步研究交通排放特征和实现城市交通排放优化与控制的基础环节。本章侧重介绍城市交通排放测算评估方法类案例，包括城市排放清单建立方法研究案例、交通排放测算模型及测算方法等相关研究案例。

案例1：城市路网中观排放清单的建立

1.1　案例目标

目前，我国对机动车排放清单的研究多停留在宏观层次，中观层次研究较少且准确度不高，因此迫切需要对我国城市路网中观排放清单建立方法进行系统研究，以尽可能降低城市路网中观排放清单的不确定性。

基于此，本案例基于实测数据对MOBILE模型和IVE模型进行参数本地化处理后，根据模型预测值与实测值的对比分析确定适用于我国中观层次的机动车尾气排放模型。选取北京市作为研究区域，基于机动车交通行为数据开展中观机动车交通构成研究，从而确定交通流车型构成估算模型；在此基础上，在确定不同平均速度下VSP Bin分布后建立北京市城市路网中观排放清单，并对其进行时空分布研究，从而为制定相关控制策略奠定基础。

1.2　方法设计

1.2.1　基本概念和原理

1.2.1.1　MOBILE模型的概念和原理

MOBILE Source Emission Factor Models模型用于对各种不同在用车的排放水平进行检测，在测试结果的基础上，考虑了机动车的车龄分布、行驶里程、新车排放因子、劣化率、车辆使用工况以及车用油料特性等诸多因素对排放的影响。

MOBILE模型的计算思路是：首先根据排放控制水平得到机动车在标准工况下的基本排放因子，然后在此基础上根据实际条件下各种影响因素同标准工况的差别对基本排放因子进行修正，最终得到实际运行状况下的排放因子。计算基本排放因子的公式（式1-1）是MOBILE的核心。式（1-2）是求取实际因子的修正公式，也是MOBILE系统的重要组成部分。

$$\mathrm{BEF} = \mathrm{ZML} + DR \times M_{\mathrm{C}} \tag{1-1}$$

式中：BEF——气态污染物的基本排放系数（g/km）；

ZML——零公里排放单位,由数据回归分析求得(g/km);

DR——排放系数劣化率,由数据回归分析求得,[g·(km·10^4km)$^{-1}$];

M_C——行驶里程,由数据回归分析求得(万 km)。

$$EF_V = (BEF + B_r - B_{IM}) \times C_R \times C_O \times C_S \times C_A \tag{1-2}$$

式中:EF_V——V 类车型的综合排放系数(g/km);

BEF——气态污染物的基本排放系数(g/km);

B_r——部件损坏造成的排放增加(g/km);

B_{IM}——I/M 规划带来的排放消减(g/km);

C_R——燃料饱和蒸气压修正因子(g/km);

C_O——温度工况联合修正因子;

C_S——速度修正因子,无量纲;

C_A——空调拖车车载以及湿度的综合修正因子,无量纲。

1.2.1.2　IVE 模型的概念和原理

通过运行 IVE(International Vehicle Emission Model) 模型,能够得到一个地区(城市) 范围内机动车所造成的普通污染物、温室效应气体以及有毒污染物总量。其主要目的是为了研究发展中国家机动车尾气排放。

IVE 模型首先计算机动车的排放因子,其核心公式见式(1-3),然后根据排放因子对污染物的排放量进行计算,见式(1-4)。

$$F_i = B_i \times T_i \times V_i \times O_i \tag{1-3}$$

$$Q_{running} = \overline{U}_{FTP} \times D / \overline{U}_C \times Q_{start} \tag{1-4}$$

$$Q_{start} = \sum_i \{f_i \times F_i \times \sum_d [f_{di} \times K_{di}]\} \tag{1-5}$$

式中:$Q_{running}$——运行阶段污染物排放量(g);

Q_{start}——启动阶段污染物排放量(g);

$\overline{U}_{FTP}$——LA4 工况下的平均速度(km/h);

D——车辆行驶总里程(km);

$\overline{U}_C$——实际道路的平均速度(km/h);

F_i——机动车出行比例或启动状态所占比例;

f_{di}——机动车不同行驶或怠速工况占其总的行驶或怠速工况的比例;

K_{di}——机动车行驶或怠速状态的修正因子。

1.2.1.3　决策树算法及原理

决策树的基本组成包含决策节点、分支和叶子,顶部的节点称为根,末梢的节点称为叶子。在决策树中,有两种节点:决策节点和状态节点。由决策节点引出若干数值,每个树枝代表一个方案,每个方案树枝连接到一个新的节点。这个新的节点既可能仍是一个新的决策节点,也可能是一个状态节点。每个状态节点表示一个具体的最终状态。在决策树中,与状态节点相对应的是叶节点。决策树用于解决分类问题时,决策节点表示待分类对象的属性,每个树枝表示它的可能取值,而状态节点则表示分类结果。决策树算法的技术难点是如何选择一个好的分支方法进行取值。下面简单介绍一下决策树的构造过程：

①从数据源中选取变量。用户从数据源的所有变量中选择一个变量作为因变量，还有许多个类似的输入变量。

②分析每个对结果产生影响的变量，对每一变量的值进行分组。这是一个迭代的过程。

③计算得到基于每一变量的分组，找到对于因变量来说最具有预测性的一个变量，并且可用这个变量来创建决策树的叶子节点。

(1)决策树剪枝

在创建决策树时，由于训练样本太少或数据中存在噪声和孤立点，许多分枝反映的是训练数据中的异常现象。剪枝就是一种克服噪声的技术，它也使简化的决策树变得更容易理解。

(2)决策树评估

决策树评估即从决策树修剪后生成的多个树序列中获得最优树作为最终构建的决策树。评估方法的基本原理为将因变量数据集分为训练样本和验证样本，利用训练样本生成 T_{max}，并通过修剪生成修剪子树 T_i，之后利用验证样本计算树序列中各个树的平均误分代价(Average of Misclassification Cost)，选取平均误分代价最小的树作为最优树。本案例采用交叉验证生成最终的最优决策树。

1.2.2 模型比选

模型比选的原理为利用测试车辆信息以及测试过程所获取的速度和加速度数据对 MOBILE 模型和 IVE 模型进行参数标定，从而获得其不同路段下相应污染物的排放因子预测值，进而与实测的排放因子进行对比分析，确定符合我国国情的中观层次的机动车尾气排放模型。模型比选流程如图 1-1 所示。

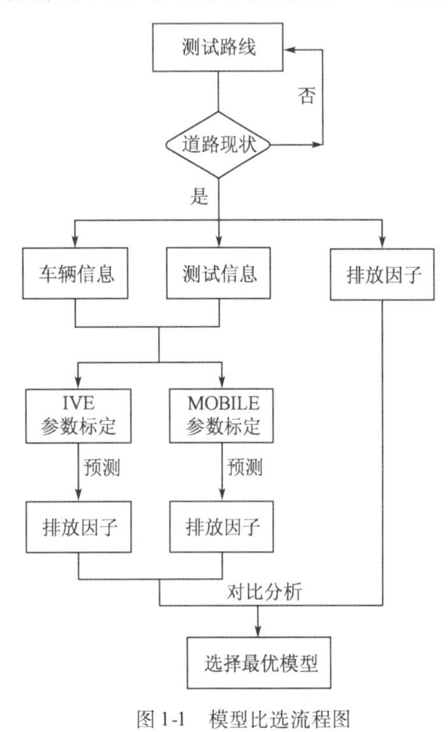

图 1-1　模型比选流程图

1.2.3 中观交通流构成研究

中观交通流构成的研究包括三个步骤：首先分析交通流车型构成的影响因素，从路段等级、路段的物理特征、路段运营特征等出发，得出影响交通流构成的指标；然后将对交通流车型的构成不存在显著影响的指标剔除，从而简化车型构成预测模型的自变量输入，提高模型的计算效率；最后根据相同路段特征指标的数据点具有相同的交通流车型构成这一原则，对路段特征指标进行整理分类，得到不同时间段的车型比例，并对预测准确性进行对比分析。

1.2.4 城市路网中观排放清单建立研究

为建立较为准确的中观排放清单，首先从交通流数据中获得路段流量、路段长度和路段平均速度三个参数；然后通过路段平均速度进行模型预测从而得到基于路段的排放因子，与此同时通过交通流车型构成与路段流量两参数得到不同交通构成的路段车型流量；最后通过不同路段车型流量、排放因子和路段长度建立城市路网中观排放清单。中观排放清单建立方法，如图 1-2 所示。

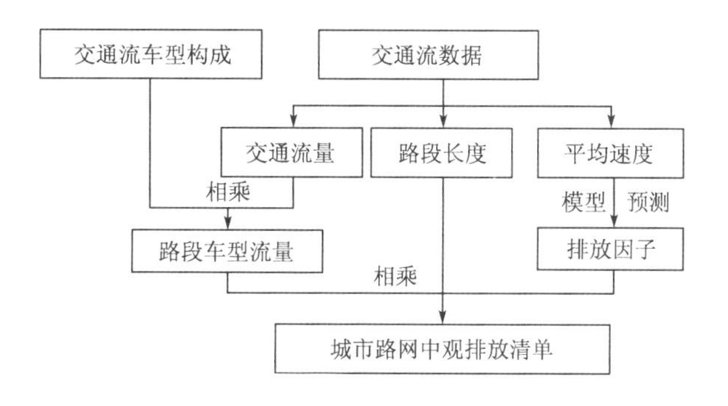

图 1-2　中观排放清单建立方法

1.3　方法应用

本案例将上述方法运用于北京市。为建立北京市路网中观排放清单，本案例首先从交通流数据中获得路段流量、路段长度和路段平均速度三个参数；然后通过模型比选得到适合北京市中观层次的机动车尾气排放模型，并通过得到的模型进行预测从而得到基于路段的排放因子，与此同时通过交通流车型构成与路段流量两参数得到不同交通构成的路段车型流量；最后通过不同路段车型流量、排放因子和路段长度建立城市路网中观排放清单。

本案例的基础数据主要包括两部分：交通流车型数据和交通流数据。交通流车型数据主要用于研究北京市中观交通流的构成，交通流数据主要用于获得模型预测的路段流量、路段长度和路段平均速度等参数。

1.3.1　基于实测数据的 IVE 和 MOBILE 模型比选

为了确定符合我国国情的中观层次的机动车尾气排放模型，本案例基于实测数据，针对不同道路等级下 MOBILE 模型与 IVE 模型的预测精度与实测值进行了对比分析。本案例选取了代表性的路段开展模型预测，如图 1-3 所示。

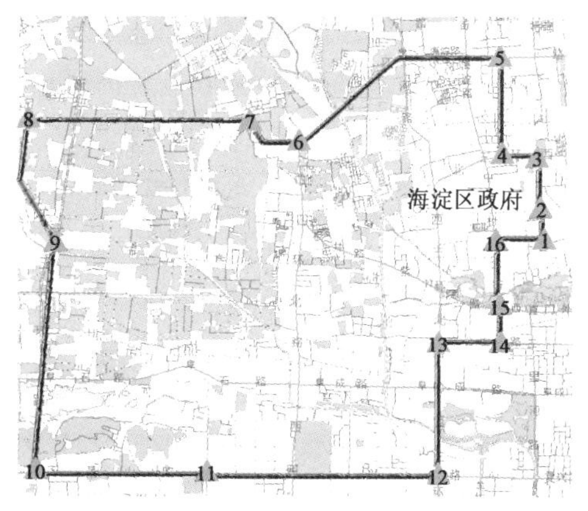

图 1-3　测试路线图

本案例根据模型比选流程以及实测车辆信息，对 MOBILE 模型和 IVE 模型进行了参数标定，并对实测路段开展中观层次排放因子预测，得到两模型在各路段排放因子预测的相对误差，见表 1-1。从表 1-1 可得出，在不同道路等级下，IVE 模型的相对误差绝对值明显低于 MOBILE 模型，尤其是 NO_x 和 HC 最为明显。因此，IVE 模型相对于 MOBILE 模型更加适用于我国中观层次的排放预测。

各路段模型预测相对误差　表 1-1

道路名称	相对误差					
	MOBILE 模型相对误差			IVE 模型相对误差		
	NO_x	HC	CO	NO_x	HC	CO
大柳树路	46.79%	80.19%	64.78%	0.74%	25.09%	30.90%
皂君庙路	46.79%	80.19%	64.78%	0.74%	25.09%	30.90%
北三环	35.15%	80.65%	30.90%	6.54%	37.09%	33.30%
科学院南路	19.01%	76.81%	24.12%	-21.72%	7.66%	8.89%
四环	45.34%	74.42%	24.11%	12.31%	5.18%	5.50%
北坞村路	35.99%	74.42%	20.53%	17.54%	19.42%	14.93%
闵庄路	43.28%	66.28%	-5.92%	23.70%	-1.40%	-34.39%
香山南路	27.48%	68.70%	12.91%	7.48%	-0.54%	11.42%
五环	48.99%	33.41%	-65.76%	29.28%	-86.84%	-121.01%
石景山路	38.21%	72.71%	31.44%	6.59%	-0.38%	15.51%
复兴路	38.21%	72.71%	31.44%	6.59%	-0.38%	15.51%
西三环	42.13%	71.49%	15.52%	9.64%	5.45%	11.02%
车公庄西路	38.95%	78.35%	53.64%	-15.33%	-9.94%	39.01%
首都体育馆南路	47.66%	73.07%	35.79%	8.62%	-12.59%	19.89%
中关村南大街	26.26%	71.46%	18.09%	10.65%	18.03%	23.24%
大慧寺路	13.19%	63.35%	12.65%	-2.41%	-13.94%	22.01%

1.3.2　北京市中观交通流构成研究

1.3.2.1　数据的采集与整理

为获得不同道路等级下实际车型构成比例、交通流量和路段长度，本案例采集了交通流车型数据和交通流数据，并获得了准确真实的交通流量、路段长度及车型构成数据。

(1)交通流车型数据

为获得较为准确的交通流车型数据，本案例选取北京市高速公路、快速路、主干路共 126 条道路进行车牌录像调研，采用车牌识别软件对视频进行处理和车牌识别运行，共获得有效数据 100 余万条。表 1-2 列出了部分调研路段识别车牌个数。

(2)交通流数据

本案例所采用的交通流数据主要是微波检测数据，数据采集的时间间隔为 2min，将原始数据进行整理得到所需的数据字段，主要包括 UNIROWID(检测器编号)、UNIDATE(数据收集的日期)、TIME(数据收集的时间)、VOLUME(2min 通过车道的车辆数)和 SPEED(2min 内各车道上通过检测器的所有车辆的时间平均速度)五个字段。交通流数据格式，如图 1-4 所示。

不同道路车牌样本量　　表 1-2

道路类型	拍摄地点	拍摄时段	识别总数(个)
快速路	东二环	早高峰	6 175
		午平峰	4 529
	东三环	早高峰	6 349
		午平峰	4 235
	西三环	早高峰	6 174
		午平峰	4 022
	南四环	早高峰	9 026
		午平峰	5 370
	北四环	早高峰	11 265
		午平峰	6 100
	南五环	早高峰	2 172
		午平峰	1 550
	西二环	24h	45 457
	北五环	早高峰	5 711
		午平峰	3 479
	北三环	24h	40 274
	……	……	……
高速公路	京承高速公路	早高峰	5 172
		午高峰	2 411
	京津塘高速公路	早高峰	4 494
		午平峰	2 321
	京开高速公路	早高峰	7 796
		午平峰	4 848
	京石高速公路	早高峰	5 364
		午平峰	2 274
	八达岭高速公路	早高峰	6 614
		午平峰	4 385
高速公路	六环	早高峰	514
		午平峰	487
	京沈高速公路	早高峰	5 897
		午平峰	3 297
	……	……	……
主干路	成府路	24h	5 704
	北苑路	早高峰	1847
		午平峰	1 209
	东长安街	早高峰	3 657
		午平峰	4 317
	西长安街	早高峰	4 265
		午平峰	4 713
	中关村南大街	24h	25 668
	莲石路	早高峰	5 572
		午平峰	4 609
	阜通西大街	早高峰	1 576
		午平峰	600
	朝阳门内大街	早高峰	1 051
		午平峰	744
	广安门内大街	早高峰	2 085
		午平峰	1 632
	石景山路	早高峰	1 382
		午平峰	1 261
	永定门外大街	早高峰	1 172
		午平峰	754
	……	……	……
总计(个)			1 088 537

1.3.2.2　交通流车型构成估算

(1)交通流车型构成影响因素分析

本案例结合实际情况,并参考国内外相关研究,从路段等级(快速路和主干路等)、路段的物理特征(车道数、是否有隔离带)、路段运营特征(是否有限速)、路段所处交通调查区域综合特征(城市化水平)以及区域土地利用特征(土地利用类型)出发,得到了道路通行能力、距城中心距离、南北城、东西城、道路类型、车道数和土地利用类型七个影响因素。

交通流数据 ：表

UNIROWID	UNIDATE	TIME	VOLUME	SPEED
HI2063a	2009-4-8	7:02:00	94	79
HI2063a	2009-4-8	7:04:00	94	80
HI2063a	2009-4-8	7:06:00	94	74
HI2063a	2009-4-8	7:08:00	94	64
HI2063a	2009-4-8	7:10:00	94	60
HI2063a	2009-4-8	7:12:00	95	68
HI2063a	2009-4-8	7:14:00	95	72
HI2063a	2009-4-8	7:16:00	95	73
HI2063a	2009-4-8	7:18:00	95	84
HI2063a	2009-4-8	7:20:00	95	78
HI2063a	2009-4-8	7:22:00	95	71
HI2063a	2009-4-8	7:24:00	95	72
HI2063a	2009-4-8	7:26:00	96	79
HI2063a	2009-4-8	7:28:00	96	76
HI2063a	2009-4-8	7:30:00	96	80
HI2063a	2009-4-8	7:32:00	96	73
HI2063a	2009-4-8	7:34:00	96	64
HI2063a	2009-4-8	7:36:00	96	59
HI2063a	2009-4-8	7:38:00	97	63
HI2063a	2009-4-8	7:40:00	97	62
HI2063a	2009-4-8	7:42:00	97	67
HI2063a	2009-4-8	7:44:00	97	72
HI2063a	2009-4-8	7:46:00	97	74

图 1-4　交通流数据格式

(2)交通流车型构成主要影响因素确定

由于某些路段特征指标之间会存在一定相关性，且对于某一特定区域，一些特征指标可能对交通流车型构成不存在显著影响，因此有必要采用一定的方法对这些特征指标进行筛选，从而简化所建立车型构成预测模型的自变量输入，提高模型计算效率。本案例采用决策树的CART算法，针对七个路段特征指标对各车型比例的影响程度，最终综合确定对交通流车型构成存在主要影响的因素。构造决策树的输入数据见表1-3，该表显示了不同路段轻型汽油车比例建立决策树的因变量和自变量。

决策树生成输入数据　　表1-3

测试点 ID	道路类型	车道数	通行能力(veh/h)	距城中心距离	南北城	东西城	土地利用类型	轻型汽油车比例
1	快速路	3	5 100	二环内	北城	西城	商业用地	0.883
2	快速路	4	7 960	三环到四环	北城	西城	商业用地	0.893
3	快速路	3	5 250	二环到三环	北城	西城	商业用地	0.848
4	非快速路	3	4 200	二环内	南北	西城	商业用地	0.847
5	非快速路	4	4 200	二环到三环	南城	东城	居住用地	0.841
6	非快速路	3	4 200	二环内	南城	东城	高业用地	0.829
……	……	……	……	……	……	……	……	……

利用SPSS17.0中的决策树模块，选取CART决策树生长方法；采用最大标准差为1，父节点和子节点样本量分别设置为5和2；选择交叉验证生成最优决策树。同时，根据该模块输出各自变量对因变量变化影响程度的重要性，最终结合所生成决策树以及输出的自变量重要程度来确定对交通流车型构成存在重要影响的路段特征指标。结果见表1-4，可以看出除南北城之外，通行能力和土地利用类型对各车型比例的变化存在较为明显的影响。

路段特征指标对不同车型比例的重要性　表1-4

车型比例	影响程度	路段特征指标		
		南北城	通行能力	土地利用类型
轻型汽油车	重要性	2.23×10^{-4}	3.92×10^{-5}	7.16×10^{-6}
	标准化重要性	100.0%	17.6%	3.2%
轻型柴油车	重要性	1.86×10^{-5}	1.86×10^{-5}	1.56×10^{-5}
	标准化重要性	100.0%	99.9%	84.0%
中型汽油车	重要性	7.18×10^{-5}	1.40×10^{-5}	7.66×10^{-6}
	标准化重要性	100.0%	19.5%	10.7%
中型柴油车	重要性	8.17×10^{-6}	4.75×10^{-6}	1.24×10^{-6}
	标准化重要性	100.0%	58.1%	15.2%
重型汽油车	重要性	1.86×10^{-5}	8.12×10^{-6}	7.32×10^{-8}
	标准化重要性	100.0%	43.6%	0.4%
重型柴油车	重要性	8.06×10^{-7}	5.09×10^{-7}	1.39×10^{-7}
	标准化重要性	100.0%	63.1%	17.2%

(3)交通流车型构成估算

根据确定的三个路段特征指标确定了交通流车型估算方法——相同路段特征指标的数据点具有相同的交通流车型构成。根据这一思路，将上述三个指标进行整理分类得到了不同时间段的车型比例，并对预测准确性进行了对比分析。预测准确性验证指比较预测值与实际观测值之间的差别，从而评价是否能够有效地反映因变量的变动情况。从表1-5和表1-6可以看出，对于轻型汽油车车型比例，预测精度较高，相对误差绝对值在5%以内；而对于其他车型，由于其实际比例较低，预测精度下降，但其相对误差绝对值基本控制在30%以内。因此可认为本案例所建立的交通流车型构成预测模型具有较好的预测精度。

预测准确性验证——快速路　表1-5

时间	轻型汽油车	轻型柴油车	中型汽油车	中型柴油车	重型汽油车	重型柴油车
6:00~7:00	2.81%	2.37%	3.11%	0.38%	0.70%	1.95%
7:00~8:00	0.61%	13.62%	2.01%	12.00%	0.80%	6.63%
8:00~9:00	1.18%	3.80%	3.30%	0.41%	0.32%	0.99%
9:00~10:00	0.71%	3.38%	2.83%	13.17%	0.95%	20.22%
10:00~11:00	1.15%	0.43%	3.95%	0.36%	1.28%	10.91%
11:00~12:00	2.23%	2.73%	2.28%	0.59%	4.28%	5.31%
12:00~13:00	0.41%	1.96%	2.60%	18.52%	27.05%	24.24%
13:00~14:00	3.55%	0.91%	4.56%	4.18%	0.66%	1.21%
14:00~15:00	0.02%	10.06%	1.03%	0.28%	0.10%	4.12%
15:00~16:00	0.40%	1.92%	1.61%	15.63%	0.37%	1.04%
16:00~17:00	2.28%	2.81%	0.81%	0.59%	4.10%	5.60%
17:00~18:00	1.16%	0.44%	2.42%	0.36%	1.28%	9.84%
18:00~19:00	0.72%	3.50%	1.82%	15.17%	0.95%	16.82%
19:00~20:00	1.2%	3.67%	3.17%	0.41%	16.75%	27.54%

预测准确性验证——主干路

表 1-6

时间	轻型汽油车	轻型柴油车	中型汽油车	中型柴油车	重型汽油车	重型柴油车
6:00~7:00	0.46%	2.55%	1.23%	27.60%	0.59%	0.74%
7:00~8:00	0.64%	1.61%	2.50%	0.73%	0.42%	11.84%
8:00~9:00	0.42%	14.80%	2.54%	22.65%	25.00%	12.21%
9:00~10:00	5.31%	2.21%	3.64%	0.36%	18.00%	4.67%
10:00~11:00	0.98%	24.12%	3.56%	0.37%	0.57%	17.00%
11:00~12:00	0.85%	5.54%	1.18%	1.23%	0.79%	20.15%
12:00~13:00	4.58%	2.93%	2.30%	1.15%	8.94%	14.50%
13:00~14:00	3.64%	19.50%	3.02%	0.18%	0.38%	11.95%
14:00~15:00	1.17%	23.00%	2.27%	0.83%	1.40%	1.00%
15:00~16:00	0.21%	9.50%	22.44%	0.28%	26.78%	1.07%
16:00~17:00	1.26%	6.07%	32.58%	29.56%	8.34%	14.58%
17:00~18:00	0.14%	19.57%	23.70%	0.77%	2.81%	1.36%
18:00~19:00	2.90%	9.26%	23.27%	4.94%	0.71%	0.24%
19:00~20:00	1.27%	10.79%	3.05%	0.35%	0.95%	2.82%

1.3.3 不同平均速度下 VSP Bin 分布

为获得较为准确的不同平均速度下的 VSP Bin 分布，为 IVE 模型输入 Bin 分布奠定基础，本案例利用浮动车数据的速度和加速度，建立不同平均速度下 VSP Bin 分布，并针对不同速度区间进行了 VSP Bin 分布特征分析。

1.3.3.1 不同平均速度下 VSP Bin 分布建立

本案例在对北京市不同道路等级下的浮动车数据进行处理后，选取了 60 余万条数据作为基础数据，结合相关研究建立了不同平均速度下 VSP Bin 分布。详细建立方法及合理性阐述如下：

(1)基础数据分组处理

由于选取 91 天的浮动车数据，所以不可能是完全连续的逐秒速度数据。如果将速度断点的两个速度值用于计算平均速度，其计算结果是十分不精确的，进而将导致 VSP Bin 分布失真。故本案例首先对 60 余万条数据进行分组处理，将完全连续的逐秒速度数据分组。通过计算，共得到 60 组有效数据组。

(2)参数计算

考虑到需要尽可能多地获取平均速度与 VSP、engine stress 对应组，在对每一个连续速度组计算相关参数后，本案例以 1min 作为时间间隔选取连续的 VSP 值和 engine stress 并计算相应的平均速度。当连续数据不足 60 条时删除剩余数据以保证所选数据的有效性。由于每一个连续速度组的起点是随机的，所以比较符合机动车在道路上的实际行驶状态；而且根据统计学原理，当数据样本量足够大时，样本的分布会越来越接近总体分布，起始点的选取不会影响其分布。

(3)平均速度区间划分

在上一步骤中已经建立了平均速度与 VSP、engine stress 的对应关系，但 1min 的平均速度仅对应60个样本,这样建立的分布不足以准确反映实际情况下该平均速度下的 VSP Bin 分布。为减少随机误差的影响,保证不同区间下的充足样本量,本案例以 2km/h 的平均速度间隔划分平均速度区间(图1-5),建立 0～100km/h 的 50 个区间。经计算,每个平均速度区间下平均有 263 个样本,即对应有 15 000 余条数据,样本量比较充足。

(4)平均速度区间合并

从图1-5 可以看出,低于 60km/h 平均速度下各区间样本量基本都在 150 组以上;高于 60km/h 时,尤其是 78km/h 以上时,各区间的样本量急剧降低。由于较少的样本量不足以准确反映实际情况下该平均速度下的平均 VSP Bin 分布,故对这些速度范围进行合并,使合并后的平均速度区间内的样本量接近 100 组(图1-5),从而进一步提高不同速度区间下 VSP Bin 分布的准确性。

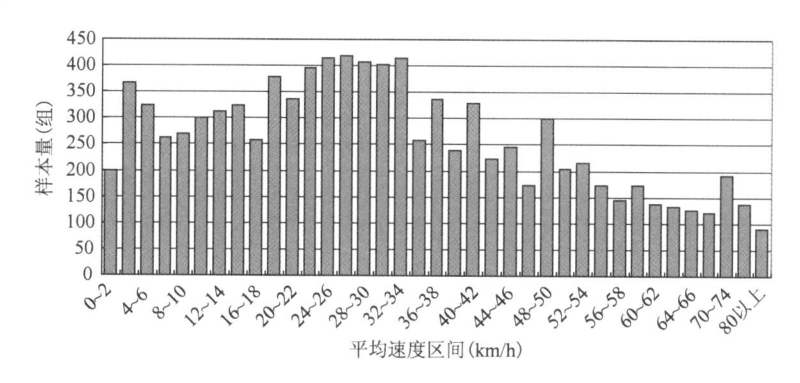

图1-5 合并后各平均速度区间下的样本量

1.3.3.2 不同速度区间下 VSP Bin 分布特征

为充分了解不同速度区间下 VSP Bin 分布特征,本案例首先将平均速度低于 20km/h 定义为低速区间,平均速度处于 20～50km/h 定义为中速区间,平均速度高于 50 km/h 定义为高速区间,然后结合实际情况,分别选取 0～10km/h、10～20km/h、…、70～80km/h 以上等区间中处于中间位置的平均速度所对应的 VSP Bin 分布进行特征分析。

分析得出:

(1)在低速区间内,不同道路等级的 VSP Bin 主要集中在 Bin 为 11 的区间,即 VSP 值在[-2.9kW/t,1.2kW/t]区间;随着速度的增大,Bin 分布逐渐向左右两方向扩展,其中主要是向右,即 VSP 大于 1.2;这主要与机动车行驶状态有关,当其行驶速度处于低速区间时,其行驶状态多为道路拥堵,甚至长期处于怠速。这种状态导致发动机做功较少,输出功率较低,所对应的 Bin 分布相对也比较集中。

(2)在中速区间下,随着速度的增加,所占比例逐渐偏向 Bin 为 12 的区间,即 VSP 值在[1.2kW/t,5.3kW/t]区间;其他 Bin 所占比例也略有增加,Bin 分布主要集中在[7,16]区间内。这同样与机动车的行驶状态有关,其速度越高,发动机所做功越多,发动机输出功率也就越大。

(3)在高速区间下,其趋势与处于中速区间时较为一致。随着速度的增加,所占比例逐渐偏向 Bin 为 13 的区间,即 VSP 值在[5.3kW/t,9.4kW/t]区间;其他 Bin 所占的比例也略有变化,Bin 分布主要集中在[7,15]和[35,40]区间。

综上所述,VSP Bin 分布趋势与机动车的行驶状态密切相关,随着速度的增加逐渐向右偏移，即 VSP 值逐渐增大；且呈现正态分布形式，其分布主要集中在 20 以下。

1.3.4 北京市路网中观排放清单的建立及时空分布研究

本案例根据中观排放清单建立方法，确定了中观排放清单公式[式(1-6)]。式中 i 取 1、2、3、4、5、6 分别代表轻型汽油车、轻型柴油车、中型汽油车、中型柴油车、重型汽油车和重型柴油车六种车型；$j=1$、2、3 分别代表 CO、HC 和 NO_x。为获得较为精确的车型比例，本案例首先针对不同路段获取相应路段长度、路段流量、路段平均速度、通行能力、城市化水平、道路类型、车型比例七个信息参数，根据交通流车型构成回归模型确定了不同路段的交通流车型构成；收集 IVE 所需的相关参数，进而预测不同车型的基本排放因子；最后结合交通流数据中的流量和路段长度确定城市路网中观排放清单。

$$EI_j = L \times \sum_{i=1}^{6} \mathrm{VTR}_i \times V \times EF_j \tag{1-6}$$

式中：EI_j——第 j 种排放清单(g)；

L——路段长度(km)；

VTR_i——第 i 种车型比例；

V——路段流量(辆)；

EF_j——第 j 种排放因子(g/km)。

从式(1-6)可以看出，路段长度、路段流量和车型比例三个参数均可直接或间接获得，而不同车型的排放因子则需根据 IVE 模型预测结果确定。下面将从中观排放清单建立和时空分布研究两个方面进行阐述。

1.3.4.1 城市路网中观排放清单建立

为通过中观模型获取较为准确的机动车排放因子，根据对 IVE 模型介绍和预测所需参数，本案例收集了相关参数并针对北京市所有快速路建立了城市路网中观排放清单。本节将从模型参数标定和中观排放清单建立两个方面进行阐述。

(1)模型参数标定

中观排放模型——IVE 模型所需关键参数主要有车队组成、基础排放因子校正、VSP Bin 分布、平均速度区间、温度和湿度、海拔高度、检查/维修制度、所使用的汽油和柴油的燃油品质八类。

不同车队组成会产生不同的尾气排放，其排放因子也略有差异。为获得较为符合北京市实际道路情况的车队组成，本案例针对北京市停车场、公交巴士公司、货运公司的车辆进行了车型信息问卷调查，并针对不同道路等级进行了摄像记录调查。对数据进行整理后，参考 IVE 模型对北京市机动车技术水平分布的调研结果确定最终模型车队组成的输入参数，见表 1-7。

上一节通过逐秒浮动车数据确定了符合北京市地区现状的 VSP Bin 分布；通过收集北京市温度和湿度数据，确定预测当天温度和湿度分别为 18℃ 和 50%；通过收集北京市不同地区的海拔高度，确定了北京市平均海拔高度为 40m；通过了解北京市检查/维修制度，确定了北京市检查/维修制度为全部机动车怠速分散检测；收集与整理了北京市目前所使用的汽油和柴油的燃油品质数据，根据收集的数据对相应参数进行了修正。

车队参数　　表1-7

项　目	空气燃料控制系统	尾气后处理控制	行驶里程分布		
			<79km	80~161km	>161km
轻型汽油车	多点喷射系统	三元催化	83.57%	13.64%	2.80%
轻型柴油车	直喷	Improved	12.47%	12.47%	43.02%
	多点喷射系统	Euro II	2.45%	2.45%	8.43%
	多点喷射系统	Euro III	3.43%	3.43%	11.84%
中型汽油车	多点喷射系统	三元催化	67.22%	20.96%	11.83%
中型柴油车	直喷	Improved	18.00%	11.52%	38.45%
	多点喷射系统	Euro II	3.53%	2.26%	7.54%
	多点喷射系统	Euro III	4.95%	3.17%	10.58%
重型汽油车	多点喷射系统	三元催化	27.11%	16.74%	31.88%
	多点喷射系统	Euro I	3.48%	2.15%	4.09%
	多点喷射系统	Euro II	5.21%	3.22%	6.13%
重型柴油车	多点喷射系统	直喷	10.92%	6.74%	12.85%
	多点喷射系统	Euro I	18.51%	11.43%	21.77%
	多点喷射系统	Euro II	6.36%	3.93%	7.48%

在对上述参数进行修正后，根据IVE模型预测的排放因子与北京交通大学交通运输规划与管理长江学者研究中心近十年来实际测试不同车型的平均排放因子进行对比分析，从而确定了不同污染物的基础排放因子校正系数。

(2)模型预测

根据模型修正结果，对不同平均速度区间下排放因子进行预测。下面选取了轻型柴油车在不同速度区间下排放因子预测结果(图1-5)进行分析。可以看出，各种排放因子随速度的降低而急剧增加，其中在0~20km/h区间变化较为明显，各排放物具有较强的一致性。这是由于超低速运行导致单位行驶里程上行程时间的增加，从而产生了高贡献率的低速排放区间。另外，发动机在低速运行过程中，燃料燃烧不充分，导致机动车的排放性和经济性都处于较差状态，这与北京交通大学郭淑霞所分析的不同速度下排放因子趋势一致。

(3)中观排放清单建立

结合式(1-6)，利用修正后的IVE模型，针对不同平均速度下VSP Bin分布分别进行排放因子预测结果；收集了北京市所有快速路的流量、速度、通行能力、城市化水平和土地利用类型五个参数数据，并根据1.2.1.3中的决策树方法所建立的交通流车型构成模型确定了不同路段的车型比例；根据所获得的不同路段的长度、流量、车型比例和不同污染物排放因子，最终得到了城市路网中观排放清单。

为得到较为直观的城市路网中观排放清单，本案例根据所得到的计算结果，基于ArcGIS地理信息系统软件，实现了机动车排放量化与显示。由于在实现量化机动车排放过程中，涉及以多种方式、格式显示不同的城市路网机动车污染物排放，所以，本案例在了解了ArcGIS基本操作的基础上，根据交通流数据以及相对应的排放清单实现了城市路网中观排放清单量化与显示，

图 1-6、图 1-7、图 1-8 和图 1-9 分别显示了随机挑选的一个时段的城市路网中观排放清单。可以看出，在相同时段内，不同路段的排放清单均不相同。但三种机动车污染物的分布趋势十分接近。

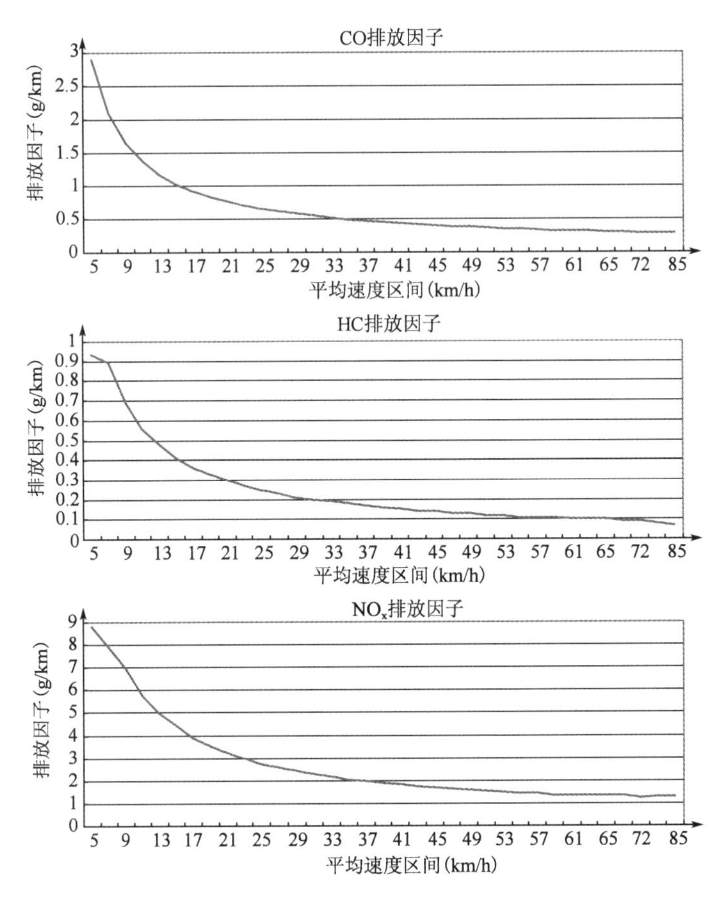

图 1-6　不同平均速度下各种污染物的排放因子

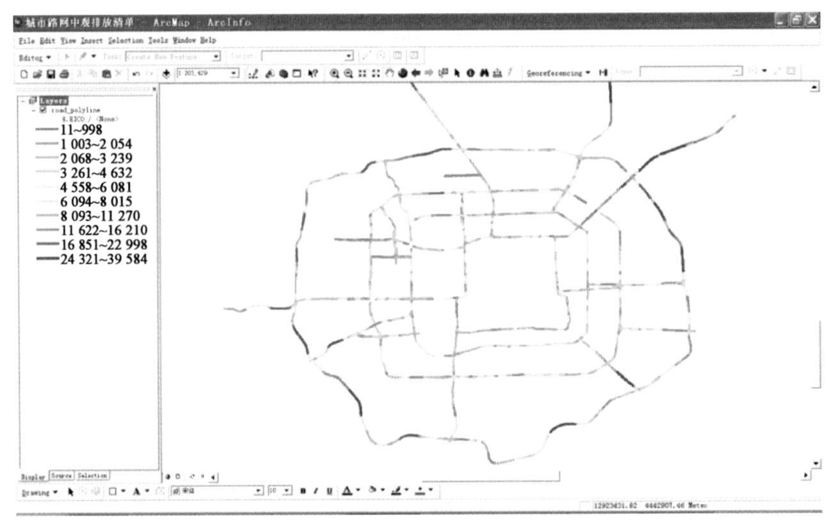

图 1-7　城市路网中观排放清单——CO

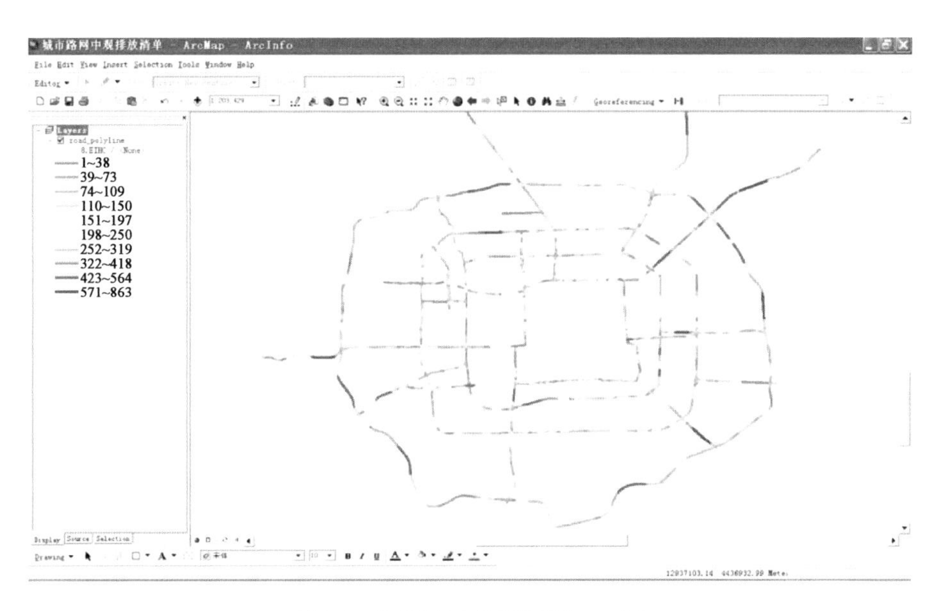

图 1-8 城市路网中观排放清单——HC

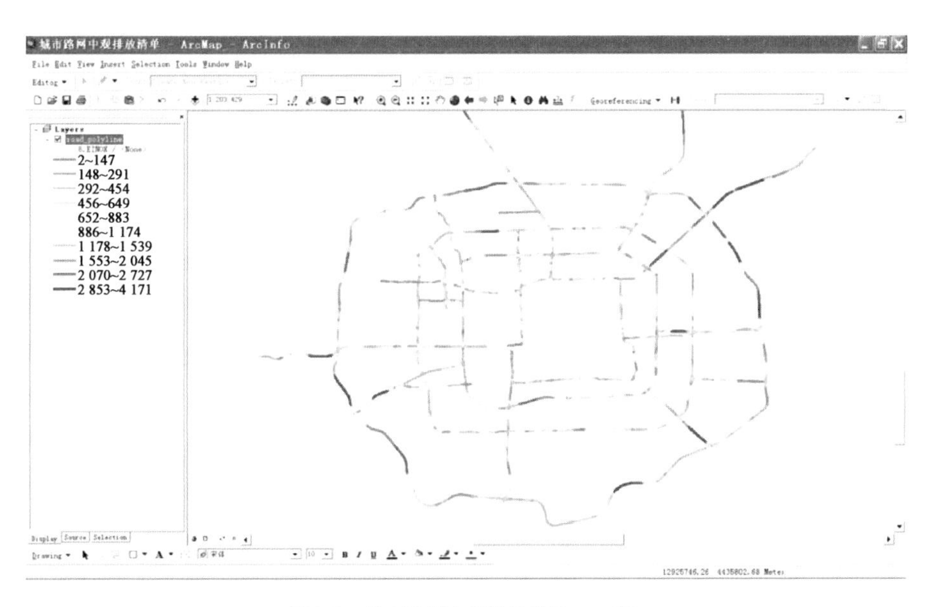

图 1-9 城市路网中观排放清单——NO_x

通过计算中观排放清单得到了该路网在 1 个工作日(星期三)内的 CO、HC 和 NO_x 的全部排放分别为 131.29t、4.22t 和 20.48t。其中,二环所排放的 CO、HC 和 NO_x 分别为 12.33t、0.55t和 2.45t;三环所排放的 CO、HC 和 NO_x 分别为 15.98t、0.66t 和 3.01t;四环所排放的 CO、HC 和 NO_x 分别为 26.85t、0.93t 和 4.34t;五环所排放的 CO、HC 和 NO_x 分别为 27.72t、0.70t 和 3.67t;所有快速路 CO、HC 和 NO_x 的总排放占全路网排放的 63.12%、67.23% 和 65.78%。

1.3.4.2 城市路网排放强度时空分布研究

排放清单差异除车队排放因子影响外,还有交通流量、交通构成比例以及路段长度等因素。本文根据模型预测得到车队污染物排放因子，分别乘以六种车型相对应交通量，计算得到交通流污染物排放强度，开展城市路网污染物时空分布研究。下面将从基于排放强度时间分布分析和基于排放强度空间分布分析两个角度展开。

（1）基于排放强度时间分布分析

为直观反映北京市快速路的排放强度，本案例选取了东南西北四个方向的二环至五环的平均排放强度进行对比分析（因篇幅有限，只展示二环快速路的排放强度图，如图1-10所示）。对比不同环路快速路的排放强度，得出快速路在不同时段的排放强度在早晚高峰出现两个峰值，这主要是由于早晚高峰时段较为拥堵，机动车平均速度较低，进而增加了机动车尾气排放强度；不同环路最大排放强度不同，其中四环的最大排放强度最高，三环最低；不同环路针对不同污染物平均排放强度顺序不同。

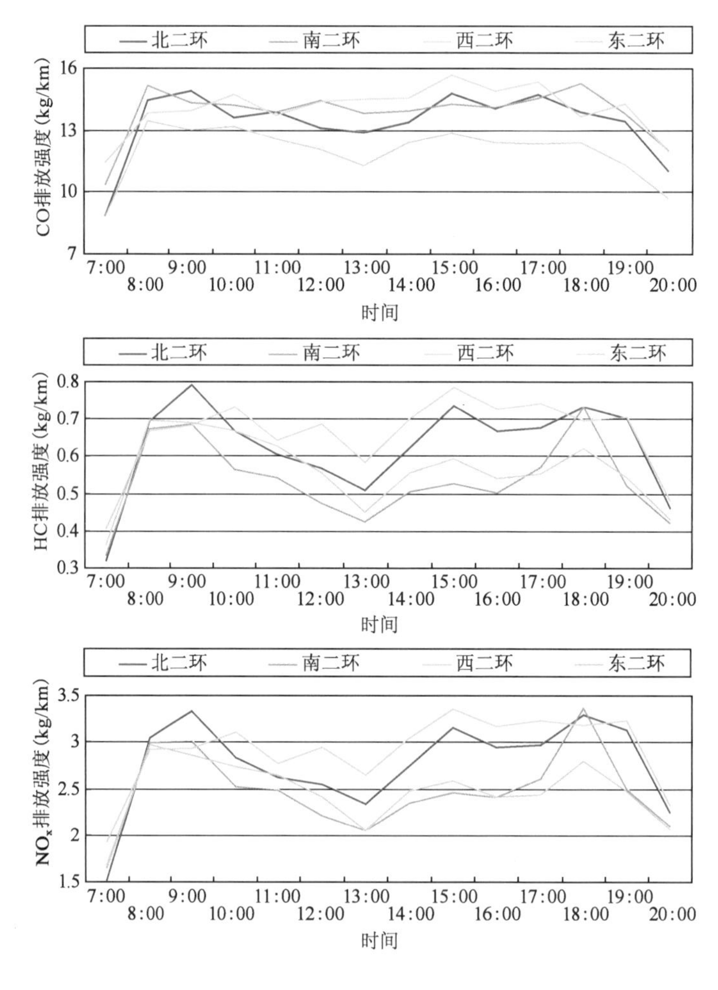

图1-10　二环排放强度

（2）基于排放强度空间分布分析

在了解了北京市快速路排放强度随时间的变化规律后，为更加准确地把握城市路网的排放强度变化，本节根据所获得的不同时间的排放强度，选取了早高峰（7:00～8:00）、平峰

(13:00～14:00)和晚高峰(17:00～18:00)三个时间段开展了空间分布分析研究(因篇幅有限,只展示早高峰北京市快速路网的排放强度,如图1-11所示)。

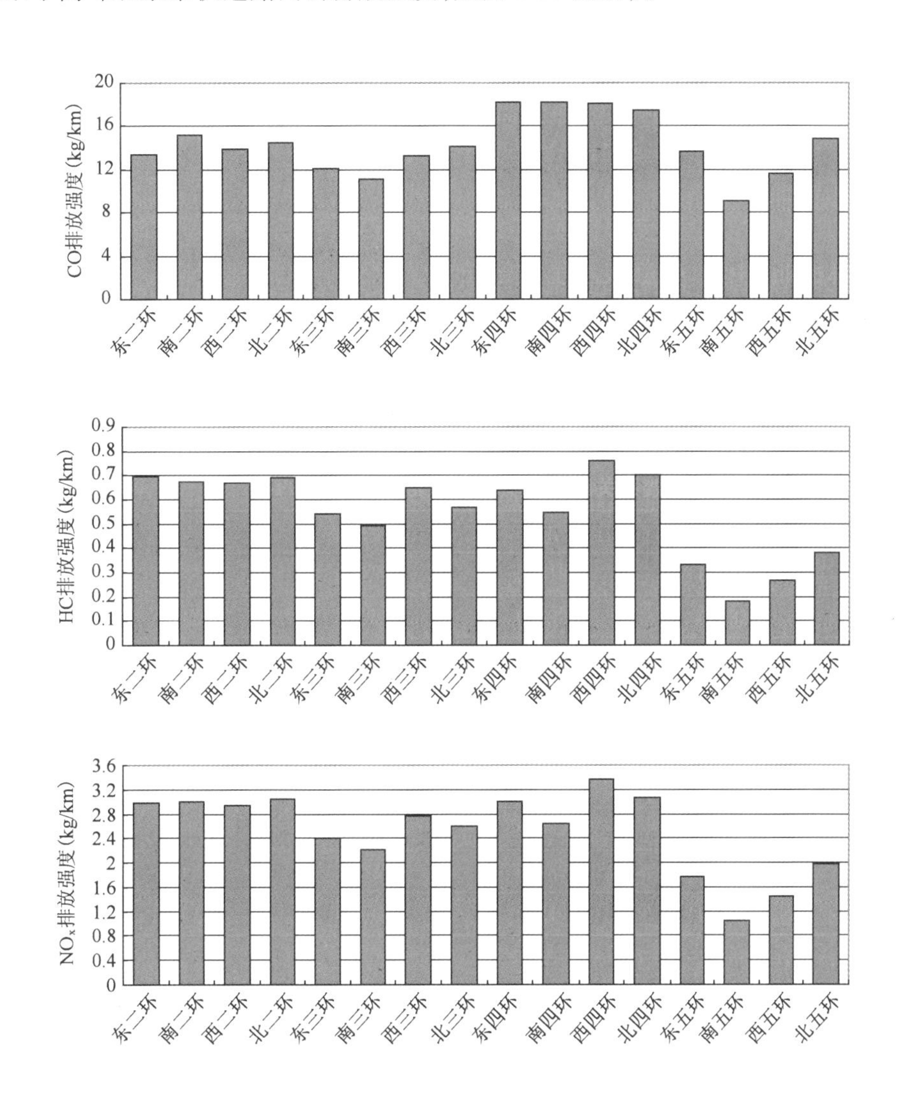

图1-11　快速路排放强度

本案例通过对比不同时段的快速路排放强度,得出:

①不同路段排放强度随时间的变化较为明显,三个时段内最大排放强度依次是晚高峰、早高峰和午平峰。

②CO平均排放强度最大值出现在四环,最小值出现在五环。

③HC平均排放强度最大值出现在四环,最小值出现在五环,这主要由于五环车流量较小、车速较快,进而单位距离内所产生的污染物较低造成的,而二环由于车速较低造成机动车加减速频繁,进而在单位时间内产生大量尾气,四环尽管车速相对较快,但交通流量较大,导致排放强度增大。

1.4 案例总结

本案例首先通过总结国内外机动车尾气排放模型现状与建立城市路网中观排放清单研究,将交通流车型构成数据与交通流数据结合在一起,根据我国实际情况,提出了一套基于不同路段建立排放清单的方法;其次对 MOBILE 模型和 IVE 模型进行参数标定后,对比分析其预测排放因子与实测排放因子,进而确定符合我国国情的中观层次机动车尾气排放模型;然后结合交通流车型构成数据与交通流数据,并参考国内外相关研究,利用决策树算法确定了影响交通流车型构成的主要影响因素,在此基础上确定了交通流车型构成估算方法;最后本文结合北京市实际情况,确定了不同平均速度下 VSP Bin 分布,对不同路段进行了模型预测,根据交通流车型构成模型预测不同路段车型比例、路段长度和交通流量,确定了城市路网中观排放清单,并对其开展了时空分布研究。

参考文献

[1] BHAT C R, NARI H S. VMTMIX Modeling For Mobile Source Emissions Forecasting: Formulation And Empirical Application [C]. 79th TRB Annual Meeting, Washington D. C. , January 2000.

[2] 贾晓敏. 城市道路通行能力影响因素研究 [D]. 西安: 长安大学, 2009.

[3] 韩兆权. 基于浮动车技术和交通波理论的交通流量推算研究 [D]. 北京: 北京交通大学, 2008.

[4] 杨嗣鼐. 中美西部人口城市化水平与经济发展比较研究 [D].

[5] 赵英. 城市化水平与城市土地集约利用关系实证研究 [D]. 成都: 四川师范大学, 2008.

[6] 涂钊. 基于浮动车数据的轻型机动车道路油耗算法研究 [D]. 北京: 北京交通大学, 2009.

[7] NIKKILA N, LENTS J, OSSES M, et al. Beijing Vehicle Activity Study [R]. University of California at Riverside, 2004.

[8] 邓顺熙, 李百川, 陈爱侠. 中国公路线源污染物排放强度的计算方法 [J]. 交通运输系统工程学报, 2001.

案例2:基于多源数据的城市路网交通能耗和排放模型与算法

2.1 案例目标

降低交通能耗及交通环境污染是亟待解决的城市问题之一,而城市路网交通能耗排放的准确量化,是解决该问题的关键。针对交通能耗排放测算,城市交通部门、环境保护部门和公安交通管理部门拥有丰富的数据资源,然而由于多学科领域分隔与多部门职能的不一致,这些数据源既未能建立科学联系也未得到有效利用。

基于此,本案例旨在分析和综合利用城市路网能耗排放相关的多源数据,建立城市路

网交通能耗和排放的测算方法，并将该方法应用于北京市城市路网交通能耗和排放的量化，从时间分布等方面分析北京市城市路网交通能耗和排放的时空分布特征及规律。

2.2 方法设计

2.2.1 基于多源数据的交通能耗和排放算法

在数据源分析的基础上，建立能够综合利用多部门数据资源的城市路网交通能耗和排放的测算方法。测算方法中，首先以 VSP 分布作为连接排放率和浮动车数据源的中间变量，量化单车在城市路网行驶时的能耗和排放。在测算单车排放之后，利用视频车牌识别和车辆信息数据源获取交通流车型比例，进而结合路段交通流量、道路长度等数据源，量化路段交通能耗和排放。

2.2.1.1 能耗和排放数据源指标选取

交通路网能耗和排放数据主要包括：各类型车辆油耗和排放数据、交通流检测器数据、浮动车数据（FCD，Floating Car Data）、交通调查数据、车辆信息数据、车型比例数据、道路网数据等。

研究国内外城市路网交通能耗和排放算法及模型发现，目前衡量路网交通能耗的指标主要有比油耗、实际油耗、行驶油耗、怠速油耗、单位油耗、实际单位油耗、行驶单位油耗、匀速行驶百公里油耗、实际百公里油耗以及行驶百公里油耗等。而衡量污染物排放的指标主要有两种，一种是污染物浓度，另一种是排放因子。本方法选取实际油耗以及排放因子来评价路段交通能耗和排放，而对于城市路网，则采用总油耗量和总排放量来评价。

（1）实际油耗、实际百公里油耗、总油耗量

实际油耗是机动车在道路上行驶一段距离之后所消耗的实际油耗量，包括机动车在实际行驶和怠速时的油耗量，单位为 g 或 L。实际百公里油耗是机动车在实际交通环境中行驶 100km 的油耗量，是衡量机动车在道路上行驶时某一工况下燃油经济性的指标。总油耗量是宏观层面路网交通能耗的总和，单位为 kg 或 t。

（2）排放因子、总排放量

所谓机动车污染物排放因子是指在一定条件下机动车正常行驶时每公里排放污染物的数量。排放因子的计算方法大体分为两类：实测法和模型法。本方法主要计算 CO、HC 以及 NO_x 等污染物的排放因子。总排放量是宏观层面路网排放的总和，单位为 kg 或 t。

2.2.1.2 路网交通能耗和排放量化方法设计

在长期研究过程中，世界各地开发了多种量化城市路网交通能耗和排放的模型。这些模型按照应用层次的不同，可分为微观、中观和宏观模型三类，其中微观模型是对道路上单车交通能耗和排放的预测，通常为逐秒预测周期；中观模型是对路段水平机动车平均交通能耗和排放的预测，通常为小时预测周期；宏观模型是对大范围区域或路网水平机动车的平均交通能耗和排放的预测，预测周期通常为月或年。如按采用的行驶参数分类，城市路网交通能耗和排放模型又可分为基于微观行驶参数模型和基于中观行驶参数模型，其中微观行驶参数是描述车辆逐秒行驶特征的参数（如逐秒速度、加速度以及由二者综合得到的变量等），中观行驶参数是描述车辆在一段时间内平均行驶特征的参数（如平均速度、加减速比例等）。

在数据源分析及指标确定的基础上，建立能够综合利用多部门数据资源的城市路网交通能耗和排放的测算方法。测算方法中，首先以VSP分布作为连接排放率和浮动车数据源的中间变量，量化单车在城市路网行驶时的能耗和排放。在测算单车排放之后，利用视频车牌识别和车辆信息数据源获取交通流车型比例，进而结合路段交通流量、道路长度等数据源，量化路段交通能耗和排放。最后整合各路段交通能耗和排放信息，得到全路网交通能耗和排放量。方法设计过程如图2-1所示。

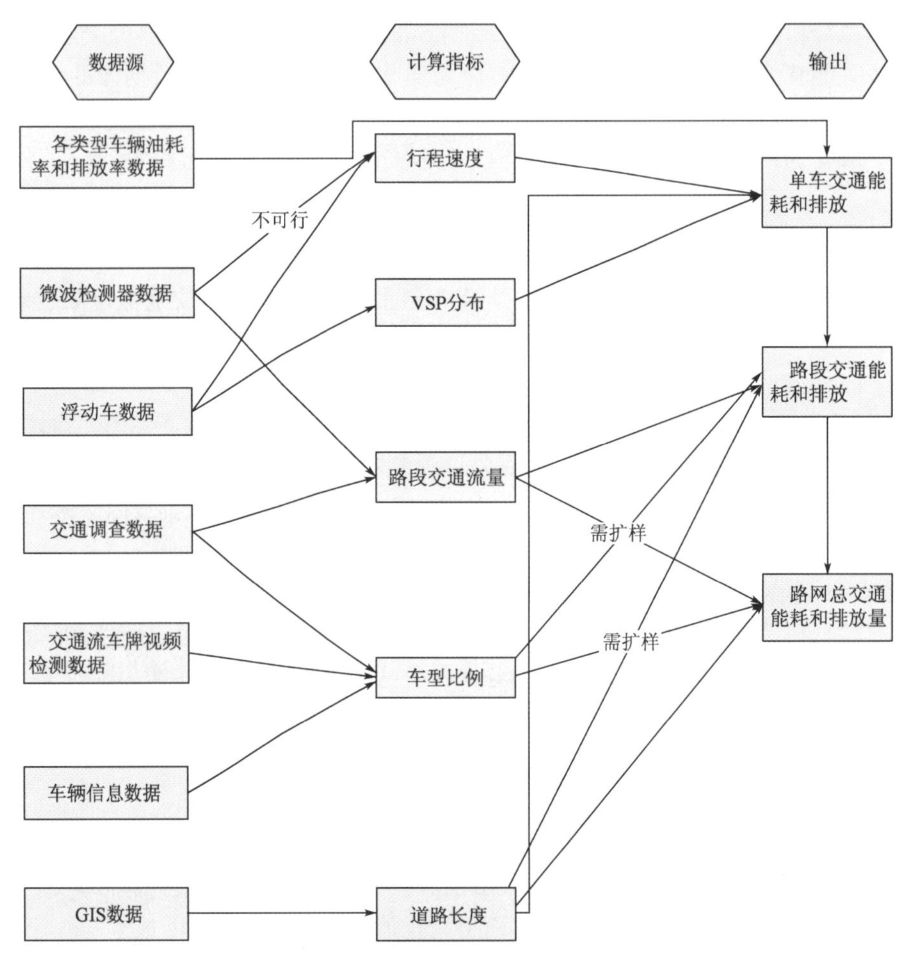

图2-1 方法设计图

如图2-1所示，各数据源均可用来计算某个指标。计算行程速度有两个数据源：浮动车数据及微波检测器数据，而微波检测器数据测得的速度为点速度，不能反映机动车行驶状态，浮动车数据中的速度为5min集计的行程速度，所以选取浮动车速度数据，再结合油耗率和排放率数据计算VSP分布。由微波检测器数据及交通调查数据，可获知路段交通流量。交通流车牌视频检测数据与车辆信息数据、交通调查数据等用来计算路网车型比例。GIS数据可获知路网各道路长度信息。

计算得各指标之后，利用行程速度数据、VSP分布、各类型车辆油耗率和排放率数据、道路长度数据可计算得单车交通能耗和排放；在此基础上，利用视频检测和车辆信息数据源获取交通流车型比例，进而结合路段交通流量、道路长度等数据源，量化路段交通能耗和排放；若已知全路网交通流量、车型比例、道路长度，则可将交通能耗和排放的测算推至全路网水平。针对交通流量和车型视频检测覆盖范围不全的问题，为测算全路网交通能耗和排放，提出依据区域位置和道路等级为特征变量的交通流参数时变扩样方法，对交通流量和车型比例进行扩样，从而在计算得路段交通能耗和排放量的基础上，实现城市路网范围交通能耗和排放的量化。

2.2.1.3　基于VSP分布的路段交通能耗和排放算法

（1）排放测算方法设计思路

在实际研究中，很难获取逐秒VSP分布的基础数据，只有5min集成的浮动车速度数据，因此需对VSP聚类，然后用VSP分布模型函数计算VSP分布。北京交通大学交通环境实验室通过对北京市道路交通运行状况及车辆排放率的相关研究，最终确定以1kW/t为单位间隔对VSP进行聚类；通过大量实测数据分析发现，在北京市道路交通运行状况下，VSP绝对值小于20kW/t的区间样本占总样本量的比例约98%，因此确定[-20kW/t,20kW/t]区间作为研究机动车油耗排放率规律的VSP值分布范围。以1kW/t为单位间隔进行VSP聚类分析，具体分类方法如式(2-1)所示：

$$\mathrm{VSP} \in [n-0.5, n+0.5], \mathrm{VSP\ Bin} = n \tag{2-1}$$

式中，n为整数。

对VSP值聚类划分区间后，假设VSP分布严格服从正态分布，那么其概率密度函数如式(2-2)所示：

$$f(\mathrm{VSP}) = \frac{1}{\sigma\sqrt{2\pi}} e^{-\frac{(\mathrm{VSP}-\mu)^2}{2\sigma^2}} \tag{2-2}$$

$$\mu = 0.132 \times \frac{s}{3.6} + 0.000\,302 \times \left(\frac{s}{3.6}\right)^3 \tag{2-3}$$

$$\sigma = 0.832 \times s^{0.396\,1} \tag{2-4}$$

式中：μ——均值；

σ——标准差；

s——平均行程速度(km/h)。

由模型得VSP分布后，各平均速度下油耗和排放因子的计算如式(2-5)所示：

$$EF_k = \frac{\left(\sum_{i=-20}^{20} ER_i \times \mathrm{Bin}_i\right)}{v} \times 3\,600 \tag{2-5}$$

式中：EF_k——第k平均速度区间的油耗或排放因子(g/km)；

ER_i——第i个VSP Bin的油耗或排放率(g/s)；

Bin_i——平均速度为k时第i个VSP Bin的分布率，无量纲；

v——平均速度(km/h)。

为方便计算，需将计算油耗的指标换算为百公里油耗，由式(2-6)实现：

$$EF = \frac{\sum EF_k}{100\rho} \tag{2-6}$$

式中：EF——百公里油耗量(L/100km)；

ρ——所使用能源的密度(g/L)。

计算得单车平均百公里油耗及排放因子之后,若已知路段交通流量、车型比例及道路长度,便可由式(2-7)量化路段交通能耗和排放。

$$EF_{\text{link}} = EF_i \times \sum_{n=1}^{24} \text{Flow}_n \times VT_i \times \text{Length} \tag{2-7}$$

式中:EF_{link}——路段交通能耗或排放量(kg 或 t);

EF_i——车型为 i 的单车百公里油耗或排放因子;

$\sum_{n=1}^{24} \text{Flow}_n$——全天 24h 全路段交通流量;

VT_i——该路段车型 i 的比例;

Length——该路段长度。

在计算车型比例时,考虑影响车型比例的因素,并给每个因素加以权重。主要对道路上行驶车辆的燃油类型、排放标准类型、车重类型以及客货车类型四个影响机动车交通能耗和排放的主要特性进行分析,见式(2-8):

$$VT_i = F_i \times E_i \times W_i \times T_i \tag{2-8}$$

式中:F_i——车辆燃油类型比例,燃油类型主要分汽油和柴油两类;

E_i——车辆排放标准类型比例,目前北京市路网车辆排放类型有国 0 至国Ⅳ五种;

W_i——车重类型比例,车重类型主要分轻型车、中型车和重型车三种;

T_i——客货车类型比例,分客车和货车两类。

(2)基于 VSP 分布的单车交通能耗和排放量化

测算方法中,首先以 VSP 分布作为连接排放率和浮动车数据源的中间变量。量化单车在城市路网行驶时的能耗和排放。基本步骤如下:

①基础数据处理。首先,将 70 余万条浮动车数据进行数据质量控制,由于 VSP 分布模型在平均行程速度大于 20km/h 时,才严格服从正态分布,所以计算前需剔除不合格数据。

②利用式(2-1)的结论,以 1kW/t 为间隔进行 VSP 聚类,并确定 VSP 区间为[-20,20]。

③已知浮动车每 5min 集成的速度,对原始浮动车数据样本按 1km/h 进行速度区间划分,最终得到 20~70km/h 共 50 个平均速度区间,给这些区间编号,从 1~50。

④假定 VSP 分布严格服从正态分布模型,利用式(2-3)、式(2-4)求各速度区间 VSP 分布的均值和标准差。

⑤计算得各平均速度区间下 VSP 分布模型的均值和标准差后,利用 Excel 中累积概率分布函数,计算各平均速度区间下的 VSP Bin 分布率。图 2-2 为平均速度区间下的 VSP 分布图。

由图 2-2 可得 VSP 分布具有以下规律:

①各速度区间下 VSP 分布均服从正态分布,且其正态分布特性随着平均速度的增大愈加显著。

②各平均速度区间下,正值 VSP 的比例明显高于负值比例,且该规律随着平均速度的增大愈加明显。

③各平均速度区间下,VSP 分布率在 0 值附近的分布均较高,且在低速区间这一规律表现更为明显。

④VSP 分布的峰值随着平均速度的增大而显著降低。由图 2-2 可以看出,随着平均速度由 20km/h 增至 70km/h,其峰值从 14.2% 降至 8.6%。

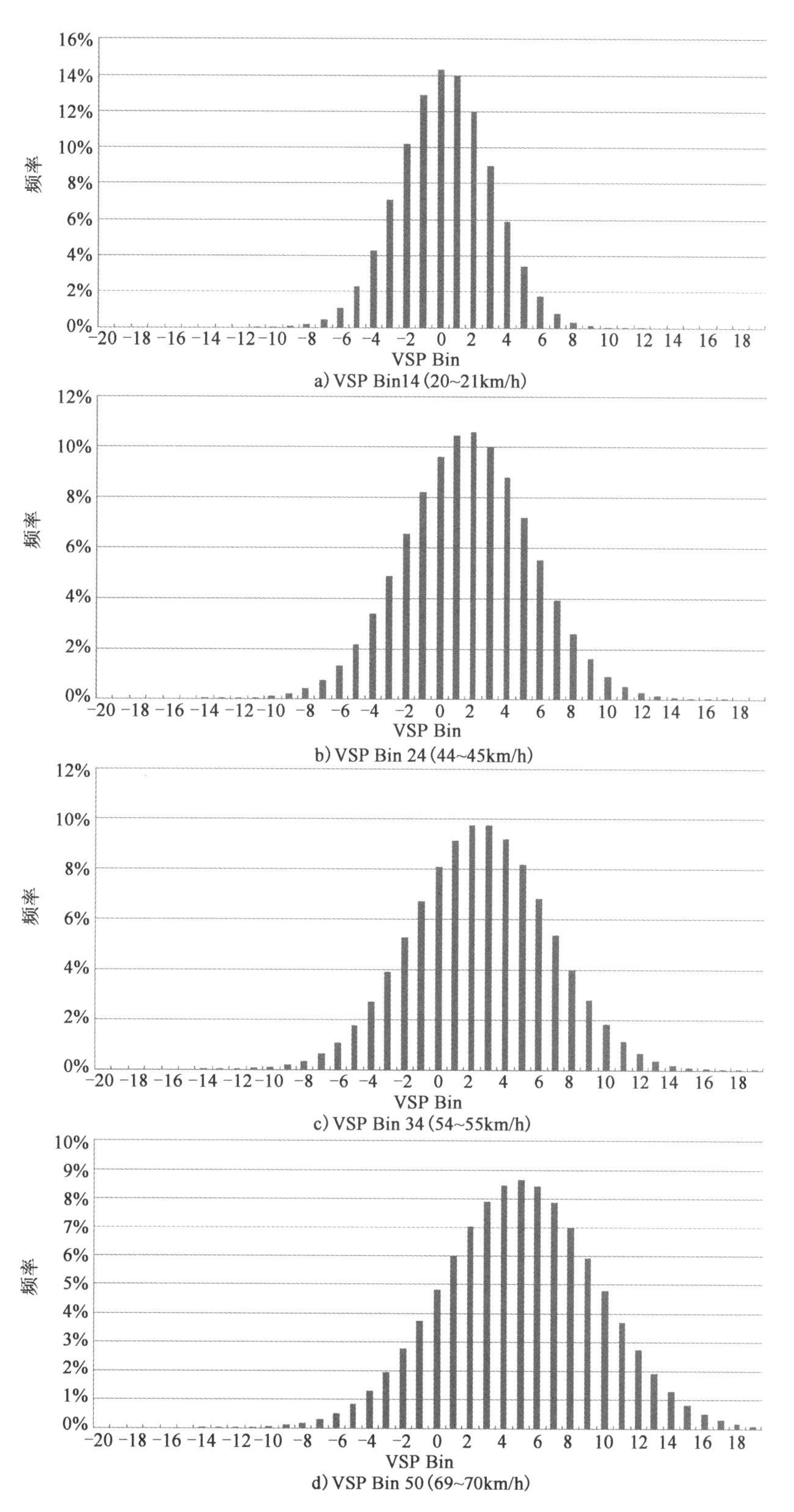

a) VSP Bin14 (20~21km/h)

b) VSP Bin 24 (44~45km/h)

c) VSP Bin 34 (54~55km/h)

d) VSP Bin 50 (69~70km/h)

图 2-2　不同平均速度区间下的 VSP 分布例图

⑤随着平均速度的增大,VSP分布的峰值逐渐向右偏移。由图2-2可得,随着平均速度由20km/h增至70km/h,其峰值从0增至5。

⑥计算得各平均速度区间下VSP分布之后,利用各车型油耗率和排放率,即可求得各平均速度区间下的油耗和排放因子,并将交通能耗指标换算为百公里油耗。

根据以上计算步骤,即可求得各类型车辆单车交通能耗及排放,以百公里油耗及排放因子量化。

(3)路段交通能耗和排放量化

在测算单车排放之后,利用视频车牌识别和车辆信息数据源获取交通流车型比例,进而结合路段交通流量、道路长度等数据源,量化路段交通能耗和排放。基本步骤如下:

①路段交通流量统计。由微波检测器数据,统计路段全天24h各小时平均交通流量。

②路段车型比例统计。计算各类型车辆比例。其中,各参数可通过车牌视频数据库及车辆信息数据库联合查询而得。如通过查询可知,北京市车辆按燃油类型划分,其中汽油车占94.04%,柴油车占5.96%。

③路段长度统计。由GIS系统,可查询北京市城六区各等级道路长度数据。

④综合单车平均交通能耗和排放,以及路段24h交通流量数据、车型比例数据、长度数据,可求得该路段总交通能耗和排放。

最后,本案例将从宏观层面预测城市路网交通能耗和排放总量。通过前两小节的逐步计算,在计算得单车平均交通能耗和排放的基础上,结合各多源数据,计算路段全天24h交通能耗和排放量。若已知各路段交通能耗和排放,将路网所有路段全天24h交通能耗和排放加权、整合,并扩展到年均水平,即可实现年均全路网交通能耗和排放的量化。

2.2.2 基于多源数据的交通参数扩样

上一节中建立了路网交通能耗和排放的量化方法,由于交通流量和车型视频检测覆盖范围不全,通常情况下无法获取全路网范围内的各路段交通信息,因此无法对整个路网交通能耗和排放作出准确预测。针对交通流量和车型视频检测覆盖范围不全的问题,为测算全路网交通能耗和排放,本节提出了依据区域位置和道路等级为特征变量的交通流参数时变扩样方法,对交通流量和车型比例进行扩样,从而在计算得到路段交通能耗和排放量的基础上,实现城市路网范围交通能耗和排放的量化。

2.2.2.1 交通参数扩样原理

相近地理位置、同等级道路的交通流特性具有相似性。遵循这一原理,首先,将全路网道路按照地理位置和道路等级进行划分;其次,根据全路网历史交通流数据,计算各等级道路之间交通流时空演变系数,在此基础上,根据路网中已知路段实时交通流量,由交通流时空演变系数,即可推算相近地理位置其他未知道路的交通流量;最后,加权各路段流量,即得到全路网范围24h实时交通流量信息。

目前的数据采集方法还无法获取各个路段的实际车型比例,本案例的研究过程如下:利用视频车牌识别和车辆信息数据源获取交通流车型比例,在收集得到部分路段的车型构成数据后,按照道路类型是否相同及空间区域的远近,将实测路段的车型构成匹配给其他路段,从而预测全路网各路段车型分布比例。

2.2.2.2 交通流扩样方法

依据交通流扩样原理和基础数据，交通流扩样主要分三个步骤，分别为：各地理区域交通流信息获取、交通流时空特征系数计算和路网交通流测算。以本案例收集到的40条重点路段交通流信息为例，其计算步骤如下：

（1）各地理区域交通流信息获取

将收集到的实时交通流信息路段按照地理位置区分。

（2）历史路段交通流时变特征分析

选取路网内各地理区域典型代表路段，分道路等级对其每天24h历史交通流量进行归纳整理，求其平均值。

（3）交通流时空特征系数计算

分析各等级道路历史交通流流量变化趋势，从时间和空间两方面出发，分别以各小时道路等级比例系数及各等级道路时变系数来描述各等级道路交通流时空变化特性。

计算各等级道路交通流时空变化特征系数时，为提高准确性，所有计算中的路段流量均取其平均值。在计算前，将位于同一地理区域的各等级道路，按照时间段筛选，求出其流量平均值，以便后续计算使用。

（1）各小时道路等级比例系数

以快速路为基准，其他等级道路各小时流量与快速路对应小时流量之比，即为各小时道路流量等级比例系数，其计算公式如下：

$$\alpha_{ij} = \frac{F_{ij}}{F_{fj}} \tag{2-9}$$

式中：α_{ij}——其他等级道路 i（主干道、次干路、支路）在第 j 时段（将全天24h划分为24段，第一时段为00：00～01：00，依此类推）的道路等级比例系数；

F_{ij}——等级为 i 的道路在第 j 小时的交通流量；

F_{fj}——快速路在第 j 小时的交通流量。

（2）各等级道路时变系数

根据各等级道路24h流量时变图，以7：00～8：00的流量为基准，即这一时段的流量系数为1，其他时段的流量与这一时段流量作比，即得各道路等级24h流量时变系数，其计算见式（2-10）：

$$\beta_{ij} = \frac{F_{ij}}{F_{fx}} \tag{2-10}$$

式中：β_{ij}——道路等级为 i 的道路在第 j 时段（将全天24h划分为24段，第一时段为00：00～1：00，依此类推）的时变系数，无量纲；

F_{ij}——道路等级为 i 的道路在第 j 时段的流量（veh/h）；

F_{fx}——快速路在7：00～8：00的流量（veh/h）。

（3）时空系数

各道路的交通流时空系数为其对应的各小时道路等级比例系数与各等级道路时变系数的

乘积。由式(2-11)计算:

$$\gamma_{ij} = \alpha_{ij} \times \beta_{ij} \tag{2-11}$$

式中:γ_{ij}——各道路的交通流时空系数,无量纲;

α_{ij}——其对应的各小时道路等级比例系数;

β_{ij}——各等级道路时变系数,无量纲。

(4)路网交通流扩样实现

对路网交通流的测算分两种情况:第一,正常情况下,交通流检测器可检测到所选取代表路段的全天24h交通流量数据,则同区域其他等级道路交通流量只需在快速路交通流量基础上,乘以其对应的时空系数获得。

第二,若交通流检测器有部分路段或时段的数据缺失,则需要由各小时道路等级比例系数或时变系数计算补齐检测器的缺失数据,然后再利用上述步骤,计算其他路段的交通流信息。

需要注意的是,若道路交通流为双向,基准检测器所得路段流量为单向,则默认两个方向交通流情况一致。在扩样时,道路流量是该基准路段流量的两倍。

2.2.2.3 车型比例扩样

由于车型视频检测覆盖范围不全,所以无法获取全路网范围内的车型比例。因此,本案例利用交通流车牌视频检测数据及车辆信息数据,对北京市部分道路的现有车型比例做一统计,并在此基础上,分地理区域及道路等级对全路网车型比例做扩样,按照道路等级是否相同及空间区域的远近,将实测路段的车型构成匹配给其他路段,从而获取全路网范围内的车型比例。

对调研所得车型数据分析之后,为进一步获取路网范围车型比例数据,提出车型扩样方法。

由于城市路网中不同区域位置、不同等级道路其车型比例有明显差异,因此,本案例采用聚类分析法,对路段中可能影响其车型比例的路段自身特性因素进行分析,例如:区域位置、道路等级、车道数等。

因此本案例首先对路段进行区域位置划分,然后将各区域调研数据按不同时段统计分析,获取该区域范围内各时段车型分布的平均水平,各区域位置下的车型比例由式(2-12)计算得到:

$$VT_{ij} = F_{ij} \times E_{ij} \times W_{ij} \times T_{ij} \tag{2-12}$$

式中:VT_{ij}——i 地理区域 j 时段的车型比例,无量纲;

F_{ij}——i 地理区域 j 时段的车辆燃油(汽油、柴油)比例,无量纲;

E_{ij}——i 地理区域 j 时段的车辆排放标准比例,无量纲;

W_{ij}——i 地理区域 j 时段的车辆车重类型(轻型车、中型车、重型车)比例,无量纲;

T_{ij}——i 地理区域 j 时段的客货车类型比例,无量纲。

在此基础上建立的各区域时变车型比例数据库包括以下字段:区域位置、时段、燃油类型、车重类型、客货类型、排放标准、比例。数据库示例如图2-3所示。

编号	时段	燃油类型	客货类型	车重类型	排放标准	比例
33N	1	柴油	客车	轻型车	国0	0.0158
33N	1	柴油	客车	轻型车	国I	0.0119
33N	1	柴油	客车	轻型车	国II	0.0158
33N	1	柴油	客车	轻型车	国III	0.0158
33N	1	柴油	客车	轻型车	国IV	0.0059
33N	1	柴油	客车	中型车	国0	0.0000
33N	1	柴油	客车	中型车	国I	0.0020
33N	1	柴油	客车	中型车	国II	0.0000
33N	1	柴油	客车	中型车	国III	0.0000
33N	1	柴油	客车	中型车	国IV	0.0000

图 2-3　各区域时变车型比例数据库示例

同理,将路网范围其他道路按照地理位置进行划分,然后,以区域位置为关联字段,将路段名称与该路段所属区域内的车型比例相关联,即可获取各路段的时变车型比例数据,最终建立的车型比例数据库包含以下字段:道路名称、区域类型、时段、燃油类型、车重类型、客货类型、排放标准、比例。数据库实例如图 2-4 所示。

原名	时段	燃油类型	车重类型	排放标准	客货类型	比例
G101	1	柴油	中型车	国I	客车	0.0158
G101	1	柴油	中型车	国II	客车	0.0000
G101	1	柴油	中型车	国III	客车	0.0079
G101	1	柴油	中型车	国IV	客车	0.0000
G101	1	柴油	重型车	国0	客车	0.0158
G101	1	柴油	重型车	国I	客车	0.0158
G101	1	柴油	重型车	国II	客车	0.0079
G101	1	柴油	重型车	国III	客车	0.0000
G101	1	柴油	重型车	国IV	客车	0.0000

图 2-4　各路段时变车型比例数据库示例

后续计算中,只要知道道路名称,便可直接从该数据库中查询各时段的车型比例系数,进而进入下一步计算。若数据库中缺失该道路名称,则将地理区域位置相近路段的车型比例直接匹配给该路段,做模糊处理。

2.3　方法应用

基于本案例提出的路网交通能耗和排放计算方法,将本案例建立的方法应用于北京市城市路网交通能耗和排放的量化,并从时间分布等方面分析了北京市城市路网交通能耗和排放的时空分布特征及规律。该测算和分析方法可为制定节能减排策略提供依据。

2.3.1　研究范围概述及多源数据选取

本案例选取北京市五环内所有道路作为一个路网,该路网中道路主要分为快速路、主干道、次干路及支路四个等级。根据本案例的算法思路,本节首先分析所选取的多源数据,在此基础上进行路网交通能耗和排放测算。测算方法中,首先以 VSP 分布作为连接排放率和浮动车数据源的中间变量,量化单车在城市路网行驶时的能耗和排放;在测算单车排放之后,利用视频车牌识别和车辆信息数据源获取交通流车型比例,进而结合路段交通流量、道路长度等数据源,量化路段交通能耗和排放;最后整合各路段交通能耗和排放,实现全路网的交通能耗和排放量化。图 2-5 所示为实例路网,研究范围为红色环线以及环线之间的各等级道路。按照中轴线，将研究路网划分为南北两大块，并且按照地理位置细分为十五个小区域，如图 2-5 所示。

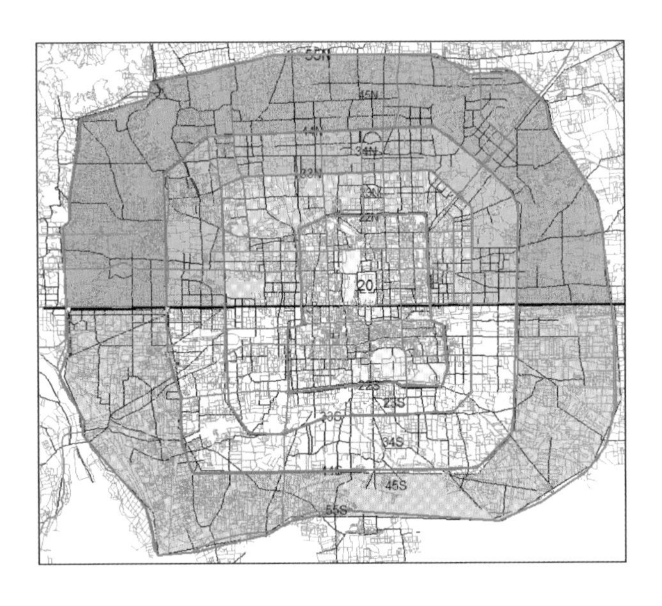

图 2-5　路网示意图

实例中选取的浮动车数据是车载 GPS 对路网中车辆运行状况的实时记载。根据研究路网范围，本案例选取的浮动车数据为 2011 年 7 月 13 日（周二）7:00～19:00 的五环内各道路等级的部分道路轻型车每 5min 集成的浮动车数据 60 余万条以及 2011 年 7 月中旬 5 个工作日的重型车每 5min 集成的浮动车数据 10 余万条，经过数据质量控制后的浮动车数据格式示意见表 2-1。

浮动车数据示意表　　表 2-1

Link ID（路段编号）	Speed（速度，km/h）	Length（路段长度，km）	Date（日期）	Time（时间）	SampleNum（样本数量）
7688	86.2832	0.978068	2011-7-3	14:00:00	1
7688	74.71231	2	2011-7-3	14:05:00	4
7688	78.13823	1	2011-7-3	14:10:00	1
7688	60.86364	2	2011-7-3	14:15:00	4
7688	53.16644	1.857081	2011-7-3	14:20:00	3
7688	77.49482	1.142919	2011-7-3	14:25:00	2
7688	79.86788	1	2011-7-3	14:30:00	2
7688	74.68683	2	2011-7-3	14:35:00	4
7688	70.9172	1	2011-7-3	14:40:00	2

路段交通流数据来源于 RTMS 检测器，选取全路网 40 条快速路 2011 年全年 24h 路段流量数据为例，其他道路流量则由这些路段通过一定的时空比例系数推算得到。

车型比例数据来源于交通流车牌视频检测数据及车辆信息数据库，鉴于数据有限，在实例分析中，只考虑排放标准和车型对于交通能耗和排放的影响，并主要考虑路网中国Ⅲ排放标准的车辆，将车型按照车重分为轻型车和重型车两类。按此分类原则，得到车辆类型比例如图 2-6 所示。

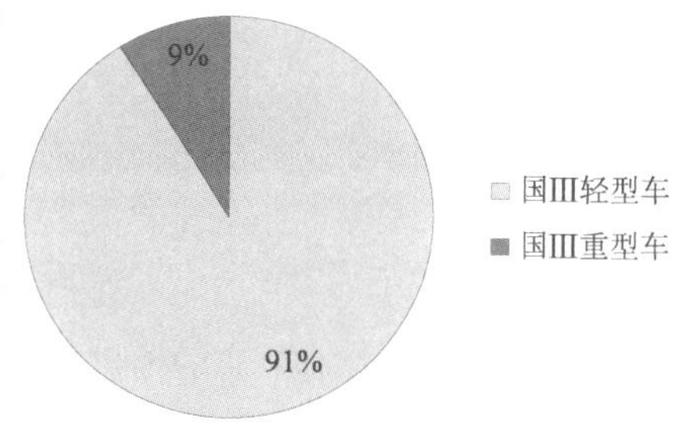

图 2-6　车型比例图

另外，道路网长度数据主要由 GIS 地理信息系统获得，包括实例应用中的所有道路长度。

2.3.2　路网交通能耗及排放量化

2.3.2.1　路段交通能耗及排放量化

将获取的浮动车速度数据计算 VSP 分布后，对应各车型油耗率和排放率，计算交通能耗及排放，并换算为常用指标形式。计算得到单车平均百公里油耗和平均排放因子，见表 2-2。

单车平均交通能耗和排放指标　表 2-2

车重指标	油耗量(L/100km)	HC(g/km)	CO(g/km)	NO_x(g/km)
轻型车	11.30	0.165 6	4.940 6	0.221 0
重型车	25.95	0.670 2	1.429 6	1.687 9

计算出单车交通能耗和排放水平之后，对于某条路段，由路段交通流量、车型比例及路段长度即可计算得路段分车型交通流量，再结合各车型单车平均百公里油耗、排放因子可计算得到该路段水平的交通能耗和排放量。其流程如图 2-7 所示。

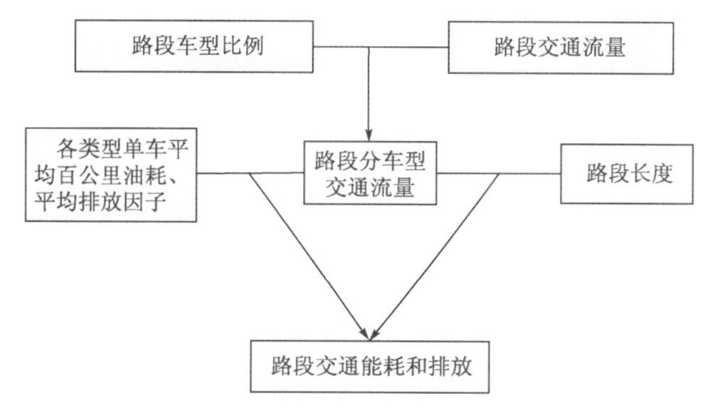

图 2-7　路段交通能耗及排放量化流程

2.3.2.2　路网交通能耗及排放量化

以 40 条快速路的实时交通流数据为例，计算得路段交通能耗和排放之后，根据交通扩样原理，对交通流量和车型进行扩样，即可将交通能耗和排放的量化推至全路网范围。交通流实时数据汇总如图 2-8 所示。

日期	20	23N	23S	34N	34S	45N	45S	22N	22S	33N	33S	44N	44S	55N	55S
1-1	72523	77719	57164	51393	37164	63180	47164	70039	65058	73617	70058	46460	71407	39807	24656
1-2	70437	73483	59725	49914	39725	61487	49725	65566	61191	71436	66191	44597	74114	34886	27285
1-3	72011	75758	59552	53504	39552	62910	49552	66560	62794	71657	67794	46594	74848	36402	31177
1-4	75690	75415	62561	57678	42561	65910	52561	72708	66373	79770	71373	51354	81518	56483	38847
1-5	73788	73900	64853	59860	44853	67497	54853	74968	68742	79006	73742	55727	82753	56541	39767
1-6	73542	72588	66552	60580	46552	68276	56552	74953	68813	76859	73813	56839	85863	59321	40182
1-7	74633	76786	67820	62395	47820	70056	57820	77321	70840	81853	75840	56780	85629	63111	41800
1-8	75957	78841	61072	57240	41072	68043	51072	74119	67264	83186	72264	53846	81307	46114	33980
1-9	73518	73695	60929	56022	40929	63557	50929	70472	63620	75412	68620	50741	75968	36084	30752
1-10	74522	71461	63842	60915	43842	65619	53842	74878	68443	78752	73443	54983	83141	41522	40776

图 2-8　路段动态交通流统计例表

按照 40 条快速路分布的地理位置不同,将北京市五环内城市路网划分为 15 个小区域。依据历史交通流数据,计算出各等级道路之间的流量时空变化系数。因此,依据已知的 40 条快速路 24h 时变流量,利用比例系数即可计算出全路网范围各地理区域各等级道路的交通流量。

将各地理区域各等级道路流量汇总,假设各道路上车辆类型比例维持不变,则可计算出路网分车型交通流量,同时利用 GIS 系统汇总各地理区域各等级道路的总长度,结合单车平均百公里油耗和平均排放因子,即可量化全路网范围的交通能耗和排放量。

2.3.3　路网交通能耗及排放特征分析

计算出北京市路网交通能耗及排放水平后,可以从时间分布、区域位置、道路等级等多个方面展现路网交通能耗及排放的分布特征,并分析其趋势走向及可能产生的原因,一方面从整体掌握整个路网范围的交通能耗和排放总量,另一方面,了解路网交通能耗和排放的变化趋势,从而为制定节能减排策略提供依据。下面以时间分布特征分析为例。

为直观表现时间分布特征,对全路网交通能耗和排放进行统计,以季度分布为例,分析路网交通能耗和排放的变化特征。其结果如图 2-9 所示。

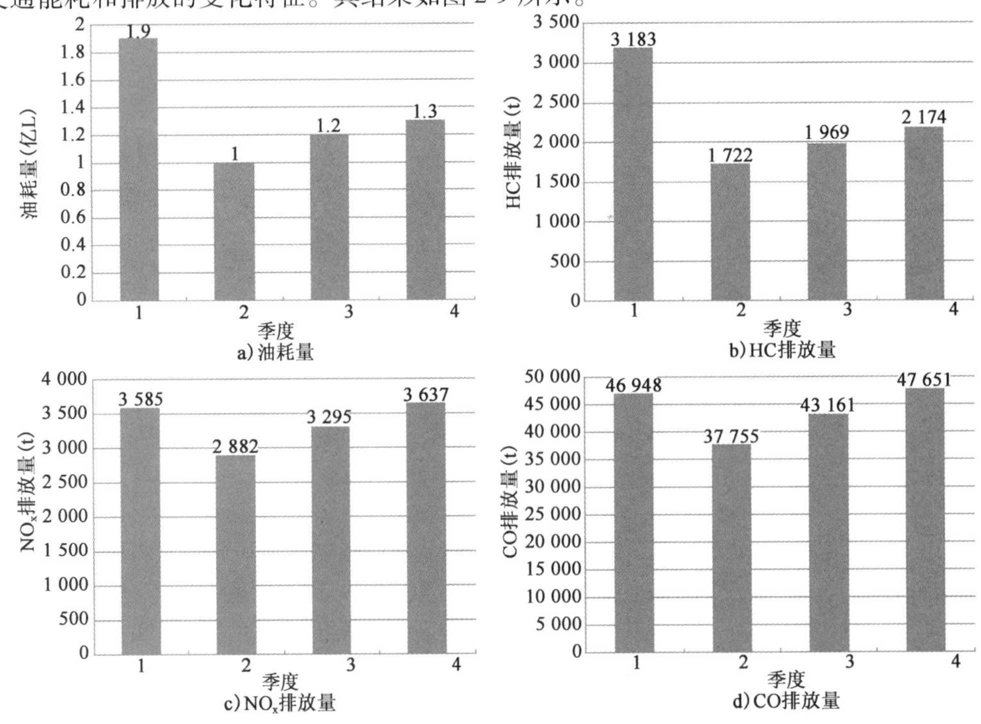

图 2-9　各季度路网交通能耗及排放量

由图 2-9,可以得出以下结论:

(1)从 2011 年全路网交通能耗和排放量总体来看,交通能耗巨大,各主要污染物排放中 CO 占最高水平,NO_x 次之,而 HC 的排放量最小。

(2)季度差异比较明显,其中第一、四季度无论是交通能耗还是各污染物的排放,均居于较高水平,第二、第三季度则处于较低水平。造成这种现象的原因,可能是年底与年初交接以及春节的来临,市区大量人群出行,从而增加机动车数量和出行次数,使得第一、第四季度的交通能耗和排放量显著上升。

(3)就交通能耗而言,第一季度的耗油量近似为第二季度的两倍,其巨大差异的原因,一方面可能是第一季度新增的大量机动车出行,另一方面,由于大量机动车出行使得道路超出其通行能力,产生交通拥堵现象,造成大量的能源消耗和排放。

(4)从各污染物的排放量可以看出,三种主要污染物的总排放量已达千吨乃至万吨的水平。CO 的排放量近似为 HC 和 NO_x 排放量总和的十倍,因此,要采取有力措施加强对这三种主要污染物,尤其是 CO 的治理。

同理,也可以对其月份及星期分布特征进行分析。

2.4　案例总结

能源和环境问题是备受关注的问题,关系到整个社会的发展以及人们的健康生存,随着交通能耗超越工业能耗,其产生的污染物排放所占比重越来越大,这一问题也成为国内外学者研究的热点。交通能耗和排放的算法研究,从交通环境角度,通过对路网范围交通系统能源消耗及污染物排放的预测、动态计算以及分布规律的研究,期望通过准确测算,降低交通领域的能源消耗和污染物排放。

本案例从交通和环境交叉学科角度出发,分析了城市道路交通流量、速度、排放因子、排放率、车型分布以及车辆属性相关的各部门数据资源及其特征。在数据源分析的基础上,建立了能够综合利用多部门数据资源的城市路网交通能耗和排放的测算方法。测算方法中,首先以 VSP 分布作为连接排放率和浮动车数据源的中间变量,量化单车在城市路网行驶时的能耗和排放。在测算单车排放之后,利用视频车牌识别和车辆信息数据源获取交通流车型比例,进而结合路段交通流量、道路长度等数据源,量化路段交通能耗和排放。

其次,针对交通流量和车型视频检测覆盖范围不全的问题,为测算全路网交通能耗和排放,本案例提出了依据区域位置和道路等级为特征变量的交通流参数时变扩样方法,对交通流量和车型比例进行扩样,从而在计算出路段交通能耗和排放量的基础上,实现城市路网范围交通能耗和排放的量化。并将算法运用于北京市路网的实例应用。

参 考 文 献

[1] 王炜, 项乔君, 常玉林, 等. 城市交通环境影响与能源消耗分析方法 [M]. 北京: 科学出版社, 2002.

[2] 靖苏铜, 王伟, 白韶波. 城市机动车排放因子的测算与研究 [J]. 交通标准化, 2009, 2

(10):136-138.
[3] 黄琼，于雷，杨方. 机动车尾气排放评价模型研究综述 [J]. 交通环保，2003，24(6)：28-31.
[4] 郝艳召. 中观层次路网机动车排放动态量化评价研究 [D]. 北京：北京交通大学，2010.
[5] 宋国华，于雷. 城市快速路上机动车比功率分布特性与模型 [J]. 交通运输系统工程与信息，2010，10(06)：133-140.
[6] SONG G, YU L. Estimation of fuel efficiency of road traffic by a characterization of VSP and speed based on FCD[R]. Journal of the Transportation Research Board, No. 1987, Transportation Research Board of the National Academies, Washington, D. C., 2009.
[7] 刘娟娟. 基于 VSP 分布的油耗和排放的速度修正模型研究 [D]. 北京：北京交通大学，2010.
[8] 陈燕涛. 基于 PEMS 技术的重型客车道路排放评估 [J]. 重型汽车，2007(3)：8-10.
[9] 李孟良，冯玉桥，秦孔建，等. 北京市轻型在用车实际道路排放特征分析 [J]. 武汉理工大学学报(交通科学与工程版)，2011，35(02)：237-240.
[10] 郝吉明，吴烨，傅立新. 北京市机动车污染分担率的研究 [J]. 环境科学，2001，22(9)：1-6.

案例3:面向油耗排放测算的浮动车数据集成粒度优化

3.1 案例目标

浮动车动态交通信息采集技术凭借其建设周期短、实时性强、覆盖范围广等优点，成为交通信息采集技术的重要方向之一。截至2008年，北京市浮动车系统包括约33 000辆出租汽车，约占出租汽车总量的1/2，达到北京市机动车总量的0.6%以上，覆盖北京市五环内(含五环)所有等级道路。每辆出租汽车上都装配有车载GPS设备，每分钟向出租汽车运营公司上传大约一个GPS点数据，包括车辆编号、上传时间、位置坐标、瞬时速度、行驶方位角、运行状态等内容。出租汽车运营公司再通过专线将数据实时传给数据处理中心。数据处理中心每天接收到的数据量大约为3 000万条。由于逐分钟进行GPS数据处理需要耗费大量时间和储存空间，浮动车系统进行路段平均运行速度计算的周期为5min。

浮动车获取的数据除被广泛应用于实时交通参数估计外，该技术已经被应用于道路油耗排放测算领域。利用浮动车技术进行交通油耗排放测算时需要明确的一个重要问题是，如何确定合理的时间间隔(本书称为集成粒度)进行数据集成。而集成粒度的大小直接关系到测算精度、通信成本及数据处理量。因此，在满足数据精度的前提下，进行面向油耗排放测算的浮动车速度集成粒度优化，确定一个合理的集成粒度，不仅对降低通信成本和提高系统运行效率具有重要意义，也是利用机动车油耗排放模型进行交通策略节能减排效果有效评价的关键。

3.2 方法设计

3.2.1 基本概念和原理

3.2.1.1 VSP与油耗和排放的关系

相关研究发现:

(1)当 VSP <0 时,车辆油耗和排放基本保持稳定,无明显变化。

(2)当 VSP >0 时,车辆油耗和排放随 VSP 的增大呈上升趋势,其中,油耗和 CO_2 排放与 VSP 具有相对较为良好的线性关系。

该研究还对瞬时速度、加速度与油耗排放的关系进行了类似分析,发现 VSP 对油耗、NO_x、HC、CO 的相关性均明显高于速度和加速度。从表 3-1 可以看出,在速度、加速度和 VSP 三个变量中,VSP 是与油耗排放一致性最好的关键变量。

VSP、速度、加速度与油耗排放的相关系数 表 3-1

车辆	变量	油耗因子	NO_x	HC	CO
捷达	VSP	0.676	0.618	0.388	0.424
	速度	0.529	0.592	0.332	0.296
	加速度	0.515	0.402	0.305	0.334
富康	VSP	0.634	0.547	0.358	0.592
	速度	0.545	0.484	0.278	0.544
	加速度	0.328	0.299	0.265	0.299
索纳塔	VSP	0.569	0.377	0.53	0.392
	速度	0.38	0.187	0.42	0.308
	加速度	0.382	0.214	0.301	0.196

3.2.1.2 VSP聚类方法

尽管作为油耗排放的解释变量,VSP 相对于速度、加速度等变量与机动车油耗排放特性有着更好的相关关系,但经过对车载油耗排放数据的分析发现,逐秒 VSP 与相对应的油耗排放数据存在较大的离散度。Frey 等人为了更加清晰地描述 VSP 变量与机动车油耗排放的相关性,提出了 VSP 聚类的方法,将 VSP 按照一定的间隔划分为不同的区间单元(将此区间单元定义为 Bin),并计算每个 Bin 下的平均油耗率和排放率(g/s)作为模型的基础数据。Bin 区间的长度越短、划分越细致,油耗率的计算将越精确。北京交通大学的宋国华通过对北京市道路交通运行模式以及车辆逐秒排放率的相关研究,确定以 1kW/t 为间隔对 VSP 进行聚类和油耗排放率聚合;并通过分析发现,北京市道路交通运行工况下,VSP 绝对值大于 20kW/t 的区间样本的占总样本量的比例不足 2.5%,因此研究中确定[-20kW/t,20kW/t]区间作为机动车油耗排放率趋势研究的 VSP 值分布范围。本案例采用了以 1kW/t 为间隔来进行 VSP 的聚类分析,具体分类方法如式(3-1)所示:

$$\text{VSP} \in [n-0.5, n+0.5), \text{VSP Bin} = n \tag{3-1}$$

式中,n 为正整数。

完成 VSP 值的聚类处理后,统计分析与各 VSP Bin 区间对应的平均油耗率,由此便可依据反映道路行驶工况的逐秒 VSP 数据测算道路油耗排放量。

基于以上 VSP 聚类方法,可结合道路交通流行驶工况数据与实测油耗排放数据,利用以下方法计算各 Bin 区间的平均排放率,如式(3-2)所示:

$$ER_i = \frac{\sum_{j=1}^{m} ER_{ij}}{m} \tag{3-2}$$

式中:ER_i——第 i 个 VSP Bin 区间下的平均油耗排放率(g/s);

ER_{ij}——第 i 个 VSP Bin 区间下第 j 个 VSP 对应的油耗排放率(g/s);

m——第 i 个 VSP Bin 区间下包含的 VSP 个数 。

3.2.1.3 利用 VSP 理论建模的原理

目前,国际主流的基于 VSP 理论建模的油耗排放模型(例如 MOVES 和 IVE 模型)在建模过程中,都需要采集大量的机动车逐秒 VSP 及油耗排放数据,并计算各 VSP Bin 区间的平均油耗率和排放率作为模型的测算依据。利用这些模型进行机动车油耗排放预测时,通常需要输入特定车辆在特定时间内、特定路段上的连续逐秒运行数据。其计算油耗排放平均排放因子的基本原理如式(3-3)所示:

$$EF = \frac{3\,600 \times \sum_i ER_i \times d_i}{\bar{v}} \tag{3-3}$$

式中:EF——特定时间内、特定路段的平均油耗或排放因子(g/km);

ER_i——第 i 个 VSP Bin 区间下的平均油耗排放率(g/s);

d_i——第 i 个 VSP Bin 区间下的分担率,无量纲;

$\bar{v}$——特定时间内、特定路段的平均行驶速度(km/h)。

这些模型计算油耗排放量的基本原理如式(3-4)所示:

$$E = \sum_i ER_i \times t_i \tag{3-4}$$

式中:E——特定时间内、特定路段的油耗或排放量(g);

ER_i——第 i 个 VSP Bin 区间下的平均油耗排放率(g/s);

t_i——第 i 个 VSP Bin 区间下的行驶时间(s)。

3.2.1.4 基于 VSP Bin 分布的排放率数据

MOVES 模型根据车辆行驶的瞬时速度和瞬时 VSP 值划分车辆运行模式 opMode, Operating Mode。首先 MOVES 将瞬时速度分为以下 4 个区间:(1)0 ~ 1.5km/h;(2)1.5 ~ 40km/h;(3)40 ~ 80km/h;(4)80km/h 以上。

其次,将以上四种速度下的数据按照 VSP 值划分到以下 9 个 Bin 区间:(1)0kW/t 以下;(2)0 ~ 3kW/t;(3)3 ~ 6kW/t;(4)6 ~ 9kW/t;(5)9 ~ 12kW/t;(6)12 ~ 18kW/t;(7)18 ~ 24kW/t;(8)24 ~ 30kW/t;(9)30kW/t 以上。

根据以上 4 个速度区间和 9 个 VSP 区间,将机动车运行模式进行分类编号(opModeID),见表 3-2。

MOVES 中机动车运行模式分类编号(opModeID)　　表 3-2

VSP (kW/t)	速　度　(km/h)			
	[0,1.5)	[1.5,40)	[40,80)	[80, +∞)
[-∞,0)	1	11	21	33
[0,3)	1	12	22	33
[3,6)	1	13	23	33
[6,9)	1	14	24	35
[9,12)	1	15	25	35
[12,18)	1	16	27	37
[18,24)	1	16	28	38
[24,30)	1	16	29	39
[30, +∞)	1	16	30	40

结合案例部分所选用测试车辆自身技术及使用情况,选取车龄为 3 年以下的轻型汽油车(SourceBinID = 1010120240000000000000)的排放模型,其各排放污染物(HC、CO、NO_x、CO_2)的平均基准排放率及平均基本油耗率见表 3-3。

MOVES 中所选车型各污染物的平均基准油耗排放率　　表 3-3

速度 (km/h)	VSP (kW/t)	HC 排放率 (g/h)	CO 排放率 (g/h)	NO_x 排放率 (g/h)	CO_2 排放率 (g/h)	油耗率 (g/h)
[0,1.5)	(-∞, +∞)	0.025 5	0.445 3	0.082 6	2 146.47	679.26
[1.5,40)	[-∞,0)	0.071 7	8.867 7	0.289 2	2 923.99	925.31
[1.5,40)	[0,3)	0.055 0	14.477 2	0.441 5	4 217.25	1 334.57
[1.5,40)	[3,6)	0.103 9	13.347 7	1.033 4	6 734.49	2 131.17
[1.5,40)	[6,9)	0.141 3	19.151 6	1.824 5	9 251.19	2 927.59
[1.5,40)	[9,12)	0.197 0	27.771 4	3.233 7	11 658.25	3 689.32
[1.5,40)	[12, +∞)	0.314 6	46.859 2	6.743 8	14 933.59	4 725.82
[40,80)	[-∞,0)	0.107 4	11.557 9	0.571 8	3 637.10	1 150.98
[40,80)	[0,3)	0.098 6	15.313 6	0.928 8	5 123.46	1 621.35
[40,80)	[3,6)	0.106 3	19.693 8	1.404 2	6 983.49	2 209.96
[40,80)	[6,9)	0.202 8	28.788 7	2.366 6	9 690.14	3 066.50
[40,80)	[9,12)	0.202 1	32.672 6	3.319 1	12 324.57	3 900.18
[40,80)	[12,18)	0.319 3	49.067 0	5.226 2	15 786.43	4 995.70
[40,80)	[18,24)	1.982 9	127.616 0	8.661 0	20 467.61	6 477.09
[40,80)	[24,30)	3.520 5	270.271 0	15.206 4	28 687.41	9 078.30
[40,80)	[30, +∞)	5.812 1	949.249 0	20.006 1	35 811.85	11 332.86
[80, +∞)	[-∞,6)	0.103 1	8.677 9	1.218 8	7 615.03	2 409.82
[80, +∞)	[6,12)	0.143 2	14.817 6	3.362 2	11 693.15	3 700.36
[80, +∞)	[12,18)	0.183 5	21.811 3	4.698 4	14 966.91	4 736.36
[80, +∞)	[18,24)	1.339 0	116.969 0	7.354 1	19 196.07	6 074.70
[80, +∞)	[24,30)	1.944 3	123.421 0	10.947 5	25 175.00	7 966.77
[80, +∞)	[30, +∞)	2.542 0	362.731 0	13.788 2	31 845.55	10 077.70

3.2.2 不同集成粒度下的道路行驶工况稳定性

基于VSP相关理论,提出稳定性指标,用以描述采用不同集成粒度所得集成数据反映道路行驶工况的稳定性,探索不同集成粒度下VSP分布稳定性的规律,为浮动车集成粒度优化研究指标体系的建立提供参照标准。为了使浮动车采样集成粒度优化研究尽量精确,结合实际调研数据与目前国际上常用的集成粒度,在0~1h中间选取10s、20s、30s、40s、50s、60s、70s、80s、90s、120s、180s、240s、300s、360s、600s、1 200s共16个集成粒度,分析这16个集成粒度下的VSP分布稳定性与浮动车原始数据状态(逐秒数据)下VSP分布稳定性的差异。

3.2.2.1 指标定义

稳定性指标定义:浮动车系统采集的逐秒速度数据以一定时间间隔进行集成后,在集成后得到的N组连续数据中抽取M组作为样本,将这M组样本的VSP分布与样本总体(N组连续数据)的VSP分布差异,作为稳定性指标。

稳定性指标的计算方法如式(3-5)所示:

$$L_i = \sum_{t=1}^{n_t} b_{it} \times \sum_{j=1}^{n_j} (p_j^{it} - p_j^{\overline{it}})^2 \tag{3-5}$$

式中:L_i——集成粒度为i时的稳定性指标,无量纲;

t——第t个速度区间,如[0,2),[2,4)…[80,∞);

n_t——速度区间个数,该方法中研究速度区间共41个;

b_{it}——第t个速度区间数据记录数占数据记录总数的权重;

j——第j个VSP Bin区间,如[-20,-19),[-19,-18)…[19,20);

n_j——VSP Bin区间个数,该方法选取VSP研究范围确定为[-20,20),一共划分41个Bin区间;

p_j^{it}——集成粒度为i时,第t个速度区间内,所抽选样本在第j个VSP Bin下的分担率;

$p_j^{\overline{it}}$——集成粒度为i时,第t个速度区间内,总体在第j个VSP Bin下的分担率。

利用以上公式,并采用SQL、VBA、MATLAB等编程工具,对基础数据进行处理,可对各集成粒度下的稳定性指标进行求解。

3.2.2.2 稳定性指标求解

分别依次计算20s、30s、40s、50s、60s、70s、80s、90s、120s、180s、240s、300s、360s、600s、1 200s这15个集成粒度下在5个不同抽样率(10%、20%、30%、40%、50%)下的样本与总体差异,并与浮动车原始数据稳定性进行比较,最终得到5个抽样率下17个集成粒度的样本与总体差异,结果如图3-1所示。

可以通过图3-1中的集成粒度与稳定性指标的相关性分析得出如下结论:

抽样率一定时,快速路稳定性指标随集成粒度的增大而增大,即集成粒度越大,稳定性指标越大,浮动车速度数据序列的样本与总体差异越大,稳定性越差。

集成粒度一定时,快速路稳定性指标随抽样率的增大而减小,即抽样率越大,稳定性指标越小,浮动车速度数据序列的样本与总体差异越小,稳定性越好。

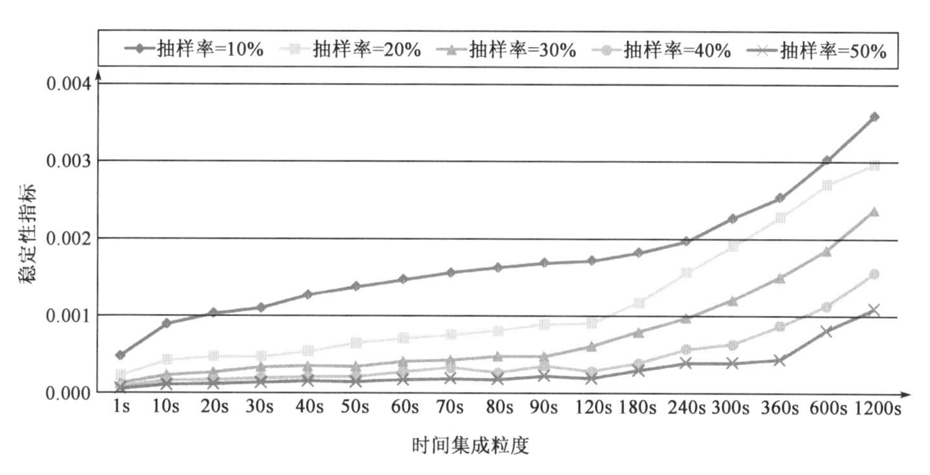

图 3-1 不同集成粒度下的稳定性指标

抽样率为 50%,集成粒度为 1s 时,即浮动车原始数据未经集成时,浮动车速度稳定性指标最小,浮动车速度数据序列的样本与总体差异最小,稳定性最好。

3.2.3 浮动车速度集成粒度优化指标体系

由 3.2.2 可知,浮动车系统进行逐秒数据采集和处理后,应用于道路车辆运行模式研究具有最强的可靠性,然而由于北京市浮动车系统不仅拥有数据庞大的出租汽车数量,而且覆盖路网范围较大,进行逐秒采集和油耗排放计算需要耗费巨大的时间和空间资源。因此,以浮动车原始数据 VSP 分布状态为基准,提出信息损失指标、时空复杂性指标以及相对误差指标,分析数据集成之后的 VSP 分布以及油耗排放测算与基于浮动车原始数据计算所得结果的差异,力求在测算误差允许的范围内,探索得到最优的浮动车速度集成粒度,进而在提高系统运行效率、节省数据处理时间与空间的同时,保证油耗排放测算的精度。

3.2.3.1 信息损失指标

对速度数据的集成必定会造成部分道路行驶信息的损失,最终导致利用其预测机动车油耗排放产生误差。信息损失指标即指浮动车系统采集的原始数据采用一定集成粒度进行速度集成后产生的信息丢失,即集成后所得数据序列的 VSP 分布与浮动车原始数据 VSP 分布的差异。

信息损失指标的计算方法如式(3-6)所示:

$$D_i = \left(\sum_{t=1}^{n_t} b_{it} \times \sum_{j=1}^{n_j} (q_j^{it} - \hat{q})^2\right) \tag{3-6}$$

式中:D_i——集成粒度为 i 时的信息损失指标,无量纲;

t——第 t 个速度区间,如[0,2),[2,4)…[80,∞);

n_t——速度区间个数,本方法研究速度区间共 41 个;

b_{it}——第 i 个集成粒度下,第 t 个速度区间数据记录数据总体的权重;

j——第 j 个 VSP Bin 区间,如[-20, -19),[-19, -18)…[19,20);

n_j——VSP Bin 区间个数,本方法选取 VSP 研究范围确定为[-20,20),一共划分 41 个 Bin 区间;

q_j^{it}——集成粒度为 i 时,第 t 个速度区间内,总体在第 j 个 VSP Bin 下的分担率;

$\hat{q}$——浮动车原始数据中，第 t 个速度区间内，总体在第 j 个 VSP Bin 下的分担率。

3.2.3.2 时空复杂性指标

浮动车系统采集的逐秒速度数据以一定时间间隔进行集成时，综合考虑系统执行速度集成算法时的时间复杂度和空间复杂度，两者加和之后进行归一化处理，作为时空复杂性指标，用于衡量不同集成粒度下计算机进行浮动车速度集成而占用计算机时间和空间资源的大小。时间复杂度是度量算法执行的时间长短，包含简单操作次数的多少，是系统运行时间的相对度量；与时间复杂度类似，空间复杂度是度量算法所需存储空间的大小，这里主要讨论执行算法时临时存储单元规模以及输出数据规模。而定义时空复杂度来综合衡量计算机执行某一算法需要占用的时间和空间资源。要求计算机解决的问题越复杂，规模越大，算法分析的工作量越大，所需的资源越多，计算时间越长，占用系统空间也越大。

时间复杂度的计算方法：通常情况下，算法的基本操作重复执行的次数是模块的函数，因此，算法的时间复杂度可计作：$T(n)=O(f(n))$。

空间复杂度的计算方法：空间复杂度是指算法在计算机内执行时所需的临时存储空间与输出数据存储空间之和，记作：$S(n)=S_1(n)+S_2(n)$。其中，$S_1(n)$代表算法在计算机内执行时所需的临时存储空间，与时间复杂度计算方法相同；$S_2(n)$代表输出数据存储空间，可依据实际输出数据规模确定。

将时间复杂度与空间复杂度相加，然后乘以浮动车进行数据集成的频率，可以得到时空复杂度的计算方法，如式(3-7)所示：

$$C_i=\frac{T_i(n)+S_i(n)}{t_i} \tag{3-7}$$

式中：C_i——集成粒度为 i 秒时的时空复杂度(s)；

$T_i(n)$——集成粒度为 i 秒时的时间复杂度，无量纲；

$S_i(n)$——集成粒度为 i 秒时的空间复杂度，无量纲；

n——浮动车系统每秒接收到的 GPS 数据记录条数；

t_i——集成粒度 I(s)。

将公式进行简化，得到式(3-9)：

$$C_i=2n+\frac{4}{t_i} \tag{3-8}$$

式中：C_i——集成粒度为 i 秒时的时空复杂度(s)；

n——浮动车系统每秒接收到的 GPS 数据记录条数；

t_i——集成粒度 I(s)。

最后，利用式(3-10)对时空复杂度指标进行标准化处理，得到时空复杂性指标：

$$SC_i=C_i-C_{\min} \tag{3-9}$$

式中：SC_i——集成粒度为 i 秒时的时空复杂性，无量纲；

C_i——集成粒度为 i 秒时的时空复杂度(s)；

$C_{\min}$——所有集成粒度中，时间复杂度的最小值。

3.2.3.3 相对误差指标

相对误差指标定义：浮动车系统采集的逐秒速度数据以一定时间间隔进行集成后，利用集成后得到的平均速度和VSP分布进行油耗排放测算时，所得到结果与原始数据测算所得油耗排放结果的差异。注意，此处的相对误差指标是指油耗排放测算产生的理论相对误差，即假设交通流中的排放率与VSP分布存在绝对一致性情况下的相对误差，而实际道路交通流的排放率因车型及道路工况的影响具有较大的时变性，从而导致油耗排放相对误差的量化更为复杂。

相对误差指标的计算方法如式(3-10)所示：

$$R_i = \frac{|E_i - E_0|}{E_0} \tag{3-10}$$

式中：R_i——集成粒度为i时的相对误差指标，无量纲；

E_i——集成粒度为i时测算得到的平均油耗排放因子(g/km)；

E_0——利用浮动车原始数据测算得到的平均油耗排放因子(g/km)。

结合指标计算公式，并采用SQL、VBA、MATLAB等编程工具，对原始数据进行处理，计算得到各集成粒度下的各个指标值可对指标进行求解，最终确定浮动车速度数据的最优集成粒度。

3.2.4　浮动车最优集成粒度确定

对不同集成粒度下信息损失指标、时空复杂性指标以及相对误差指标的求解、综合分析，以多目标平衡为前提，确定允许测算误差范围内的浮动车速度最优时间集成粒度。不同集成粒度下的信息损失指标、时空复杂性指标以及相对误差指标的趋势变化如图3-2所示。

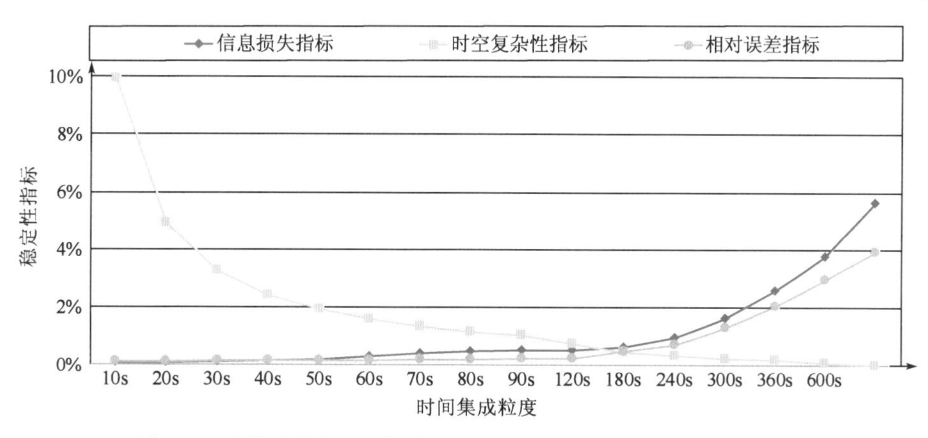

图3-2　不同集成粒度下的信息损失指标、时空复杂性指标与相对误差指标

从图3-2中，可以分析得出以下结论：

信息损失指标随集成粒度的增大而增大，说明集成粒度越大，集成后行驶工况信息损失越严重。当集成粒度在10～240s时，信息损失指标的变化趋缓较为平缓，对集成粒度敏感性较低；当集成粒度大于240s后，信息损失指标对集成粒度较为敏感，随集成粒度增大迅速增大。

相对误差指标随集成粒度的增大而增大，说明集成粒度越大，测算得到的油耗排放误差越大。当集成粒度在10～240s时，相对误差指标的变化趋缓较为平缓，对集成粒度敏感性较低；当集成粒度大于240s后，相对误差指标对集成粒度较为敏感，随集成粒度增大迅速增大。

时空复杂性指标随集成粒度的增大而减小，说明集成粒度越大，系统处理时间越短，存储空间越小，系统运行效率越高。当集成粒度介于10～60s时，时空复杂性变化对集成粒度敏感，随集成粒度增大迅速降低。当集成粒度大于60s后，时空复杂性指标变化趋缓，对集成粒度敏感性降低。

当集成粒度位于180s附近时，三根曲线出现交点，此时相对误差指标为0.66%，且在允许相对误差范围内（$R_i \leqslant 1\%$）。结合以上指标变化趋势，以及误差允许范围（1%以内），假设考虑各指标权重相等时，确定180s（即3min）作为北京市快速路上，面向油耗排放测算的浮动车速度最优时间集成粒度。

尽管交点出现的位置可能随不同指标间的权重不同而变化，但变化趋势上说明了60～240s内各指标变化平缓，是比较优化的集成粒度选取范围，实际情况下根据对不同指标的权重要求来选择集成粒度。此外，针对不同的排放测算应用，只要误差指标在可接受范围内，集成粒度可选择更宽的范围，如300s的集成粒度的理论误差指标在2%，一定条件下也可作为可接受的集成粒度。

3.3 方法应用

3.3.1 最优集成粒度下北京市快速路车辆运行模式研究

利用上一节中探索得到的最优时间粒度（3min），结合2010年北京市快速路浮动车数据以及2006年北京快速路浮动车数据，对北京市快速路车辆运行模式进行研究，并对比分析2006年与2010年北京市快速路运行模式的相同点与差异性，寻求北京市快速路VSP分布规律。

3.3.1.1 VSP分布获取

以3min为集成粒度对2006年及2010年调研所得原始浮动车数据进行集成后，按照平均速度及VSP值的组合将逐条数据记录归类到41个平均速度区间下的41个VSP Bin区间下，2006年及2010年北京市快速路VSP分布状态分别如图3-3和图3-4所示。

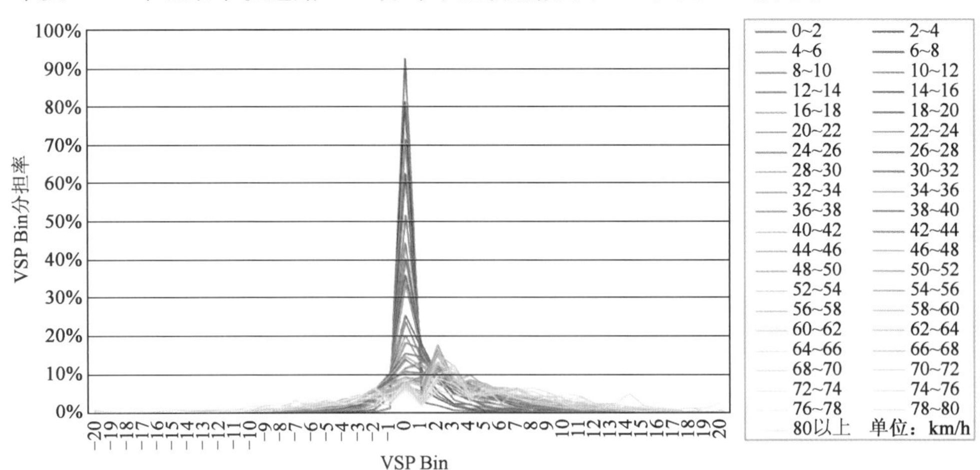

图3-3 2006年北京市快速路VSP分布状态

如图3-3和图3-4所示，3min集成粒度下，2006年北京市快速路VSP分布与2010年北京市快速路VSP分布在总体趋势上相同，但由于交通拥堵情况的加剧等外界因素，两者在不同速度下各 VSP Bin 下的分担率存在一定差别。

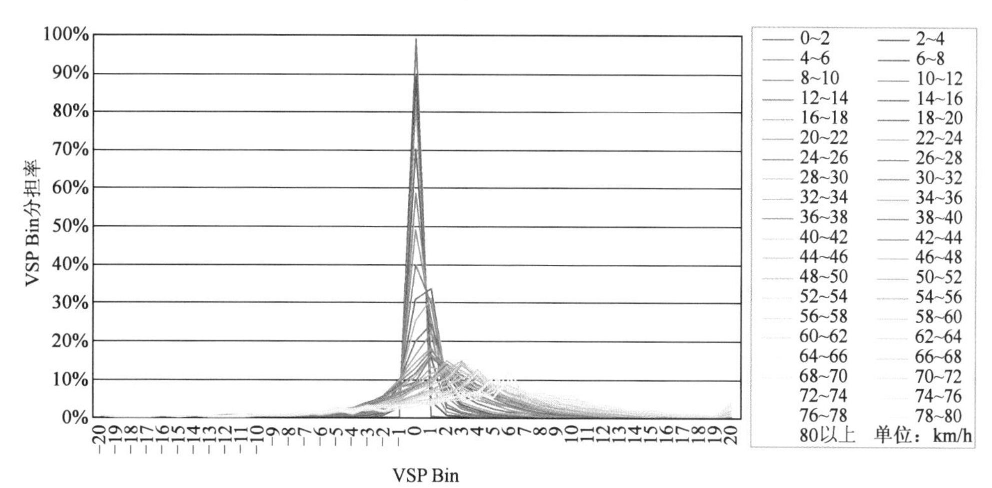

图 3-4　2010 年北京市快速路 VSP 分布状态

3.3.1.2　分析对比

选取[2km/h,4km/h)、[12km/h,14km/h)、[22km/h,24km/h)、[32km/h,34km/h)以及[42km/h,44km/h)三个城市道路上所占比重较大的速度区间,对 2006 年及 2020 年北京市快速运行模式进行对比分析和规律探索,所得结果如图3-5 ~ 图 3-9 所示。

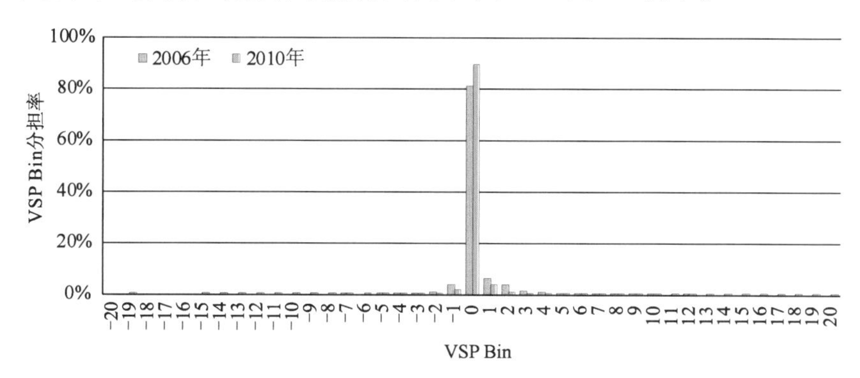

图 3-5　北京市快速路 VSP 分布——速度区间 [2km/h,4km/h)

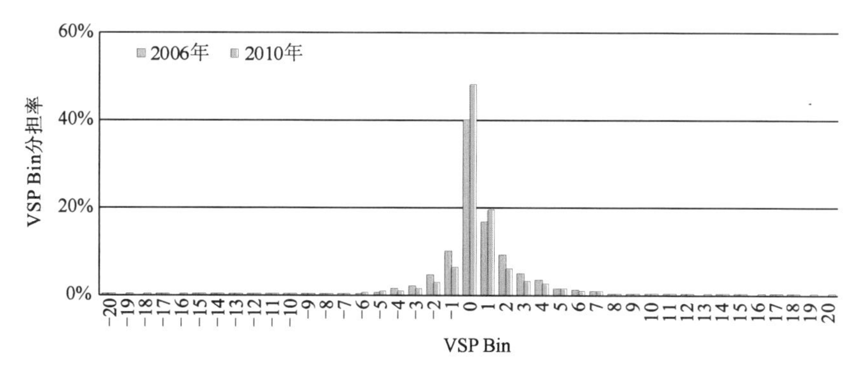

图 3-6　北京市快速路 VSP 分布——速度区间[12km/h,14km/h)

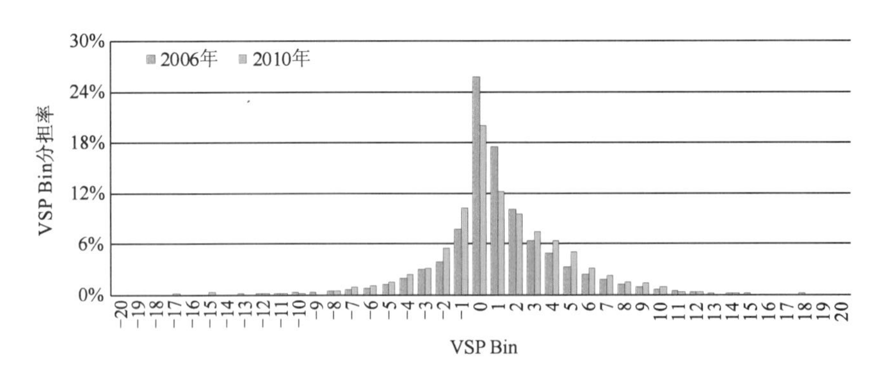

图 3-7　北京市快速路 VSP 分布——速度区间［22km/h,24km/h）

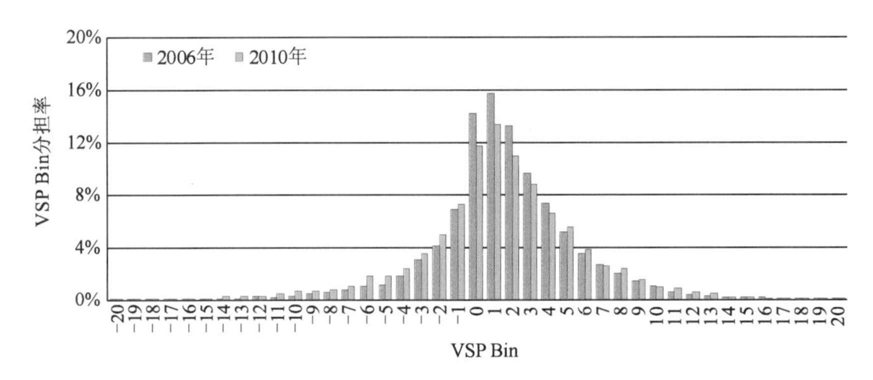

图 3-8　北京市快速路 VSP 分布——速度区间［32km/h,34km/h）

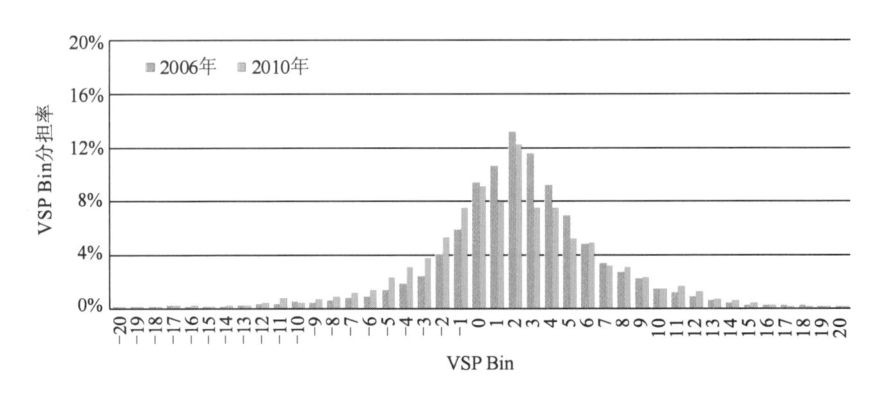

图 3-9　北京市快速路 VSP 分布——速度区间［42km/h,44km/h）

观察图 3-5 ~ 图 3-9 不同速度区间下的北京市快速路 VSP 分布特性，可得出关于北京市快速路车辆运行模式的如下结论：

同一平均速度区间内，2006 年北京市快速路在各 VSP Bin 下的分布率与 2010 年大致相等，存在细微差异。

各平均速度区间内，正 VSP Bin 区间的 VSP 分布比例大于负区间，且平均行程速度越大，正区间的分布比例越大。

在平均行程速度越低，VSP 值介于 0 ~ 1kW/t 的数据量越大。例如当平均行程速度为 2 ~ 4km/h 时，2006 年与 2010 年北京快速路 VSP 值介于 0 ~ 1kW/t 区间的比率分别为 81.0% 和

89.5%。

当平均行程速度高于 22 ~ 24km/h 时,北京市快速路 VSP 分布均呈现稳定的正态分布形态。

由此可知,北京市快速路车辆运行模式存在较为稳定的规律。

3.3.2　基于最优集成粒度的机动车油耗排放测算

基于以上研究成果,结合 MOVES 模型中基于 VSP 分布的各种污染物排放率数据,应用北京市快速路车辆运行模式对道路机动车排放进行测算,并将结果与 PEMS 实测车辆运行模式测算结果以及 MOVES 模型的预测结果进行对比,以验证利用最优集成粒度集成后所得北京市快速路车辆运行模式进行道路车辆油耗排放测算的准确性。

3.3.2.1　研究范围及数据选取

案例采用 PEMS 测试设备跟随捷达车绕北京市二环快速路行驶所得逐秒速度及油耗排放数据为基础。数据测试路线覆盖北京市二环快速路,测试车辆在行驶过程中按照交通流运行速度正常运行,以真实反映实际路网车辆排放特征。如图 3-10 所示为测试线路。

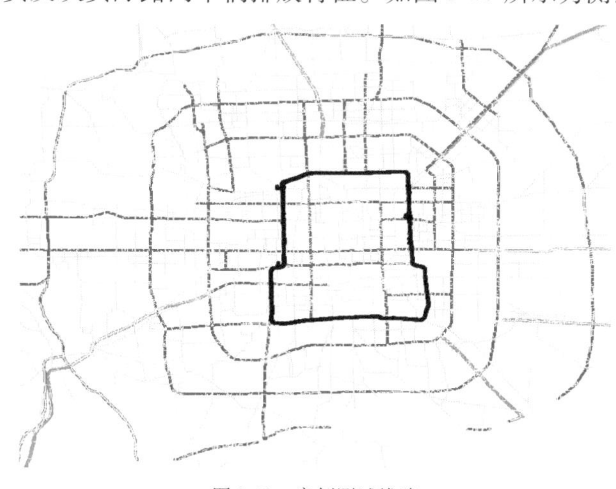

图 3-10　案例测试线路

3.3.2.2　车辆运行模式研究

(1)北京市快速路车辆运行模式

快速路浮动车速度最优时间集成粒度为 3min,结合北京市 2010 年交通拥堵公众感知调研所得浮动车数据,对北京市快速路车辆运行模式进行研究,得出了北京市快速路 VSP 分布规律,如图 3-11 所示。

(2)北京市快速路实测车辆运行模式

同样采用 3min 作为集成粒度对实测车辆运行数据进行速度集成,并进行 VSP 分布状态的计算,得到实测车辆运行模式,如图 3-12 所示。

(3)MOVES 模式中车辆运行模式

考虑到案例中测试范围为二环快速路,对应选取 MOVES 中微观层面(Project)的快速路(Expressway)作为预测范围,并输入车辆技术、外界环境、车辆运行三方面信息,MOVES 模型预测输入参数见表3-4。

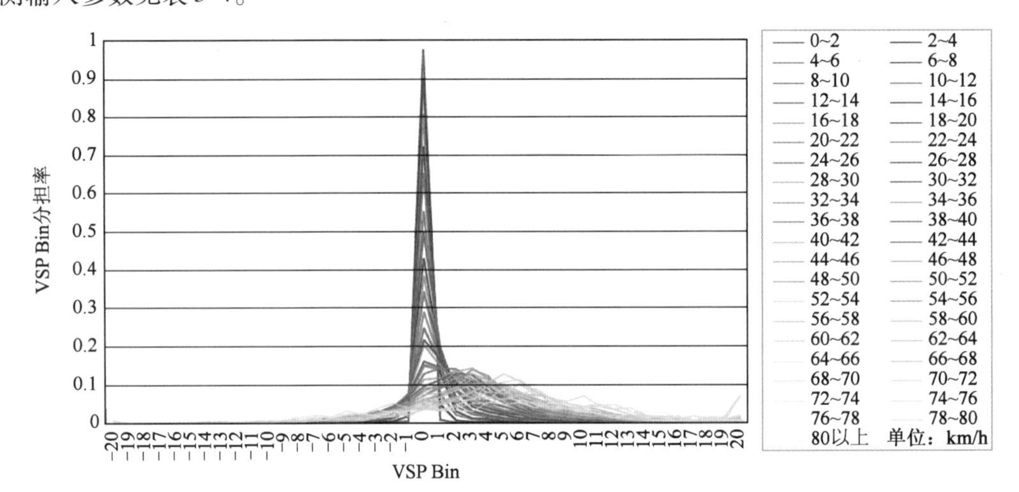

图3-11　北京市快速路车辆运行模式

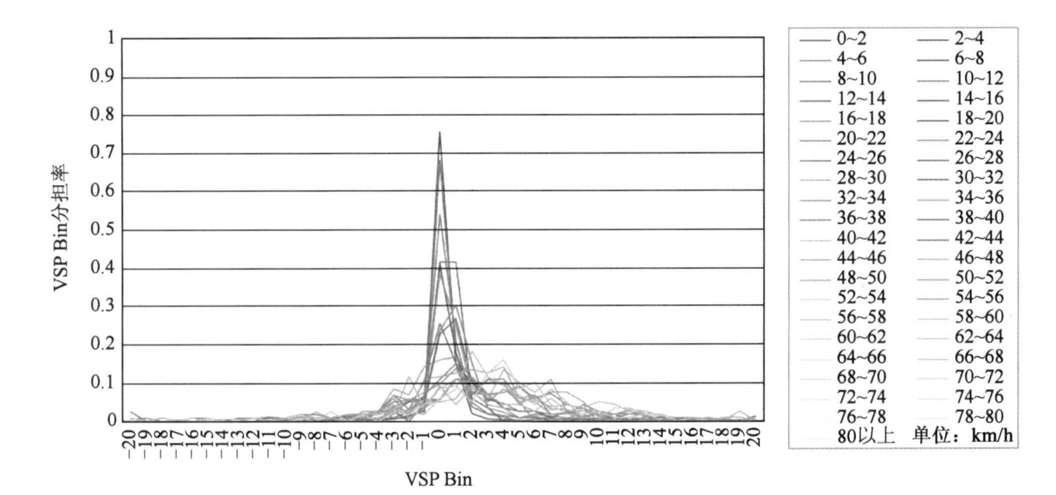

图3-12　PEMS实测车辆运行模式

MOVES模型预测输入参数　　表3-4

车辆技术信息	车型	passenger car
	车龄	3year
	燃油类型	petrol
外界环境信息	温度	82.4 RH
	湿度	78°F
	雷氏蒸汽压	9.4O/D
车辆运行信息	平均速度	15.2mile/h(1mile = 1.609 3m,下同)
	行驶里程	20.7mile

输入以上参数后，运行MOVES模型，可以导出相应的机动车运行模式(opMode)。参照表3-2MOVES中机动车运行模式分类编号(opModeID)，依照瞬时速度和VSP值对机动车运行

模式(opMode)进行分类的方法,可以得出4个速度区间(0~1.5km/h;1.5~40km/h;40~80km/h;80km/h以上)和9个VSP区间对应的VSP分布状态;由于测试所得数据中0~1.5km/h和80km/h以上两个区间的数据量很少,大部分数据速度集中在1.5~40km/h和40~80km/h两个区间内,本次重点展示后两个速度区间VSP分布,不考虑前两个区间。如图3-13、图3-14所示为1.5~40km/h及40~80km/h两个速度区间下的VSP分布。

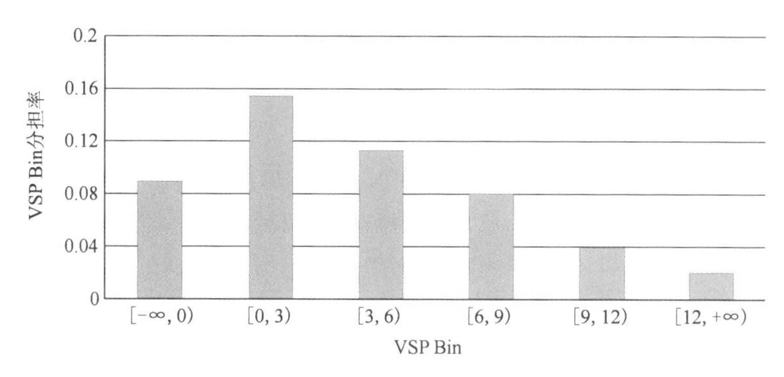

图3-13　MOVES模型预测1.5~40km/h速度区间车辆运行模式

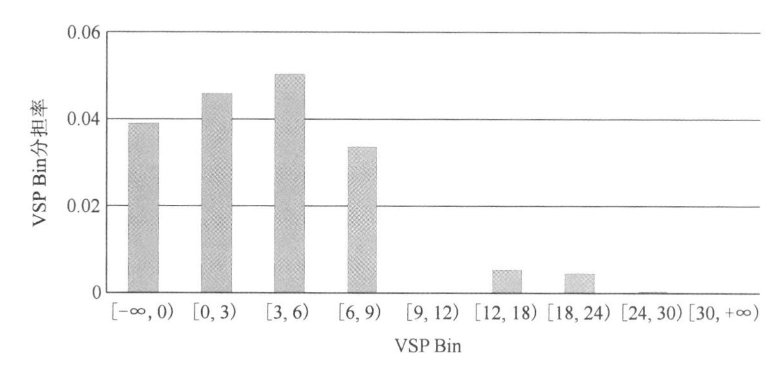

图3-14　MOVES模型预测40~80km/h速度区间车辆运行模式

3.3.2.3　车辆油耗排放测算

结合3.3.2.2中研究所得北京市快速路车辆运行模式、实测车辆运行模式以及MOVES模型预测车辆运行模式,运用MOVES模型各种机动车运行模式(opMode)下的基础排放率数据,采用基于VSP分布及VSP Bin排放率进行机动车油耗排放因子和总量测算的方法[式(3-3)和式(3-4)],可以基于上述三种车辆行驶模式计算得到测试时段内的机动车油耗排放因子及排放总量,此计算可在EXCEL中编写VBA程序代码进行,计算结果如表3-5所示。

三种模式下机动车油耗排放因子与排放量　　表3-5

污染物及油耗		本研究所得快速路车辆运行模式	实测车辆运行模式	MOVES预测车辆运行模式
排放因子(g/km)	NO_x	0.041 3	0.032 9	46.848 9
	CO	0.621 5	0.616 2	0.761 2
	HC	0.004 2	0.003 5	0.005 0
油耗因子(g/km)		70.231 7	64.715 7	108.411 0

续上表

污染物及油耗		本研究所得快速路 车辆运行模式	实测 车辆运行模式	MOVES 预测 车辆运行模式
排放量 (g)	NO_x	1.369 1	1.089 3	1.552 9
	CO	20.601 1	20.424 6	25.232 4
	HC	0.140 6	0.115 1	0.166 7
油耗量(g)		2 327.969 7	2 145.132 6	3 593.500 0

3.3.2.4　对比分析

3.3.1 中测算得到了快速路车辆运行模式、实测车辆运行模式及 MOVES 预测车辆运行模式三种模式下的机动车污染物排放因子与排放量，本部分将对这三种模式下的机动车油耗排放因子与排放量进行对比分析，如图 3-15、图 3-16 所示。

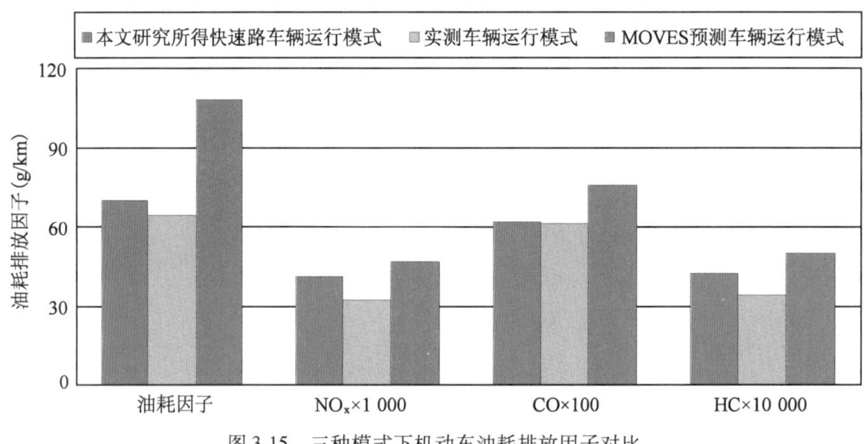

图 3-15　三种模式下机动车油耗排放因子对比

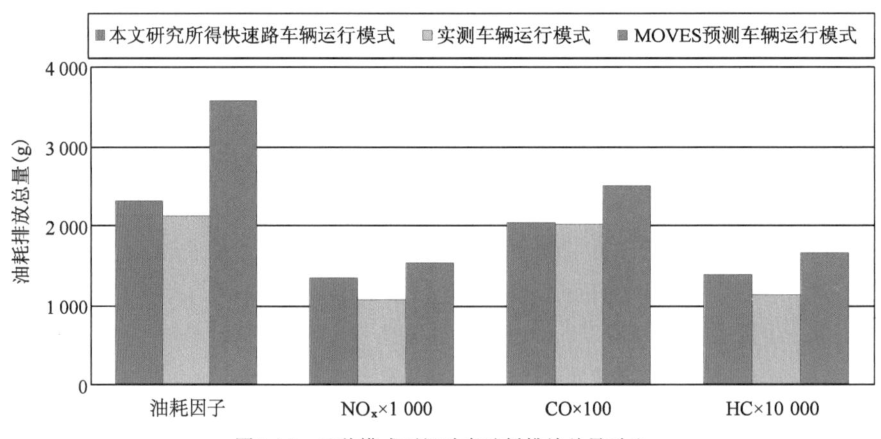

图 3-16　三种模式下机动车油耗排放总量对比

从图 3-15、图 3-16 中，可以观察得出以下结论：

应用最优集成粒度对浮动车原始数据集成后所得的北京市快速路车辆运行模式，对于机动车污染物排放因子及污染物排放量的结果均较 MOVES 模型预测结果更接近于实测车辆运行模式下机动车污染物排放因子及污染物排放量。

对于油耗而言,快速路车辆运行模式下测算结果与实测车辆运行模式下测算结果相差8.5%,而MOVES模型预测结果误差为67.5%;对于NO_x而言,快速路车辆运行模式下测算结果与实测车辆运行模式下测算结果相差25.6%,而MOVES模型预测结果误差为42.6%;对于CO,快速路车辆运行模式下测算结果与实测车辆运行模式下测算结果相差0.86%,而MOVES模型预测结果误差为23.5%;对于HC,快速路车辆运行模式下测算结果与实测车辆运行模式下测算结果相差22.2%,而MOVES模型预测结果误差为44.8%。

从总体上看,利用本案例研究所得快速路车辆运行模式测算的机动车油耗排放结果与实测车辆运行模式下机动车污染物排放测算结果更为接近。

以上对比结果验证了应用最优集成粒度得到的北京市快速路车辆运行模式的可靠性,更从侧面反映了浮动车采样集成粒度优化研究方法的合理性,以及以3min作为北京市快速路浮动车数据最优集成粒度的准确性。

3.4 案例总结

本案例提出了确定面向油耗排放测算的浮动车数据最优集成力度研究方法,建立了包含信息损失指标、时间复杂性指标、相对误差指标在内的综合指标体系,用于判断不同集成粒度下获取的VSP分布及油耗排放测算与基于浮动车原始数据计算所得结果的差异,确定了3min作为北京市快速路最优浮动车采样集成粒度。案例对该方法研究成果进行了应用。首先应用3min最优集成粒度对比分析了2006年与2010年北京市快速路VSP分布规律;其次应用3min最优集成粒度对采集到的实测车辆运行数据进行集成并结合运行模式分布测算排放因子和排放量,通过与实测车辆运行模式及MOVES预测车辆运行模式下的机动车污染物排放因子与排放量对比,得出了最优集成粒度下机动车污染物排放测算结果与实测车辆运行模式下机动车污染物排放测算结果更为接近。由此验证了应用最优集成粒度得到的北京市快速路车辆运行模式的可靠性,从侧面反映了浮动车采样集成粒度优化研究方法的合理性,以及以3min作为北京市快速路浮动车采样最优集成粒度的准确性。

参 考 文 献

[1] 朱丽云, 温慧敏, 孙建平. 北京市浮动车交通状况信息实时计算系统[J]. 城市交通, 2008(1): 77-90.

[2] JIMENEZ-PALACIOS J L. Understanding and Quantifying Motor Vehicle Emissions with Vehicle Specific Power and TILDAS Remote Sensing [D]. Doctoral thesis, Massachusetts Institute of Technology, Cambridge, 1999.

[3] 刘娟娟. 基于VSP分布的道路油耗排放修正模型[D]. 北京: 北京交通大学, 2010.

[4] COELHO M., FREY H C, ROUPHAIL N M, et al. Assessing methods for comparing emissions from gasoline and diesel light-duty vehicles based on microscale measurements [J]. Transportation Research Part D Transport & Environment, 2009, 14(2): 91-99.

[5] FREY H C, ROUPHAIL. N M, ZHAI H. Speed and facility-specific emission estimates for on-road light-duty vehicles on the basis of real-world speed profiles [C]. Journal of the Transportation Research Board, No. 1987, Transportation Research Board of the National Acade-

mies, Washington, D. C., 2006: 128-137.
[6] 宋国华,于雷. 城市快速路上机动车比功率分布特性与模型 [J]. 交通运输系统工程与信息. 2010(12):133-135.
[7] SONG G, YU L. Estimation of fuel efficiency of road traffic by a characterization of VSP and speed based on FCD [R]. Journal of the Transportation Research Board, No. 1987, Transportation Research Board of the National Academies, Washington, D. C., 2009.
[8] U. S. Environmental Protection Agency(EPA). An Introduction to Draft MOVES 2009 [EB/OL]. (2009-12-05) [2010-05-15]. http:0www/Epa. gov/OMS/models/moves/420b09026.pdf, 2009, 12.
[9] U. S. Environmental Protection Agency (EPA). Draft motor vehicle emission simulator (MOVES)2010, user guide [R]. Washington, D. C., EPA: 2009, 12.
[10] 周育人. 演化算法的时间复杂性 [J]. 计算机工程与应用, 2005(25): 9-27.
[11] 夏枫. 简化算法的时间复杂性分析 [J]. 重庆电力高等专科学校学报, 2002(3): 16-20.

案例4:基于机动车比功率分布的油耗和排放的速度修正模型

4.1 案例目标

为应对交通能耗和环境问题,我国制定了大量的交通策略以降低车辆的燃油消耗和尾气排放。如何量化评价各种策略的节能减排效果,是如今交通部门亟待解决的关键问题。通过模型对交通政策实施前后的机动车油耗和尾气排放进行预测是交通策略评价的一个重要手段,然而传统的尾气排放预测模型在考虑交通特征方面存在严重不足,无法与交通模型进行有效的衔接。

鉴于此,本案例基于大量车载排放检测(PEMS)实测数据和GPS数据,利用机动车比功率(VSP,Vehicle Specific Power)对北京市各类型道路上的驾驶行为进行描述,从而建立基于VSP分布的油耗和排放的速度修正模型,准确刻画速度对油耗和尾气排放的影响,为交通策略对机动车油耗和排放的影响提供准确有效的评价手段。

4.2 方法设计

4.2.1 基本概念和原理

4.2.1.1 基本油耗和排放因子的计算

基本油耗和排放因子的计算方法为:

$$EF_b = \left(\sum_{i=-20}^{20} ER_i \times \text{Bin}_i\right) \times \frac{T_b}{D_b} \tag{4-1}$$

式中:EF_b——基本油耗和排放因子(g/km);

ER_i——第 i 个 VSP Bin 的油耗率和排放率(g/s);

Bin_i——基本行驶周期中第 i 个 VSP Bin 的时间分布比例,无量纲;

T_b——基本行驶周期的时间长度(s);

D_b——基本行驶周期的距离长度(km)。

4.2.1.2 基本油耗和排放因子的计算

各平均速度下油耗和排放因子的计算方法:

$$EF_k = \frac{\sum_{i=-20}^{20} ER_i \times \mathrm{Bin}_{ik}}{v_k} \times 3\,600 \tag{4-2}$$

式中:EF_k——第 k 平均速度区间的油耗和排放因子(g/km);

ER_i——第 i 个 VSP Bin 的平均油耗率和排放率(g/s);

Bin_{ik}——第 k 个平均速度区间第 i 个 VSP Bin 的分布率,无量纲;

v_k——第 k 个平均速度区间的实际平均速度(km/h)。

4.2.1.3 速度修正模型

根据各类型车辆的基本油耗和排放因子,以及在不同等级道路上各速度区间的平均油耗和排放因子,根据式(4-3)计算得到各速度区间的油耗和排放因子的速度修正系数。

$$\mathrm{SCF}_k = \frac{EF_k}{EF_b} \tag{4-3}$$

式中:SCF_k——第 k 个平均速度区间的油耗和排放因子修正系数,无量纲;

EF_k——第 k 个平均速度区间的油耗和排放因子(g/km);

EF_b——基本油耗和排放因子(g/km)。

4.2.1.4 速度修正模型显著性检验

显著性检验是指检验被解释变量与所有解释变量之间的线性关系是否显著,应用到本案例中是检验速度与修正系数之间的线性关系是否显著。

在模型的显著性检验中采用方差分析的方法。原假设为:$\beta_1 = 0$,即回归系数与零无显著差别,即当回归系数为零时,不论速度(自变量)如何变化都不会引起修正系数(因变量)的变化,速度无法解释修正系数的变化,二者之间不存在线性关系。采用 F 统计量作为检验统计量,其数学定义如公式(4-4)所示:

$$F = \frac{\sum_{i=1}^{n} (\hat{y}_i - \bar{y})^2}{\sum_{i=1}^{n} (y_i - \hat{y}_i)^2 / (n-2)} \tag{4-4}$$

F 统计量服从$(1, n-2)$个自由度的 F 分布。本案例选取 SPSS 统计分析软件进行模型的显著性检验,由于本案例所建的速度修正模型为幂函数形式,因此采用曲线回归进行分析。SPSS 自动计算检验统计量的观测值(F)及相应的显著性水平(Sig.),如果 Sig. 小于 0.005,则拒绝原假设,即认为速度(自变量)与修正系数(因变量)关系显著,模型通过显著性检验,反之则认为接受原假设,模型没有通过显著性检验。

4.2.2 基于 VSP 分布的油耗和排放的速度修正模型的建立和检验方法

模型的基本原理是:通过计算各类车型的基本油耗和排放因子及在各平均速度下的平均

油耗和排放因子，在此基础上，分析速度对油耗和排放的相对影响关系，建立速度对油耗和排放因子的修正模型。具体的设计思路如图 4-1 所示。

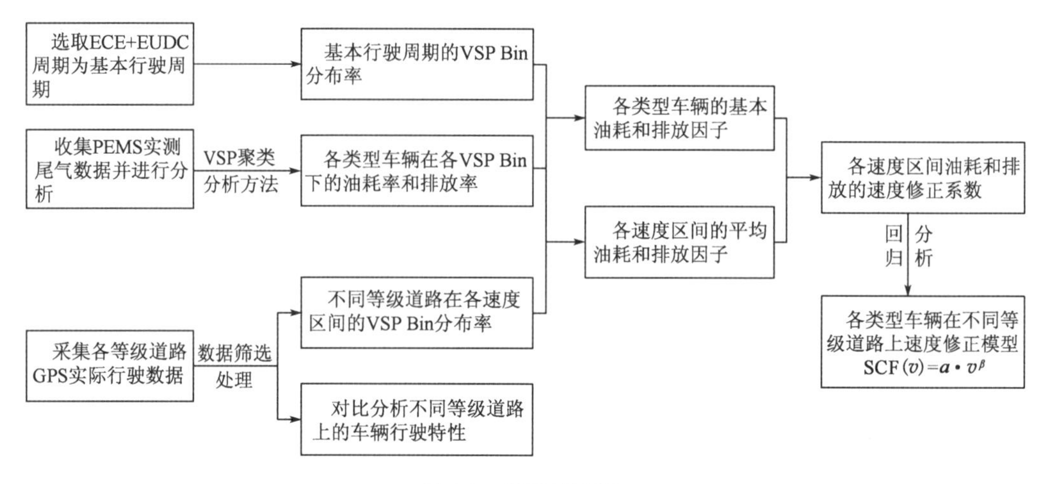

图 4-1　模型设计思路

4.3　方法应用

本案例选取北京市尾号限行政策作为模型应用案例，对比分析限行政策实施前后二环路上的机动车油耗和尾气排放，评价其节能减排效果。

4.3.1　研究范围和数据选取

本案例所使用的基础数据包括两部分：

(1)北京交通大学交通环境实验室数年来积累的 80 多万条机动车油耗和尾气排放数据；

(2)北京交通大学交通环境实验室收集的北京市实际路网中轻型车行驶 GPS 数据；

(3)北京市二环路限行前后的速度和流量数据。

4.3.2　基于 VSP 分布的油耗和排放的速度修正模型的建立

本案例通过计算各类车型的基本油耗和排放因子及在各平均速度下的平均油耗和排放因子，在此基础上，分析速度对油耗和排放的相对影响关系，建立速度对油耗和排放因子的修正模型。模型的建立包括基本油耗和排放因子的计算、各平均速度下油耗和排放因子的计算和各等级道路油耗和排放的速度修正模型的建立。

4.3.2.1　基本油耗和排放因子计算

考虑到不同类型车辆油耗和排放水平不同，对于轻型汽油车来说，排放标准是影响车辆排放水平的重要因素。本案例以北京交通大学交通环境实验室现有的 80 多万条车辆逐秒排放数据为基础数据，按照车辆的排放标准类型进行分类整理，分别计算各类型车辆的油耗率和排放率及基本油耗和排放因子。

(1)不同类型车辆油耗率和排放率计算

本案例拟采用 VSP 聚类的方法统计计算各类型车辆在各 VSP Bin 下的油耗率和排放率。

在介绍 VSP 聚类分析方法的基础上，展开对各类型车辆在各 VSP Bin 下油耗率和排放率的计算。

①VSP Bin 的聚类分析方法

由于 VSP 为离散变量，为了更好地统计 VSP 与油耗和排放的关系，将 VSP 按照一定的间隔进行分类，划分为不同的 VSP 区间，即为 VSP Bin，从而以每个 Bin 下的平均油耗和排放值计算各 Bin 下的油耗率和排放率。本案例将 VSP 以 1kW/t 为间隔进行聚类处理，见式(4-5)：

$$\forall \ : \mathrm{VSP} \in [n-0.5, n+0.5), \mathrm{VSP\ Bin} = n \tag{4-5}$$

式中，n 为正整数。

基于以上 VSP 聚类方法，计算各 VSP Bin 下的排放率，如公式(4-6)所示：

$$ER_i = \sum_{j=1}^{m} \frac{ER_{ij}}{m_i} \tag{4-6}$$

式中：ER_i——第 i 个 VSP Bin 的排放率(g/s)；

ER_{ij}——VSP Bin 为 i 的第 j 个 VSP 对应的油耗或排放率(g/s)；

m_i——VSP Bin 为 i 的 VSP 个数。

②油耗率和排放率计算

各种类型车辆油耗率和排放率的计算过程可分为以下三个部分：

A. 基础数据收集

以北京交通大学交通环境实验室数年来积累的 80 多万条机动车油耗和尾气排放数据为基础数据，数据格式如表 4-1 所示。该数据是利用 PEMS 车载尾气测试设备所收集的北京市实际路网中按照正常交通流行驶车辆的油耗和尾气排放数据，样本车辆共计 48 辆，车辆信息如表 4-2 所示。

PEMS 数据示例　　表 4-1

DAY (日期)	TIME (时间)	SPEED(km/h) (速度)	ACCEL(m/s^2) (加速度)	FUEL(g/km) (油耗因子)	NO_x(g)	HC(g)	CO(g)
2009-8-3	16:53:28	17.6	0.1	0.447 56	0.000 13	0.001 45	0.003 09
2009-8-3	16:53:29	17.2	-0.1	0.399 92	0.000 12	0.001 30	0.002 70
2009-8-3	16:53:30	17.0	-0.1	0.544 82	0.000 24	0.001 77	0.003 58
2009-8-3	16:53:31	17.6	0.2	0.733 09	0.000 53	0.002 40	0.004 58
2009-8-3	16:53:32	18.3	0.2	0.767 41	0.000 57	0.002 54	0.004 49
2009-8-3	16:53:33	19.1	0.2	0.674 99	0.000 37	0.002 23	0.003 73
2009-8-3	16:53:34	19.6	0.1	0.563 52	0.000 23	0.001 86	0.002 97
2009-8-3	16:53:35	16.9	-0.8	0.459 67	0.000 14	0.001 52	0.002 39
2009-8-3	16:53:36	16.7	-0.1	0.393 22	0.000 08	0.001 29	0.002 07
2009-8-3	16:53:37	16.3	-0.1	0.364 88	0.000 06	0.001 21	0.001 97
2009-8-3	16:53:38	16.1	-0.1	0.377 46	0.000 05	0.001 25	0.002 00
2009-8-3	16:53:39	15.6	-0.1	0.450 50	0.000 13	0.001 49	0.002 33
2009-8-3	16:53:40	14.6	-0.3	0.523 81	0.000 24	0.001 73	0.002 67
……	……	……	……	……	……	……	……

PEMS 测试车辆信息　　表 4-2

测试日期	车辆类型	车牌号	制造年份	车重(kg)	排气量(L)	燃油类型
2005-2-23	捷达 CI	京 BF09 × ×	2002 年	1080	1.6	汽油
2005-4-13	桑塔纳 3000	京 BF60 × ×	2004 年	1595	1.8	汽油
2005-4-28	捷达 CI	京 BD23 × ×	2000 年	1080	1.6	汽油
2005-5-14	神龙富康	京 BC19 × ×	1999 年	927	1.4	汽油
2005-6-3	夏利 7131	京 BD74 × ×	2000 年	840	1.342	汽油
2006-4-19	捷达 CI	京 EK93 × ×	2000 年	1080	1.6	汽油
2006-7-25	捷达 CI	京 EK51 × ×	2000 年	1080	1.6	汽油
2007-5-14	捷达 CIX	京 K124 × ×	2006 年	1545	0	汽油
……	……	……	……	……	……	……
2009-8-3	现代索纳塔 2.0	京 L535 × ×	2007 年	1885	2	汽油

B. 车辆类型划分

本案例按照车辆所执行的排放标准，根据测试车辆的生产年份，进行车辆类型的划分。最终将测试车辆划分为国 0、国 I、国 II 和国 III 这四种类型。

C. 油耗率和排放率计算

利用 VSP 聚类分析的方法分别计算各类型车辆的油耗率和排放率。具体方法为：

首先，基于各类型车辆的 PEMS 实测逐秒油耗和尾气排放数据，如表 4-2 所示，可由逐秒速度、加速度计算得到逐秒的 VSP 值。

其次，根据式(4-5)所示的 VSP Bin 划分方法，将逐秒 VSP 划分为 41 个不同的 VSP Bin。

最后，将所有数据按照车型、VSP Bin 进行分类聚集，根据式(4-6)，分别统计计算各类型车辆各 VSP Bin 的平均油耗和排放率。

(2)不同类型车辆油耗和排放特性对比分析

图 4-2 和图 4-3 为各类型车辆在各 VSP Bin 下的油耗率和 NO_x、HC、CO 排放率对比图(因篇幅关系，只展示 NO_x 排放率对比图)。

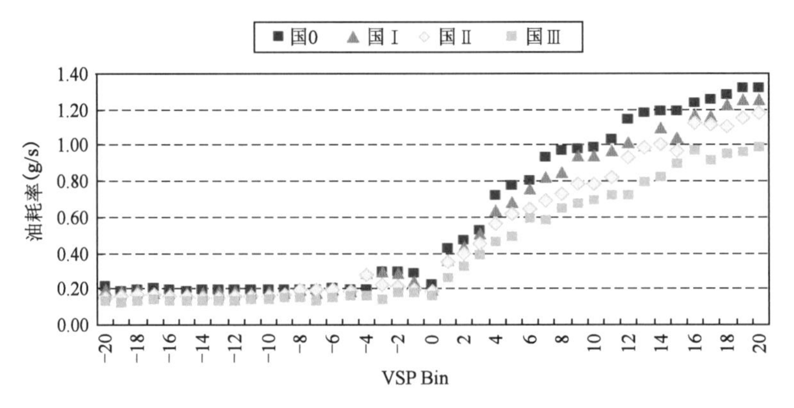

图 4-2　不同类型车辆油耗率对比

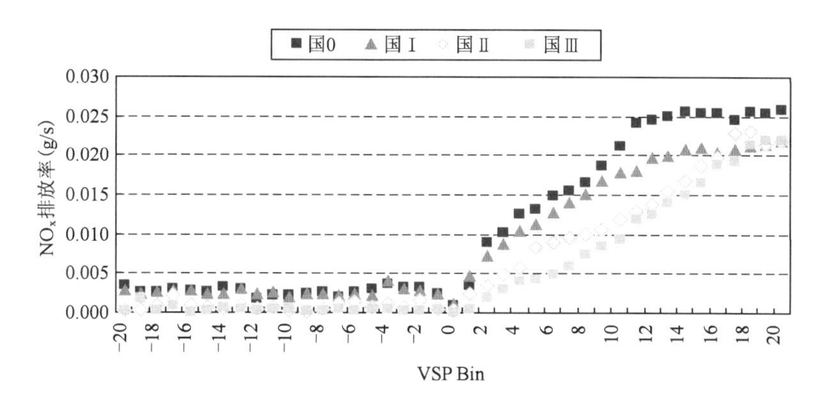

图 4-3　不同类型车辆 NO_x 排放率对比

根据计算结果得出：

①VSP Bin 为负区间时，油耗率和 NO_x、HC、CO 排放率都比较低，并在 VSP Bin = 0 时（发动机怠速）达到最低。

②VSP Bin 为正区间时，油耗率和 NO_x、HC、CO 排放率都有很明显的上升趋势，但是当 VSP Bin 达到 15 左右时上升的速度逐渐趋于平缓。

③随着各阶段排放标准的实施，车辆的油耗率和排放率都有了明显的改善，尤其是在高 VSP Bin 区间的改善效果最为显著。

④随着各阶段排放标准的实施，车辆的 CO 排放率有了明显的降低，可见各阶段排放标准有效地控制了 CO 排放，大大降低了有害气体排放。

(3) 不同类型车辆基本油耗和排放因子计算

基于以上各类型车辆在各 VSP Bin 下的油耗率和排放率计算，选取 ECE + EUDC 行驶周期为基本行驶周期，计算各类型车辆的基本油耗和排放因子。

①基本行驶周期选取

周期共包括四个 ECE 周期和一个 EUDC 周期，总周期时间为 1 180s，总行驶距离为 11.01km，平均行驶速度为 33.6km/h，如图 4-4 所示，各参数如表 4-3 所示。

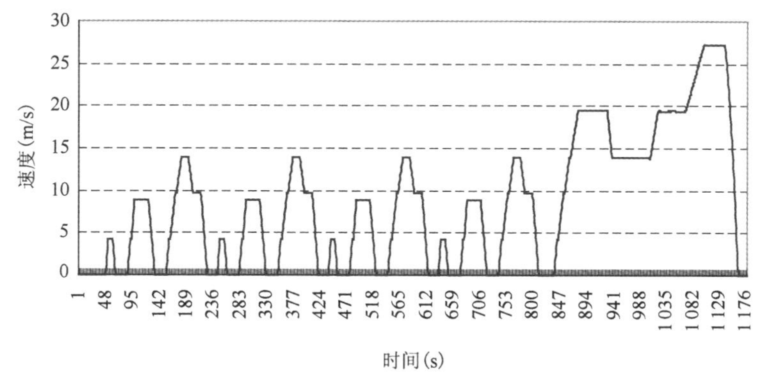

图 4-4　基本行驶周期

ECE + EUDC 行驶周期主要参数　　表 4-3

基本参数	ECE	EUDC	ECE + EUDC
平均车速(km/h)	19	62.6	33.6
周期时间长(s)	195	400	1 180
周期距离长(m)	1 013	6 955	11 010
最高速度(km/h)	50	120	98

②基本油耗和排放因子计算

排放因子是指车辆行驶单位距离所排放污染物的量，单位为 g/km。本案例选取 ECE + EUDC 周期为基本行驶周期，根据逐秒速度数据计算该周期的逐秒 VSP，并根据式(4-5)划分的 VSP Bin 进行聚类，统计各 VSP Bin 的时间占有率，从而得到基本行驶周期的 VSP Bin 分布，如图 4-5 所示。

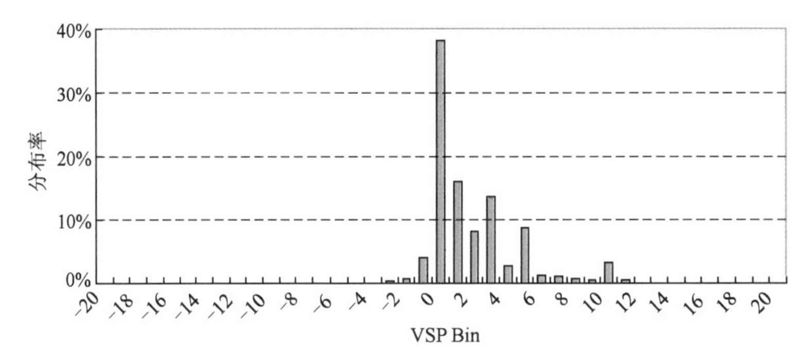

图 4-5　基本行驶周期 VSP Bin 分布率

根据基本行驶周期的 VSP Bin 分布率，以及 4.3.2.1 节计算的各类型车辆在各 VSP Bin 的油耗率和排放率，利用式(4-1)可对应计算得到各类型车辆基本排放因子。计算所得各类型车辆的基本油耗和排放因子如表 4-4 所示，可见各阶段排放标准车辆的基本油耗和排放因子有很大的差异。

各类型车辆基本油耗和排放因子　　表 4-4

车辆类型	国 0	国 I	国 II	国 III
FUEL(g/km)	52.147 46	46.890 57	42.774 09	35.146 94
NO_x(g/km)	0.716 40	0.655 93	0.366 70	0.213 13
HC(g/km)	0.868 18	0.484 93	0.429 95	0.366 43
CO(g/km)	10.725 06	7.047 36	6.119 56	5.040 67

4.3.2.2　各平均速度下油耗和排放因子计算

本案例将基于 VSP 建立北京市各等级道路(包括快速路、主干路、次干路和支路)在各平均速度区间的 VSP Bin 分布，并对各类型道路的交通特性进行分析，计算各速度区间的油耗和排放因子，为速度修正模型的建立提供支持。

(1)不同等级道路上车辆行驶特性对比分析

VSP 变量可以将车辆的瞬时运动状态与油耗和排放联系起来，相对于速度和加速度，VSP

与油耗和排放的关系更加密切。因此本案例采用 VSP 变量对北京市各等级道路的交通特性进行分析,分别建立快速路、主干路、次干路和支路上各平均速度区间的 VSP Bin 分布。

通过对基础数据的选择、筛选、处理及各速度区间 VSP Bin 分布率计算,最终得到北京市不同等级道路上各速度区间的 VSP Bin 分布,为比较不同等级道路的 VSP Bin 分布率的差异,本案例分别选取低速、中速、高速三个速度等级,进行对比。图 4-6 ~ 图 4-8 分别是速度为 5km/h、28.9km/h、60.9km/h 时快速路、主干路、次干路和支路上的 VSP Bin 分布对比。

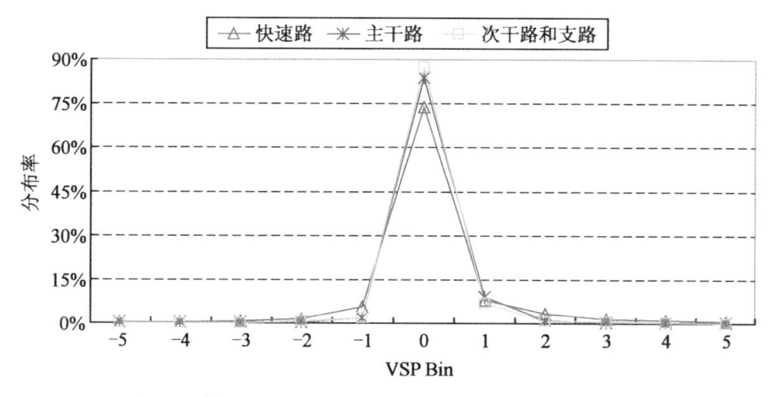

图 4-6　低速区间(5km/h)不同等级道路 VSP Bin 分布对比

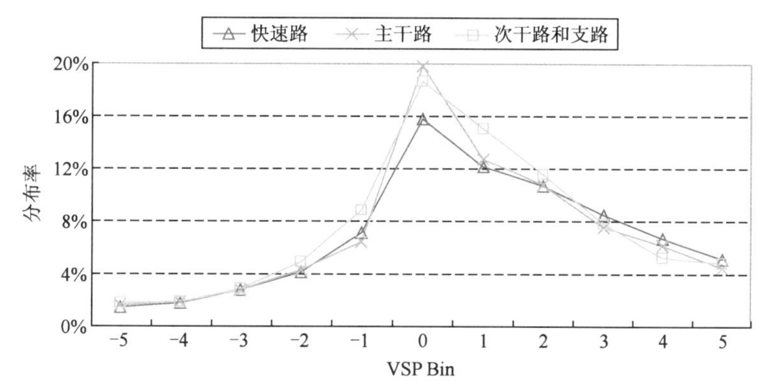

图 4-7　中速区间(28.9km/h)不同等级道路 VSP Bin 分布对比

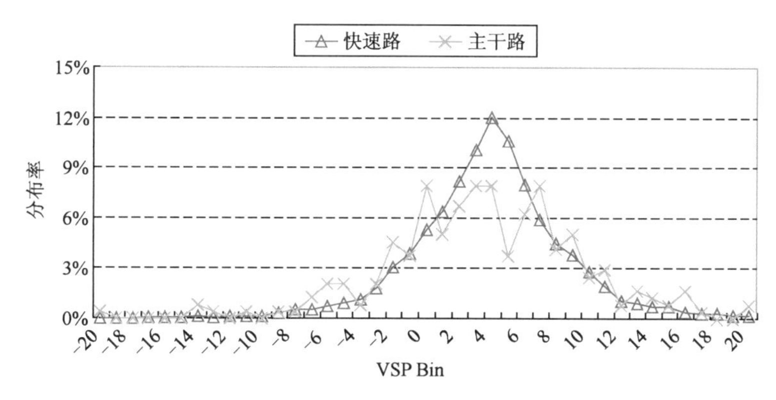

图 4-8　高速区间(60.9km/h)不同等级道路 VSP Bin 分布对比

注:受行车条件的限制,次干路和支路无高速区间行驶记录。

通过对图 4-6 ~ 图 4-8 的分析,本案例作出以下预测:

①低速区间,对于同一类型车辆在平均行驶速度相同时,快速路油耗和排放最高,主干路次之,次干路和支路最低。

②中速区间,对于同一类型车辆在平均行驶速度相同时,快速路油耗和排放最高,次干路和支路次之,主干路最低。

③高速区间,对于同一类型车辆在平均行驶速度相同时,主干路油耗和排放高于快速路。

(2)不同等级道路各平均速度的油耗和排放因子计算

由式(4-2)可知,各平均速度下排放因子的计算需要事前确定三个变量,即各类型车辆在各 VSP Bin 下的平均油耗率和排放率、不同等级道路上各平均速度下的 VSP Bin 分布率以及各平均速度区间的实际平均速度。以上三个变量在 4.3.2.1 进行了详细的计算,本节基于以上内容,利用式(4-2)计算得到各等级道路在各平均速度区间的排放因子,如图 4-9 和图 4-10 所示为快速路上各类型车辆各速度区间油耗和排放因子的对比(因篇幅有限,只展示 NO_x 排放因子的对比图)。

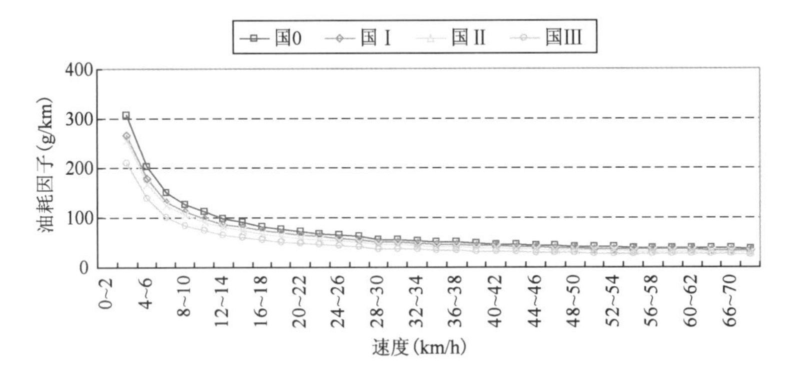

图 4-9 快速路不同类型车辆各平均速度下油耗因子比较

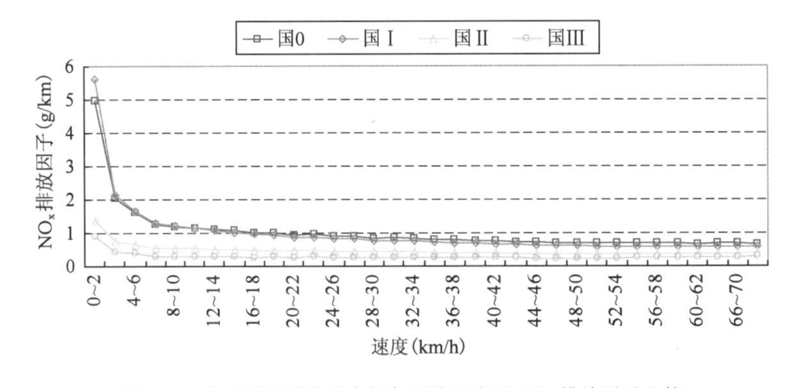

图 4-10 快速路不同类型车辆各平均速度下 NO_x 排放因子比较

①随着速度的增加,油耗和排放因子逐渐降低,变化趋势与负幂函数的变化趋势一致。

②低速区间油耗和排放因子很高。这是因为速度越低,单位距离行驶所需时间越长,而排放因子是指单位距离的总油耗和总排放,因此低速区间的油耗和排放因子很高。

③随着速度的增加,油耗和排放因子降低趋势越来越缓慢,当速度达到 60km/h 以上时,

则不再降低。

④油耗与排放标准的相关性较差,4 个类型车辆的油耗因子差别不大。

⑤随着排放标准的升高,各类型污染物排放明显降低。以 NO_x 为例,国Ⅱ、国Ⅲ车辆 NO_x 排放与国 0、国 I 标准相比有很大改善,低速区间尤为明显。

⑥各排放物随着排放标准的改善情况均在低速区间比较明显,可见随着各阶段排放标准的实施,对轻型汽油车低速行驶时的油耗和排放水平控制效果十分显著。

4.3.2.3　北京市各等级道路油耗和排放的速度修正模型建立

本节将在 4.3.2.1 节和 4.3.2.2 节基础上,计算各等级道路上各类型辆在不同平均速度区间的速度修正系数,并建立速度修正模型。

本案例计算了快速路、主干路、次干路和支路上各速度区间的油耗和排放因子的修正系数(因篇幅有限,只展示快速路油耗因子和 NO_x 排放因子速度修正模型,如图 4-11 和图 4-12 所示)。

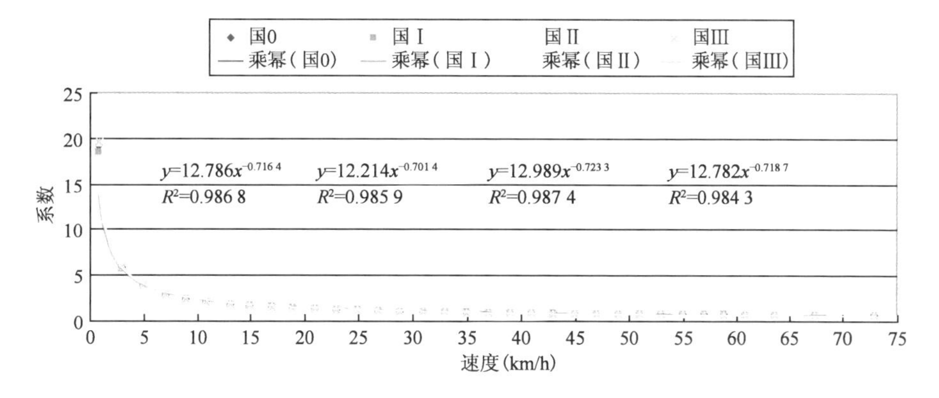

图 4-11　快速路油耗因子速度修正模型

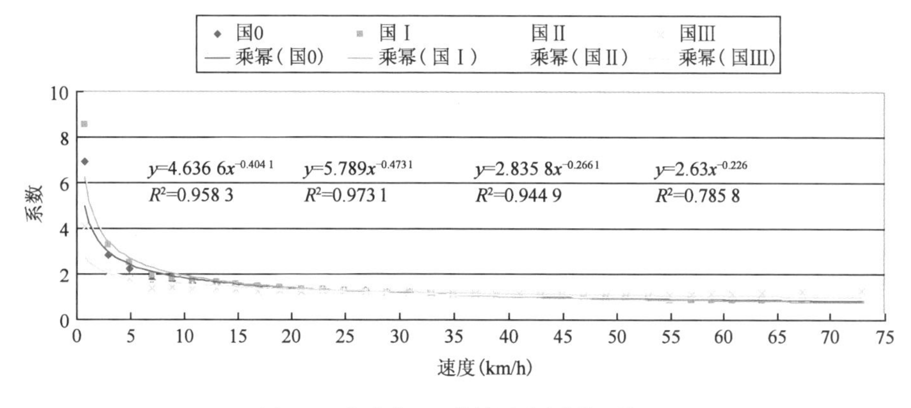

图 4-12　快速路 NO_x 排放因子速度修正模型

根据计算结果可以得出:

(1)各类车型的速度修正系数随着速度的增加有明显的降低趋势,低速时修正系数很高,当速度达到 30km/h 以上时,修正系数值为 1 左右,且随速度的变化逐渐不明显。

（2）各修正系数的趋势均为典型的负幂函数变化趋势。

因此对其采用负幂函数进行回归，回归得到以速度为自变量、修正系数为因变量的负幂函数，函数类型如式（4-7）所示。图4-11和图4-12中公式依次为回归所得的国0、国I、国II、国III车辆的修正系数函数，以上各回归函数都具有很高的判定系数，大多数 R^2 在0.9以上。

$$SCF(v) = \alpha \times v^{\beta} \tag{4-7}$$

式中：$SCF(v)$——平均速度为 v 的速度修正系数函数；

v——路段平均速度（km/h）；

α、β——系数。

（3）低速区间各类型污染物修正系数均很高，随着速度的增加，修正系数明显降低，当速度达到20km/h时逐渐趋于稳定。

（4）各类型车辆的油耗修正系数曲线相差不大，NO_x、HC、CO的修正系数曲线却有较大差别，可见各排放标准类型车辆的油耗特性差异不大，差异主要体现在 NO_x、HC、CO污染物的排放特性。

（5）国0和国I车辆的各类型污染物修正系数曲线均较陡，低速区间修正系数很高，相比较而言，国II和国III车辆的修正系数曲线较为平滑，低速区间修正系数相对较低。可见，国II和国III标准实施后的新车对于低速时的尾气排放控制得很好，相对于国0和国I的旧车有很大的改善。

（6）相对于其他污染物油耗修正系数曲线的拟合度很好，R^2 均在0.97以上，可见相对于其他污染物，油耗与速度的关系更为密切。

（7）x 修正系数曲线随速度的变化趋势相对较差，各曲线的拟合度不高，低速时的修正系数相对于其他污染物下降幅度更大，之后随速度没有明显变化，可见 NO_x 与速度的相关性较差。

本案例为比较不同等级道路上同一类型车辆油耗和排放的速度修正系数的差异，选取国I车辆分别在快速路、主干路、次干路和支路上各速度区间修正系数进行对比（因篇幅有限，只展示油耗修正系数和 NO_x 修正系数），如图4-13和图4-14所示。

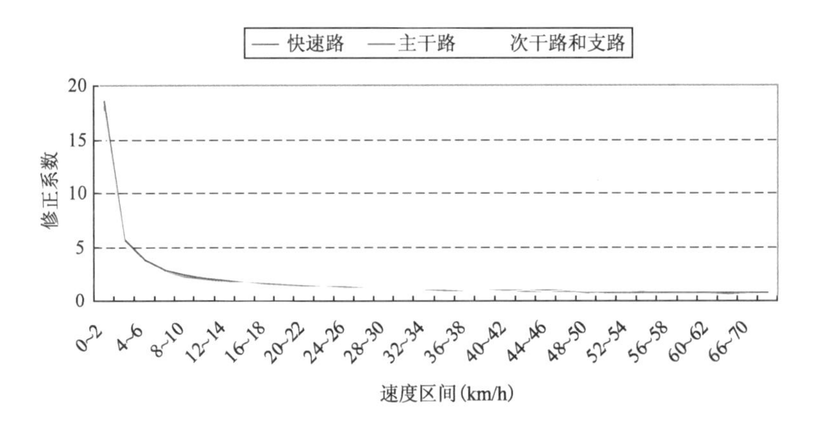

图4-13 国I车辆在不同等级道路各平均速度下的油耗修正系数

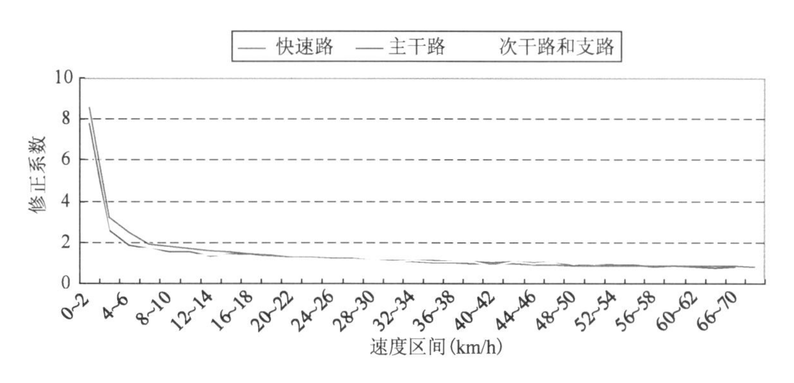

图 4-14　国 I 车辆在不同等级道路各平均速度下的 NO_x 修正系数

根据比较结果可以得出：

(1)当速度小于 20km/h 时，对于同一类型车辆，速度相同时快速路上油耗及各种污染物的修正系数最高，主干路次之，次干路和支路最低，可见在低速区间，对于同一类型车辆在平均行驶速度相同时，快速路油耗和排放高于主干路、次干路和支路。

(2)当速度大于 40km/h 时，对于同一类型车辆，速度相同时次干路和支路上油耗及各种污染物的修正系数最高，主干路次之，快速路最低，可见在高速区间，对于同一类型车辆在平均行驶速度相同时，主干路、次干路和支路油耗和排放高于快速路。

(3)当速度在 20km/h 与 40km/h 之间时，各类型道路上油耗及各种污染物的修正系数差别不大，均在 1 左右，可见当车辆在这个速度区间行驶时道路等级对车辆油耗和尾气排放的影响并不大。

(4)另外，从对比结果可以发现，主干路、次干路和支路上的修正系数差异较小，但是与快速路差异较为显著。因此在以后研究中，可以将道路类型分为快速路和非快速路两类进行油耗和排放特性的分析。

4.3.3　基于 VSP 分布的油耗和排放的速度修正模型检验

4.3.3.1　速度修正模型显著性检验

本案例按照式(4-2)，对所建的各等级道路上各类型车辆的油耗和排放因子的 48 个速度修正模型的显著性检验，结果得出各模型的回归效果显著，除 NO_x 的个别修正模型 Sig. 值较高以外，其他模型的 Sig. 值均为 0，模型显著性非常好，符合显著性检验要求。

4.3.3.2　速度修正模型有效性检验

本案例将运用 PEMS 实测数据从应用的角度对模型进行验证。PEMS 数据收集的信息为：测试车辆为国 I 捷达车；测试日期 2004 年 3 月 9 日(正常工作日)，测试时段为 9:00 ~ 11:00；测试路线，覆盖了北京市五环路，以及部分主干路和次干路(为更好地反映实际路网车辆排放特征，测试车辆在行驶过程中应完全按照交通流运行速度正常行驶)。

(1)各平均速度下修正系数预测结果检验

本案例通过计算实测值与预测值的相对误差，得出油耗因子、NO_x、HC、CO 的修正系数预测值与实测值的 Person 系数分别为 0.99、0.91、0.94、0.98，相关性很好(因篇幅有限，只分别

展示油耗因子和 NO_x 的实测值与预测值的对比，如图 4-15 和图 4-16 所示）。

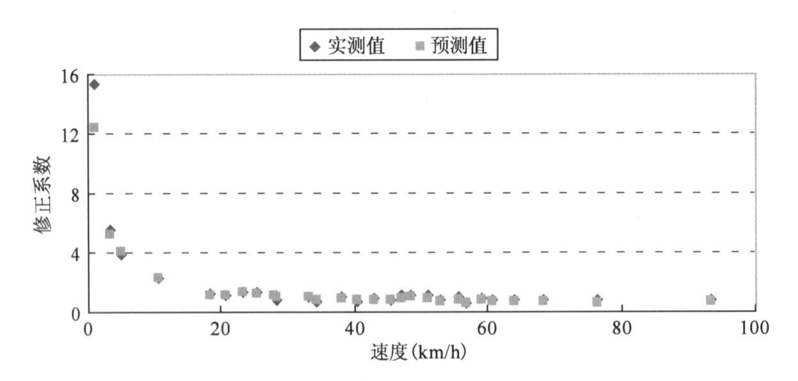

图 4-15　油耗因子修正系数实测值与预测值对比

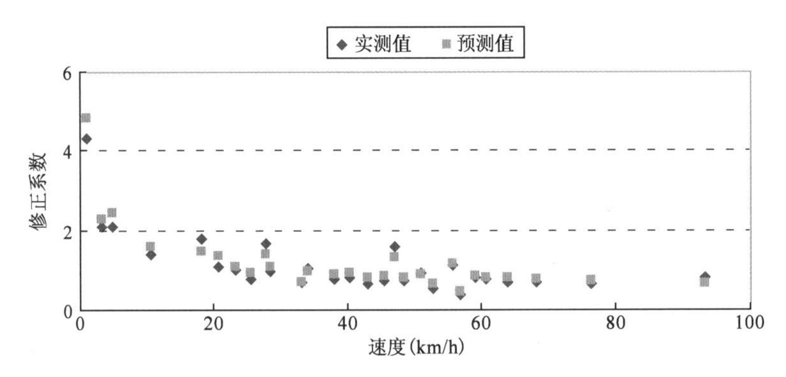

图 4-16　NO_x 修正系数实测值与预测值对比

(2)路段平均油耗和排放因子预测结果检验

基于实测数据计算了测试路线中各路段的平均油耗和排放因子，并利用修正系数模型基于这些路段的平均速度，计算出平均速度对应的修正系数，进而预测得到该路段对应的平均油耗和排放因子，再将其与实测值进行对比，得到各路段油耗和排放因子预测值与实测值误差，如表 4-5 所示，从表 4-5 可得出个别路段误差较大，整体油耗和排放因子误差不大，均在可接受范围内。

各路段油耗和排放因子预测值与实测值误差　　表 4-5

道路名称	道路类型	平均速度(km/h)	油耗因子(%)	NO_x(%)	HC(%)	CO(%)
西三环	快速路	43.10	12.4	2.8	18.9	18.2
五环	快速路	82.61	-11.9	-13.7	15.0	-18.7
万泉河路	主干路	76.74	5.1	17.5	1.8	-13.2
杏石口路	主干路	24.72	6.6	12.9	-1.1	18.0
圆明园西路	主干路	79.59	-15.3	12.2	17.9	-6.7
中关村南大街	主干路	45.86	-0.7	-5.2	-18.4	-16.4
苏州街	次干路	49.40	-10.4	16.8	14.2	10.8

续上表

道路名称	道路类型	平均速度（km/h）	油耗因子（%）	NO_x（%）	HC（%）	CO（%）
颐和园路	次干路	75.44	-9.1	10.9	17.6	-10.6
紫竹院路	次干路	33.12	1.0	9.4	12.9	7.0
大慧寺路	支路	14.05	30.9	13.4	17.3	-2.1

4.3.4　北京市限行对尾气排放影响的评价

本案例利用北京市2008年6月25日（限行前）和2008年11月19日（限行后）的二环路浮动车数据及交通模型预测的交通流量数据，对二环路16个路段上行驶车辆的燃油消耗和尾气排放状况进行分析，从路段平均油耗和排放因子、二环路燃油消耗总量和尾气排放总量多个角度，评价该政策的节能减排效果。

4.3.4.1　限行前后二环路各路段油耗和排放因子对比

本案例根据所建立的速度修正模型预测限行前后二环路上各类型车辆的排放因子，并将两者进行对比，得出限行政策实施后，各路段的平均油耗和排放因子均有不同程度的降低，其中：

（1）限行政策实施后二环路上各路段的平均油耗因子降低了8.44%。

（2）限行政策实施后二环路上各路段的 NO_x 平均排放因子降低了4.20%。

（3）限行政策实施后二环路上各路段的HC平均排放因子降低了6.88%。

（4）限行政策实施后二环路上各路段的CO平均排放因子降低了6.22%。

4.3.4.2　限行前后二环路各路段油耗和排放总量对比

为准确量化尾号限行政策的节能减排效果，基于模型预测的各路段油耗和排放因子，分别计算二环路轻型汽油车的燃油消耗总量和各类污染物排放总量，并将结果进行对比，如表4-6所示，从表4-6可以得出“每周少开一天车”这一尾号限行政策，有效地降低了二环路上轻型汽油车的燃油消耗总量和尾气排放总量，其节能减排效果是十分显著的。

二环路限行前后燃油消耗总量及尾气排放总削减量　　表4-6

项　目	限行前	限行后	总削减量
燃油消耗量（t）	12.5	10.9	1.6
NO_x 排放量（kg）	105.8	98.5	2
HC排放量（kg）	136.9	123.2	14.7
CO排放量（kg）	1 863.9	1 698.3	165.6

4.4　案例总结

为有效地评价交通策略对机动车油耗和排放的影响，本案例基于大量的PEMS实测数据和GPS数据，建立了基于VSP分布的油耗和排放的速度修正模型。基于实测数据和利用数学方法，分别对模型进行了显著性和有效性检验，检验结果表明，本模型能够对各等级道路的油耗和排放进行合理、准确的预测。本案例将建立的模型应用于北京市尾号限行政策的实施,通过计算得出尾号限行政策能有效地降低了北京市路网中机动车燃油消耗和尾气排放,节能减排效果明显,对北京市空气质量改善的贡献不容忽视。

参 考 文 献

[1] 刘大海,李宁,冕阳. SPSS 15.0 统计分析从入门到精通[M]. 北京:清华大学出版社,2008,175-196.

[2] 涂钊. 基于浮动车数据的轻型机动车道路油耗算法研究[D]. 北京:北京交通大学,2009.

案例5:面向交通排放测算的轻重型车比功率分布特性与模型

5.1 案例目标

交通网络油耗排放量化是有效进行交通策略评价的必要手段。机动车比功率 VSP 作为油耗和排放的最佳解释变量,被越来越多地应用于油耗排放量化中。而利用浮动车系统等交通流采集设备以及路网层次的交通模型可以获取丰富的平均速度数据,因此研究两种参数之间(平均速度和 VSP 分布)的关系是实现 VSP 分布反映交通流特性、交通网络油耗排放动态量化的关键。而目前对机动车比功率分布特性的研究多局限于对轻型车城市道路行驶状态的描述,而对重型车以及车辆高速行驶状态下的研究还有待挖掘。基于此,本案例主要融入重型车研究对象以及车辆的高速运行模式,研究建立面向交通排放测算的轻重型车比功率分布特性与模型。

5.2 方法设计

5.2.1 基础数据采集与处理

5.2.1.1 基础数据采集

基于方法目标,为研究轻型车和重型车不同速度区间和不同道路类型的 VSP 分布特征和模型建立,故需要采集大量轻型车和重型车在高速路、快速路、主干路、次干路和支路上的逐秒速度数据。本方法研究所用基础数据来源于大量的测试调研,轻型车在北京城区道路的数据依托《北京市交通拥堵公众感知调研》。

(1)数据需求分析

覆盖轻型车和重型车在高速公路和城市快速路、主干路、次干路和支路上,并需保证充足的数据量和连续的时段。对数据采集提出以下需求:

①调研数据覆盖高速公路和北京市城市快速路、主干路、快速路和支路。

②调研时间包含高峰时段和平峰时段、工作日和非工作日。

③调研采集得到的 GPS 数据应包含以下信息:日期、时间、经度、纬度、速度。

④调研所采集得到的GPS数据应具有足够的数据记录数，而且速度数据应覆盖低速、中速、高速不同区间速度，以确保后续轻型车和重型车不同速度区间下机动车比功率特性研究的可靠性。

(2)数据采集方案

基础数据的收集采用COLUMBUS探险家公司最近开发的插卡式多功能导航记录器V-900作为实验所用的GPS(Global Positioning System)数据采集设备。为了检验方法所建立的轻型车与重型车VSP分布模型在道路油耗测算中的适用性，同时采用车载尾气检测系统(Portable Emissions Measurement System)作为油耗数据采集设备。测试道路类型覆盖城市所有道路类型(包括快速路、主干路、次干路和支路)。采集车型包括轻型车和重型车，其中高速路上的重型测试车辆为常规性行驶于高速路的客车。

(3)基础数据描述

基础数据信息包括日期、时间、经度、纬度、高度、速度、方向等。其原始数据示例如表5-1所示。

原始GPS数据样例　　表5-1

INDEX(索引)	TAG(标签)	DATE(日期)(××年××月××日)	TIME(时间)(s)	LATITUDE N/S(纬度)	LONGITUDE E/W(经度)	HEIGHT(高程)	SPEED(瞬时速度)	HEADING(方向角)(°)
1	T	101202	21807	39.922774N	116.272821E	42	315	85
2	T	101202	21808	39.922781N	116.272939E	42	352	87
3	T	101202	21809	39.922783N	116.273066E	42	375	88
4	T	101202	21810	39.922795N	116.273206E	43	389	87
5	T	101202	21811	39.922814N	116.273353E	43	411	87
6	T	101202	21812	39.922828N	116.273516E	43	434	87
7	T	101202	21813	39.922863N	116.273700E	43	469	86
8	T	101202	21814	39.922886N	116.273876E	44	478	85
9	T	101202	21815	39.922909N	116.274055E	44	495	85
10	T	101202	21816	39.922938N	116.274231E	44	488	85
11	T	101202	21817	39.922953N	116.274398E	44	489	85
12	T	101202	21818	39.922960N	116.274551E	44	464	85
13	T	101202	21819	39.922971N	116.274701E	44	459	85
14	T	101202	21820	39.922973N	116.274856E	44	459	85
15	T	101202	21821	39.922953N	116.274996E	44	470	87
16	T	101202	21822	39.922965N	116.275125E	44	434	87
17	T	101202	21823	39.922958N	116.275253E	44	414	87
18	T	101202	21824	39.922936N	116.275386E	44	414	87

5.2.1.2　基础数据的处理

基础数据的处理包括数据预处理、数据分类和数据后处理三个步骤。

（1）数据预处理

数据预处理包括对原始数据进行字段删减、格式调整、缺失数据补齐、无效数据剔除等内容。

①字段删减：进行轻型车和重型车比功率分布特性研究需要保留记录号、日期、时间、经度、纬度以及速度字段，并在表中添加加速度、VSP（机动车比功率）两个字段，以便于后续对于轻型车和重型车比功率分布特性研究。

②格式调整：利用 EXCEL 表的宏模块进行 VBA 程序代码编写，删除数据表中高度和方向字段，并将日期、时间、纬度、经度等有效字段调整成标准形式。

③缺失数据补齐：采用插值的办法对缺失的数据进行补齐。考虑到缺失数据时间间隔过长，所补齐的数据难于反映真实路网运行模式的特点，该方法只补齐 5s 内不连续的数据。

④无效数据剔除：对于车辆由于交通事故等意外原因所发生较长时间停车或低速运行的数据进行剔除，以排除其对后续研究结果的影响。

经过数据预处理得到的数据结果示例见表 5-2。

GPS 数据预处理结果 表 5-2

ID	DATE（日期）	TIME（时间）	LAT（纬度）	LON（经度）	SPEED（瞬时速度）（km/h）	ACCEL（加速度）（m/s^2）	VSP（kW/t）
1	2012-3-12	7:01:12	40.056 943	116.329 096	42.8	0.61	8.64
2	2012-3-12	7:01:13	40.056 916	116.328 956	45.2	0.67	9.86
3	2012-3-12	7:01:14	40.056 891	116.328 808	47.2	0.56	8.87
4	2012-3-12	7:01:15	40.056 864	116.328 656	47.2	0.00	1.59
5	2012-3-12	7:01:16	40.056 836	116.328 504	46.8	-0.11	0.12
6	2012-3-12	7:01:17	40.056 808	116.328 353	47.6	0.22	4.55
7	2012-3-12	7:01:18	40.056 779	116.328 199	48.6	0.28	5.41
8	2012-3-12	7:01:19	40.056 751	116.328 044	48.5	-0.03	1.28
9	2012-3-12	7:01:20	40.056 721	116.327 888	47.5	-0.28	-2.06
10	2012-3-12	7:01:21	40.056 695	116.327 73	47	-0.14	-0.24
11	2012-3-12	7:01:22	40.056 668	116.327 578	46.1	-0.25	-1.67
12	2012-3-12	7:01:23	40.056 64	116.327 431	45.4	-0.19	-0.95
13	2012-3-12	7:01:24	40.056 611	116.327 288	43.7	-0.47	-4.31
14	2012-3-12	7:01:25	40.056 584	116.327 153	40.2	-0.97	-9.59
15	2012-3-12	7:01:26	40.056 554	116.327 029	38.5	-0.47	-3.86
16	2012-3-12	7:01:27	40.056 523	116.326 91	38	-0.14	-0.30

（2）数据分类

数据分类的目的是筛选出不同道路类型的测试逐秒 GPS 数据。实施步骤包括地图匹配、路径校核、道路等级筛选。

（3）数据后处理

通过上述步骤筛选得到轻型车、重型车在城市快速路、主干路、次干路和支路以及高速公路的 GPS 数据库,接下来以 60s 为时间周期长度,以 2km/h 为间隔划分速度区间,将所有平均行程速度在同一速度区间的逐秒速度数据和对应的 VSP 值进行集计,得到该速度区间下的 VSP 分布特性。

经过上述数据处理和计算,得到 VSP Bin 数据库,包含编号、日期、时间、速度、加速度、平均行程速度、VSP、速度区间代号等 11 个字段的信息。结果示例如表 5-3 所示。

GPS 数据最终处理结果样例 表 5-3

ID	DATE（日期）	TIME（时间）	LAT（纬度）	LON（经度）	SPEED（瞬时速度）（km/h）	ACCEL（加速度）（m/s^2）	VSP（kW/t）	平均行程速度（km/h）	速度区间代号	VSP Bin
1	2010-11-11	15:29:02	4004501	116328975	40.2	-0.14	0.19	30.59	16	0
2	2010-11-11	15:29:03	40044921	116329041	39.9	-0.08	0.86	30.59	16	0
3	2010-11-11	15:29:04	40044834	116329105	40.4	0.14	3.62	30.59	16	3
4	2010-11-11	15:29:05	40044749	116329171	39.7	-0.19	-0.50	30.59	16	-1
5	2010-11-11	15:29:06	40044565	116329236	40	0.08	2.90	30.59	16	2
6	2010-11-11	15:29:07	40044575	116329305	40.4	0.11	3.28	30.59	16	3
7	2010-11-11	15:29:08	4004449	116329376	41	0.17	4.04	30.59	16	4
8	2010-11-11	15:29:09	40044401	116329445	41.4	0.11	0.38	30.59	16	3
9	2010-11-11	15:29:10	40044308	116329511	41.5	0.03	2.34	30.59	16	2
10	2010-11-11	15:29:11	40044218	116.32958	41.4	-0.08	1.63	30.59	16	1
11	2010-11-11	15:29:12	40044129	116329646	41.1	-0.03	0.91	30.59	16	0
12	2010-11-11	15:29:13	4004404	116329713	41	-0.03	1.60	30.59	16	1
13	2010-11-11	15:29:14	40043951	116329779	40.9	-0.03	1.60	30.59	16	1
14	2010-11-11	15:29:15	40043863	116329846	41	0.03	2.30	30.59	16	2
15	2010-11-11	15:29:16	40043773	116329911	40.9	-0.03	1.60	30.59	16	1
16	2010-11-11	15:29:17	40043684	116329978	41.3	0.11	3.37	30.59	16	3

5.2.2 轻型车与重型车 VSP 分布特性研究

5.2.2.1 VSP 分布获取

该方法以 1min 的时间集成粒度为步长,将连续的逐秒数据中每 1min 的 60 个瞬时速度分别计算平均值,作为该分钟的平均速度。然后,按照式(5-1)的划分原则,以 2km/h 为速度区间的划分间隔,将不同平均速度的数据进行了分组。

$$\text{AverageSpeed Bin} = n, \forall: \text{AverageSpeed} \in [2n, 2n+2) \tag{5-1}$$

式中:AverageSpeed Bin——连续 1min 的平均速度(km/h);

n——非负整数。

将不同平均速度的数据分组后,就可以针对不同行程速度区间的 VSP 分布进行分布特性的研究。

式(5-2)为 VSP 分布率的计算公式：

$$R_{i,j} = \frac{N_{i,j}}{N_j} \tag{5-2}$$

式中：$R_{i,j}$——第 j 个行程速度区间的第 i 个 VSP Bin 的分布率；

N_j——第 j 个行程速度区间下的 VSP 总数；

$N_{i,j}$——第 j 个行程速度区间下第 i 个 VSP Bin 中 VSP 的个数。

图 5-1 为轻型车在快速路上行程速度区间代号为 23 的 VSP 分布率图。

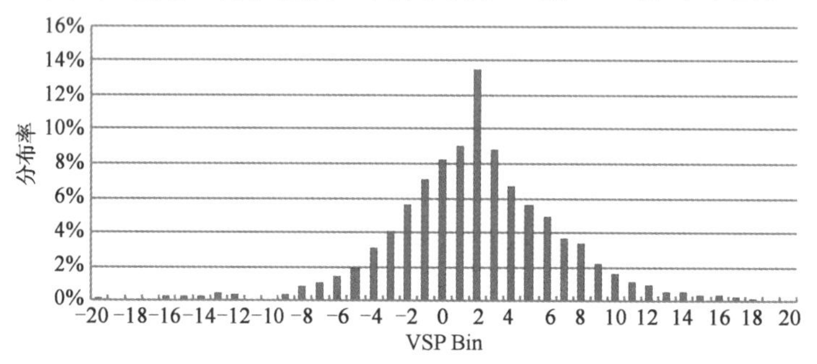

图 5-1 轻型车在快速路上平均速度区间 23(44～46km/h)下的 VSP 分布

5.2.2.2 VSP 分布特性研究

基于 VSP 分布获取方法，即可研究轻型车、重型车在不同道路类型和不同速度区间上的 VSP 分布特征。以重型车在快速路上速度区间为 3(4～6km/h)、7(12～14km/h)、12(22～24km/h)、17(32～34km/h)、23(44～46km/h)、27(52～54km/h)、32(62～64km/h)、35(68～70km/h)为例研究其 VSP 特性，图 5-2 为绘制的重型车相应速度区间上的 VSP 分布图。

从图 5-2 中可以发现，行驶于快速路的重型车在低中速区间下的 VSP 分布具有以下特性：

(1)各行程速度区间下，0 值附近的 VSP Bin 的分布率均较高，特别是在平均行程速度较低时。例如当行程速度区间为 4～6km/h 时，VSP Bin = 0 数据为 68.11%。

(2)各行程速度区间下，VSP 分布正区间所占比例随着平均行程速度上升而增大。

(3)随着平均行程速度的增大，各速度区间的 VSP 分布呈现越来越明显的正态分布，当平均行程速度高于 22～24km/h 时，其 VSP 分布接近正态分布。

(4)随着平均行程速度的增大，VSP 分布的峰值越来越低，各 VSP Bin 的分布率趋于平均。例如行程速度区间为 12～14km/h 时，其 VSP 分布的峰值为 37.81%；行程速度区间为 44～46km/h 时，其 VSP 分布的峰值降为 12.52%。

(5)各 VSP 分布的峰值 VSP Bin 随着该分布对应的平均行程速度的上升而不断增大。例如峰值 VSP Bin = 0、1、2kW/t 的 VSP 分布分别对应 32～34km/h、44～46km/h、52～54km/h 的平均行程速度。

(6)各 VSP 分布的峰值 VSP Bin 与对应平均速度在匀速行驶时的 VSP 值吻合，例如平均行程速度为 5km/h 时，对应匀速状态下的 VSP 值为 0.1，其与行程速度区间 4～6km/h 的 VSP 分布的峰值吻合。类似有平均行程速度为 13、23、33、45、53、63km/h 时，对应的匀速状态下的 VSP 值分别为 0.3、0.6、1.0、1.5、1.9、2.5kW/t。

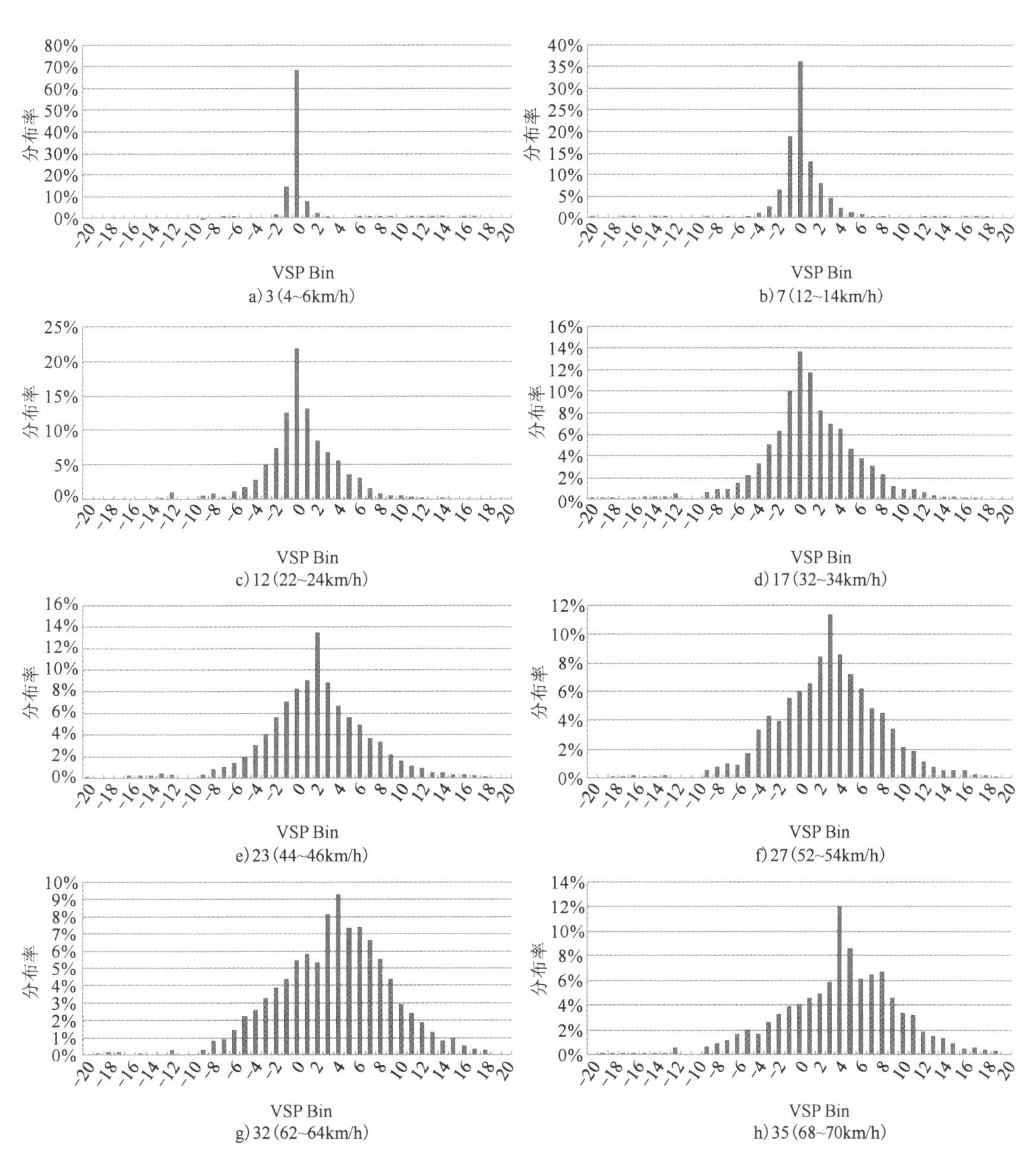

a) 3 (4~6km/h)　b) 7 (12~14km/h)　c) 12 (22~24km/h)　d) 17 (32~34km/h)　e) 23 (44~46km/h)　f) 27 (52~54km/h)　g) 32 (62~64km/h)　h) 35 (68~70km/h)

图 5-2　重型车在快速路上不同行程速度区间下的 VSP 分布

(7)重型车在快速路上的平均行程速度一般低于 70km/h。VSP 分布在行程速度区间 35(68 ~ 70km/h)以上已基本无规律可言。

5.2.3　轻型车与重型车 VSP 分布模型建立

5.2.3.1　轻型车 VSP 分布模型构建

对轻型车以 2km/h 划分的速度区间,随机抽取 10 组数据(每组包括 60s 连续数据)对其 VSP 分布进行正态检验,共对平均行程速度为 70 ~ 120km/h 抽取 250 组数据。其检验结果如

表5-4所示。

轻型车70～120km/h下VSP分布的K-S检验结果　　表5-4

平均形成速度区间(km/h)	检验总数	通过总数	通过率
70～80	50	48	96.0%
80～90	50	47	94.0%
90～100	50	48	96.0%
100～110	50	46	92.0%
110～120	50	47	94.0%
总计	250	236	94.4%

从表5-4可以看出，在平均行程速度70～120km/h范围内，轻型车VSP分布正态性很明显，平均有94.4%通过正态性检验。因此VSP分布模型构建步骤如下：

(1) VSP分布均值与匀速状态下的VSP值(简称匀速VSP值)关系研究

VSP分布均值是指一个速度组(每组包括60s连续数据)60个VSP值的平均值。匀速VSP值是指一个速度组取其平均速度作为匀速状态下的速度，所计算得到的VSP值。

对轻型车70～120km/h的速度范围内3 344组数据求取各速度组的VSP分布均值和平均VSP值，得到如下关系，两者相关系数为0.711，相关性较好。结果如图5-3所示。

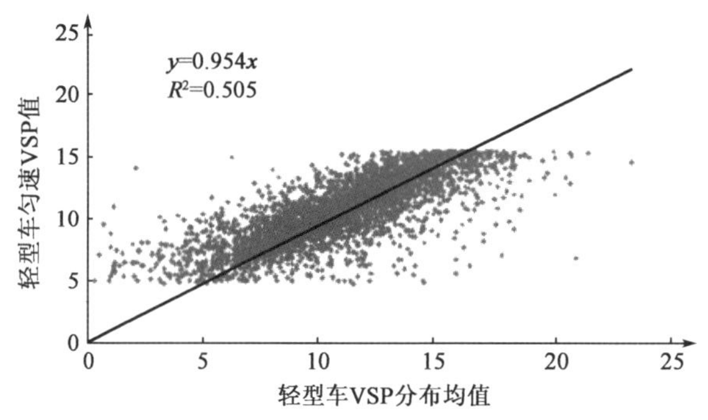

图5-3　VSP分布均值与匀速VSP值的关系

为减少随机误差，对轻型车3 344组速度数据按照2km/h为间隔划分速度区间，对聚类得到的每一个速度区间求取VSP分布均值的平均值，以及此速度区间的平均速度所对应的VSP(即匀速VSP值)，分析结果如图5-4所示。从图可以看出，二者的相关性很高，达到0.991。

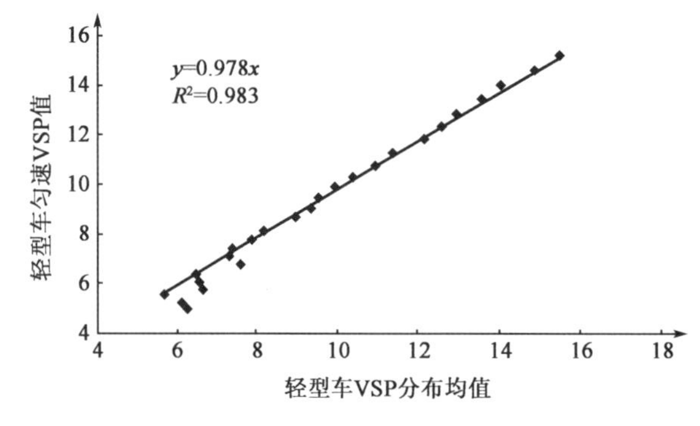

图5-4　速度聚类后VSP分布均值与匀速VSP值的关系

(2)VSP 分布标准差与平均行程速度关系

同样,对轻型车原始的 3344 组数据按照 2km/h 为间隔划分速度区间,求取聚类后的速度区间下的平均行程速度,并对上述的 VSP 分布标准差求取在此速度区间的平均值,结果表明采用幂函数描述 VSP 分布标准差和平均行程速度的关系,二者的相关性达到 0.964。

(3)模型构建

基于上述分析,假设 VSP 分布严格服从于正态分布,则定义 VSP 分布的概率密度函数,如式(5-3)所示:

$$f(\mathrm{VSP}) = \frac{1}{\sqrt{2\pi}\sigma_{\mathrm{L}}} e^{-\frac{(\mathrm{VSP}-\mu_{\mathrm{L}})^2}{2\sigma_{\mathrm{L}}^2}} \tag{5-3}$$

式中:μ_{L}——VSP 分布均值;

σ_{L}——VSP 分布标准差。

由图 5-5 可知,μ_{L} 可由匀速 VSP 值表示,可由平均行程速度计算得到,见式(5-4)。σ_{L} 采用图 5-5 中拟合的公式,由平均行程速度计算,计算式见式(5-5)。

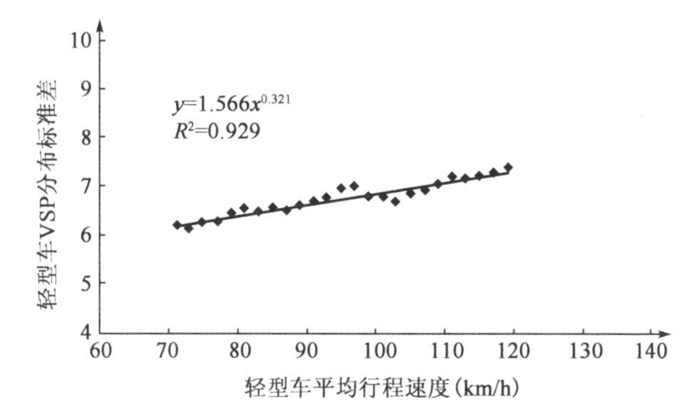

图 5-5　速度聚类后 VSP 分布标准差与平均行程速度的关系

$$\mu_{\mathrm{L}} = 0.132 \times \frac{\bar{v}_{\mathrm{L}}}{3.6} + 0.000\,302 \times \left(\frac{\bar{v}_{\mathrm{L}}}{3.6}\right)^3 \tag{5-4}$$

$$\sigma_{\mathrm{L}} = 1.265 \times \bar{v}_{\mathrm{L}}^{0.363} \tag{5-5}$$

式中:$\bar{v}_{\mathrm{L}}$——平均行程速度(km/h)。

5.2.3.2　重型车 VSP 分布模型构建

类似于对轻型车的 K-S 检验,对重型车以 2km/h 划分的速度区间,随机抽取 10 组数据对其 VSP 分布进行正态检验,对平均行程速度为 70 ~ 120km/h 共抽取 250 组数据。其检验结果如表 5-5 所示。

重型车 70 ~ 120km/h 下 VSP 分布的 K-S 检验结果　　表 5-5

平均行程速度区间(km/h)	检验总数	通过总数	通过率
70 ~ 80	50	47	94.0%
80 ~ 90	50	48	96.0%
90 ~ 100	50	48	96.0%
100 ~ 110	50	49	98.0%

续上表

平均行程速度区间(km/h)	检验总数	通过总数	通过率
110~120	50	45	90.0%
总计	250	237	94.8%

从表5-5可以看出,在平均行程速度70~120km/h范围内,重型车VSP分布正态性很明显,平均有94.8%通过正态性检验。因此VSP分布模型构建步骤如下:

(1)VSP分布均值与匀速VSP值关系

类似于轻型车,对重型车3 896组速度数据按照2km/h为间隔划分速度区间,对聚类后的每一个速度区间求取VSP分布均值的平均值,以及此速度区间的平均速度所对应的VSP(即匀速VSP值),分析结果如图5-6所示。从图中可以看出,二者的相关性很高,达到0.997。

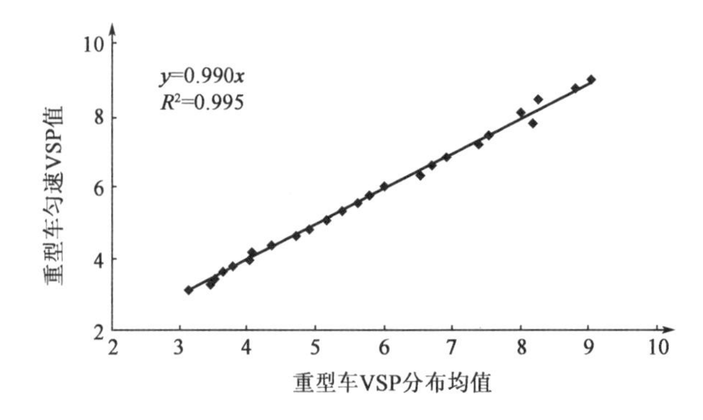

图5-6 速度聚类后VSP分布均值与匀速VSP值的关系

(2)VSP分布标准差与平均行程速度关系

与轻型车相同,对重型车3 765组数据按照2km/h为间隔划分速度区间,求取该速度区间下的平均行程速度,并对上述的VSP分布标准差求取在此速度区间的平均值,结果表明采用幂函数描述VSP分布标准差和平均行程速度的关系,二者的相关性达到0.957。结果见图5-7。

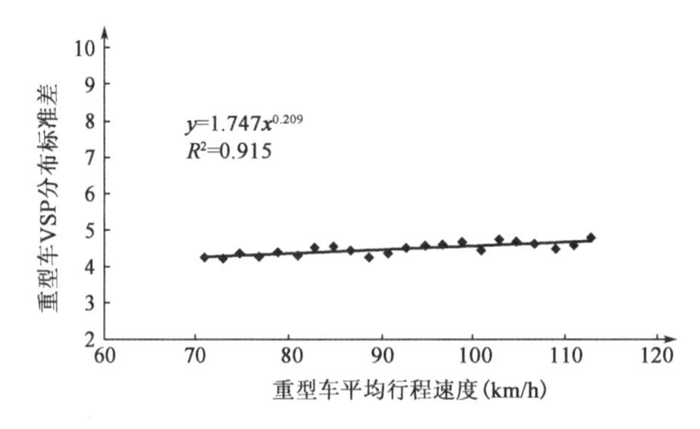

图5-7 速度聚类后VSP分布标准差与平均行程速度的关系

(3)模型构建

基于上述分析,假设重型车VSP分布严格服从于正态分布,则定义VSP分布的概率密度函数见式(5-6)。

$$f(\mathrm{VSP})=\frac{1}{\sqrt{2\pi}\sigma_{\mathrm{H}}}e^{-\frac{(\mathrm{VSP}-\mu_{\mathrm{H}})^2}{2\sigma_{\mathrm{H}}^2}} \tag{5-6}$$

式中：μ_{H}——VSP 分布均值；

σ_{H}——VSP 分布标准差。

由图 5-6 可知，μ_{H} 可由匀速 VSP 值表示，则可由平均行程速度计算得到，计算公式见式(5-7)。σ_{H} 采用图 5-8 所示的公式，由平均行程速度计算，计算公式见式(5-8)。

$$\mu_{\mathrm{H}}=0.09199\times\frac{\bar{v}_{\mathrm{H}}}{3.6}+0.000169\times\left(\frac{\bar{v}_{\mathrm{H}}}{3.6}\right)^3 \tag{5-7}$$

$$\sigma_{\mathrm{H}}=1.112\times\bar{v}_{\mathrm{H}}^{0.302} \tag{5-8}$$

式中：$\bar{v}_{\mathrm{H}}$——平均行程速度(km/h)。

5.3　方法应用

5.3.1　轻型车与重型车 VSP 分布误差分析

选取重型车高速区间下速度区间范围为 70～114km/h 的实测 GPS 数据，利用本案例构建的方法获取实测重型车数据的 VSP 分布，利用本案例 5.2.3 中构建的轻、重型车 VSP 分布模型获取重型车 VSP 分布，分析两者之间的误差。以平均速度区间 43(84～86km/h)、47(92～94km/h)、52(102～104km/h)三个区间下的实测与利用轻、重型车 VSP 分布模型得到的重型车 VSP 分布对比图作为示例。

从图 5-8～图 5-10 可以看出，对比于实测的重型车 VSP 分布，轻、重型车 VSP 分布模型计算的各速度区间下 VSP 分布存在一定误差，但二者与实测数据的差异不同。具体表现为以下方面：

(1)利用轻型车 VSP 分布模型得到的重型车 VSP 分布率的峰值明显低于实测重型车 VSP 分布率的峰值，比如速度区间 47 下 VSP 分布率相差 7.9%，其相对误差达到 56.4%；利用重型车 VSP 分布模型得到的重型车 VSP 分布的峰值也低于实测重型车 VSP 分布率的峰值，但差距较小。

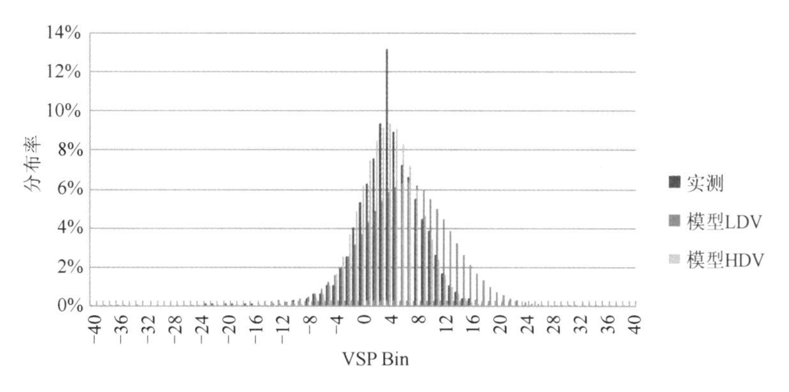

图 5-8　速度区间 43(84～86km/h)下的实测与模型得到的重型车 VSP 分布对比图

(2)利用轻型车 VSP 分布模型得到的重型车 VSP 分布的峰值 VSP Bin 要明显右偏于实测

结果，且随着速度区间的上升，右偏现象越来越明显；而利用重型车 VSP 分布模型得到的重型车 VSP 分布的峰值 VSP Bin 等于实测峰值的 VSP Bin，如在速度区间 43、47、52 下的峰值 VSP Bin 均为 4、5、6。

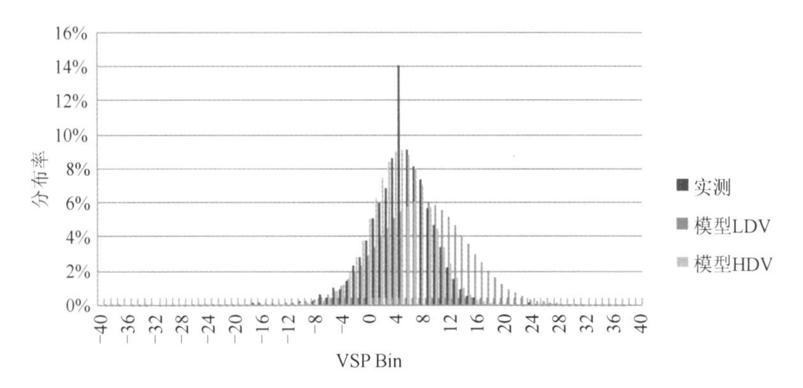

图 5-9　速度区间 47（92～94km/h）下的实测与混用得到的重型车 VSP 分布对比图

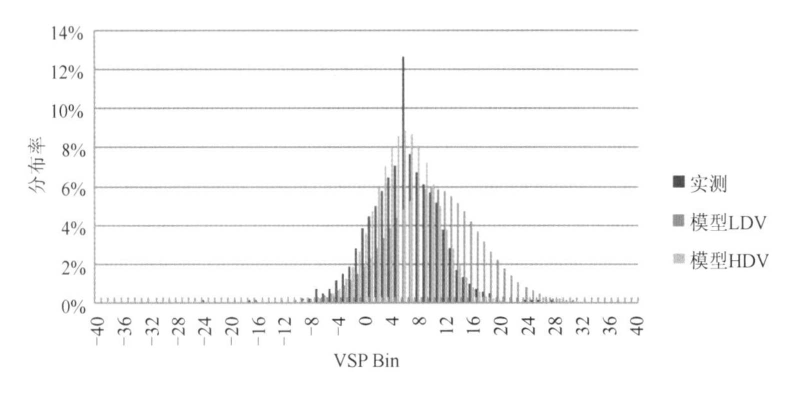

图 5-10　速度区间 52（102～104km/h）下的实测与模型得到的重型车 VSP 分布对比图

从上述分析可以发现，在高速区间下，应用轻型车 VSP 分布得到的重型车 VSP 分布与实测重型车 VSP 分布存在比较明显的误差，而利用重型车 VSP 分布模型得到的 VSP 分布与实测 VSP 分布之间的误差较小。

为更直观地表现轻、重型车 VSP 分布模型与实测之间的 VSP 分布误差，本案例引入"均方误差"（MSE，Mean Square Error）作为误差量化指标。其计算方法见式(5-9)：

$$\mathrm{MSE}_j = \sqrt{\frac{\sum_{i=1}^{n}(s_{ji} - T_{ji})^2}{n}} \tag{5-9}$$

式中：MSE_j——第 j 个行程速度区间下 VSP 分布的均方误差；

S_{ji}——第 j 个行程速度区间下，第 i 个 VSP Bin 的 VSP 分布率的模型预测值；

T_{ji}——第 j 个行程速度区间下，第 i 个 VSP Bin 的 VSP 分布率的实测值；

n——第 j 个行程速度区间下 VSP Bin 的总数，本案例中为 81。

根据式(5-9)分别计算得出不同行程速度区间下实测值与利用轻、重型车 VSP 分布模型所得值的均方误差，结果如表 5-6 所示。

不同行程速度区间下实测值与利用轻、重型车 **VSP** 分布模型所得值的均方误差　　表 5-6

速度区间代号	平均行程速度(km/h)	均方误差 MSE_{LDV}(%)	均方误差 MSE_{HDV}(%)
36	71.03	1.02	0.45
37	72.05	1.05	0.54
38	75.01	0.90	0.58
39	77.02	0.98	0.55
40	78.98	1.03	0.43
41	81.10	1.13	0.66
42	83.09	1.22	0.72
43	85.05	1.31	0.53
44	87.08	1.80	1.13
45	89.01	1.73	1.11
46	91.03	1.79	1.17
47	93.02	1.49	0.65
48	94.95	1.81	1.11
49	96.99	1.80	1.13
50	98.98	1.68	1.06
51	100.89	1.65	1.04
52	102.95	1.48	0.59
53	104.85	1.55	0.98
54	106.87	1.37	0.98
55	109.00	1.40	0.89
56	110.95	1.39	0.97
57	112.99	2.01	1.38

由表 5-6 可以看出,轻型车 VSP 分布模型中大部分行程速度区间的 VSP 分布均方误差在 1% ~2%,均大于同一速度下的重型车 VSP 分布模型的 VSP 分布均方误差。

5.3.2　轻型车与重型车 VSP 分布应用于排放测算的误差分析

利用 MOVES 模型中重型车的基准油耗率与 5.3.1 节中计算的实测重型车 VSP 分布率和由轻、重型车 VSP 分布模型得到的 VSP 分布率为基础数据,利用式(5-10)计算各个速度区间的油耗率,进而利用式(5-11)计算平均行程速度区间下的油耗因子,结果见表 5-7。

$$FCR_k = \sum_i fcr_i \times DVSP_{i,k} \tag{5-10}$$

式中:FCR_k——第 k 个平均速度区间的油耗率(g/s);

fcr_i——MOVES 排放模型中,VSP 区间为 i 的基准油耗率(g/s);

$DVSP_{i,k}$——第 k 个平均速度区间下,VSP 区间为 i 的 VSP 分布率。

$$FCF_i = 3\,600 \times \frac{FCR_i}{\bar{v}} \tag{5-11}$$

式中：FCF_i——第 i 个平均行程速度区间的油耗因子(g/km)；

FCR_i——第 i 个平均行程速度区间的油耗率(g/s)；

$\bar{v}$——第 i 个平均行程速度区间下所有瞬时速度的平均值(km/h)。

实测值与轻、重型车 VSP 分布模型所得各速度区间下的油耗因子 表 5-7

速度区间代号	平均行程速度(km/h)	实测值(g/km)	模型 LDV(g/km)	模型 HDV(g/km)
36	71.03	458.223 7	536.687 6	445.466 6
37	720.5	463.653 8	539.710 2	445.335 5
38	75.01	453.097 4	528.754 4	433.765 6
39	77.02	447.092 7	525.771 2	428.733 0
40	78.98	435.323 9	523.481 8	424.352 1
41	81.10	432.810 4	521.637 2	420.146 2
42	83.09	426.599 7	520.493 5	416.712 0
43	85.05	423.166 6	519.879 8	413.756 9
44	87.08	419.232 0	519.760 0	411.149 6
45	89.01	416.278 0	520.102 8	409.066 7
46	91.03	415.679 4	520.908 3	407.291 3
47	93.02	413.900 5	522.118 7	405.931 5
48	94.95	412.574 8	523.670 3	404.957 6
49	96.99	409.917 5	526.043 7	404.294 4
50	98.98	410.607 2	527.949 0	403.991 4
51	100.89	417.905 8	530.396 0	404.006 9
52	102.95	416.874 7	533.309 6	404.348 9
53	104.85	414.098 9	536.203 4	404.955 9
54	106.87	423.716 1	539.436 1	405.885 8
55	109.00	418.252 2	543.000 9	407.181 3
56	110.95	420.986 4	547.347 9	408.640 7
57	112.99	417.933 8	540.870 5	410.427 5

为更形象地描述应用轻型车 VSP 分布表示重型车 VSP 分布在油耗因子方面的误差随平均行程速度变化的趋势，绘制各行程速度区间下实测与模型所得油耗因子的对比图。

从表 5-7 和图 5-11 可以看出，利用轻型车 VSP 分布模型得出的重型车 VSP 分布的油耗因子明显高于实测的油耗因子，而且随平均行程速度的上升，差距越来越大；而利用重型车 VSP 分布模型得出的重型车 VSP 分布的油耗因子稍低于实测的油耗因子，两者的差距很小。由此可见，重型车 VSP 分布模型可以有效地应用于机动车排放测算，而利用轻型车 VSP 分布表示重型车 VSP 分布存在不可忽略的误差。在此基础上，引入相对误差(RE，Relative Error)的概念，来分析两模型数据与实测数据在测算排放时的误差情况。

$$RE_i = \frac{CFCF_i - TFCR_i}{TFCF_i} \times 100\% \tag{5-12}$$

式中：RE_i——第 i 个平均行程速度区间下油耗因子的实测值与轻、重型车 VSP 分布模型所得值的相对误差；

$CFCF_i$——第 i 个平均行程速度区间下油耗因子的实测值(g/km)；

$TFCF_i$——第 i 个平均行程速度区间下油耗因子的混用所得值(g/km)。

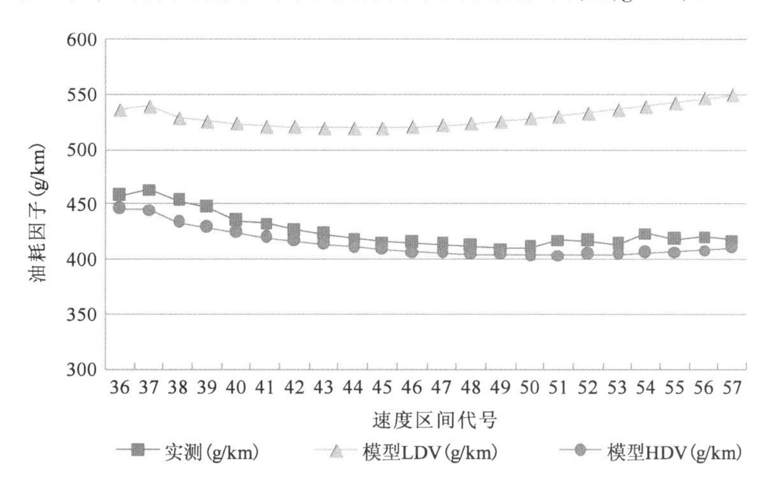

图 5-11　实测与模型所得油耗因子对比图

利用式(5-12)计算得到各平均行程速度区间下两模型所得油耗因子与实测所得油耗因子的相对误差，如表 5-8 所示。

各平均行程速度区间下轻重型车 VSP 模型与实测所得油耗因子的相对误差　　表 5-8

速度区间代号	平均行程速度(km/h)	相对误差 RE_{LDV}(%)	相对误差 RE_{HDV}(%)
36	71.03	17.12	-2.78
37	72.05	16.4	-3.95
38	75.01	16.7	-4.27
39	77.02	17.6	-4.11
40	78.98	20.25	-2.52
41	81.1	20.52	-2.93
42	83.09	22.01	-2.32
43	85.05	22.85	-2.22
44	87.08	23.98	-1.93
45	89.01	24.94	-1.73
46	91.03	25.31	-2.02
47	93.02	26.15	-1.93
48	94.95	26.93	-1.85
49	96.99	28.33	-1.37
50	98.98	28.58	-1.61
51	100.89	26.92	-3.33
52	102.95	27.93	-31
53	104.85	29.49	-2.21
54	106.87	27.31	-4.21

续上表

速度区间代号	平均行程速度(km/h)	相对误差 RE_{LDV}(%)	相对误差 RE_{HDV}(%)
55	109	29.83	-2.65
56	110.95	29.78	-2.93
57	112.99	31.57	-1.8

由表5-8可知,利用轻型车VSP分布模型与实测所得油耗因子相对误差的最高值为31.57%,最低值为16.4%,平均值为24.93%,相对误差随平均行程速度的上升而增大,与实测油耗因子之间存在不容忽略的误差。而利用重型车VSP分布模型与实测所得油耗因子相对误差绝对值的最高值为4.27%,最低值为1.37%,平均值为2.62%。由上述分析可以得出,在高速区间下,利用轻型车VSP分布表示重型车VSP分布存在不可忽略的误差,不适用于表示重型车的VSP分布,而重型车VSP分布模型可以有效地应用于机动车排放测算。

5.4 案例总结

本案例基于大量实测数据,分别分析了低中速区间和高速区间下轻型车和重型车的VSP分布特性,发现了二者的VSP分布均在70~120km/h速度区间内呈正态性分布,同时VSP分布的峰值位置与对应的平均速度下匀速运行时的VSP值相吻合。通过进一步探寻到VSP分布与平均速度的数学关系,建立了用于排放测算的轻型车和重型车VSP分布数学模型。最后针对实际应用中存在以轻型车VSP分布表示重型车VSP分布的现象,利用本案例构建的轻、重型车VSP分布模型与实测数据得到的重型车VSP分布进行了排放测算误差分析。

参考文献

[1] 科技时代. 探险家最新插卡GPS导航V900到货[EB/OL]. 2008-08-07[2011-05-01]. http://tech.sina.com.cn/digi/2008-08-07/0539760222.shtml.
[2] 张嫣红. 基于微观交通仿真模型的排放测算适用性研究[D]. 北京:北京交通大学,2011.

案例6:利用驾驶模拟建立面向排放分析的车辆运行模式分布的可行性分析

6.1 案例目标

近年来,很多研究开始利用交通仿真模型测算车辆和路网的排放量。研究表明,基于交通仿真的路网排放测算结果不准确。其最根本的原因是,大多数现有的交通仿真模型不能提供详细可靠且具有代表性的交通变量,如瞬时速度和加速度,这是准确评价车辆排放至关重要的变量。而驾驶模拟器已被广泛用于各种领域,特别是交通工程和交通安全研究方面。然而,应用驾驶模拟器进行交通排放分析的研究较少。基于此,本案例测试和验证了用汽车驾驶模拟器获取车辆运行数据并用于排放测算方法的可行性。

6.2　方法设计

6.2.1　驾驶模拟器简介

6.2.1.1　汽车驾驶模拟器

汽车驾驶模拟器座舱由驾驶舱座、视景计算机、视屏、操作传感器、数据采集卡、耳机和话筒等组成。座舱包含了与真实车辆相同的操作部件:转向盘、离合器、制动踏板、加速踏板和驻车制动器。真车变速器:倒挡、一挡、二挡、三挡、四挡、五挡和空挡(自动挡只含前进挡、倒车挡和驻车挡)。真车操作开关:左转向灯、右转向灯、应急灯、喇叭、点火开关、总电开关、安全带、车门、刮水器、远光灯、近光灯、远近光交替。座舱汽车既可以进行联网训练,也可以进行单机训练。

驾驶模拟器是一种驾驶训练的教学设备。它利用虚拟现实仿真技术营造一个虚拟的驾驶训练环境,人们通过模拟器的操作部件与虚拟的环境进行交互,从而进行驾驶训练。广义上的驾驶模拟器包括汽车驾驶模拟器、飞机驾驶模拟器、船舶驾驶模拟器等等。凡是用来“驾驶”的模拟设备,均可以称为驾驶模拟器。当然,相对于其他驾驶模拟器,汽车驾驶模拟器是应用最为广泛的。现代社会,汽车已经是一种非常普通的代步和运输工具,因此汽车驾驶模拟器应用面更加广泛。

汽车驾驶模拟器几乎完全“克隆”真实学车环境,能够消除驾驶初学者的恐惧心理,适时规范驾驶者的操作,为驾校驾驶培训的有力帮助。

目前,车辆驾驶模拟器主要可以分为培训型驾驶模拟器和开发型驾驶模拟器。培训型驾驶模拟器主要用于驾驶员培训,开发型驾驶模拟器则主要用于车辆产品的开发。开发型车辆驾驶模拟器是一种在实验室中使用电子计算机控制,用于研究、测试分析和重现车辆与驾驶员和车辆与外部环境在实际车辆驾驶过程中的相互作用的设备。相对培训型驾驶模拟器,开发型驾驶模拟器要求较高。

6.2.1.2　汽车驾驶模拟器的应用

近年来,驾驶模拟器已被广泛用各领域,特别是用于交通工程和交通安全研究。Stuart(2002)对一种先进的驾驶模拟器进行了行为验证,用于评价超速行为;在Jorge(2005)等人进行的一项研究中,确认驾驶模拟器在主要人为因素和发展新的先进驾驶辅助系统的研究方面发挥了重要作用。在这项研究中,开发了一个新的车辆动力学模型。该模型是专门设计的实时应用程序,目的是计算客运车辆正常情况下在公共道路上的行为。驾驶模拟器和实际驾驶之间的比较表明,从驾驶模拟器的数据分析交叉口的安全问题是有用的;Brooks等(2005)提供了一种评价增强动力的两轮车的方法(PTW),结果显示模拟条件下和实际的摩托车检测率几乎是相同的,这证明了驾驶模拟器是对驾驶行为和排放状况进行分析的强大工具,可以对白天照明处理和实际事故进行研究。

总之,驾驶模拟器的广泛应用证明它是研究巷道设计、驾驶行为和各种安全问题有效的和强大的工具。

6.2.2 便携式排放测试系统(PEMS)

本案例利用便携式排放测试系统(PEMS)收集实际的交通运行和排放数据。PEMS 由车载气态污染物测量仪 OBS.2200 和车载微粒物测量仪 ELPI 组成,可以实时测试车辆的排放情况。

该设备通过与汽车尾气管道相连的探针采集污染物的浓度,包括一氧化碳(CO),碳氢化合物(HC),氮氧化合物(NO_x),颗粒物(PM)等,同时通过与车辆 OBD 接口连接,得到发动机及车辆的相关技术参数,如发动机转速、进气管压力、进气管温度以及车辆速度等。对于没有内嵌 OBD 接口的车辆,可以在发动机的相应位置使用传感器得到发动机转速、进气管压力和进气管温度等参数,通过这些车辆参数就可以计算出机动车的尾气排放量。

通过 GPS 系统,借助精确的时间作为切合点,把机动车尾气排放与行驶路段的真实工况结合起来,可以得到每秒机动车所在的地理位置、行驶状况及其相应的排放情况。最后将 PEMS 得到的数据和 GPS 系统得到的数据通过内嵌的计算机系统进行数据同步和数据查错,经过一系列的数据转换,得到最终的交通与尾气集成的数据文件。PEMS 技术突破了传统的定点尾气数据收集的局限性,能够方便快捷地获得不同路段、不同车型、不同时段的尾气排放数据,即获取实时的动态尾气数据。PEMS 设备体积小,安装方便,可用以研究尾气排放特性、分析尾气时空分布规律、开发尾气模型,有助于调整交通策略及城市规划等。

6.2.3 模糊逻辑理论

模糊逻辑是建立在多值逻辑基础上,运用模糊集合的方法来研究模糊性思维、语言形式及其规律的科学。模糊逻辑指模仿人脑的不确定性概念判断、推理思维方式,对于模型未知或不能确定的描述系统,以及强非线性、大滞后的控制对象,应用模糊集合和模糊规则进行推理,表达过渡性界限或定性知识经验,模拟人脑方式,实行模糊综合判断,推理解决常规方法难于对付的规则型模糊信息问题。模糊逻辑善于表达界限不清晰的定性知识与经验,它借助于隶属度函数概念,区分模糊集合,处理模糊关系,模拟人脑实施规则型推理,解决因“排中律”的逻辑破缺产生的种种不确定问题。

模糊逻辑可以用于控制家用电器,比如洗衣机和空调。基本的应用可以特征化为连续变量的子范围,形状常常是三角形或梯形。例如,防锁制动的温度测量可以有正确控制制动所需要的定义特定温度范围的多个独立的成员关系函数。每个函数映射相同的温度到在 0 ~ 1 范围内的一个真值且为非凹函数。接着这些真值可以用于确定应当怎样控制制动。其应用包括倒车控制、信号交叉口时延估计、货运评估、箭头符号位置确定、人行横道的位置确定等。

6.3 方法应用

6.3.1 研究范围概述

本案例研究区域为休斯敦区域某行驶路线,该路线始于得克萨斯南部的 West Garage,终于 East Garage,如图 6-1 所示。该路线总距离约为 28.5km,通过 LBST,阿尔梅达路、610 环路、百利大道,贺大道,旧西班牙小径和圣史葛。它由多个道路类型构成,包括高速公路、干线公路和地方的街道等。土地使用性质种类多,如学校、住宅以及商业区等。因此,该行驶路线具备综合的驾驶和道路条件。

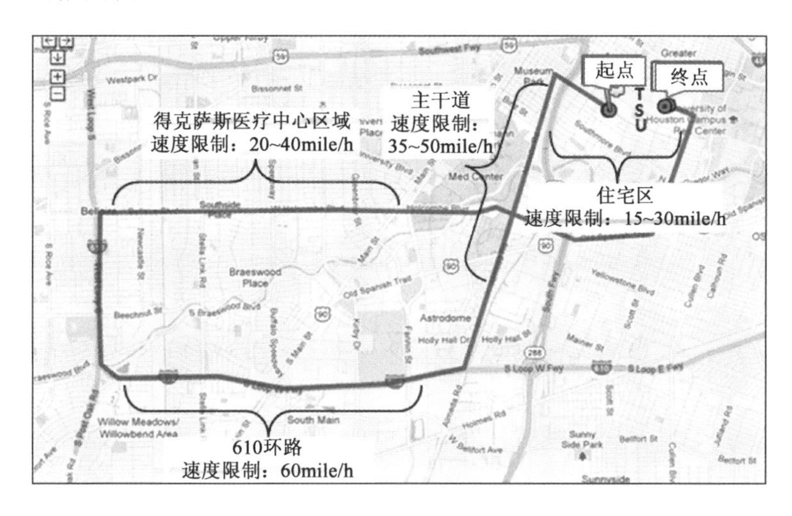

图 6-1　测试路线

本案例用 20 名驾驶员来收集实际行驶和排放数据,分为不同的年龄组和性别组。每个实验者都要遵循限速法则在测试线路上行驶。为计算 VSP,在测试车辆上配备了 GPS 数据采集设备,见图 6-2,来收集逐秒速度和加速度,并记录每个路口的信号配时。交通流的数据通过 http://traffic.houstontranstar.org/layers/和 http://ttihouston.tamu.edu/hgac/trafficcountmap/获取,选取测试时的流量,从而计算出 VSP 和运行模式分布。

图 6-2　GPS 设备

本案例使用的 GPS 数据采集设备自带内置电池,不需要汽车额外供电。此外,交通流数据可由录像数据和实际道路检测获得。

6.3.2　数据收集与校准

6.3.2.1　数据收集

驾驶模拟器参照实际道路状况,如道路类型、车道数、道路长度、路口信号配时状况以及交通和道路参数等,模拟了驾驶场景。在每个不同的道路类型和每个路口设置触发器,通过对每个触发器的脚本进行编码来控制交通流,并进行限速和信号配时等信息的设置。图 6-3 是驾驶模拟场景。

驾驶模拟场景中,输入信号配时和交通流数据,驾驶模拟器模拟实际道路状况,以确保驾驶行为相一致。图 6-4 是驾驶模式测试场景。

模拟驾驶实验获取的数据可用来计算 VSP 和工况分布,模拟驾驶实验后对参与实验的人员进行了问卷调查,对其主观感受进行了调查。

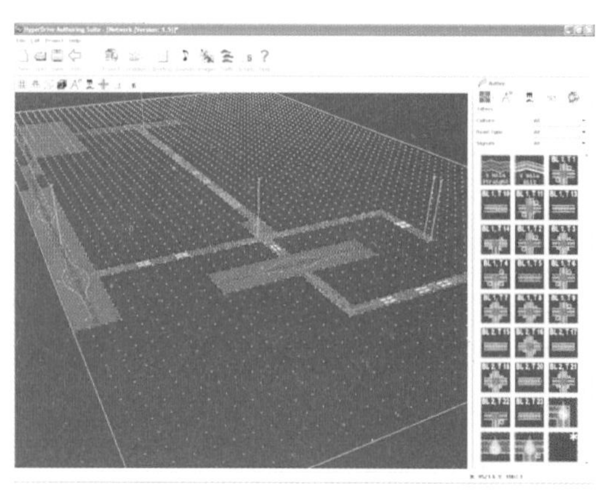

图 6-3　驾驶模拟场景

图 6-4　驾驶模拟测试场景

6.3.2.2　数据校准

收集数据后,可以根据实际数据和驾驶模拟器数据计算 VSP 分布和排放量,并进行对比,为了提高驾驶模拟器数据的有效性,要通过合理的方法对驾驶模拟器数据进行校准,减少错误数据,使总排放量更接近于真实数据。

由于速度和 VSP 是非线性的,传统的标定方法不适用于汽车排放量的估计,校准结果是近似的,即可满足要求,不要求校准结果是固定准确的,因此可利用模糊逻辑理论。

模糊逻辑理论有四个步骤:

(1)选择输入(速度、VSP)和输出(误差)数据建立隶属度函数。

(2)选择要生成的规则库,计算平均速度校准规则程度的 15 组数据,VSP 和误差。

(3)根据规则和误差的程度,计算每组的加权平均误差。

(4)应用加权平均误差对其他 5 组数据进行校正。

图 6-5 是预先确定的输入和输出变量。所有的输入和输出数据都有两个函数值,称为加权因子。模糊方法是选取一个更大的函数值,用于下一步研究。

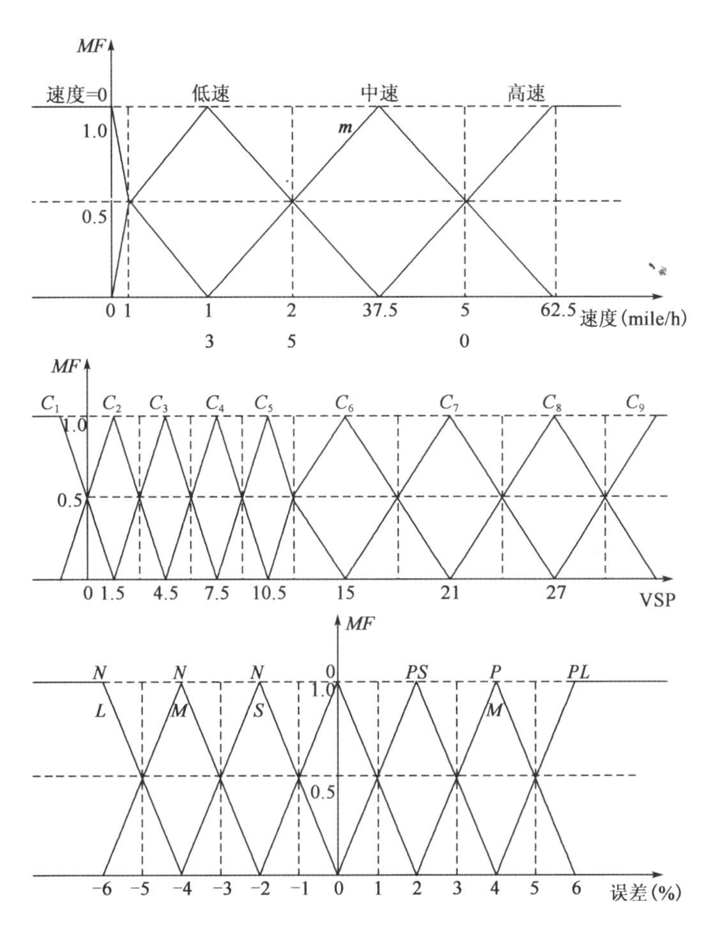

图 6-5　加权因子图

通过隶属函数,所有的逐秒数据都有对阶数的规则。这项研究结合了 15 组数据,根据误差的隶属函数和阶数规则,计算出实际数据和驾驶模拟器分布的相对误差。表 6-1 用于校准驾驶模拟器的工况分布值。

驾驶模拟器的工况分布值　　表 6-1

操作模式分组	驾驶员 1		驾驶员 2		驾驶员 3	
	误差	置信度	误差	置信度	误差	置信度
0	-2.990	0.505	-1.843	0.922	-1.784	0.892
1	0.478	0.754	1.218	0.603	3.918	0.953
11	2.018	0.928	-0.390	0.732	-5.773	0.777
12	-2.930	0.464	-1.229	0.523	-3.447	0.481
13	-2.088	0.723	-0.477	0.667	-2.289	0.668
14	-1.819	0.722	-1.069	0.433	-1.590	0.670
15	0.558	0.519	-1.062	0.399	-0.725	0.441
16	0.994	0.326	1.253	0.400	1.111	0.204

续上表

操作模式分组	驾驶员 1		驾驶员 2		驾驶员 3	
	误差	置信度	误差	置信度	误差	置信度
21	-1.141	0.541	-2.020	0.872	-4.427	0.746
22	-3.604	0.602	1.636	0.576	-2.199	0.710
23	11.969	0.895	5.237	0.551	10.851	0.783
24	-0.854	0.517	-1.980	0.791	-1.095	0.479
25	-0.428	0.687	-0.996	0.394	0.523	0.580
27	-0.737	0.538	0.613	0.505	1.871	0.712
28	0.988	0.401	0.544	0.499	0.361	0.638
29	0.710	0.546	0.042	0.642	0.086	0.625
30	0.294	0.504	-0.042	0.979	0.000	1.000
33	-1.165	0.513	-2.365	0.816	-2.795	0.260
35	1.746	0.600	6.022	0.885	10.178	0.510
37	-1.132	0.483	-0.560	0.684	-1.871	0.548
38	-1.061	0.241	-1.983	0.544	-0.786	0.607
39	0.602	0.631	-0.381	0.746	-0.079	0.961
40	-0.405	0.798	-0.169	0.916	-0.039	0.980

6.3.3 基于驾驶模拟器模拟的工况分布研究结果与分析

6.3.3.1 工况分布

20 名驾驶员参加了测试实验，包括实际驾驶和模拟器驾驶，驾驶里程达到 1 140km，共收集 90 260s 的速度和加速度数据，参与测试实验的驾驶员包括 13 名男性和 7 名女性，他们是得克萨斯南方大学、得克萨斯圣托马斯大学、休斯敦大学、莱斯大学和得克萨斯医学中心的学生或教师。经过计算生成驾驶模拟器运行模式分布规律图，并与实际数据进行比较，如图 6-6 所示。

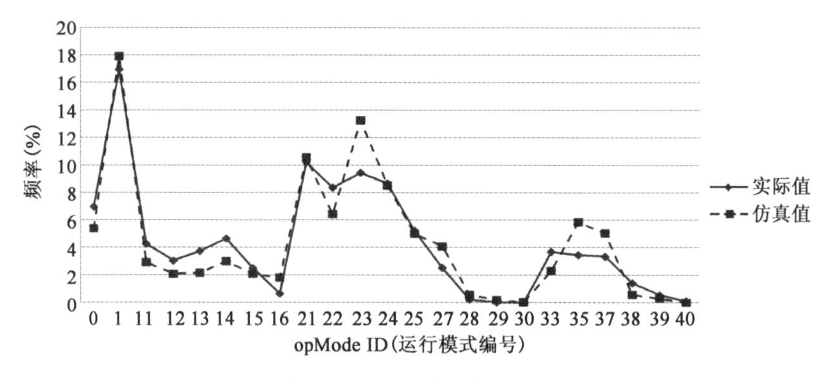

图 6-6 20 名司机工况分布图

从图 6-6 可以看出，驾驶模拟器的数据和实际上数据较为接近，但是在“23”附近，驾驶模拟器的数据明显高于实际数据，需要对其进行校正。图 6-7 是各组误差。

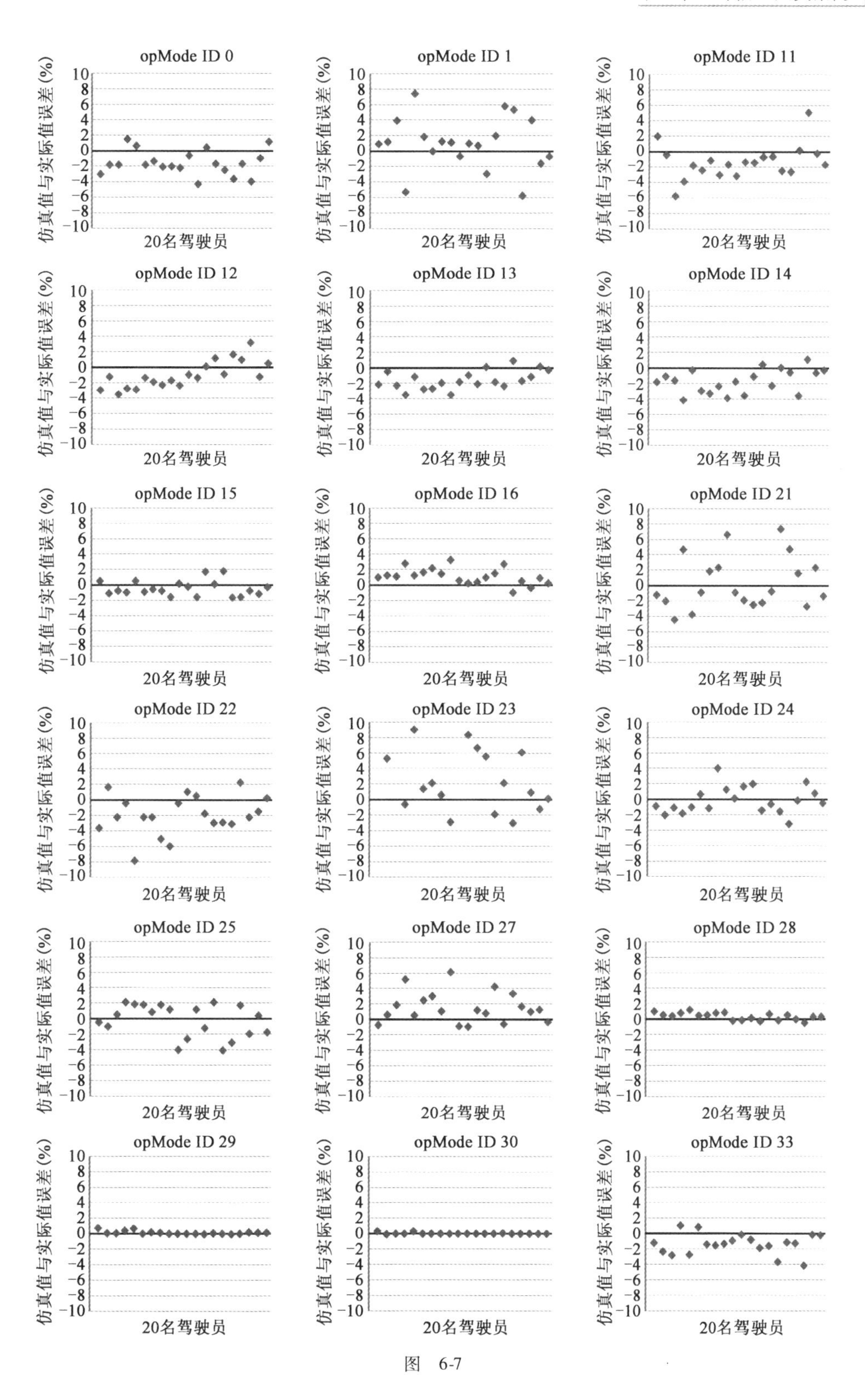
opMode ID 0
opMode ID 1
opMode ID 11
opMode ID 12
opMode ID 13
opMode ID 14
opMode ID 15
opMode ID 16
opMode ID 21
opMode ID 22
opMode ID 23
opMode ID 24
opMode ID 25
opMode ID 27
opMode ID 28
opMode ID 29
opMode ID 30
opMode ID 33
仿真值与实际值误差(%)
20名驾驶员
10
8
6
4
2
0
−2
−4
−6
−8
−10

图　6-7

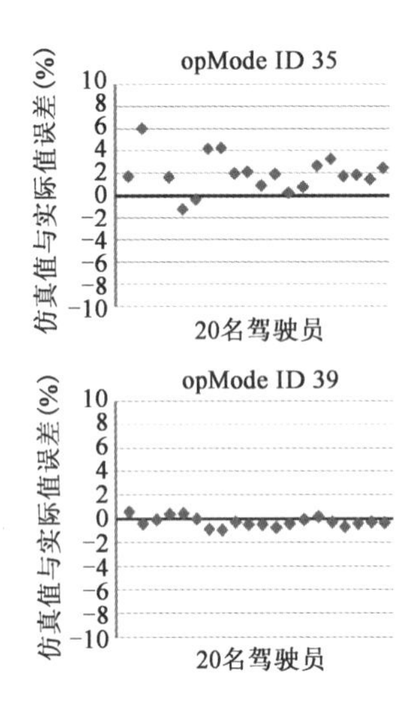

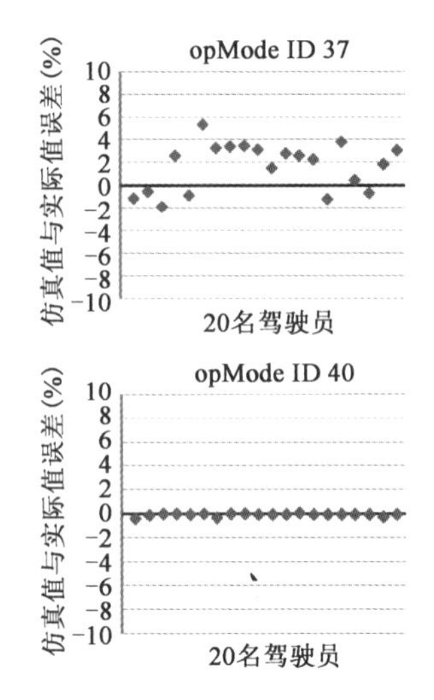

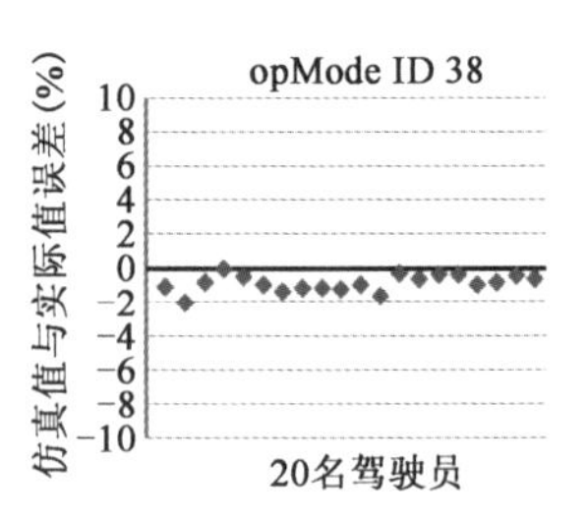

图 6-7　每组工况分布误差图

出现误差的原因是驾驶模拟器上减速时的减速度更大,驾驶模拟器的减速系统不如实际汽车减速系统顺畅,在减速时会造成更大的减速数据,加、减速的速度更快,因而停车也更快,因此驾驶模拟器在交叉口停留的时间会更长,会产生正误差,随 ID 增加,误差由正转负,说明当 VSP 分布较高时,驾驶模拟器的数据会高于实际值,当 VSP 分布较低时,驾驶模拟器数据会低于实际值。此外 28、30 组和 38、40 的误差很小,因此,这些误差对总排放量的影响较小。

根据驾驶员调查反馈,90% 的驾驶员认为驾驶模拟器的驾驶和实际驾驶不同,不符合实际驾驶的技术和操作,100% 的驾驶员认为驾驶模拟器操作更容易,这是与实际驾驶的重大技术差异。此外,65% 的实验者在模拟器测试 15 ~ 20min 后,很难把注意力集中在驾驶上。因此,驾驶模拟器不适合长时间的测试,这可能会导致响应速度更慢,导致在很短的时间内出现高速变化。另一项调查结果显示,75% 的参与测试的驾驶员认为,在驾驶模拟器时的停车和加速比实际汽车更敏感。由于驾驶模拟器中的加速和减速往往高于实际运行,使得 VSP 数值偏高。65% 的参与者认为驾驶模拟器是顺畅的,没有太多影响因素。其结果是,相同的行驶路线上,在驾驶模拟器中每组的平均行驶时间为 2 176s,短于实际的 2 337s。

6.3.3.2　高速公路和地方公路运行模式分布差异

本案例针对高速公路和地方公路的不同特点将数据分为两类,其中高速公路和支路的长度相近。图 6-8 是根据道路类型分类的图。

地方道路逐秒数据的数量远高于高速公路,这是因为行驶相同距离时,高速公路用时更短。高速公路的数据大多集中分布在中部,速度较高,而地方道路数据分散,速度较低。但是驾驶模拟器在地方道路上会有部分较高的数据,是因为驾驶模拟器加速更容易,道路运行条件和交通状况会好于实际情况,因而驾驶员的驾驶速度会更快。图 6-9 显示了高速公路和地方道路在实际数据和驾驶模拟器数据上的差异。

从图 6-9 可以看出,高速公路实际数据和驾驶模拟器数据之间的差异更接近于 0,平均差异值为 0.37%,而地方道路的平均差异值为 0.89%,是高速公路的两倍。这说明实际数据和驾驶模拟器之间的差异主要来源于地方道路。地方道路上的加减速更多,造成的差异将会更大。

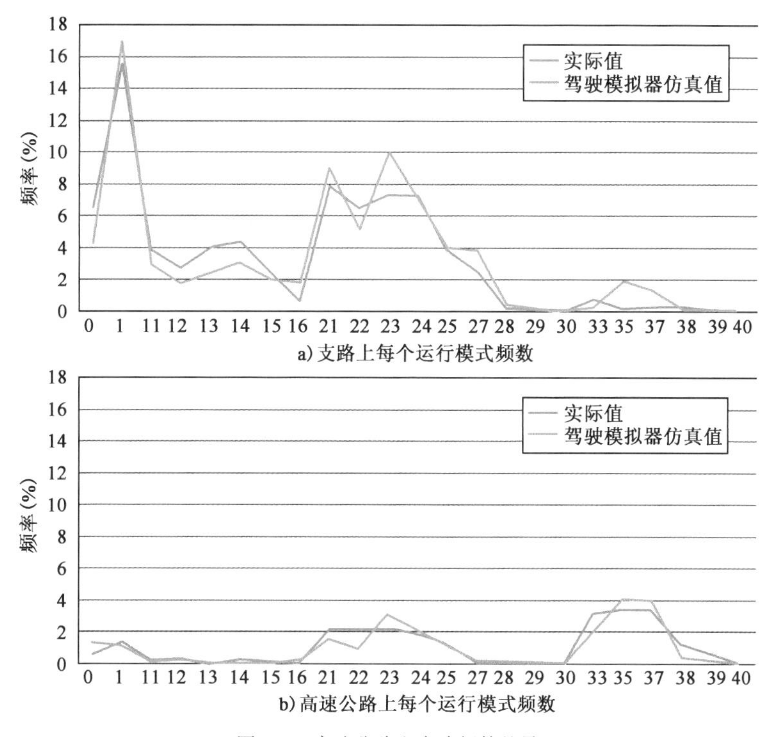

图 6-8　高速公路和支路频数差异

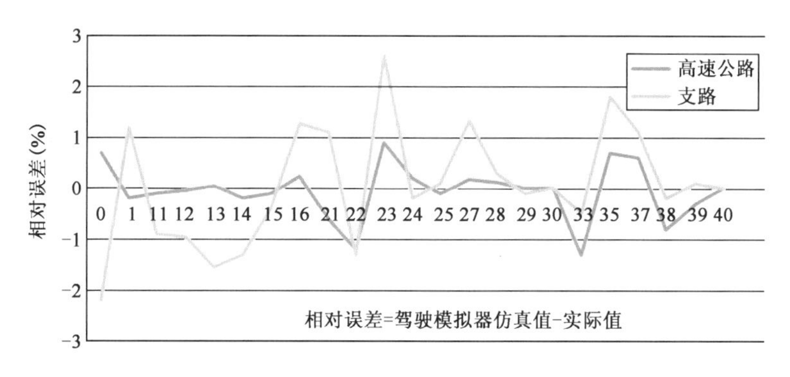

图 6-9　高速公路和支路运行模式相对误差

另外,高速公路数据驾驶模拟器的数据占 22.3%,低于实际数据中高速公路的占比 23.67%,这是因为在模拟场景中,驾驶员更不重视限速而导致更高的速度和更短的行驶时间。

6.3.3.3　方法验证

为验证实际数据和驾驶模拟器数据的差异是可以接受的,采用 SPSS 软件进行数据分析。

(1)相关性分析

相关性分析可以验证两个变量之间的关系,相关性越强说明两者之间的关系越接近,相关系数(-1,1),-1 是完全负相关,+1 是完全正相关,0 代表不相关。主要研究现象间的依存关系,通过计算变量间相关系数,判断两变量间是否存在显著性差异。

这项研究考虑了不同条件下的原因和效果之间的关系。在本案例中,对皮尔森的相关系数进行了分析,并对“双尾”的意义进行了检验。结果如图 6-10 所示,其相关系数为 0.95,显著性水平为 0.01。

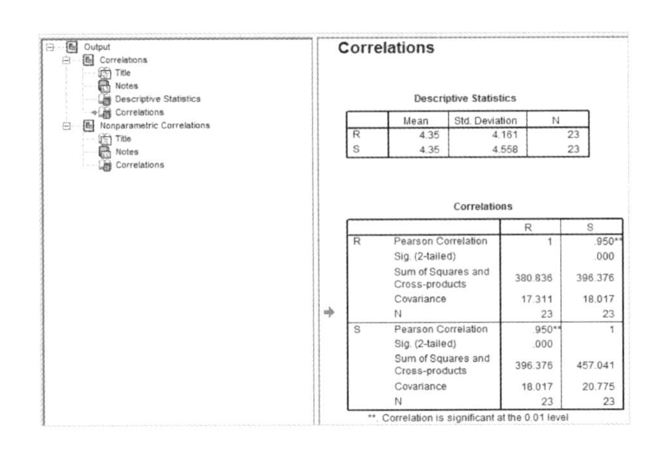

Correlations

Descriptive Statistics

	Mean	Std. Deviation	N
R	4.35	4.161	23
S	4.35	4.558	23

Correlations

		R	S
R	Pearson Correlation	1	.950**
	Sig. (2-tailed)		.000
	Sum of Squares and Cross-products	380.836	396.376
	Covariance	17.311	18.017
	N	23	23
S	Pearson Correlation	.950**	1
	Sig. (2-tailed)	.000	
	Sum of Squares and Cross-products	396.376	457.041
	Covariance	18.017	20.775
	N	23	23

**. Correlation is significant at the 0.01 level

图 6-10　检验结果

(2)显著性检验

显著性检验就是事先对总体(随机变量)的参数或总体分布形式作出一个假设,然后利用样本信息来判断这个假设(备择假设)是否合理,即判断总体的真实情况与原假设是否有显著性差异。或者说,显著性检验要判断样本与对总体所做的假设之间的差异是纯属机会变异,还是由所做的假设与总体真实情况之间不一致所引起的。显著性检验是对总体所做的假设的检验,其原理就是“小概率事件实际不可能性原理”来接受或否定假设。显著性检验即用于实验处理组与对照组或两种不同处理的效应之间是否有差异,以及这种差异是否显著的方法。

常把一个要检验的假设记作 H_0,称为原假设(或零假设)(null hypothesis),与 H_0 对立的假设记作 H_1,称为备择假设(alternative hypothesis)。

在原假设为真时,决定放弃原假设,称为第一类错误,其出现的概率通常记作 α;在原假设不真时,决定不放弃原假设,称为第二类错误,其出现的概率通常记作 β。

通常只限定犯第一类错误的最大概率 α,不考虑犯第二类错误的概率 β。这样的假设检验又称为显著性检验,概率 α 称为显著性水平。

最常用的 α 值为 0.01、0.05、0.10 等。一般情况下,根据研究的问题,如果放弃真假设损失大,为减少这类错误,α 取值小些;反之,α 取值大些。

本案例采用 t 检验,适用于计量资料、正态分布、方差具有齐性的两组间小样本比较。本方法用于比较 23、35 和 22 组,结果见表 6-2。

t 检验值结果　　表 6-2

项　　目	N	t	Sig.
Pair1:仿真 23 和实际 23	20	4.616	0.052
Pair2:仿真 35 和实际 35	20	7.347	0.180
Pair3:仿真 22 和实际 22	20	6.204	0.073

由表6-2可以看出，各组之间的显著性水均大于0.05，说明这三组实际数据和驾驶模拟器数据之间的差异不大。

6.3.3.4　总排量分析

各分组的轻型车排放率见表6-3。总排放量见表6-4。

轻型车排放率　　表6-3

opMode ID	CO_2(g/s)	CO(mg/s)	HC(mg/s)	NO_x(mg/s)
0	1.008	8.889	1.111	0.833
1	0.894	9.444	0.833	0.833
11	1.373	11.111	0.833	1.111
12	1.820	19.167	0.833	2.500
13	2.678	31.389	1.389	5.278
14	3.562	46.389	1.667	9.167
15	4.386	52.222	2.222	12.778
16	5.563	61.667	2.500	17.778
21	1.715	21.389	1.111	3.056
22	2.116	23.333	1.111	3.611
23	2.738	28.889	1.111	5.278
24	3.579	44.167	1.667	8.889
25	4.574	46.111	1.944	12.222
27	6.033	81.389	2.778	20.556
28	8.131	128.056	4.444	32.222
29	11.144	273.889	7.500	46.111
30	13.946	786.111	12.500	54.167
33	2.707	17.500	1.111	3.889
35	4.303	35.278	1.667	11.111
37	5.603	47.500	1.944	16.667
38	7.305	120.556	3.889	27.500
39	9.724	180.556	4.167	36.667
40	12.431	389.167	5.556	48.333

基于行程时间和每组工况排放率，可进一步验证驾驶模拟器的适用性。

总排放量　　表6-4

项　目	CO_2(g)	CO(mg)	HC(mg)	NO_x(mg)
实际值	6 386.03	72 257.21	3 250.56	14 198.89
驾驶模拟器仿真值	6 193.41	69 067.26	3 066.15	14 895.14
相对误差	-3.016%	-4.415%	-5.673%	4.904%

6.3.3.5 校准结果

校准后各组的排放误差见图 6-11,可以看出通过模糊逻辑校正后值有 2/3 的分组已经较为接近真实值:

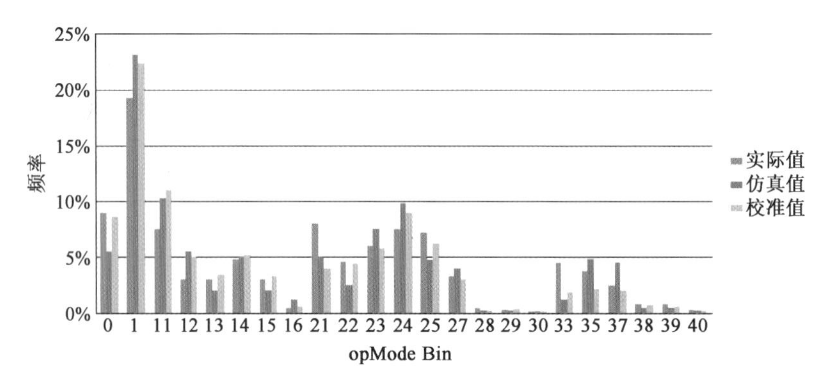

图 6-11 三种数据平均值比较

为了验证所有的分组都适合这种方法,本案例将各个污染物的校正结果进行了分析,结果见图 6-12。

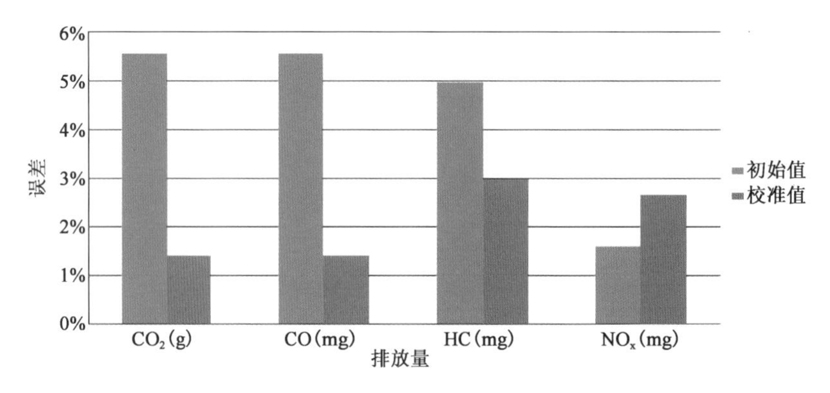

图 6-12 排放量绝对误差

从图 6-12 可以看出,对 CO_2、CO 和 HC 校准之后差异下降显著。

6.4 案例总结

本案例基于实际数据和驾驶模拟器数据,对车辆运行模式分布等做了对比分析,以确定源自驾驶模拟器的数据是否可以可靠地用于车辆的排放测算。结果显示驾驶模拟器和实际数据相差较小,分布趋势类似。然后,本案例进一步通过对比总排放量的差异验证了驾驶模拟器数据用于车辆排放测算的可行性。本案例还证明驾驶模拟器和实际数据的工况数据高度相关,驾驶模拟器在一定程度上可以较好地模拟真实的驾驶环境,但是驾驶模拟器加减速较快,会导致 VSP 数值过高或过低。利用 VSP 和相应车辆的活动数据,可以得到运行模式分布情况。基于真实道路交通参数设计驾驶模拟器测试方案,在实际道路进行驾驶的同时,驾驶模拟器在实验室环境中也进行实验,以确保驾驶行为的一致性。通过比较两种驾驶条件下的总排放量,确定了利用驾驶模拟器进行排放测算的可行性。

参 考 文 献

[1] FREY H C, UNAL A, CHEN J, et al. Methodology for Developing Modal Emission Rates for EPA's Multi-Scale Motor Vehicle & Equipment Emission System [R]. EPA420-R02-027, U. S. Environmental Protection Agency, 2002.
[2] SANTOS J, MERAT N, MOUTA S, et al. The interaction between driving and in-vehicle information systems: Comparison of results from laboratory, simulator and real-world studies [J]. Transportation Research Part F Traffic Psychology & Behaviour, 2005, 8 (2): 135-146.
[3] BROOKS A M, CHIANG D P, SMITH T A, et al. A driving simulator methodology for evaluating enhanced motorcycle conspicuity [C]. 2005.

案例7:面向排放测算的车辆跟驰模型对比分析

7.1　案例目标

将微观交通仿真模型与微观排放模型相结合进行排放测算能够有效地评估减排措施,如优化信号灯配时、交叉口停车熄火等。目前多数的研究都集中于:利用实测交通数据对交通仿真模型进行标定,然后将仿真模型输出的交通数据代入到排放模型中,以此来测算排放。但是,在交通仿真模型的标定中,通常以流量、速度或者行程速度为指标来评价仿真的准确性。而排放测算采用的是瞬时的速度和加速度等微观交通数据。

基于此,本案例收集了大量的北京市快速路轻型车跟驰状态下的驾驶行为数据,编程实现所选取的车辆跟驰模型,并设计将实测 GPS 跟驰数据作为前车,通过数值仿真输出模拟后车的跟驰行为数据的实验方法。基于驾驶行为数据在平均速度区间内的 VSP 分布所具有的普遍特征和规律,对比分析不同类型的车辆跟驰模型的 VSP 分布特征与实测数据之间的差异,并将 VSP 分布的相对均方误差以及排放因子的相对误差作为指标,用于评价车辆跟驰模型仿真输出数据进行排放测算时的精确度。同时,本案例通过对车辆跟驰模型中的重要参数进行敏感性分析,筛选出排放测算效果的关键参数,并对模型进行优化,提升其排放测算效果。本案例的研究思路和实验方法可以为仿真模型应用于排放测算的研究提供借鉴。

7.2　方法设计

7.2.1　方法简介

在实际交通流中,驾驶员的驾驶习惯、交通流现状、道路状况、天气条件等多方面的因素都会对车辆跟驰行为产生很大的影响。为了能更加准确和真实地模拟实际交通流中的驾驶行为,需要对代表这些因素的参数进行标定。考虑到这些因素的复杂性,车辆跟驰模型的标定需要大量的重复测试和特定的测试装备,以获取逐秒的前后车的行驶速度、加速度和跟驰距离。

限于实际的实验条件，一方面，本案例从现有的研究成果中选取标定后的参数值作为本案例的默认值；另一方面本案例设计了一个以将实测驾驶行为数据作为前车，通过数值仿真输出后车跟驰行为的实验方法。

基于本案例的研究目的，进行车辆跟驰模型对比分析和优化的基础数据是实测的逐秒行驶数据和模型输出的逐秒行驶数据。为此，设计了如下的实验方法：

（1）相同道路等级下的驾驶行为数据都具有相同的分布特征。由此，本案例认为：处于跟驰状态的前后车在相同的平均速度区间内的 VSP 分布具有相同的特征。

（2）本案例利用 GPS 设备收集大量的北京市快速路轻型车跟驰状态下的驾驶行为数据。由于北京市快速路的限速是 80km/h，所以当机动车行驶速度小于 70km/h 时，机动车处于跟驰行驶的状态。

（3）本案例设计了将实测驾驶行为数据作为前车，通过数值仿真输出后车跟驰行为数据的数值仿真方法。

数值仿真方法的思路为：

假设在每个行程段的第一秒，在实测的车辆后面出现一辆虚拟的跟驰车辆。此刻，虚拟后车的瞬时速度与前车相等。两车恰好由自由行驶状态进入跟驰状态。有了初始的速度差（即为0）和前后车距离，就可以利用跟驰模型得到后车在第一秒的加速度 $a_2(1)$。从每个行程段的第二秒开始，由于虚拟后车处于跟驰状态，其行驶状态完全按照模型设定执行。

$$v_2(t+1) = v_2(t) + a_2(t) \tag{7-1}$$

$$\Delta x(t+1) = \Delta x(t) + v_2(t) - v_1(t) \tag{7-2}$$

通过采取这种数值仿真方法，可以得到与前车相同数量的虚拟后车的逐秒速度和加速度数据。基于这些数据可进行车辆跟驰模型输出数据的 VSP 分布的特征分析，并与实测数据的 VSP 分布进行对比。由于这个实验方法是纯粹的数值计算过程，所以称为“车辆跟驰模型的数值仿真”。

平均行程速度是重要的交通流参数，直接反映了交通流的运行状况。而 VSP 分布是车辆在各 VSP Bin 下的分布比例，能够反映车辆行驶过程中的功率特性，进而反映车辆行驶过程中的排放特性。宋国华（2010）通过对大量的车辆行驶数据的分析后发现，平均速度区间内的 VSP 分布具有显著的规律和特征。基于此，本案例认为：平均速度区间内的 VSP 分布，既能用于刻画车辆的行驶特征，又可以反映车辆行驶的排放特性，是刻画包括车辆行驶和排放在内的交通流特征的有效方法。

7.2.1.1 VSP 分布的划分方法

为了研究平均速度区间内 VSP 分布，首先需要确定平均行程速度的集成粒度。借鉴程颖（2010）针对北京市浮动车系统数据集成的粒度的研究，1min 的时间集成粒度已经能够反映北京市城区快速路的行驶状态，可选取每 60s 的瞬时速度划分为一个行程组，求取其平均行程速度。

由于北京市快速路的限速是 80km/h，所以当机动车行驶速度小于 70km/h 时，机动车处于跟驰行驶的状态，以 2km/h 的步长将平均行程速度为 0 ~ 70km/h 的数据分割为 35 个区间 $ASI_{1\sim35}$。平均速度区间（ASI_i）划分的公式可表述为：

$$i = \mathrm{ceil}\left(\frac{v}{2}\right), v \in \mathrm{ASI}_i \tag{7-3}$$

式中：ASI_i——平均速度区间；

ceil——Matlab 中的向上取整函数。

为了获取连续 60s 的瞬时速度，本案例将每个行程段的连续数据的第一条标红。从第一条标红开始，每 60s 算作一个行程组，不足 60s 的删除；计算每个行程组内数据的平均行程速度。通过以上处理后，得到 962 个行程段，共 13 988 组行程组的有效数据。

在基于 VSP 进行机动车排放测算时，相同的 VSP 值对应的污染物排放具有较大的离散性，故需要对 VSP 按照一定规则进行聚类分析。VSP 聚类的方法是：将 VSP 按照一定的间隔划分为不同的区间单位（Bin），以每个 VSP Bin 下的瞬时排放率的平均值作为该 VSP Bin 下的基准排放率。对于不同的排放物，VSP Bin 的划分方法不尽相同。

对北京交通大学数据库中的 80 余万条城市快速路实测数据进行统计分析后发现，99.7% 以上的数据的 VSP 值都分布在 -40 ~ 40kW/t 的区间内。由于本案例的研究重点不在于 VSP 区间划分对某种具体排放物的排放测算的影响研究，而是在于车辆跟驰模型仿真输出的平均速度下的 VSP 分布及其排放测算效果。所以，本案例将以 1kW/t 为步长对逐秒 VSP 值进行聚类处理。VSP 区间（VSP Bin）划分的公式可表述为：

$$\mathrm{VSP\ Bin} = n, n \in [n - 0.5, n + 0.5) \tag{7-4}$$

式中：n——0 ~ 40 的整数。

为了得到 VSP 分布特征，要对逐秒数据进行处理，并且计算得到逐秒的 VSP 值和对应行程组的平均行程速度。将逐秒的数据按照平均速度区间（ASI）和 VSP 区间（VSP Bin）的顺序进行聚类。通过每个 ASI 中的 VSP 值的总数和每个 VSP Bin 内的 VSP 值的个数，求取每个 VSP Bin 的分布率，计算公式如下：

$$R_{i,j} = \frac{N_{i,j}}{N_j} \tag{7-5}$$

式中：$R_{i,j}$——第 j 个平均速度区间内第 i 个 VSP Bin 的分布率；

N_j——第 j 个平均速度区间内的 VSP 总数；

$N_{i,j}$——第 j 个平均速度区间内第 i 个 VSP Bin 中 VSP 的个数。

由此，可以得到从 0 ~ 70km/h 内共 35 个平均速度区间内的 VSP 分布情况，见图 7-1。通过对 824 132 条数据按照 ASI 区间进行分布后发现，实测数据在 ASI 区间的峰值出现在平均速度区间为 26（50 ~ 52km/h）的区间内。各个 ASI 区间的平均分布率为 2.86%。

7.2.1.2　基于 VSP 分布的排放测算方法

针对 VSP Bin 的瞬时排放率进行聚类分析是基于 VSP 分布的排放测算的基础，VSP Bin 下的基准排放率的计算方法为：

$$\mathrm{VSP}f_i = \sum_i \frac{\mathrm{CFR}_i}{n} \tag{7-6}$$

式中：$\mathrm{VSP}f_i$——VSP Bin 为 i 的区间的基准排放率；

CFR_i——VSP Bin 为 i 的某一秒的瞬时排放率；

n——VSP Bin 为 i 的逐秒数据的所有秒数。

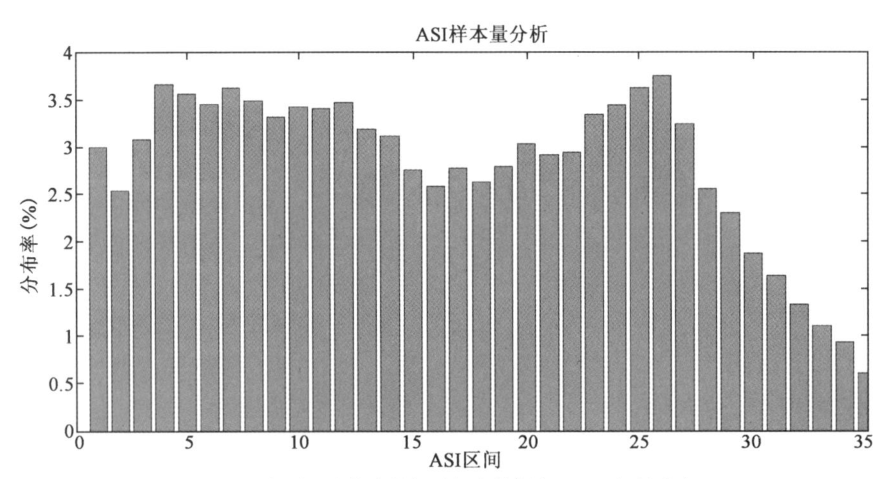

图 7-1 实测跟驰状态的驾驶行为数据在 ASI 区间的分布

VSP 区间下的基础准排放率见图 7-2。

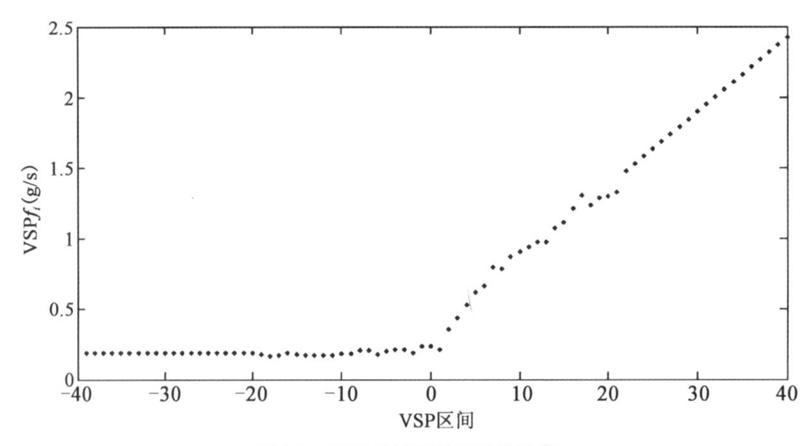

图 7-2 VSP 区间下的基准排放率

通过对平均速度按照划定的平均速度区间（ASI, Average Speed Intervals）进行分类，并且对速度区间下的 VSP 值进行分布，即得到平均速度区间内的 VSP 分布。再将 VSP 分布率乘以 VSP 区间对应的排放率，并求得到该速度区间下的排放率。计算公式如下：

$$\mathrm{ASI}f_j = \frac{\sum_{i=1}^{n_j} \mathrm{VSP}f_i \times t_{i,j}}{\sum_i t_{i,j}} \tag{7-7}$$

式中：$t_{i,j}$——平均速度区间为 j 的 VSP 值落在 VSP 区间为 i 的秒数（s）；

$\mathrm{VSP}f_i$——VSP 区间为 i 的平均基准排放率（g/s）；

n_j——第 j 个平均速度区间内瞬时速度的个数；

$\mathrm{ASI}f_j$——平均速度区间 j 下的排放率（g/s）。

将各个平均速度区间内所有瞬时速度取平均值，然后分别除对应平均速度区间内的排放率，得到平均速度区间内的排放因子，计算公式如下：

$$\mathrm{ASIFactor}_j = \frac{\mathrm{ASI}f_i}{\sum_{i=1}^{n_j} \nu_{i,j} \times n_j} \tag{7-8}$$

式中：$v_{i,j}$——第 j 个平均速度区间内的第 i 个瞬时速度（km/h）；

$ASIFactor_j$——第 j 个速度区间下的排放因子（g/km）。

平均速度区间内的排放因子见图 7-3。

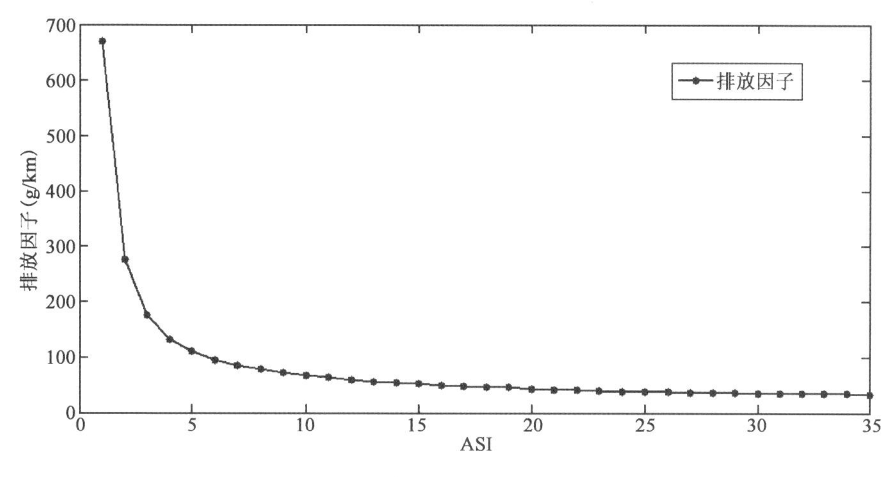

图 7-3 平均速度区间内的排放因子

7.2.2 面向排放测算的车辆跟驰模型优化方法设计

7.2.2.1 排放测算的关键参数

在安全距离模型中，IFVDM 模型输出的 VSP 分布的形态与实测最接近，相对均方误差最小。FVDM 模型输出的排放因子相对误差最小。在生理—心理模型中，Fritzsche 模型输出的 VSP 分布的形态与实测数据的 VSP 分布最接近，相对均方误差最小，排放因子相对误差最小。但是，由于安全距离模型对于跟驰行为的仿真存在错误情况，模型存在先天的不足。为此，本案例将从 Fritzsche 模型入手，尝试对车辆跟驰模型进行面向排放测算的优化研究。

Fritzsche 模型进行排放测算的关键参数包括期望时间间隔（TD），危险时间间隔（Tr）、安全时间间隔（Ts）和加速度 a_n，对这些参数进行优化研究，提高模型应用于排放测算的准确性。

7.2.2.2 模型优化的方法

模型优化的方法主要可以分为两类：一类是对模型结构和变量的优化，一类是对模型参数的优化。期望时间间隔（TD）、危险时间间隔（Tr）、安全时间间隔（Ts）和加速度 a_n 等参数是影响 Fritzsche 模型排放测算效果的关键参数。Fritzsche 模型输出的 VSP 分布相对均方误差随着参数 $TD/Tr/Ts$ 的增大而减小，随参数 a_n 的减小而减小。为此，本案例以 0.1 的幅度，逐步加大参数 $TD/Tr/Ts$ 的值，直至取值增加 100%；同时，以 0.1 为幅度，逐渐减小参数 a_n 的取值，直至 $a_n=0$。将两个变量进行交叉组合，可以得到 399 组参数组合。

$$[TD/Tr/Ts]_i = [TD/Tr/Ts] + 0.1 \times a \tag{7-9}$$

$$[a_n]_i = [a_n] + 0.1 \times b \tag{7-10}$$

$$i = 21 \times a + b + 1 \tag{7-11}$$

式中：i——参数组合的编号；

a——[0,18]的整数；

b——[0,20]的整数。

本案例分别对399组不同参数组合成的Fritzsche模型进行数值仿真，得到399组的逐秒数据。然后，利用前文的数据处理方法，得到各种不同参数组合的模型输出的平均速度区间内的VSP分布和排放因子。

7.2.2.3 模型优化的评价指标

采用平均速度区间内的VSP分布的相对均方误差(RMSE)和排放因子的相对误差(AREEF)两个量化指标来对比和分析不同类型车辆跟驰模型的排放测算效果，以及车辆跟驰模型的重要参数的敏感性。但是，鉴于目前是同一种类型、不同参数组合的车辆跟驰模型的对比分析，不同的平均速度区间内的排放因子不同，直接比较所有平均速度区间的相对均方误差和排放因子的相对误差或是其平均值，无法保证能够选取出排放测算精度最好的模型。因此，为了更加直观和准确地选取最优模型，本案例将排放因子的相对误差与实测数据的排放因子相结合，建立"排放测算误差(Error of Emission Estimation)"作为模型优化的指标。

$$\mathrm{EEE} = \sum_{i=1}^{35}(\mathrm{abs}(\mathrm{AREEF}_i) \times EF_i) \tag{7-12}$$

式中：EEE——排放测算误差(g/km)；

i——平均速度区间编号；

AREEF_i——平均速度区间编号为 i 的排放因子相对误差；

EF_i——平均速度区间编号为 i 的实测排放因子(g/km)；

abs——绝对值函数。

7.2.2.4 最优模型的比选

对所有参数组合的Fritzsche模型仿真输出数据的排放因子和排放测算误差进行比较，见图7-4。

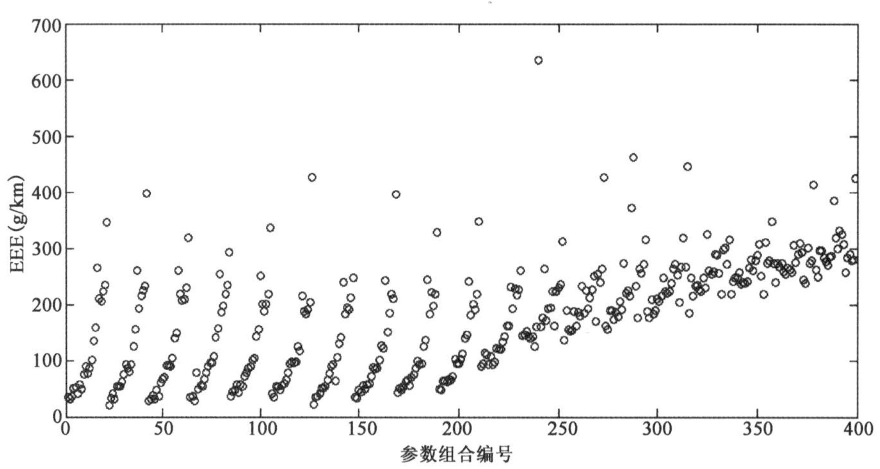

图7-4 不同参数组合的Fritzsche模型的排放测算误差

通过比较发现编号为22的参数组合的模型计算得到的排放因子的相对误差最小。故确定参数组合22($TD/Tr/Ts$=1.9/0.6/1.1, a_n=2)的Fritzsche模型为最优模型。

从不同速度区间的排放测算误差上看，在低速度区间ASI<13内，参数组合22的排放测算误差降低比较明显。排放测算误差平均值从2.13下降到0.96，下降幅度为54.9%。在ASI

=1 的区间内,排放测算误差降低了 93.6% 。在其他速度区间内,优化前后模型的排放测算误差的变化幅度在 0.5% 以内。Fritzsche 模型优化前与优化后的排放测算误差对比,见图 7-5。

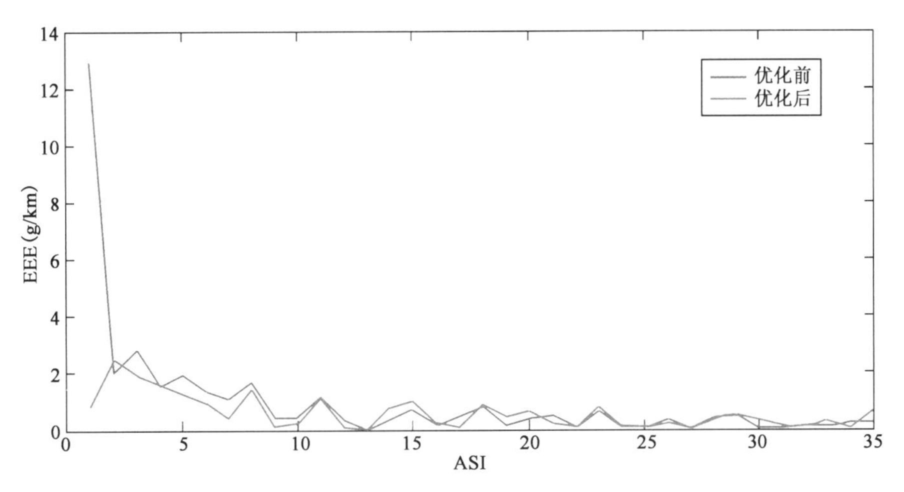

图 7-5　Fritzsche 模型优化前与优化后的排放测算误差对比

7.3　方法应用

7.3.1　实测数据获取

为了研究实际道路行驶状态下的平均速度区间内的 VSP 分布特征,首先应当收集实际的驾驶行为数据。为此,本案例通过在测试车辆上安装 GPS 设备来记录车辆逐秒的行驶数据。由于本案例着眼于快速路上轻型汽油车在不同行驶速度下的 VSP 分布及其特征,为此,本案例选取了 2005 ~2010 年在北京市五环内快速路上轻型汽油车的 GPS 数据 (共 87 万余条) 进行研究。实测的驾驶行为数据,见图 7-6;实测的瞬时速度和加速度数据,见图 7-7。

编号	道路长度	位置	时间	日期	速度
51	116.34533	39.942052	6:09:57	2005-11-23	25.59
52	116.34536	39.941985	6:09:58	2005-11-23	25.575
53	116.34538	39.941918	6:09:59	2005-11-23	25.56
54	116.34539	39.941862	6:10:00	2005-11-23	25.43
55	116.34541	39.941802	6:10:01	2005-11-23	24.85
56	116.34544	39.94174	6:10:02	2005-11-23	24.82
57	116.34547	39.941665	6:10:03	2005-11-23	25.82
58	116.34549	39.941597	6:10:04	2005-11-23	27.06
59	116.34551	39.941527	6:10:05	2005-11-23	28.15
60	116.34554	39.941465	6:10:06	2005-11-23	28.71
61	116.34556	39.941403	6:10:07	2005-11-23	27.85
62	116.34558	39.941342	6:10:08	2005-11-23	26.34
63	116.3456	39.941272	6:10:09	2005-11-23	26.3
64	116.34561	39.94121	6:10:10	2005-11-23	25.39
65	116.34564	39.941137	6:10:11	2005-11-23	26.19
66	116.34567	39.941055	6:10:12	2005-11-23	27.19
67	116.34569	39.940988	6:10:13	2005-11-23	26.82
68	116.3457	39.940925	6:10:14	2005-11-23	26.95
69	116.34572	39.940837	6:10:15	2005-11-23	28.48
70	116.34575	39.94077	6:10:16	2005-11-23	30.09
71	116.34579	39.940695	6:10:17	2005-11-23	30.58
72	116.3458	39.940622	6:10:18	2005-11-23	31.35
73	116.34584	39.940553	6:10:19	2005-11-23	29.65

图 7-6　实测的驾驶行为数据

编号	道路长度	位置	时间	日期	速度	加速度
51	116.34533	39.942052	6:09:57	2005-11-23	25.59	-0.015
52	116.34536	39.941985	6:09:58	2005-11-23	25.575	-0.004167
53	116.34538	39.941918	6:09:59	2005-11-23	25.56	-0.020139
54	116.34539	39.941862	6:10:00	2005-11-23	25.43	-0.098611
55	116.34541	39.941802	6:10:01	2005-11-23	24.85	-0.084722
56	116.34544	39.94174	6:10:02	2005-11-23	24.82	0.1347222
57	116.34547	39.941665	6:10:03	2005-11-23	25.82	0.3111111
58	116.34549	39.941597	6:10:04	2005-11-23	27.06	0.3236111
59	116.34551	39.941527	6:10:05	2005-11-23	28.15	0.2291667
60	116.34554	39.941465	6:10:06	2005-11-23	28.71	-0.041667
61	116.34556	39.941403	6:10:07	2005-11-23	27.85	-0.329167
62	116.34558	39.941342	6:10:08	2005-11-23	26.34	-0.215278
63	116.3456	39.941272	6:10:09	2005-11-23	26.3	-0.131944
64	116.34561	39.94121	6:10:10	2005-11-23	25.39	-0.015278
65	116.34564	39.941137	6:10:11	2005-11-23	26.19	0.25
66	116.34567	39.941055	6:10:12	2005-11-23	27.19	0.0875
67	116.34569	39.940988	6:10:13	2005-11-23	26.82	-0.033333
68	116.3457	39.940925	6:10:14	2005-11-23	26.95	0.2305556
69	116.34572	39.940837	6:10:15	2005-11-23	28.48	0.4361111
70	116.34575	39.94077	6:10:16	2005-11-23	30.09	0.2916667
71	116.34579	39.940695	6:10:17	2005-11-23	30.58	0.175
72	116.3458	39.940622	6:10:18	2005-11-23	31.35	-0.129167
73	116.34584	39.940553	6:10:19	2005-11-23	29.65	-0.179167

图 7-7　实测的瞬时速度和加速度数据

在城市道路中，GPS 设备易受到立交桥、高层建筑等的干扰而出现数据缺失，需要进行质量控制。对于 5s 以内（含 5s）的数据缺失，本案例用线性插值的方法对速度、加速度数据进行补齐；对于 5s 以上的数据缺失，本案例视其为行程段之间的分割点，将前后的数据划分为不同的行程段。由此，得到 877 191 条城市快速路轻型汽油车行驶的驾驶行为数据。

为了计算得到实测数据的逐秒 VSP 值，需要对应逐秒的加速度值。在本案例中，加速度的计算方法是：

$$a_n(t) = \frac{(v_{n+1} - v_n)}{3.6} \tag{7-13}$$

7.3.2 面向排放测算的仿真效果评价

结合 2010 年北京市快速路浮动车数据以及 2006 年北京快速路浮动车数据，对北京市快速路车辆运行模式进行研究，并对比分析 2006 年与 2010 年北京市快速路运行模式的相同点与差异性，寻求北京市快速路 VSP 分布规律。

为了更加直观地对比不同车辆跟驰模型对车辆跟驰行为仿真的效果，选取连续 500s 的实测行驶数据作为示例。在这段时间内，前车既有加速到限速行驶的接近自由流的状态，也有减速停止的行为。在 250s 以后，车辆的加减速度保持在 $\pm 0.5\text{m/s}^2$ 以内，车辆行驶情况较为稳定。此段行驶数据涵盖了所有的道路工况，见图 7-8。在此基础上，本案例分别用 OVM、GFM、FVDM 和 IFVDM 四个安全距离模型和 Wiedemann 和 Fritzsche 两个生理—心理模型，采用本案例所设计的数值仿真的方法，得到 6 种虚拟后车的跟驰行为。

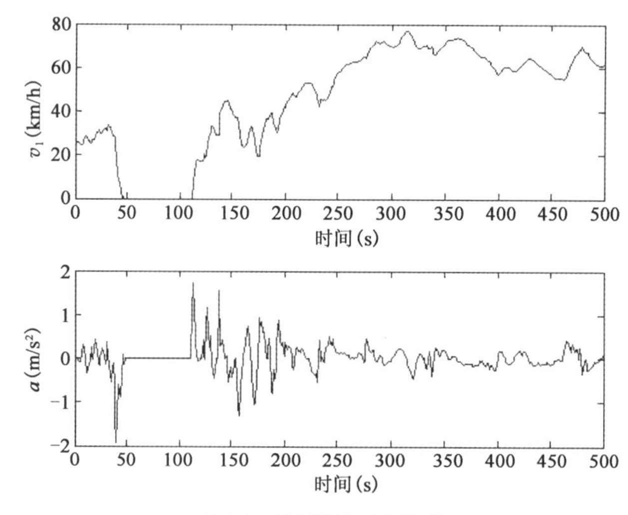

图 7-8　实测驾驶行为数据

在实际的跟驰行驶中，后车与前车的瞬时速度和瞬时加速度是完全不同的。所以，本案例只在不同类型的车辆跟驰模型之间比较仿真输出的速度、加速度的差异，而不是将后车仿真输出的驾驶行驶数据与实测数据进行对比，即本案例只比较模型仿真输出的速度和加速度的变化趋势与实测的一致性。另外，还将对比不同模型仿真输出的速度差、跟驰距离的合理性。

通过以上分析，得到 6 种车辆跟驰模型仿真输出逐秒 VSP 值，平均行程速度、ASI 区间内的 VSP 分布率，并最终得到 35 个平均速度区间内的 VSP 分布图。

7.3.2.1　安全距离模型

为了便于对比和分析不同安全距离模型仿真输出的平均速度区间内的 VSP 分布与实测数据的差异,本案例列举了 OVM、GFM、FVDM 和 IFVDM 四个安全距离模型在平均速度区间编号为 13（24.26km/h）、23（44.46km/h）和 33（64.66km/h）下的 VSP 分布图。

分析可知:

(1)OVM、GFM 不能模拟速度 ASI > 25 的跟驰行为,模型的适用范围使用有限;FVDM 和 IFVDM 能够仿真 ASI 33（64.66km/h）区间内的行驶工况,适用范围稍有改善,但也存在着速度限值。

(2)OVM 和 GFM 模型之间的 VSP 分布特征相似。FVDM 和 IFVDM 模型之间的 VSP 分布特征相似。

(3)OVM 和 GFM 模型的 VSP 分布的峰值区间的 VSP 区间与实测数据的一致,FVDM 和 IFVDM 模型的 VSP 分布的峰值区间在实测数据的峰值区间的 ±1 的相邻区间内。

(4)对于 OVM 和 GFM,模型输出与实测行驶数据的 VSP 分布相差很大。在接近于 VSP = 0 的两侧区间,模型输出的 VSP 分布更少。模型输出的 VSP 分布更多地分布于两侧的高 VSP 区间内。

(5)FVDM 和 IFVDM 比 OVM 和 GFM 更加接近于实测数据的 VSP 分布。从 GFM 到 FVDM,仿真模型输出的 VSP 分布的真实性出现质的提升。

(6)对于 FVDM 和 IFVDM,VSP 分布的真实性要好于 OVM 和 GFM。在接近 VSP = 0 的两侧区间,模型输出的 VSP 分布更密集,且高于实测数据。在 VSP 区间的两侧,模型输出的 VSP 分布少于实测行驶数据。

(7)对于 FVDM 和 IFVDM,在接近 VSP = 0 的左侧区间内,模型输出都高于实测行驶数据的 VSP 分布。在 VSP = 0 的右侧区间以及 VSP 高区间内,模型输出要低于实测行驶数据的 VSP 分布。

(8)从 FVDM 到 IFVDM,模型输出的 VSP 分布的变化幅度很小,说明加速度并不确保能提高车辆跟驰模型输出的 VSP 分布的真实性。

通过以上 8 点,本案例发现 FVDM 和 IFVDM 仿真输出数据的 VSP 分布与实际道路行驶的 VSP 分布更加接近;结合 OVM、GFM、FVDM 和 IFVDM 等模型的结构,发现 FVDM 是在 GFM 的基础上加入了前后车正速度差这个因素。由此,本案例认为考虑全速度差,既考虑正、负速度差两方面因素,明显提升了车辆跟驰模型输出的平均速度区间内的 VSP 分布的真实性,从而能更好地应用于跟驰行为下的排放测算。

7.3.2.2　生理—心理模型

为了便于对比和分析不同安全距离模型仿真输出的平均速度区间内的 VSP 分布与实测数据的差异,本案例同样列举了 Wiedemann 和 Fritzsche 两个生理—心理模型在平均速度区间编号为 13(24.26km/h)、23（44.46km/h）和 33（64.66km/h）下的 VSP 分布。

分析可知:

(1)Wiedemann 模型输出的 VSP 分布的形态不符合正态分布的特征。

(2)Wiedemann 模型输出的 VSP 分布的峰值区间与实测数据峰值区间相近。

(3)在贴近峰值区间的右侧区间内,Wiedemann 模型输出的 VSP 分布明显低于实测的 VSP 分布。

(4)在接近 40kW/t 的区间内,Wiedemann 模型输出的 VSP 分布出现一个小的聚集点。而且,聚集点的位置随平均速度区间的增大而向右偏移。

(5)在峰值区间的左侧,Wiedemann 模型输出的 VSP 分布与实测数据的 VSP 分布的形态接近,但要低于实测数据的 VSP 分布。

(6)Fritzsche 模型输出的 VSP 分布满足正态分布的特征。

(7)Fritzsche 模型输出的 VSP 分布的形态特征和实测数据的 VSP 分布相近,且在相同的 VSP 区间内取得峰值。

(8)在接近峰值区间的右侧 VSP 区间内,Fritzsche 模型输出的 VSP 分布比实测数据的 VSP 分布略低。但在高的 VSP 区间内,Fritzsche 模型输出的 VSP 分布比实测数据的 VSP 分布略高。

7.3.3 面向排放测算的车辆跟驰模型优化方法评价

为了分析模型参数优化对模型仿真输出的 VSP 分布的影响,选取了原始模型和参数组合 22($TD/Tr/Ts = 1.9/0.6/1.1, a_n = 2$) 等 2 次数值仿真数据做比较。

7.3.3.1 VSP 分布特征

另外,如前文所述,本案例同样选取 ASI 18 (34.36km/h) 的平均速度区间内的 VSP 分布,对比分析模型参数优化对于 VSP 分布的影响。

由图 7-9 可知:

(1)参数组合 22 的调整对模型仿真数据的 VSP 分布形态有所改善,但是与实测的 VSP 分布的差异性是一样的。

(2)在 VSP 分布率取得峰值的 VSP Bin 区间,模型输出的 VSP 分布率要低于实测的数据。

(3)在 VSP 分布率取得峰值的区间的左侧,模型仿真输出的 VSP 分布率要高于实测的数

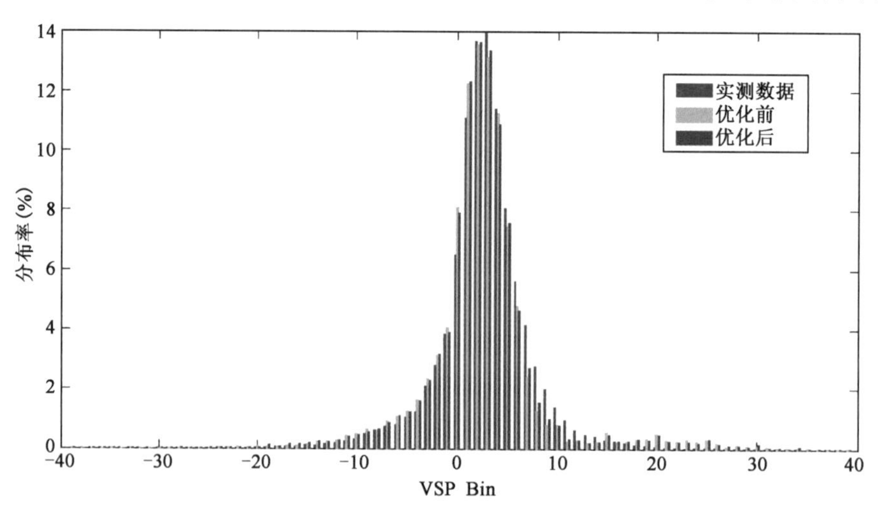

图 7-9 Fritzsche 模型优化前与优化后的 VSP 分布特征对比

据,且优化后的模型输出与实测数据更加接近。

(4)在 VSP 分布率取得峰值的区间的右侧,模型仿真输出的 VSP 分布率要低于实测的数据,且优化后的模型输出与实测数据更加接近。

(5)在高的正 VSP 区间内,模型仿真输出的 VSP 分布仍然要远高于实测的数据。

7.3.3.2 VSP 分布误差

从不同速度区间的相对均方误差上看,在除 ASI 属于[4,6]的速度区间内,参数组合 22 的 VSP 分布的误差更小,降低幅度在 2%。而在其他平均速度区间内,参数组合 22 的模型的 RMSE 要略高于原始模型,见图 7-10。

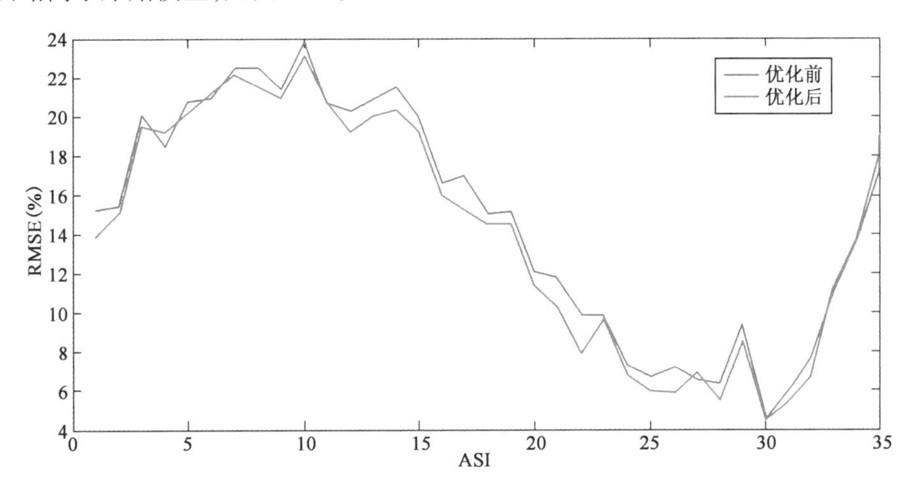

图 7-10 Fritzsche 模型优化前与优化后的 VSP 分布相对均方误差对比

7.3.3.3 排放因子相对误差

从不同速度区间的排放因子相对误差上看,在低速度区间 ASI < 13 内,参数组合 22 的排放因子相对误差更小,平均降低幅度在 1%。在其他速度区间内,优化模型的排放因子相对误差有所升高,见图 7-11。

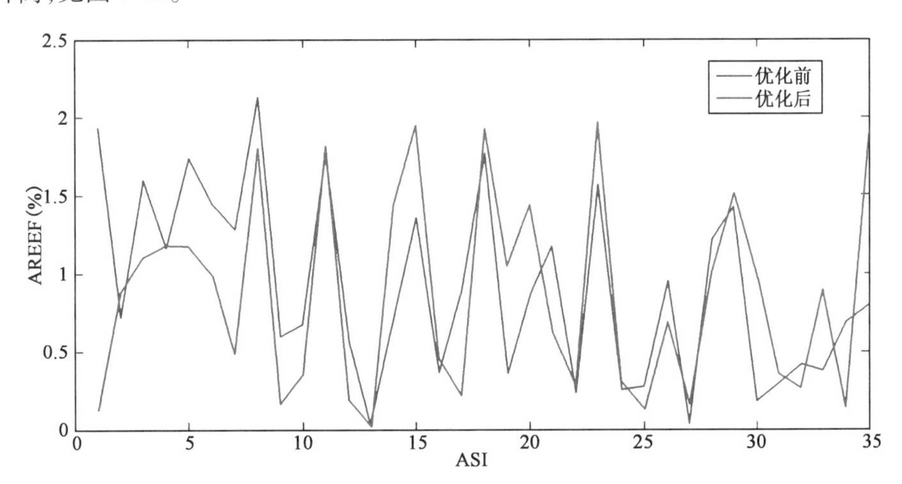

图 7-11 Fritzsche 模型优化前与优化后的各速度区间排放因子相对误差对比

7.4 案例总结

本案例基于机动车排放的最佳解释变量——VSP分布,对仿真模型中不同类型车辆跟驰模型的排放测算效果进行了对比研究,并在此基础上对车辆跟驰模型进行优化。首先,本案例设计了"车辆跟驰模型的数值仿真"的方法来获取仿真输出的驾驶行为数据;其次,本案例对不同车辆跟驰模型输出的跟驰行为仿真进行了对比分析,并且采用误差量化评价指标"相对均方误差","平均速度区间内的排放因子误差"和"排放测算误差",对不同模型输出数据用于排放测算的效果进行了评价和对比。从跟驰行为仿真效果上看:安全距离模型对于跟驰行为的仿真存在着明显的错误,跟驰行为的速度存在限值。而生理—心理模型对跟驰行为的仿真更加全面。在生理—心理模型中,Fritzsche模型仿真更加能够反映交通流的复杂情况。

参考文献

[1] 中华人民共和国环境保护部,中华人民共和国国家统计局,中华人民共和国农业部. 第一次全国污染源普查公报[R]. 北京:2010.

[2] DAVIES J, CHRISTIANO F, JOSEPH A. Greenhouse Gas Emissions From U.S. Freight [C]. 87th Transportation Research Board Annual Meeting, Washington D.C., American,2008.

[3] 北京市环保局. 关于我市大气污染防治工作的汇报 [R]. 北京市:北京市环保局,2012.

[4] 刘娟娟. 基于VSP分布的油耗和排放的速度修正模型研究 [D]. 北京:北京交通大学,2010.

[5] LUIS J J. Understanding and Quantifying Motor Vehicle Emissions with Vehicle Specific Power and TILDAS Remote Sensing [D]. Cambridge: Massachusetts Institute of Technology, 1999.

[6] FREY C H, ROUPHAIL N M, ZHAI H. Speed-and Facility-Specific Emission Estimates for On-Road Light-Duty Vehicles on the Basis of Real-World Speed Profiles [J]. Transportation Research Record: Journal of the Transportation Research Board, 2006 (1987): 128-137.

[7] 宋国华,于雷. 城市快速路上机动车比功率分布特性与模型 [J]. 交通运输系统工程与信息,2010,10 (6): 133-140.

[8] 程颖. 面向油耗排放测算的浮动车数据集成粒度优化研究 [D]. 北京:北京交通大学,2010.

[9] Epa US. Methodology for Developing Modal Emission Rates for EPA'S Multi-Scale Motor Vehicle and Equipment Emission Estimation System [R]. Ann Arbor, MI: North Carolina State University for the Office of Transportation and Air Quality, 2002.

[10] LENTS J. IVE Model User Manual Version 1.1.1 [R]. University of California at Riverside, 2004.

案例8:面向排放测算的 Wiedemann 和 Fritzsche 跟驰模型优化

8.1　案例目标

相关研究结果表明,对交通仿真模型进行参数的重新标定无法进一步提高其排放测算的精度。为此,车辆跟驰模型作为微观交通仿真模型的核心模块而被进一步研究。根据最新研究表明,生理—心理车辆跟驰模型（Wiedemann 模型和 Fritzsche 模型）输出的 VSP 分布较其他车辆跟驰模型与实测数据最为吻合,且排放因子测算误差最小。然而,面向排放测算的车辆跟驰模型优化研究尚未展开。因此,本案例通过 Matlab 编程,运用数值仿真的方法对生理—心理车辆跟驰模型输出的 VSP 分布与实测数据进行对比,并对车辆跟驰模型的跟驰域和各个跟驰状态下的加速度进行优化处理,以提高 Wiedemann 和 Fritzsche 车辆跟驰模型在进行面向排放测算时的仿真精度。

8.2　方法设计

8.2.1　基于 VSP 分布的优化方法

VSP 是进行油耗排放测算的最佳解释变量,但是由于瞬时 VSP 的油耗排放数据在进行车辆排放规律研究时,存在较大的离散度,且不利于统计规律的分析。因此,为了便于分析车辆跟驰状态下的油耗排放特征,需要对 VSP 变量按照一定的规则进行聚类。Frey 等人为了更清晰地分析 VSP 变量与油耗排放的关系,将 VSP 按照一定的间隔划分了不同的区间单元（Bin）。每个不同的区间单元（Bin）下的油耗率和排放率即是指每个 Bin 下的瞬时油耗率或排放率（g/s）的平均值。

基于 VSP 相关理论,提出稳定性指标,用以描述采用不同集成粒度所得集成数据,反映道路行驶工况的稳定性,探索不同集成粒度下 VSP 分布稳定性的规律,为浮动车集成粒度优化研究指标体系的建立提供参照标准。为了使浮动车采样集成粒度优化研究尽量精确,结合实际调研数据与目前国际上常用的集成粒度。

经过上述各个阶段的处理,最终可以得到 VSP Bin 的数据表。该数据表包含编号、日期、时间、速度、加速度、平均行程速度、VSP、速度区间代号等字段的信息。这就为后续处理奠定了数据基础。按照区数值仿真方法,本案例主要选取平均行程速度在 70km/h 以下的数据进行分析。

8.2.2　数值仿真方法

8.2.2.1　数值仿真方法设计

基于本案例的研究目的和预期研究成果,本案例进行了较为广泛的基础数据采集,主要包括两个方面:一是利用车载 GPS 收集到的大量北京市快速路上的逐秒驾驶行为数据;二是通过在实际跟驰状态下的前后车上安装车载 GPS 而得到的实际跟驰驾驶行为数据。

当前后车辆处于跟驰状态时,其在相同的平均速度区间内具有相同的 VSP 分布特征。此外,由于北京市快速路的限速特征(80km/h),可以认为当跟驰车辆的行驶速度小于 70km/h 时,车辆处于跟驰行驶状态。除此之外,本案例在北京市四环路上采集的实际跟驰驾驶行为数据包含了北京市快速路上车辆跟驰行驶的一般特征,因此这部分数据还将被用于后期对于 Wiedemann 跟驰模型及 Fritzsche 跟驰模型优化后的稳定性控制,即检验排放测算优化后的车辆跟驰模型在进行微观交通仿真时的适用性。

8.2.2.2　实测跟驰驾驶行为数据分析

对于本案例采集到的实际跟驰驾驶行为数据,可以直观地了解到在一般情况下,北京市快速路上的跟驰驾驶行为特征。为此,该部分将首先选取前导车低、中、高三个速度(10km/h 左右、30km/h 左右、60km/h 左右)下的实际跟驰行为数据,研究在各个速度水平下的实际跟驰行为特征。

(1)低速区间

上述低速区间是选取实际调研数据中前导车速度在 10km/h 左右的 200s 数据绘制而成。由图 8-1、图 8-2 可以看出,当跟驰车辆处于低速区间时,前后车瞬时速度的变化趋势具备较高的吻合度;前后两车的加速度变化趋势基本吻合,且前后车的加速度与减速度的绝对值均小于 $2m/s^2$。

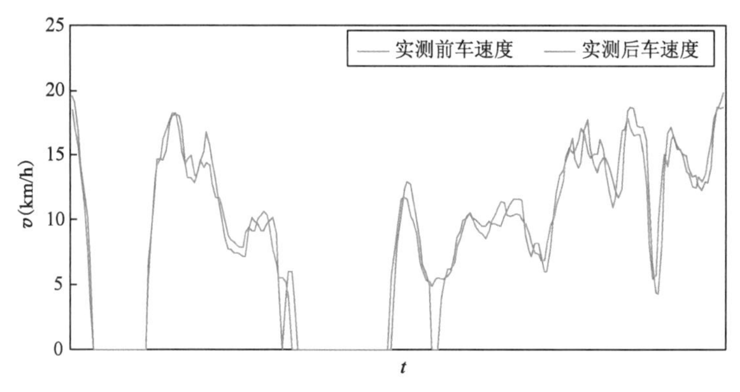

图 8-1　低速区间下处于跟驰状态的实测前后车速度

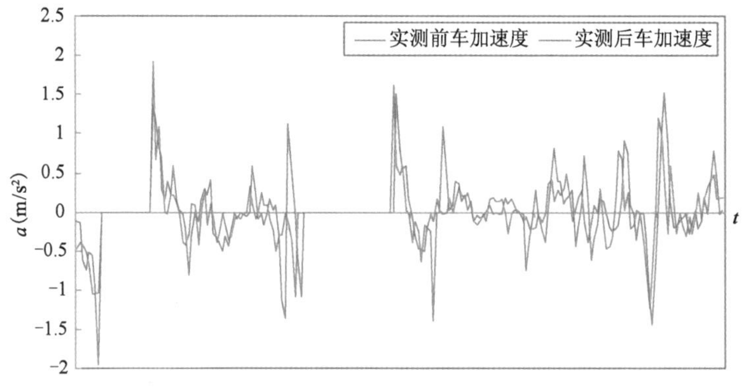

图 8-2　低速区间下处于跟驰状态的实测前后车加速度

(2)中速区间

上述中速区间是选取实际调研数据中前导车速度在 30km/h 左右的 340s 数据绘制而成。由图 8-3、图 8-4 可以看出,当跟驰车辆处于中速区间时,前后车瞬时速度的变化趋势吻合度下降,但仍具有相似的整体趋势;前后两车的加速度变化趋势趋于复杂,且98.5%的前后车加减速绝对值在1m/s² 内。

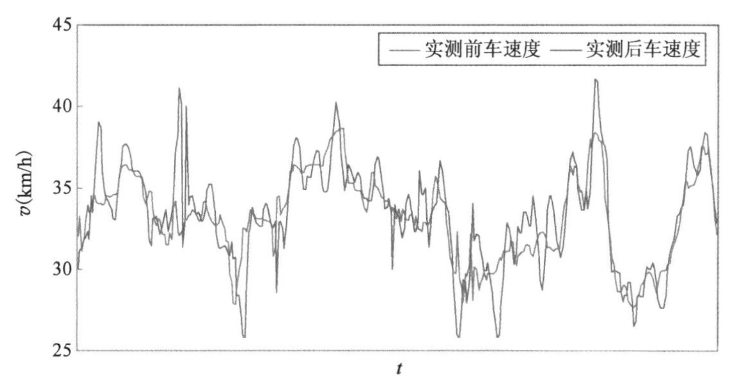

图8-3　中速区间下处于跟驰状态的实测前后车速度

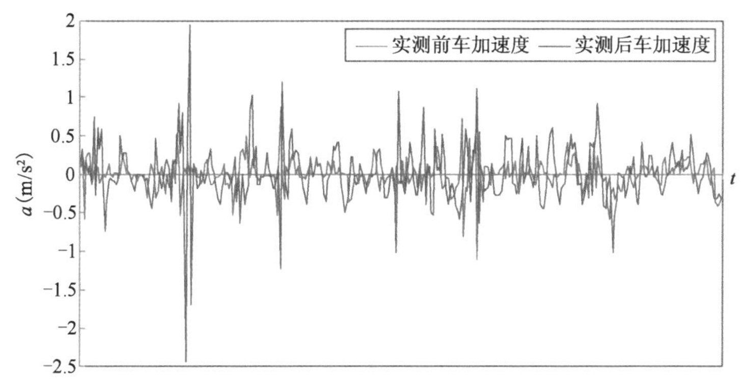

图8-4　中速区间下处于跟驰状态的实测前后车加速度

(3)高速区间

上述高速区间是选取实际调研数据中前导车速度在60km/h左右的240s数据绘制而成。由图8-5、图8-6可以看出,当跟驰车辆处于高速区间时,前后车瞬时速度的变化趋势吻合度进一步下降,但仍具有相似的整体趋势;前后两车的加速度变化趋势更加趋于复杂,且95.8%的前后车加减速绝对值在0.5m/s² 内。

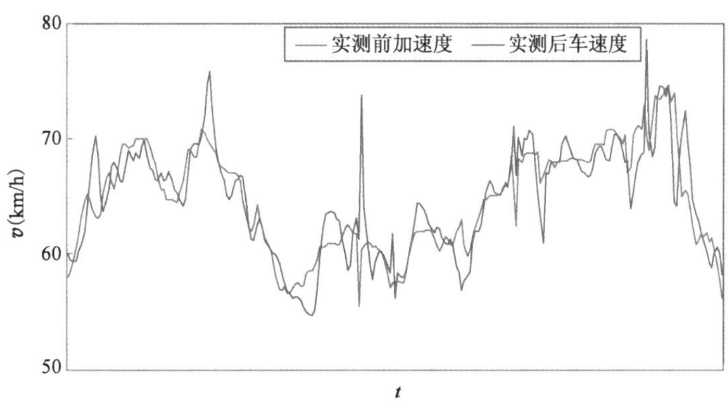

图8-5　高速区间下处于跟驰状态的实测前后车速度

由上述低、中、高速区间下的实测跟驰车辆的加速度分布特征可知，机动车在实际运行过程中，其瞬时加速度的输出与瞬时速度存在一定的相关性。

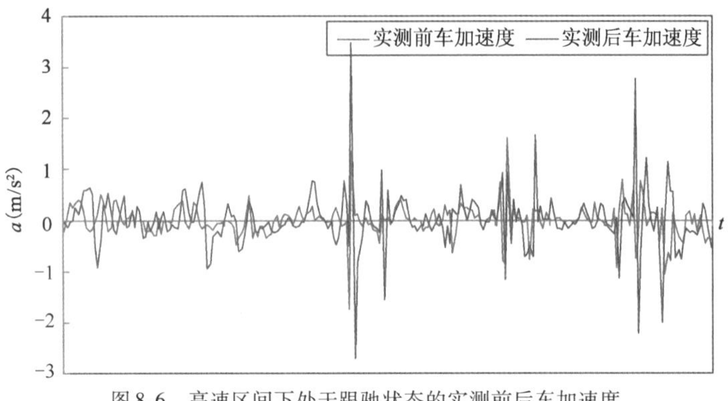

图 8-6　高速区间下处于跟驰状态的实测前后车加速度

8.3　方法应用

8.3.1　Wiedemann 模型跟驰域优化

由于前人针对 Wiedemann 模型及 Fritzsche 模型的改进与优化，主要是从模型既有的待标定参数角度出发，进行参数标定与组合优化。因此，由于没有涉及模型本身的结构与变量的优化与改进，而只是从原模型的相关参数进行参数标定，其优化结果并不理想。因此，本案例为了获得较为理想的优化效果，从模型内部结构入手，深入探讨影响车辆跟驰模型排放测算精度的各跟驰域的优化与改进方法，从模型仿真机理的角度提高车辆跟驰模型的排放测算精度。

8.3.1.1　Wiedemann 模型与 Fritzsche 模型跟驰域对比

经过上述数据基础的准备和相关设定，本案例以上述两个模型瞬时输出的跟驰域信息作为基础，深入对比研究 Wiedemann 模型与 Fritzsche 模型仿真输出的跟驰车辆行驶状态的异同。如图 8-7 所示，本案例以收集到的 80 余万条北京市快速路上的逐秒驾驶行为数据作为输入，通过本案例设计的数值仿真方法和相关研究设定绘制而成。

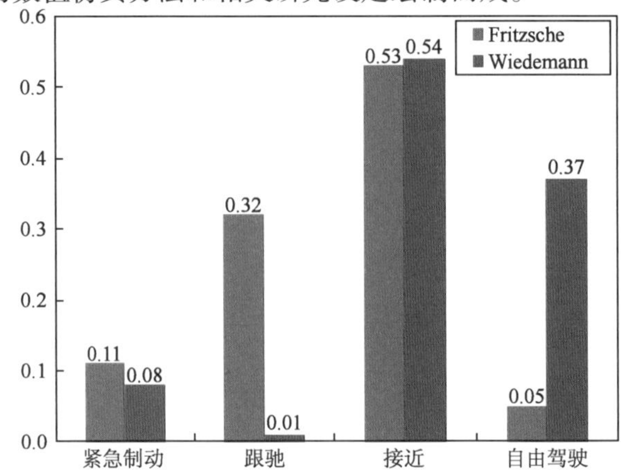

图 8-7　Fritzsche 模型与 Wiedemann 模型各行驶状态所占时间比例

由图 8-7 可以看出，Fritzsche 模型和 Wiedemann 模型中的紧急制动和接近前车所占比例基本保持一致。由此可知，Fritzsche 模型和 Wiedemann 模型的内部跟驰逻辑和跟驰域的设定方面，对跟驰车辆所处紧急制动和接近前车状态的刻画较为统一。然而，Fritzsche 模型和 Wiedemann 模型仿真输出的跟驰行驶（Following）和自由驾驶（Free Driving）所占时间比例相差悬殊，尤其是跟驰行驶（Following），两模型在此跟驰域行驶时间所占比例相差 30 倍以上。

8.3.1.2　跟驰域 SDV、SDX、CLDV 与 OPDV 研究分析

由上述分析可知，影响 Wiedemann 模型跟驰行驶和自由驾驶比例的主要跟驰阈值包括距离跟驰域值 SDX 和速度跟驰阈值 SDV、CLDV 以及 OPDV。为此，本部分将分别详细阐述上述几个阈值对 Wiedemann 模型的影响，并分别进行上述几个阈值针对 Wiedemann 模型跟驰行驶和自由驾驶所占比例的敏感性分析、Wiedemann 模型仿真输出的 VSP 分布相对均方根误差的敏感性分析。

(1)速度跟驰阈值 SDV、CLDV 和 OPDV

图 8-8 为 Wiedemann 模型跟驰域值 SDV、CLDV 和 OPDV 调整后，对原模型各个跟驰状态的影响示意图。

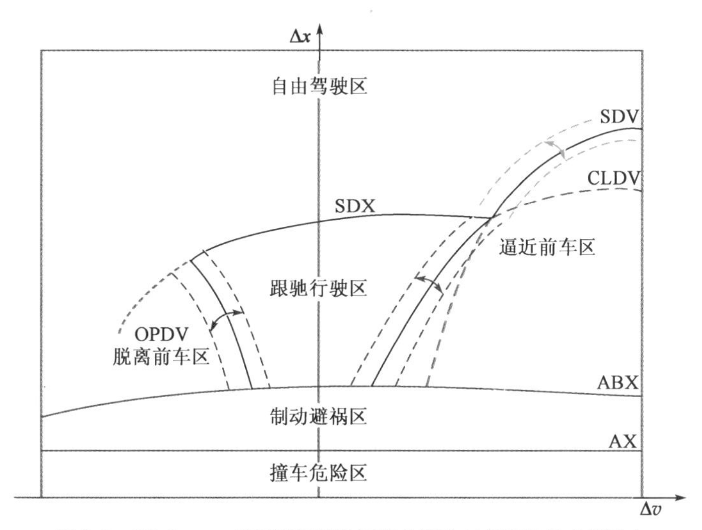

图 8-8　Wiedemann 模型速度跟驰阈值的调整对各跟驰状态的影响

由图 8-8 可知，对于 OPDV 的调整，将直接影响 Wiedemann 模型的跟驰行驶和自由驾驶；对于 CLDV 的调整，将直接影响 Wiedemann 模型的跟驰行驶和逼近前车；对于 SDV 的调整，将直接影响 Wiedemann 模型的自由驾驶和逼近前车。

在 Wiedemann 车辆跟驰模型中，SDV、CLDV 和 OPDV 作为该模型的速度跟驰阈值，对于模型仿真数据所处的驾驶状态有直接影响。SDV 是距离较大时速度差的阈值，表示驾驶员意识到正在接近一辆低速行驶车辆的速度差临界点，其计算公式见式(8-1)，其中 CX 为标定参数，默认取值为 40。CLDV 是距离较小时，驾驶员意识到很小的速度差并且距离减小的阈值，其计算公式见式(8-2)，其中 CLDV mult 是标定参数。在 VISSIM 中，模型认定 CLDV 等于 SDV。OPDV 是距离较小时，驾驶员意识到很小的速度差并且距离增大的阈值，其计算公式见式(8-3)，

其中 OPDV mult 是标定参数。

$$\mathrm{SDV} = \frac{\Delta X - L_{n-1} - \mathrm{AX}}{\mathrm{CX}} \tag{8-1}$$

$$\mathrm{CLDV} = \mathrm{SDV} \times \mathrm{CLDVmult} \tag{8-2}$$

$$\mathrm{OPDV} = \mathrm{CLDV} \times \mathrm{OPDVmult} \tag{8-3}$$

由上述可知，Wiedemann 模型的速度跟驰阈值 SDV、CLDV 和 OPDV 实际上是一个基于 ΔX、L_{n-1}、AX 和 CX 的函数。出于本案例研究的数据基础有限（无法基于现有数据重新建模），也为了保持原 Wiedemann 模型的模型稳定性，本案例对速度阈值的优化与改进避免从根本上修改 SDV、CLDV 和 OPDV 的阈值表达式，而是从上述阈值的核心参数进行修订与验证。

（2）距离跟驰阈值 SDX

图 8-9 为 Wiedemann 模型的距离跟驰域值 SDX 调整后，对原模型各个跟驰状态的影响示意图分析。

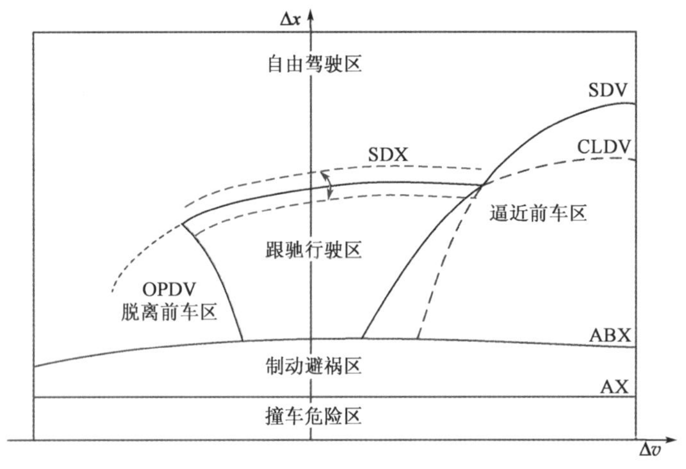

图 8-9　Wiedemann 模型距离跟驰阈值的调整对各跟驰状态的影响

由图 8-9 可知，对 SDX 的调整，将直接影响 Wiedemann 模型的跟驰行驶和自由驾驶所占的比例。跟驰行驶和自由驾驶，正是 Wiedemann 模型仿真输出的驾驶行为状态与实际情况相差最大的两个驾驶状态。因此，针对距离跟驰阈值 SDX 的调整，可以直接影响到 Wiedemann 模型对于跟驰行驶和自由驾驶的逻辑判断，进而直接影响 Wiedemann 模型仿真输出的 VSP 分布。

在 Wiedemann 车辆跟驰模型中，ABX 对距离跟驰阈值 SDX 有直接影响。而 ABX 的计算公式见式（8-4）~式（8-9）。其中，AX 是车辆静止时的期望距离，包括前车的车长和前后车的最小期望距离，L_{n-1}是前车车长，默认取 4.5m，AXadd 和 AXmult 是标定参数，$\mathrm{RND1}_n$ 是服从标准正态分布的随机变量，ABX 是较小速度差下的最小期望跟驰距离，包括 AX 和速度依附项 BX，v_n 和 v_{n-1}分别表示前后车瞬时速度，BXadd 和 BXmult 是标定参数。作为该部分的研究重点，SDX 是跟驰过程中意识到距离变大的阈值，表示驾驶员有意识地感觉到自己正在脱离跟驰状态而离前车越来越远，EXadd 和 EXmult 是标定参数，NRND 和 $\mathrm{RND2}_n$ 是服从正态分布的随机变量。

$$\mathrm{ABX} = \mathrm{AX} + \mathrm{BX} \tag{8-4}$$

$$\mathrm{AX} = L_{n-1} + \mathrm{AXadd} + \mathrm{RND1}n \times \mathrm{AXmult} \tag{8-5}$$

$$BX = (BXadd + RND1n \times BXmult) \times \sqrt{v} \tag{8-6}$$

$$v = \min(v_n, v_{n-1}) \tag{8-7}$$

$$SDX = AX + EX \times BX \tag{8-8}$$

$$EX = EXadd + EXmult \times (NRND - RND2_n) \tag{8-9}$$

由上述分析可知,距离跟驰阈值 SDX 实际上是一个基于 ABX 的函数,而且 SDX 一般是 ABX 的 1.5 ~2.5 倍。由于本案例的数据基础有限,为了保持 Wiedemann 模型整体框架和模型的稳定性,本案例试图基于原模型逻辑改进 SDX 的表达式,并对 SDX 与 ABX 的比值进行相关敏感性分析。

8.3.2　Wiedemann 及 Fritzsche 模型加速度优化

基于本案例的前期研究可以发现,无论是 Wiedemann 模型还是 Fritzsche 模型,其仿真输出的跟驰车辆加速度与实测跟驰车辆加速度均存在整体性偏差。而且,Wiedemann 模型仿真输出的跟驰车辆的加速度与实测跟驰车辆加速度偏差较大。因此,该部分将主要以 Wiedemann 模型和 Fritzsche 模型在各个跟驰状态下的加速度作为研究对象,对比分析两个模型加速度的异同。在此基础上,利用本案例实际采集到的大量驾驶行为数据,通过拟合建模车辆行驶最大加速度与瞬时速度的关系式,对上述两个模型中的最大加速度进行改进与优化。

8.3.2.1　Wiedemann 与 Fritzsche 模型中的加速度模型对比

上述两个模型均为生理—心理跟驰模型的典型代表,其各个跟驰域下的加速度定义规则大致类似。但是,由于 Wiedemann 模型和 Fritzsche 模型对于车速—车距刺激的跟驰域定义不同,其在各个跟驰状态下的加速度也有差异。为了便于后文展开对这两个模型相关加速度的优化,该部分将主要分析对比 Wiedemann 模型与 Fritzsche 模型的加速度异同。在此基础上,探究并分析上述两个模型加速度的问题。

Wiedemann 模型与 Fritzsche 模型根据前车的相对速度和车头时距刺激,将跟驰车辆的反应分为大致类似的自由驾驶状态、跟驰行驶状态、逼近前车状态和紧急制动状态 4 种。在上述 4 种跟驰状态下,两个模型对于各个行驶状态下的加速度定义和描述各有特点。因此,下面将重点对 Wiedemann 模型和 Fritzsche 模型在这 4 个跟驰状态下的加速度特征进行对比和分析。

(1)自由驾驶状态

对于 Wiedemann 模型来说,当车辆的行驶状态大于所有跟驰阈值时,车辆将处于自由驾驶状态。此时,车辆的行驶将不再受前车的影响,而是以最大的加速度进行加速行驶。此时,跟驰车辆将以式 (8-10)所示的最大加速度进行加速。当跟驰车辆达到期望速度时,将使用式(8-11)的正负值进行加减速,以表示跟驰车辆驾驶员对车辆的不精确操控所导致的加减速。而对于 Fritzsche 模型来说,当车辆处于自由驾驶状态时,跟驰车辆将以 2m/s^2 的最大加速度进行加速行驶。当跟驰车辆达到期望速度时,将以 0.2m/s^2 来模拟拟驾驶员无法保持稳定速度时的无意识加减速。

$$b_{max} = 3.5 - \frac{3.5v}{40} \tag{8-10}$$

$$BNULL = RBNULLmult \times (RND4_n + NRND) \tag{8-11}$$

(2)跟驰行驶状态

根据 Wiedemann 模型跟驰域的定义,当跟驰车辆驾驶员受到的刺激反应在阈值 SDV、SDX、OPDV 和 ABX 构成的区域时,车辆将处于跟驰行驶状态。当车辆进入该区域时,如果跟驰车辆是经过 SDV 或者 ABX 进入,则将以式(8-10) 所示进行减速;如果跟驰车辆是经过 OPDV 或者 SDX 进入,则将以式(8-11) 所示进行加速。在此跟驰行驶状态下,跟驰车辆的加减速相对较为缓和,没有自由驾驶状态下的急加速情况出现。

Fritzsche 模型的跟驰行驶状态,由其跟驰域的定义,分为跟驰行驶状态Ⅰ和跟驰行驶状态Ⅱ。当前后车之间的速度差在 PTN 与 PTP 之间时,且前后车的车头间距在 AR 与 AD 之间(或者前后车速度差大于 PTP,且前后车车头间距在 AS 与 AR 之间)时,后车将处于跟驰状态Ⅰ;在该状态下,跟驰车辆将不采取任何有意识的驾驶行为;此时,后车驾驶员将采用式 (8-11) 的正负值来进行无意识的加减速操作 (若是经过 PTN,则使用 - BNULL;若是经过 PTP 或者 AD,则使用 BNULL),具体表达如式 (8-11) 所示。

(3)逼近前车状态

对于 Wiedemann 模型来说,当前车和跟驰车的距离小于最大相互作用距离且大于制动距离,且后车速度远大于前车速度时,车辆将处于接近状态;当车辆处于接近状态时,驾驶员为了避免与前车相撞,将进行相应的减速措施,减速度如式 (8-12) 所示,其中 b_{n-1} 为前车的减速度。而对于 Fritzsche 模型来说,当前后车之间的速度差大于负感知阈值 PTN,且前后车之间的跟驰距离在 AB 与 AR 之间或 AD 与 AR 之间时,跟驰车辆将处于接近前车状态;此时,跟驰车辆将以 a_n 进行减速,来逐渐达到前车的行驶速度,如式(8-13)和式(8-14) 所示。

$$b_n = \frac{1}{2} \times \frac{(\Delta v)^2}{\text{ABX} - (\Delta v - L_{n-1})} + b_{n-1} \tag{8-12}$$

$$a_n = \frac{v_{n-1}^2 - v_n^2}{2 \times d_c} \tag{8-13}$$

$$d_c = x_{n-1} - x_n - \text{AR} + v_{n-1} \times \Delta t \tag{8-14}$$

(4)紧急制动状态

对于 Wiedemann 模型来说,当跟驰车辆与前车的跟驰距离小于制动距离时,或者后车与前车的距离小于根据当前速度差计算得出的安全制动距离时,车辆将处于紧急制动状态,在此突发情况下,驾驶员将以最大制动减速度进行减速,具体如式(8-15) 所示。而对于 Fritzsche 模型来说,当前后车之间的跟驰距离小于最小的危险距离 AR 时,后车将处于危险的紧急状态;此时,跟驰车辆将会使用最大减速度来增加前后车之间的车头时距。

$$b_n = \frac{1}{2} \times \frac{(\Delta v)^2}{\text{ABX} - (\Delta v - L_{n-1})} + b_{n-1} + b_{\min} \times \frac{\text{ABX} - (\Delta v - L_{n-1})}{\text{BX}} \tag{8-15}$$

8.3.2.2 实测驾驶行为数据的处理

为了建立最大加速度与瞬时速度的关系模型,本案例首先针对实际测试调研的 80 余万条驾驶行为数据进行分析,并筛选出其中车辆处于加速状态下的 50 余万条数据,分析研究车辆的加速度与瞬时速度的关系,具体见图 8-10。

基于实测驾驶行为数据的处理方法,本案例针对行驶速度区间在 0 ~ 140km/h 的最大加速度进行了函数拟合,得出车辆运行过程中的最大加速度与瞬时速度的函数关系式。具体拟合结果如图 8-11 和图 8-12 所示。

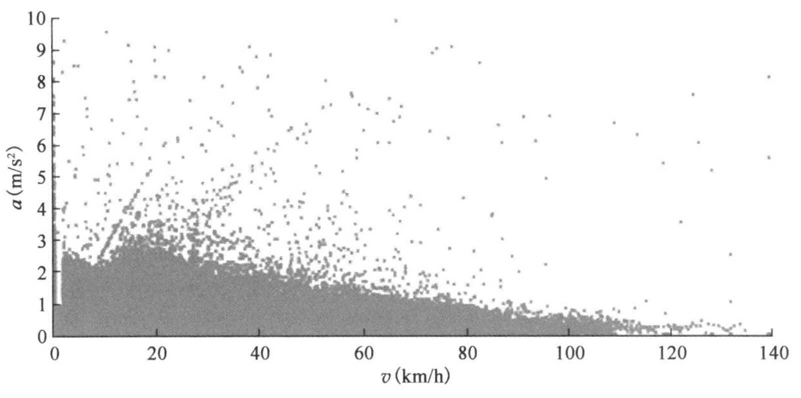

图 8-10　实测驾驶行为数据加速度与瞬时速度关系

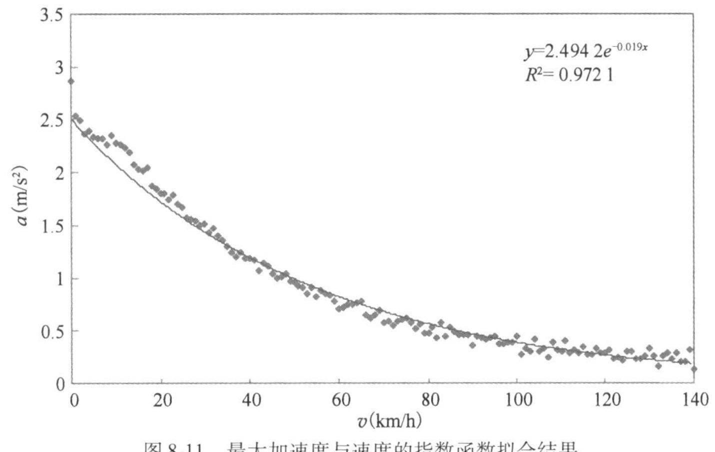

图 8-11　最大加速度与速度的指数函数拟合结果

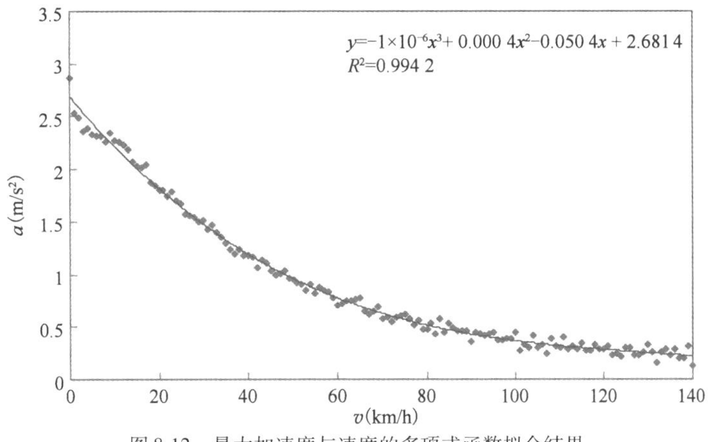

图 8-12　最大加速度与速度的多项式函数拟合结果

由图 8-12 可以看出，由多项式函数和指数函数拟合出的结果较为理想，R^2 均达到了 97% 以上。此外，多项式函数的拟合效果最佳，略优于指数函数的拟合效果。但是，考虑到车辆在实际行驶过程中的最大加速度与瞬时速度的物理意义，即在车辆固有功率一定的情况下，其瞬时输出的力与瞬时速度存在反函数关系，而车辆输出的力则是车辆加速度产生的根本，因此车辆的最大加速度也将与瞬时速度存在一定的反函数关系，具体如式(8-16)～式(8-18)所示。其中，F 为车辆发动机输出的车轴转矩，p 为发动机功率，v 为车辆的瞬时速度，f 为车辆行驶过程中所受到的阻力，m 为车辆的质量。

$$p = F \times v \tag{8-16}$$

$$F - f = m \times a \tag{8-17}$$

$$a = \frac{p}{m \times v} - \frac{f}{m} \tag{8-18}$$

综上所述，本案例为了贴近机动车实际运行过程中的特点，选取物理意义较好的指数函数进行拟合建模，建立机动车行驶过程中的最大加速度与瞬时速度的函数模型，并以此作为后续针对 Wiedemann 模型与 Fritzsche 模型加速度优化与改进的基础。

8.3.2.3　Wiedemann 模型与 Fritzsche 模型的加速度改进方案

由于本案例基于实测驾驶行为数据的最大加速度与速度的关系模型更能反映实际的车辆运行状况，因此，从理论判断上，针对最大加速度的建模优化将在一定程度上提高 Wiedemann 模型和 Fritzsche 模型的排放测算精度。为此，本部分将针对最大加速度改进的上述两模型，进行排放测算的优化效果验证。

基于本案例中提出的最大加速度与瞬时速度的关系模型，本部分将对最大加速度 b_{max} 改进后的 Wiedemann 模型进行验证。为了获得较为理想的验证效果，本部分将主要从 Wiedemann 模型仿真 VSP 分布与实测 VSP 分布的相对均方根误差进行分析与讨论。本部分对于 VSP 区间（VSP Bin）的划分间隔的大小，仍然是主要采用 1kW/t 为区间对 VSP 进行聚类分析。此外，由于本案例采集的数据基础是北京市快速路上的实际驾驶行为数据，因此，为了更清晰地对比分析 Wiedemann 模型原最大加速度和改进最大加速度与实测数据在各个 VSP 区间分布的异同，本部分将 VSP 值限定在 -40～40kW/t。

根据案例中提出的以最大加速度 b_{max} 与瞬时速度的关系模型，本部分将 Wiedemann 跟驰模型中的最大加速度进行替换，并选取代表低、中、高不同速度水平的 5、15、30 号速度区间，对比分析了改进 b_{max}、原 b_{max} 和实测数据的 VSP 分布。具体见图 8-13～图 8-15。

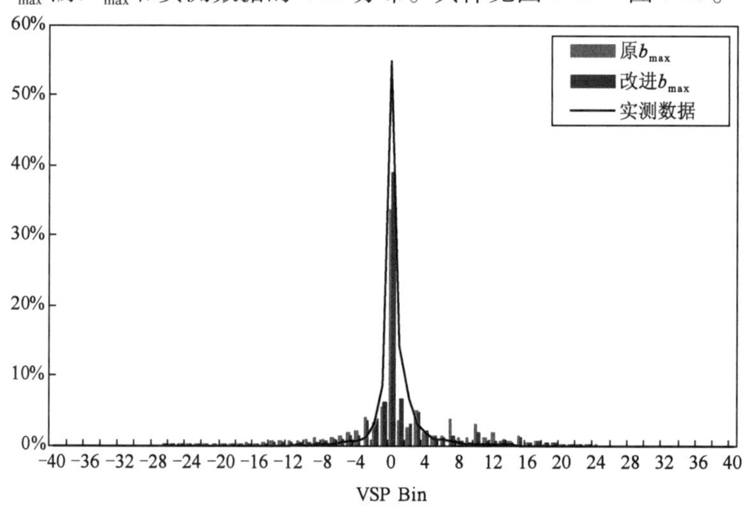

图 8-13　5 号速度区间(8～10km/h)下 VSP 分布

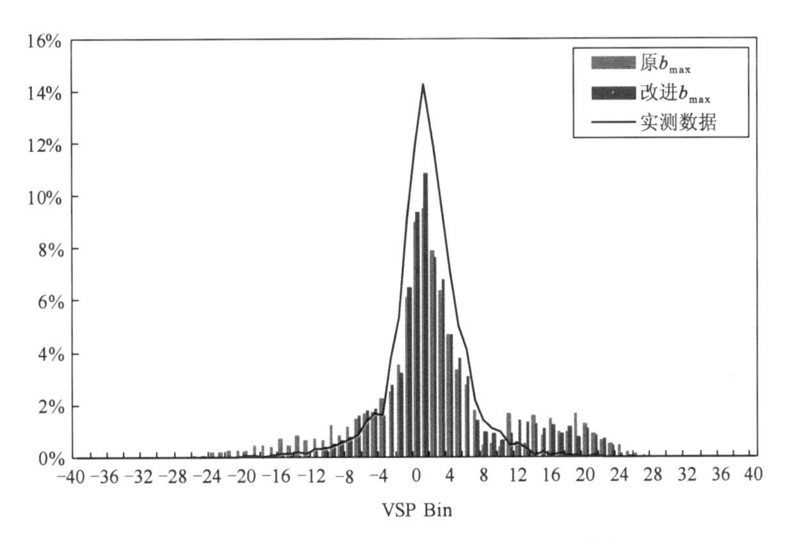

图 8-14　15 号速度区间(28 ~ 30km/h)下 VSP 分布

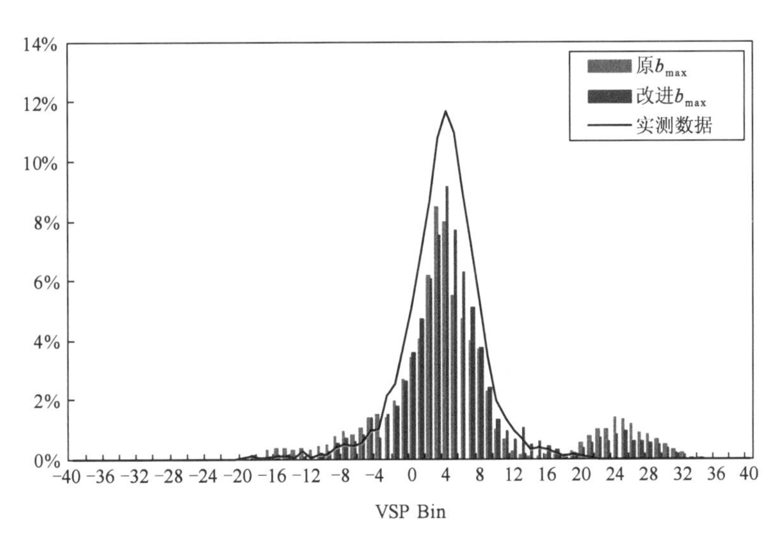

图 8-15　30 号速度区间(58 ~ 60km/h)下 VSP 分布

由图 8-13 ~ 图 8-15 可以看出,针对 b_{max}改进后的 Wiedemann 模型,当在中速区间时(28 ~ 30km/h),b_{max}改进后模型相比于原模型优化效果较为明显;当在低速区间 (8 ~ 10km/h) 和高速区间 (58 ~ 60km/h) 时,b_{max}改进后模型的优化效果相比于中速区间有所降低。

以上是从直观的角度分析低、中、高速度区间下的仿真 VSP 分布与实测 VSP 分布的吻合程度,为了具体量化 b_{max}改进仿真输出的 VSP 分布在各个速度区间下的优化效果,对 Wiedemann 原模型仿真结果及 b_{max}改进仿真结果的 1 ~ 35 号速度区间下的相对均方误差进行对比分析。详细结果见图 8-16。

由图 8-16 可以看出,b_{max}改进模型在低速区间 (0 ~ 25km/h) 和高速区间(50 ~ 70km/h) 的仿真 VSP 分布相对均方误差与原 Wiedemann 模型相差不大,优化效果不明显;但是,b_{max}改进模型在中速区间 (25 ~ 50km/h) 的仿真 VSP 分布相对均方误差较原 Wiedemann 模型的优化效果则相对较为明显。针对 b_{max} 改进后的 Wiedemann 模型相比于原模型,其仿真输出的 VSP 分布在各个速度区间下的平均相对均方误差降低了 14.36%。

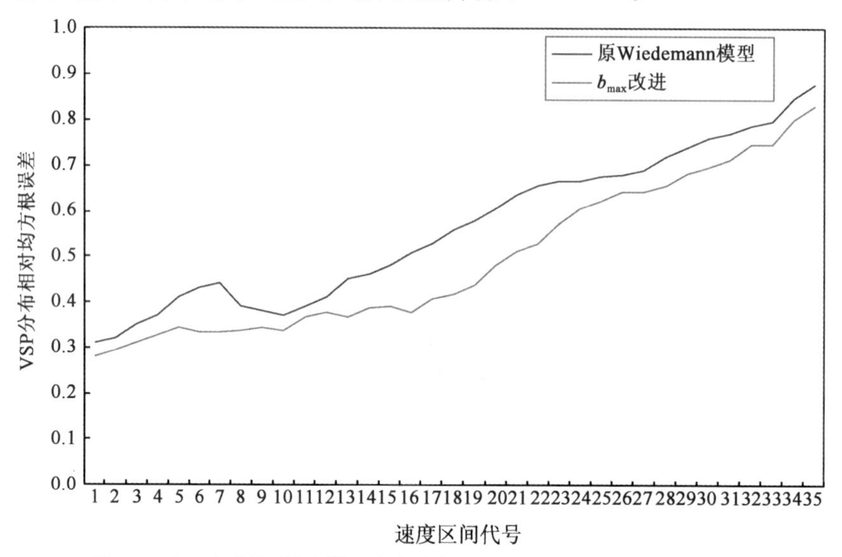

图 8-16　b_{max}改进模型与原模型在各速度区间下 VSP 分布相对均方根误差

针对出现上述现象的原因,分析得出:由于本案例建立的最大加速度与瞬时速度的关系模型在中速区间时,其最大加速度与原 Wiedemann 模型的最大加速度差异,较低速和高速区间更为明显,因此导致针对 b_{max}的改进出现上述的优化效果。

8.4　案例总结

本案例以提高 Wiedemann 模型和 Fritzsche 模型在面向排放测算时的仿真精度为主要内容,通过收集北京市快速路上实际的跟驰驾驶行为数据和大量的实际驾驶行为数据,通过设计数值仿真方法,从 Wiedemann 模型和 Fritzsche 模型的跟驰域和各个跟驰状态下的加速度为主要优化方向,展开对车辆跟驰模型的优化与改进。在此基础上,为了保证面向排放测算优化后车辆跟驰模型的模型稳定性,本案例还设计了模型稳定性控制算法,展开对优化改进后的 Wiedemann 模型和 Fritzsche 模型的稳定性验证。针对车辆跟驰模型中的重要仿真参数指标进行分析,构建模型稳定性控制算法,用以检验针对排放测算的优化与改进是否能够保证原模型的可靠与稳定。模型稳定性验证结果表明,改进后的 Wiedemann 模型和 Fritzsche 模型均具备较好的稳定性,车头时距稳定性、仿真加速度合理性均较为理想,且仿真速度的 RMSE 也均有所降低,模型稳定性较为理想。

参考文献

[1] 张嫣红. 基于微观交通仿真模型的排放测算适用性研究[D]. 北京:北京交通大学,2011.

[2] 徐龙. 面向排放测算的车辆跟驰模型对比分析与优化[D]. 北京:北京交通大学,2012.

[3] FREY H C, ROUPHAIL N M, ZHAI H. Speed and Facility-Specific Emission Estimates for On-Road Light-Duty Vehicles on the Basis of Real-World Speed Profiles [J]. Transportation Research Record (TRR), Journal of the Transportation Research Board, 2006, 1987: 128-137.

第四章　规划设计类评估案例

传统的交通规划设计以满足交通需求为目标。本章面向交通规划设计，评估不同的交通规划设计对环境造成的影响，主要包括对不同的道路网结构、土地利用形式、轨道交通线路及枢纽规划，以及城市综合交通规划对环境影响的评估案例。

案例9：不同道路拓扑结构上车辆运行模式分布特征及对排放影响

9.1　案例目标

道路交通尾气排放是空气污染的主要原因之一，越来越多的交通管理措施开始致力于减少车辆尾气的排放，如拥堵收费、减少速度限制、发展公共交通及信号协调等，这些措施通过减少车辆的总行驶里程和优化车辆运行，减少车辆的尾气排放，优化道路拓扑结构同样能够通过改善交通运行条件和减少行驶里程降低交通尾气排放，但很少有研究关注道路拓扑结构对车辆尾气的影响，本案例基于此，研究不同道路拓扑结构对车辆尾气的影响并确定最优的道路拓扑结构，以最大限度减少车辆尾气排放。

9.2　方法设计

基于车辆运行模式的排放测算模型和微观仿真相结合的方法，达到研究不同道路拓扑结构对车辆排放影响的目的。方法设计框架见图9-1。

9.2.1　基础数据描述和采集

基础数据包括三部分：

(1) PEMS排放测试数据，主要用于建立排放评估所需的基础数据库。

(2) 道路交通流数据和车辆逐秒的速度数据，用于校准VISSIM微观仿真模型和计算车辆的运行模式分布。

(3) 由VISSIM输出的瞬时速度和加速度数据，用于在仿真平台中进行排放评估。

其中，排放数据通过OEM-2100AX Axion(2010)设备测试采集。测试车辆为轻型汽油小汽车，测试路线覆盖路网上各种道路类型和不同时期的每天不同时段，测试数据包括车辆逐秒的CO_2、CO、HC、NO_x排放数据。车辆逐秒速度数据由GPS设备采集，交通流量数据人工采集获取。车辆逐秒的速度和加速度数据由VISSIM输出。

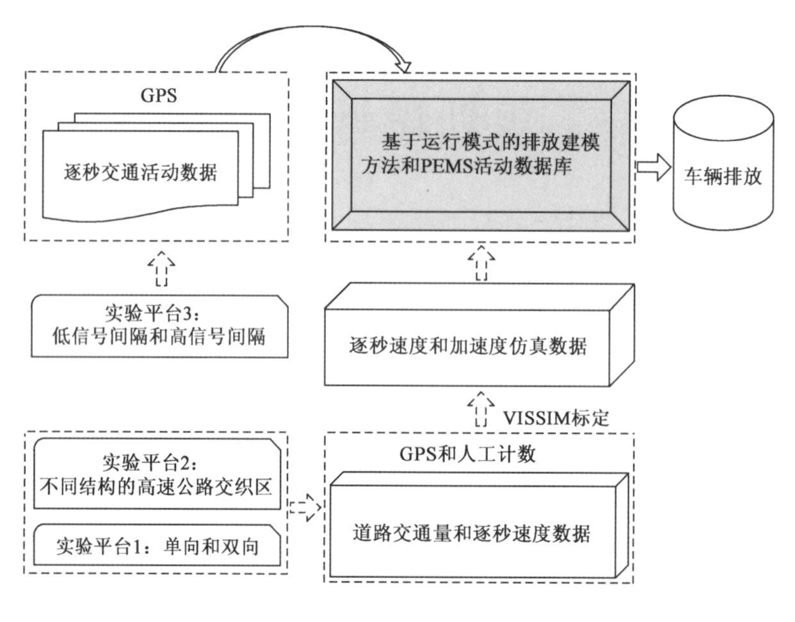

图9-1 方法框架

9.2.2 数据筛选和排放数据库建立

9.2.2.1 数据筛选

为消除数据采集过程中的随机误差，保证数据的准确性，需要对原始数据进行筛选，包括对排放数据和逐秒速度数据的筛选。

(1)排放数据筛选

对 PEMS 排放测试数据的筛选包括以下步骤：

①检查“valid g/s”数据字段，保证数据记录正确。

②检查每个气体框的报告状态以确认两个气体框显示的尾气成分相似。

③检查发动机运行各个参数，如额定转速(RPM)、进气温度、管道内压力、转速，以确保数据的完整性。

④将发动机各个参数与传统的最大最小值进行比较，判断是否存在异常数据记录值。

(2)逐秒速度数据筛选

当测试车辆通过桥洞或穿过高楼建筑群，GPS 信号容易受到干扰而造成逐秒速度数据的缺失，为保证逐秒速度数据的完整性，通过设计 MATLAB 程序识别缺失数据，以保证速度数据是逐秒的。

9.2.2.2 排放数据库建立

根据车辆运行模式的定义，利用筛选后的 PEMS 排放测试数据和 GPS 逐秒速度数据计算每个运行模式区间上的平均排放率和排放因子，计算结果见表9-1。

表9-1 及表9-2 中的排放率和排放因子数据用于不同道路拓扑结构上的车辆排放评估。

各个运行模式区间排放率　　表 9-1

运行模式区间编号	平均排放率			
	CO_2(g/s)	CO(mg/s)	HC(mg/s)	NO_x(mg/s)
0	0.92	1.49	0.37	1.04
1	0.82	0.39	0.27	2.14
11	1.18	3.238	0.99	1.16
12	1.79	5.66	1.24	2.08
13	3.01	7.76	1.61	2.92
14	4.09	6.93	1.57	4.63
15	4.83	8.34	2.02	6.97
16	5.08	8.62	2.09	11.95
21	1.27	4.52	0.87	0.76
22	1.85	4.78	1.26	0.98
23	2.89	13.04	2.35	1.90
24	3.37	7.84	1.98	2.87
25	4.14	17.38	3.43	5.02
27	4.98	11.10	2.63	8.56
28	6.12	17.02	4.13	15.96
29	5.40	80.20	19.02	10.72
30	3.70	3.15	0.90	5.52
33	3.44	4.94	1.09	2.73
35	4.53	5.79	1.45	3.74
37	5.08	6.48	1.68	5.57
38	5.44	5.93	1.69	6.44
39	5.97	7.94	1.97	8.03
40	5.10	6.47	1.71	8.07

各个运行模式区间排放因子　　表 9-2

运行模式区间编号	平均排放率			
	CO_2(g/mile)	CO(mg/mile)	HC(mg/mile)	NO_x(mg/mile)
0	659.66	320.97	44.81	225.89
1	1 642.95	1 416.73	1 108.61	1 710.04
11	409.39	226.77	63.99	99.33
12	867.65	872.87	112.79	214.41
13	802.03	1 727.48	127.41	292.93
14	758.32	1 315.11	118.68	286.88
15	769.92	1 272.06	113.89	345.15
16	827.57	2 094.90	46.96	903.15

续上表

运行模式区间编号	平均排放率			
	CO_2(g/mile)	CO(mg/mile)	HC(mg/mile)	NO_x(mg/mile)
21	125.90	88.30	33.42	89.48
22	172.38	60.74	52.70	44.05
23	203.42	84.02	89.98	97.04
24	322.46	265.89	52.07	201.55
25	387.30	296.33	28.15	294.40
27	508.01	735.39	17.77	878.27
28	611.25	763.80	65.53	1 669.66
29	592.53	660.77	71.46	1 397.72
30	376.58	1 000.49	74.02	618.38
33	183.45	52.33	22.44	85.46
35	230.56	166.56	30.57	187.11
37	405.42	218.39	55.12	484.13
38	466.74	237.13	68.11	589.32
39	506.78	434.11	78.36	834.45
40	468.86	357.45	69.16	815.18

9.2.3 道路拓扑实验平台设计

9.2.3.1 实验平台1:单向和双向路网

为了对比单向和双向路网上车辆运行模式分布和尾气排放,首先需要获取单向和双向路网上的逐秒速度和加速度数据,因此在VISSIM软件中建立两个微观仿真模型网络并创立两个场景:

①非高峰时段的单向和双向路网;

②高峰时段的单向和双向路网。

(1)数据需求

①交通流量数据和瞬时速度数据

主要用于VISSIM的标定。其中,流量和速度数据于2012年5月30日采集。测试区域见图9-2。测试路网包括24个路口,路网总长2.1mile,所有道路均为单行,且信号为协调信号控制,每个信号均有两个相位。

其中,交通流量数据采集间隔为15min。速度数据共采集14 618条逐秒速度数据,且分为高峰和非高峰两组数据,速度范围为0~70km/h,并划分为7个速度区间。

②速度和加速度仿真数据

主要用于车辆运行模式分布的计算和排放测算,由VISSIM仿真软件输出。

(2)VISSIM标定

以瞬时速度为评定基准,分别对高峰时段和非高峰时段进行标定。标定结果显示,仿真路网与实际路网中交通流量相对误差小于10%。不管是高峰还是非高峰时段,每个速度区间上的速度频率绝对误差均小于5%。标定结果见图9-3。

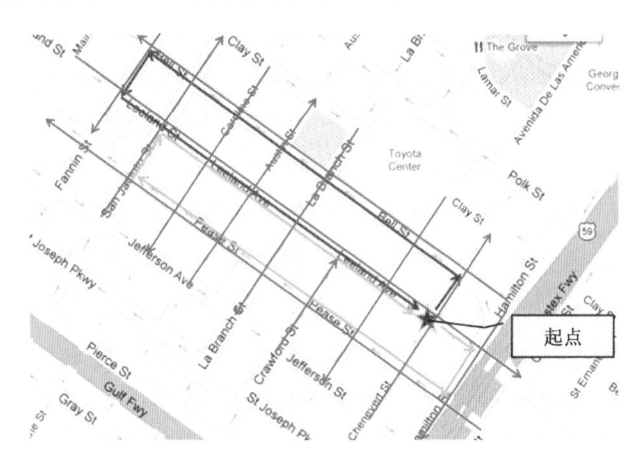

图9-2　休斯敦市研究区域

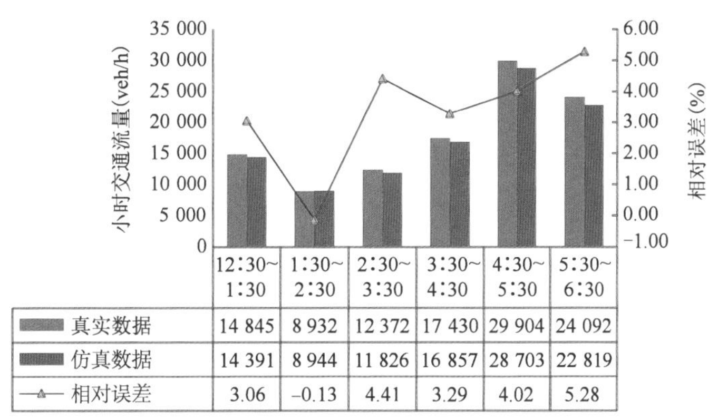

	12:30~1:30	1:30~2:30	2:30~3:30	3:30~4:30	4:30~5:30	5:30~6:30
真实数据	14 845	8 932	12 372	17 430	29 904	24 092
仿真数据	14 391	8 944	11 826	16 857	28 703	22 819
相对误差	3.06	−0.13	4.41	3.29	4.02	5.28

a)仿真交通流量与实际交通流量相对误差

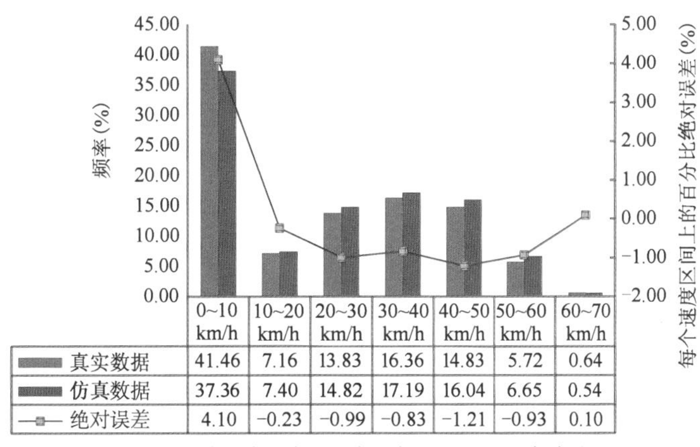

	0~10 km/h	10~20 km/h	20~30 km/h	30~40 km/h	40~50 km/h	50~60 km/h	60~70 km/h
真实数据	41.46	7.16	13.83	16.36	14.83	5.72	0.64
仿真数据	37.36	7.40	14.82	17.19	16.04	6.65	0.54
绝对误差	4.10	−0.23	−0.99	−0.83	−1.21	−0.93	0.10

b)仿真速度频率和实际速度频率绝对误差(非高峰时段)

图　9-3

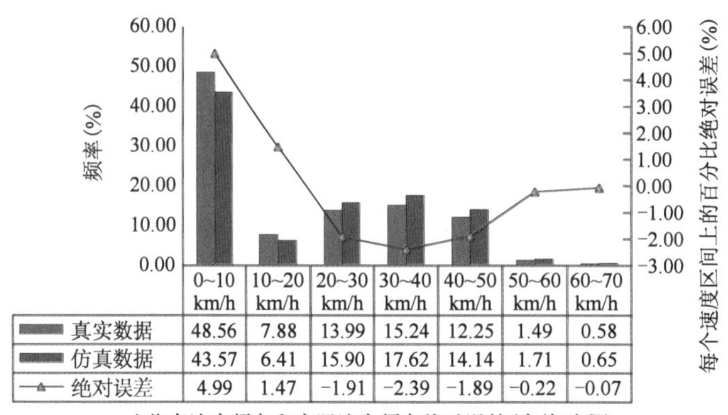

	0~10 km/h	10~20 km/h	20~30 km/h	30~40 km/h	40~50 km/h	50~60 km/h	60~70 km/h
真实数据	48.56	7.88	13.99	15.24	12.25	1.49	0.58
仿真数据	43.57	6.41	15.90	17.62	14.14	1.71	0.65
绝对误差	4.99	1.47	-1.91	-2.39	-1.89	-0.22	-0.07

c)仿真速度频率和实际速度频率绝对误差(高峰时段)

图9-3　实验平台1标定结果

9.2.3.2　实验平台3:高信号间隔与低信号间隔主干道

平台由两段总长1.3mile的主干道路段构成,其中,低信号间隔主干道共有8个信号交叉路口,高信号间隔主干道共有3个信号交叉路口。

车辆瞬时速度数据由GPS设备采集。测试区域选择休斯敦医疗中心附近的Holcombe主干道,数据采集时间为2012年12月5日,周三上午3:00—6:00。数据采集区域见图9-4。

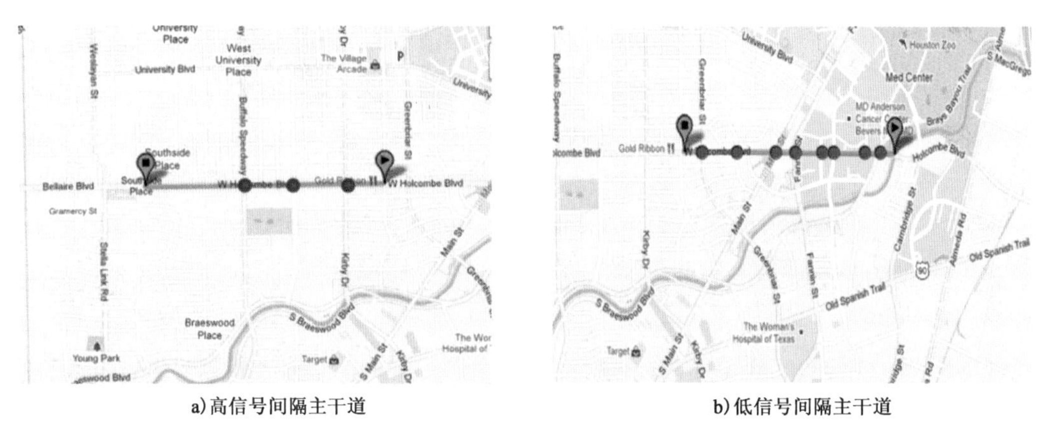

a)高信号间隔主干道　　b)低信号间隔主干道

图9-4　主干道信号间隔对排放影响研究区域——Holcombe干道

数据测试共采集10 161条速度数据。对数据进行地图匹配,选取有效数据4 315条进行处理,其中低信号间隔主干道数据共计2 760条,高信号间隔主干道数据共1 555条。最后基于速度数据,对不同主干道路段上车辆运行模式分布和排放进行评估。

9.3　方法应用

本部分首先以不同道路拓扑结构上的车辆运行模式绝对差异为变量分析不同道路拓扑结构上车辆运行模式分布特征,在此基础上,利用实验平台,以不同道路拓扑结构上车辆排放的相对差异为变量评估不同道路拓扑结构对排放的影响。本部分以单向、双向路网结构和不同信号间隔的主干道拓扑结构对排放的影响为例,介绍本案例所提供方法的应用。

9.3.1　单向和双向路网对车辆排放的影响研究

9.3.1.1　不同拓扑结构道路上的运行模式分布特征和对排放的影响

通过聚合逐秒 VSP 和速度数据获取单向和双向路网上的车辆运行模式分布，并利用表 9-2中的排放数据计算排放因子、不同运行模式区间上的分布率绝对误差和排放因子的相对误差，由式(9-1) ~式 (9-5)计算得到。

$$d_{ot} = p_o - p_t \tag{9-1}$$

$$r_{CO_2} = \frac{ef_{CO_2\,one\text{-}way} - ef_{CO_2\,two\text{-}way}}{ef_{CO_2\,one\text{-}way}} \times 100\% \tag{9-2}$$

$$r_{CO} = \frac{ef_{CO\,one\text{-}way} - ef_{CO\,two\text{-}way}}{ef_{CO\,one\text{-}way}} \times 100\% \tag{9-3}$$

$$r_{HC} = \frac{ef_{HC\,one\text{-}way} - ef_{HC\,two\text{-}way}}{ef_{HC\,one\text{-}way}} \times 100\% \tag{9-4}$$

$$r_{NO_x} = \frac{ef_{NO_x\,one\text{-}way} - ef_{NO_x\,two\text{-}way}}{ef_{NO_x\,one\text{-}way}} \times 100\% \tag{9-5}$$

式中：$ef_{CO_2\,one\text{-}way}$、$ef_{CO\,one\text{-}way}$、$ef_{HC\,one\text{-}way}$、$ef_{NO_x\,one\text{-}way}$——单向路网上 CO_2、CO、HC、NO_x 的排放因子；

$ef_{CO_2\,two\text{-}way}$、$ef_{CO\,two\text{-}way}$、$ef_{HC\,two\text{-}way}$、$ef_{NO_x\,two\text{-}way}$——双向路网上 CO_2、CO、HC、NO_x 的排放因子；

d_{ot}——单向和双向路网上各个运行模式区间上的分布百分比绝对误差；

p_o——单向路网上各个运行模式区间上的分布率百分比；

p_t——双向路网上各个运行模式区间上的分布率百分比；

r_{CO_2}，r_{CO}，r_{HC}，r_{NO_x}——CO_2、CO、HC、NO_x 排放因子的相对误差。

计算结果见图 9-5 和图 9-6。由图 9-5 可知，运行模式区间 ID 为 0、1 、11、12、13、21、22 或 23 时，两种拓扑结构路网上的运行模式分布率差异较大。非高峰时段，运行模式区间 ID 为 1、22 或 23 时，单行路网上的运行模式分布率低于双向路网，在运行模式区间 ID 为 0、12、13 时，

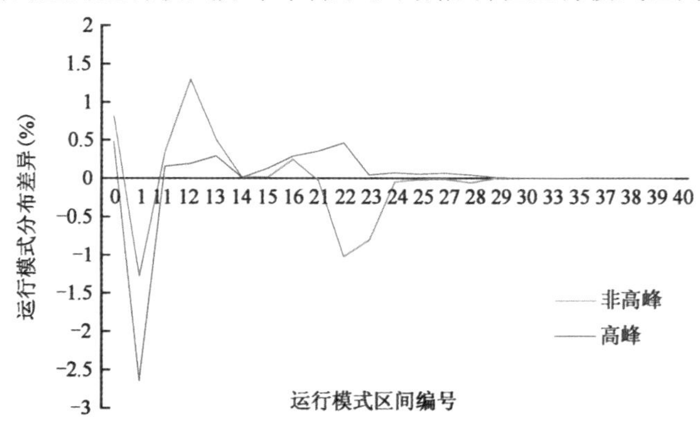

图 9-5　各个运行模式区间上的运行模式分布绝对误差

单向路网上的运行模式分布率大于双向路网。高峰时段内，运行模式区间 ID 为 22、23 时，单向路网上的运行模式分布率高于双向路网。该现象表明，运行模式区间 ID 为 22 和 23 时，随着交通量的增长，其分布率增长较快。另外，当运行模式区间 ID 为 1 时，当交通状态由非高峰时段过渡到高峰时段，双向路网上的运行模式分布率变得更高，而运行模式区间 ID 为 0、12 和 13，两种拓扑结构上的运行模式分布率趋于相近，这一结果表明，随着交通需求的增大，运行模式区间 ID 为 0、12 和 13 时，双向路网上的分布率增加更快。

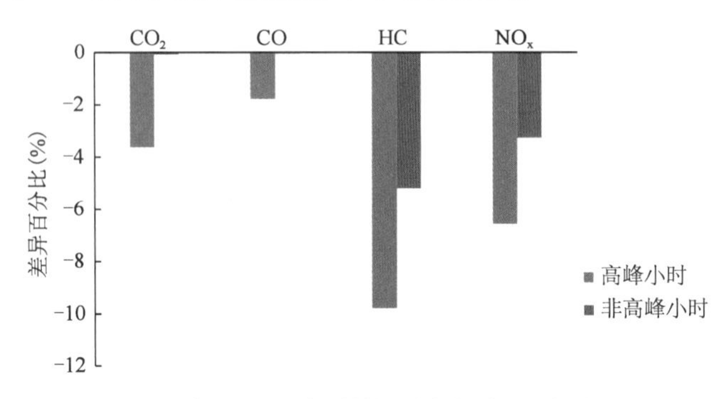

图 9-6　单向和双向路网结构上车辆排放因子相对误差

由图 9-6 可知，车辆在单向路网上的排放因子低于双向路网上的排放因子。该结果表明，双向路网结构车辆排放因子总是比单向路网排放因子高，尤其在高峰时段。

9.3.1.2　排放影响分析

总排放量为每个运行模式区间上排放量的总和。每个运行区间上的排放量为该运行模式区间上的排放率与运行模式区间所占时间的乘积。为了对比不同道路拓扑结构上的总排放量，利用式(9-6)、式(9-7)计算两种拓扑结构上的总排放相对误差。

$$d_{CO_2\ OT\ total} = \frac{t_{CO_2\,one\text{-}way} - t_{CO_2two\text{-}way}}{t_{CO_2one\text{-}way}} \times 100\% \tag{9-6}$$

$$d_{CO\ OT\ total} = \frac{t_{CO\,one\text{-}way} - t_{CO\,two\text{-}way}}{t_{CO\,one\text{-}way}} \times 100\% \tag{9-7}$$

$$d_{HC\ OT\ total} = \frac{t_{HC\,one\text{-}way} - t_{HC\,two\text{-}way}}{t_{HC\,one\text{-}way}} \times 100\% \tag{9-8}$$

$$d_{NO_x\ OT\ total} = \frac{t_{NO_xone\text{-}way} - t_{NO_xtwo\text{-}way}}{t_{NO_xone\text{-}way}} \times 100\% \tag{9-9}$$

式中：$d_{CO_2\ OT\ total}$，$d_{CO\ OT\ total}$，$d_{HC\ OT\ total}$，$d_{NO_x\ OT\ total}$——单向路网和双向路网上 CO_2、CO、HC、NO_x 排放总量的相对误差；

$t_{CO_2one\text{-}way}$，$t_{COone\text{-}way}$，$t_{HCone\text{-}way}$，$t_{NO_xone\text{-}way}$——单向路网上 CO_2、CO、HC、NO_x 的总排放量；

$t_{CO_2two\text{-}way}$，$t_{COtwo\text{-}way}$，$t_{HCtwo\text{-}way}$，$t_{NO_xtwo\text{-}way}$——双向路网上 CO_2、CO、HC、NO_x 的排放总量。

由图 9-7 可知，除了高峰时段 HC 排放量，单向路网上的总排放量高于双向路网。其次，高峰时段上的各污染物排放误差百分比小于非高峰时段。这一结果表明，随着交通状态由非高峰时段过渡到高峰时段，双向路网上的各污染物排放比单向路网上的车辆排放增加快，因此两种拓扑结构上的车辆总排放差异逐渐缩小，其原因为伴随交通量的增加，双向路网上车辆速度的降低和交叉路口范围内车辆冲突次数明显增加。而且，高峰时段内，双向路网上 HC 的排放甚至大于单向路网上的排放。因此，随着交通需求的增长，双向路网上的交通排放越来越接近于单向路网上的排放量。同样，交通需求增加时，选择双向路网以减少污染物排放的效果并不好。

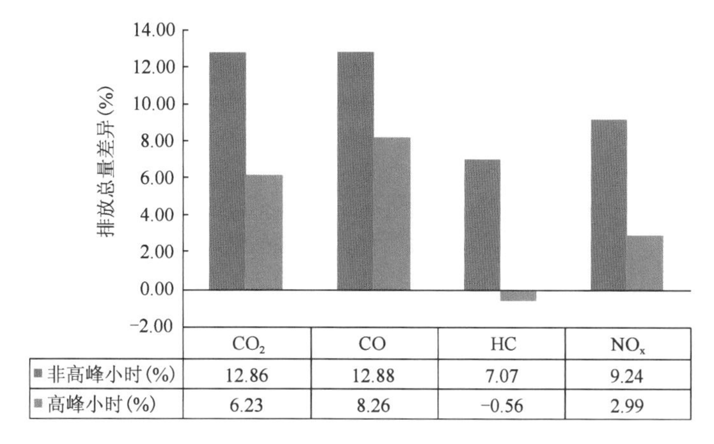

图 9-7　单向与双向路网结构总排放量的相对误差

为了验证当交通量增加到一定程度时，双向路网上的污染物排放是否超过单向路网上的排放，将高峰小时内的交通量增加 10%。在此基础上，计算两种结构的路网上污染物排放差异，结果见图 9-8。

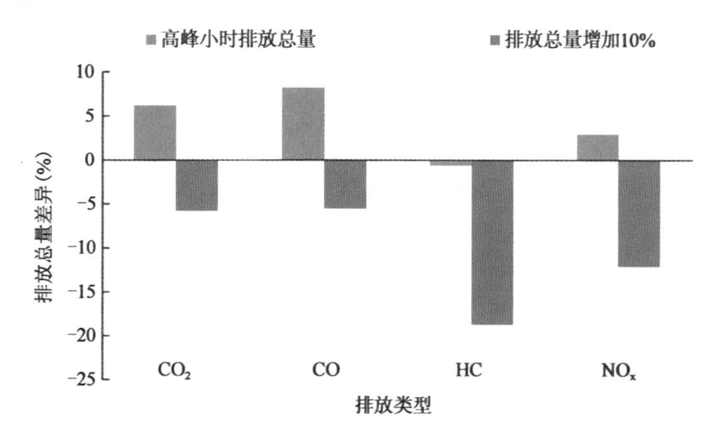

图 9-8　高峰情境下单向和双向路网总排放量的相对误差

在图 9-8 中，蓝色表示高峰小时条件下总的排放量，红色表示高峰小时交通量增加 10% 条件下总排放量。可见，当高峰小时内交通量增加 10% 时，双向路网上的车辆排放总量大于单向路网。这是因为随着交通量的增大，双向路网上车辆制动、怠速和低速等行为发生频率迅速增加，双向路网上的排放因子比单向路网增加更快。因此，当交通需求增加到某个临界值时，单向路网更有利于减少车辆的排放。

9.3.2　不同信号间隔的主干道对车辆排放的影响研究

9.3.2.1　车辆运行模式分布特征及对排放的影响

获取不同信号间隔的主干道上运行模式分布见图 9-9。对于低信号间隔主干道，运行模式区间 ID 为 1 的分布率最高，结果表明车辆在低信号间隔主干道上的怠速行驶时间比例较大。对于高信号间隔主干道,运行模式区间 ID 为 21、22、23 上的分布率较大,说明在高信号间隔主干道上车辆的中速度和加速度行驶所占比例较大。

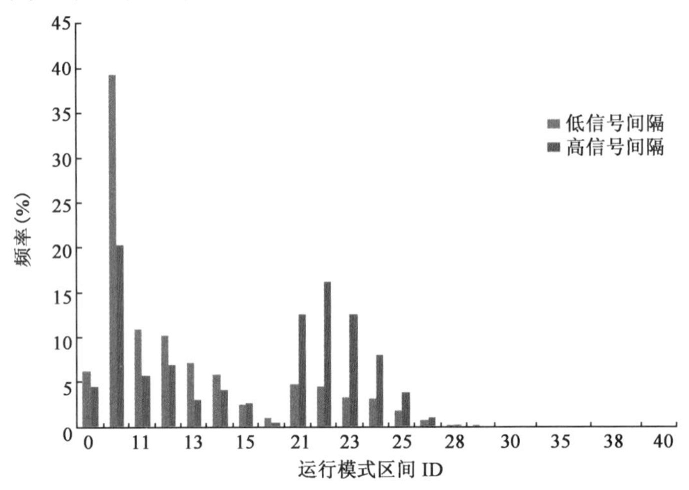

图 9-9　高信号间隔主干道与低信号间隔主干道运行模式分布对比

为了分析运行模式分布对排放率的影响,利用式(9-10)计算两种信号间隔主干道上的运行模式分布绝对误差值,进而计算各个运行模式区间上的排放率,如图 9-10 和图 9-11 所示。

$$d_{LH} = p_L - p_H \tag{9-10}$$

式中:d_{LH}——高信号间隔主干道与低信号间隔主干道上每个运行模式区间分布率百分比绝对误差值;

p_L——低信号间隔主干道上每个运行模式区间分布率的百分比;

p_H——高信号间隔主干道上每个运行模式区间分布率的百分比。

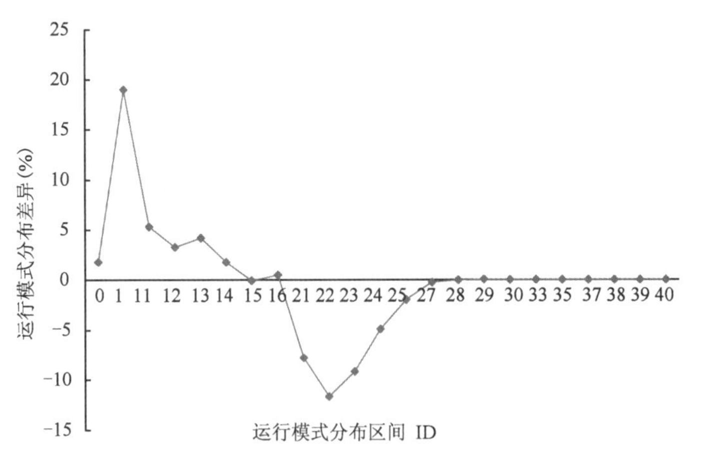

图 9-10　不同信号间隔的主干道运行模式分布差异

根据 MOVES 模型中运行模式区间划分可知:

(1)运行模式区间 ID 为 0 表示车辆处于制动状态;运行模式区间 ID 为 1 表示车辆处于怠速行驶状态。

(2)运行模式区间 ID 为 11 表示车辆低速行驶($0 \leqslant v < 25$mile/h)。

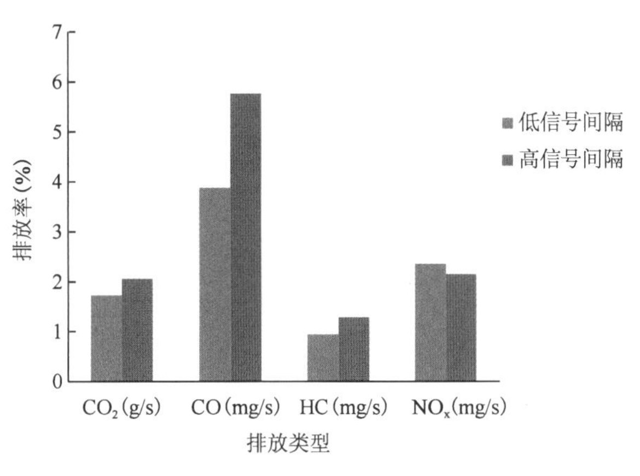

图 9-11　排放率对比

(3)运行模式区间 ID 为 12、13 或 14 表示车辆低速加速行驶($0 \leqslant v < 25$mile/h)。

(4)运行模式区间 ID 为 21 表示车辆中速匀速行驶(25mile/h$\leqslant v <$50mile/h)。

(5)运行模式区间 ID 为 22、23、24 或 25 表示车辆中速加速行驶(25mile/h$\leqslant v <$50mile/h)。

如图 9-10 所示,低信号间隔主干道上,运行模式区间 ID 为 0、1、11、12、13 或 14 上的分布率较高信号间隔主干道高,而运行模式区间 ID 为 21、22、23、24 或 25 上的分布率较低。如图 9-11 所示,除了 NO_x,高信号间隔主干道上的各污染物排放率较低信号间隔主干道上的排放率高。因此,增加车辆制动、怠速行驶、低速行驶($0 \leqslant v < 25$mile/h)和加速行驶活动会降低某些污染物的排放率,而车辆的中速(25mile/h$\leqslant v <$50mile/h)加速行驶会增加污染物的排放率。

9.3.2.2　排放分析

利用式(9-11)、式(9-14)计算不同拓扑结构主干道上的排放总量差异。

$$d_{CO_2\ LH\ total} = \frac{t_{CO_2\ low} - t_{CO_2\ high}}{t_{CO_2 low}} \times 100\% \tag{9-11}$$

$$d_{CO\ LH\ total} = \frac{t_{CO\ low} - t_{CO\ high}}{t_{CO\ low}} \times 100\% \tag{9-12}$$

$$d_{HC\ LH\ total} = \frac{t_{HC\ low} - t_{HC\ high}}{t_{HC\ low}} \times 100\% \tag{9-13}$$

$$d_{NO_x\ LH\ total} = \frac{t_{NO_x\ low} - t_{NO_x\ high}}{t_{NO_x\ low}} \times 100\% \tag{9-14}$$

式中:$d_{CO_2\ LH\ total}$、$d_{CO\ LH\ total}$、$d_{HC\ LH\ total}$、$d_{NO_x\ LH\ total}$——不同信号间隔主干道上 CO_2、CO、HC、NO_x 排放总量的相对误差;

$t_{CO_2\ low}$、$t_{CO\ low}$、$t_{HC\ low}$、$t_{NO_x\ low}$——低信号间隔主干道上各污染物排放量;

$t_{CO_2\ high}$、$t_{CO\ high}$、$t_{HC\ high}$、$t_{NO_x\ high}$——高信号间隔主干道上各污染物排放总量。

排放测算结果如图 9-12 所示,低信号间隔主干道上的排放总量小于高信号间隔主干道。由于低信号间隔主干道路段,车辆怠速时间较长造成行驶时间较长,因此,尽管低信号间隔主干道上的各污染物排放率较小,但是其排放总量明显高于高信号间隔的主干道路段。其次,主干道信号间隔对 NO_x 影响最大,而对 CO 影响最小,即信号间隔对 NO_x、CO_2、HC 和 CO 排放影响程度由大到小。

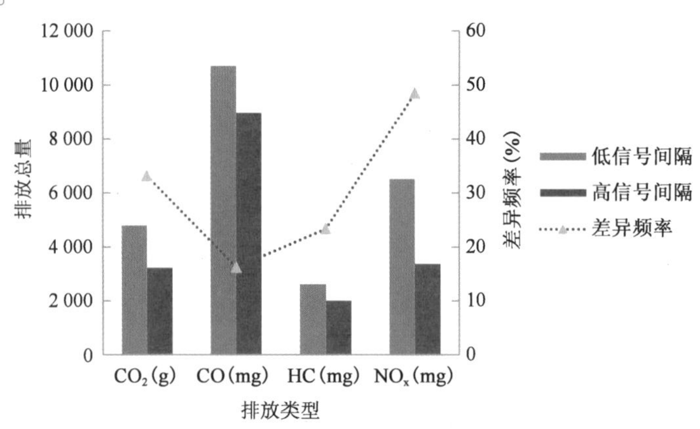

图 9-12 高信号间隔与低号间隔主干道路段总排放对比

9.4 案例总结

本案例提出了确定面向油耗排放测算的浮动车数据最优集成粒度研究方法,建立了包含信息损失指标、时间复杂性指标、相对误差指标在内的综合指标体系,用于判断不同集成粒度下获取的 VSP 分布及油耗排放测算与基于浮动车原始数据计算所得结果的差异,确定了 3min 作为北京市快速路最优浮动车采样集成粒度。案例对该方法研究成果进行了应用。首先应用 3min 最优集成粒度对比分析了 2006 年与 2010 年北京市快速路 VSP 分布规律;其次应用 3min 最优集成粒度对采集到的实测车辆运行数据进行集成并结合运行模式分布测算排放因子和排放量,通过与实测车辆运行模式及 MOVES 预测车辆运行模式下的机动车污染物排放因子与排放量对比,得出了最优集成粒度下机动车污染物排放测算结果与实测车辆运行模式下机动车污染物排放测算结果更为接近。由此验证了应用最优集成粒度得到的北京市快速路车辆运行模式的可靠性,从侧面反映了浮动车采样集成粒度优化研究方法的合理性,以及以 3min 作为北京市快速路浮动车采样最优集成粒度的准确性。

参 考 文 献

[1] AECOM Technology Corporation. One-Way Paired Streets Converting to Two-Way Operation Feasibility and Impact Analysis. Los Angeles, 2010.

[2] AHN K, RAKHA H, TRANI A, et al. Estimating Vehicle Fuel Consumption and Emissions based on Instantaneous Speed and Acceleration Levels [J]. Journal of Transportation Engineering, 2002, 128 (2): 182-190.

[3] BACO M E. One-way to Two-way Street Conversions as a Preservation and Downtown Revitalization Tool: The Case Study of Upper King Street, Charleston, South Carolina [J]. Dissertations & Theses-Gradworks, 2009.

[4] XU W H, QIN Z, CHANG Y. A Simple Iane Change Model for Microscopic Traffic Flow Simulation in Weaving Sections [J]. Transportation Letters the International Journal of Transportation Research, 2011, 3 (4): 231-251.

[5] PTV Planung Transport Verkehr AG. VISSIM 5.30 – 05 User Manual [M]. Germany, 2011.
[6] U.S. Environmental Protection Agency. Motor Vehicle Emission Simulator (MOVES) 2010 User Guide (EPA-420-B-12-001b) [R]. Washington, D.C.: EPA, 2012.

案例10:以交通环境优化为目标的城市土地利用和交通规划方法

10.1　案例目标

随着城市的不断发展,环境问题已成为社会各界关注的焦点。而城市环境问题的起因、恶化与城市交通规划和土地利用密不可分。以往关于城市交通规划、土地利用和环境影响之间关系的相关研究仅仅局限于宏观的分析和评价。

基于此,本案例系统总结分析了土地利用、交通规划和交通环境之间的两阶段递进关系,并引用昌平东区案例分析土地利用、交通规划和交通环境之间的量化关系。

10.2　方法设计

10.2.1　基本概念和原理

(1)平均单车排放因子

平均单车排放因子是指一辆机动车运行单位里程所排放的污染物的量,单位为 g/km,它反映了机动车的平均排放水平。

(2)路网排放总量

路网排放总量是指规划路网中各路段的排放强度和其路段长度的乘积之和,单位为 kg 或 t,它反映规划区域内交通尾气污染物的排放总量,一般时间长度可选高峰小时或全天。

10.2.2　以交通环境优化为目标的城市土地利用和交通规划方法

由于城市土地利用和交通规划对交通环境有着直接、巨大的影响,将尾气排放因素应用到现有的土地利用、交通规划制定模式中,对不同的土地利用和交通规划方案进行评价、量化分析,根据分析结果进而指导规划者在保证土地利用和交通需求基本不变的情况下,选择环境最优的城市布局。

本案例将量化城市土地利用和交通规划对环境影响的步骤归结如下:

(1)在当前土地政策、交通需求不变的情况下,建立土地使用和交通规划的基准方案。

主要包括统计规划区内总体人口、总体土地面积、不同属性的土地利用小区面积和数量、各交通小区的交通发生和吸引量、各种道路类型的长度。在此基础上进行基准方案的规划。将土地使用信息、交通信息及相关信息输入交通模型或其他相关交通规划的重力模型中,计算在基准方案下车流量、各等级道路长度等参数。

(2)根据有效的意见,在基准方案下,利用土地利用和交通规划模型调整土地利用和交通规划的布局,得到其他一种或几种城市布局方案。

参考其他城市规划或交通规划、城市布局专家的建议意见。在基准方案上，保持基本参数（如总体人口等）不变的情况下，调整城市的市中心布局、次级中心布局等，建立新的城市交通网络，重新进行各小区的交通发生吸引量计算，进行交通的分布预测和方式划分，重新进行交通流分配后计算新方案下车流量、各等级道路长度等参数。

（3）计算排放因子。可使用 MOBILE、EMFAC 等宏观排放因子模型，并进行本地化的参数修正，或使用便携式尾气检测技术（PEMS，Portable Emissions Measurement System），它能够方便快捷地获得不同路段、不同车型、不同时段的尾气排放数据。利用车载尾气检测设备收集的数据补充甚至最终取代实验室台架测试数据作为尾气量化模型的数据源，这一观点已经开始得到广泛的认同。

（4）计算不同的土地利用和交通规划方案下的机动车尾气排放总量。对各种方案进行环境评价，选择最优方案。

将以上步骤总结为如图 10-1 所示的量化城市土地利用和交通规划对环境影响的技术路线。

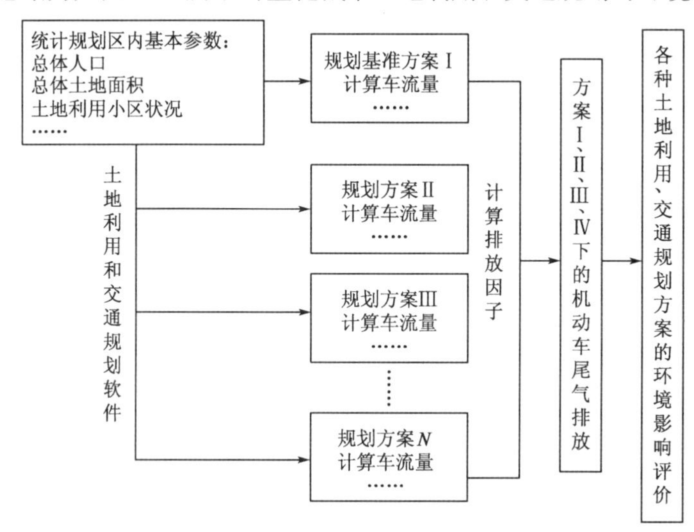

图 10-1　量化城市土地利用和交通规划对环境影响的技术路线

10.3　方法应用

本案例以昌平东区为对象研究交通环境和城市土地利用、交通规划之间的关系。

昌平区地处北京市西北部，区政府所在地城北街道办事处距市区 32km，全区总面积 1 352km^2，是北京的著名旅游胜地，有首都后花园的美称。昌平卫星城是北京市政府批复重点建设的北京市十四个卫星城之一，昌平卫星城中心区近邻中关村核心区，是北京郊区智力资源最密集的地区；同时，八达岭高速公路直接连接昌平中心区和北京市区德胜门，五环、六环和机场高速连接其他卫星城，由回龙观到昌平的轻轨线路开始建设，交通环境非常便利；再加上昌平区周边众多的名胜古迹和良好的自然环境，直接决定了昌平卫星城以旅游、高科技和教育文化为中心的城市发展定位。

2001 年《北京市"十五"时期城市化发展规划》对北京市十四个卫星城的功能定位及发展方向提出了具体要求，并选择通州、昌平、亦庄、黄村、良乡、顺义六个卫星城进行重点开发建设,这增加了昌平卫星城建设的要求,也为昌平卫星城的建设提供了政策的支持。另一方面,目前昌平卫星城的城市化水平已经达到42.2%,正在进入城市化中期的加速发展阶段。这为昌平卫星城的建设提供了建设基础。为了加快昌平卫星城的发展,并为城市发展提供足够的空间,昌平区政府决定将区委区政府东迁,扩展城市的规模。

10.3.1 昌平东区三种不同的土地利用和交通规划方案

本案例在分析不同的土地利用和交通规划对机动车尾气排放的影响时,参考昌平东区现行的土地利用和交通规划方案,并以此为基准方案,在此基础上参考其他大城市的土地利用和交通规划方案,并借助交通规划软件调整基准方案中的土地利用和交通规划方案,计算不同方案下的车流量、不同等级道路长度,通过排放因子,获得不同方案下的机动车尾气日排放总量,进一步进行量化分析。

本案例在进行不同方案的土地利用和交通规划方案调整中,保持总体人口不变;总体土地面积不变,不同属性的土地利用小区总数不变;各交通小区的交通发生、吸引量不变,道路总长度不变。在以上的原则和基础上,调整土地利用和交通网络的布局,并进行相应的尾气排放量化分析。

本案例以昌平东区现行的土地利用和交通规划方案为基准方案,设为方案Ⅰ;在基准方案的基础上调整土地利用、交通规划方案得到方案Ⅱ和方案Ⅲ。

10.3.1.1 东区土地利用和交通规划设计方案Ⅰ

(1)方案Ⅰ的土地利用布局形式

方案Ⅰ的土地布局形式符合昌平东区现行的土地布局形式(图10-2),其具体的布局方案如下:

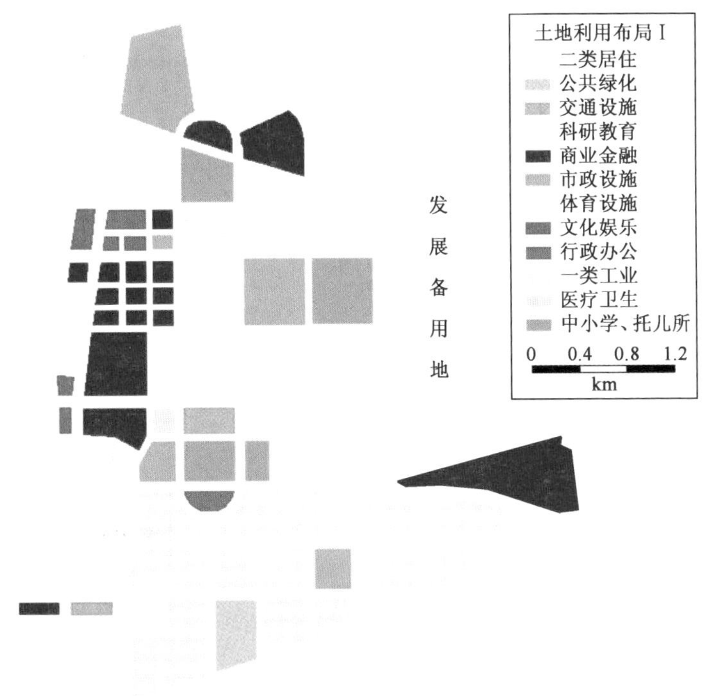

图10-2 方案Ⅰ的土地利用布局

①规划区内居住用地有5个规模居住区，主要分布在北半部和西南部。

②规划区内工业用地主要安排在昌金路以南的昌平科技园区内，占地面积174.8hm^2（1hm^2=10 000m^2，下同），包括孟祖河以东的原昌平民办科技园，工业性质为一类工业。工业用地建筑高度控制24m，容积率控制在1.2。

③规划区内公共设施用地主要结合公共服务中心安排：

A.行政办公用地占地面积15hm^2，占规划总用地1.2%，主要包括区政府和镇政府及科技园区的办公设施。

B.商业金融用地占地面积54.1hm^2，占规划总用地4.5%，主要设在公共服务中心内。

C.医疗卫生用地3.8hm^2，设在南环路南侧结合次中心安排。

D.文化娱乐体育用地。文化娱乐用地占地面积5.9hm^2，在主、次中心各设一处，体育用地12hm^2，设在本区北部的中央，是东区的体育活动和健身中心。

E.教育科研用地占地面积21hm^2，设在本区东南结合科技园区安排。

（2）方案Ⅰ的路网交通布局形式

方案Ⅰ的路网交通布局形式符合昌平东区现行的路网交通布局形式，见图10-3。

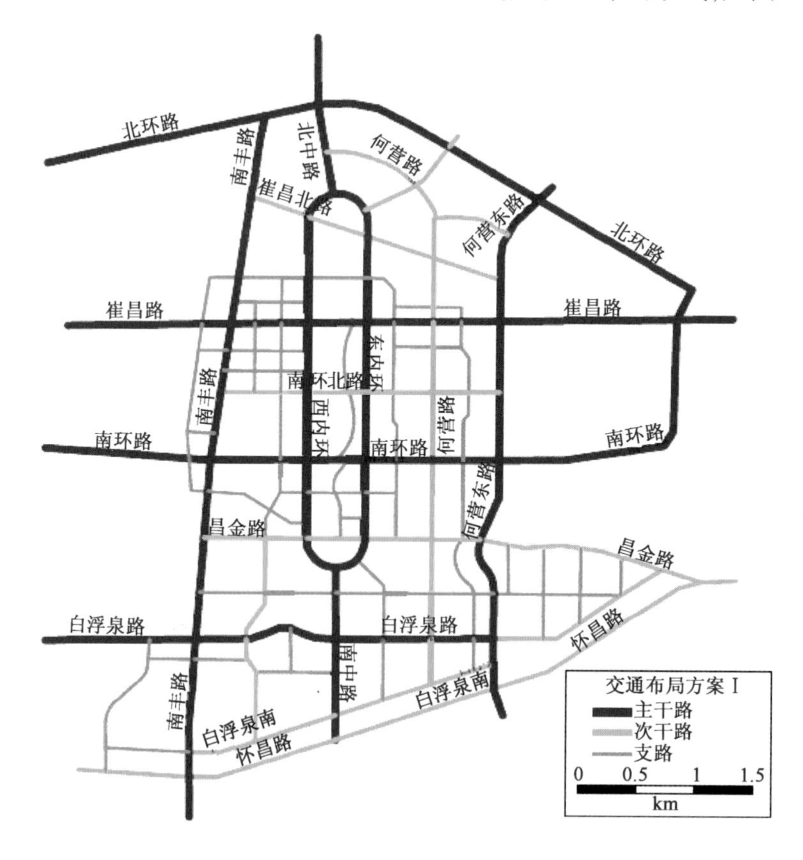

图10-3 方案Ⅰ路网交通布局形式

方案Ⅰ具体的交通路网布局方案如下：

道路总长120km，道路以方格网式布局为主，分为主、次、支三个等级，主干路是四横三纵格局，主干路红线宽度为40～60m，主干路总长39km。次干路为五横一纵，与主干路相间布置，次干路红线宽度为30～40m，次干路总长24km。对于支路系统，不同用地性质采取了不同的布局方式，在公建区中，为适应人流车流集中的特点，采用150m左右的道路间距，便于交通组织；在工业区中，道路采用300m左右的间距，便于工业地块的划分和高科技企业的布置；在居住用地中，支路作为居住用地与绿化、中小学等用地的分界时，需要定线，其他情况仅作为示意性位置，为今后修建性详细规划提供比较灵活的设计条件，支路红线宽度为20～25m。

区域的外部交通主要通过高速公路与环路与市区及其他卫星城联系。

10.3.1.2　东区工地利用和交通规划设计方案Ⅱ

(1)方案Ⅱ的土地利用布局形式

方案Ⅱ是参考分散式的城市布局方式，特点是：市中心的规模比较小，城市的金融区等中心区设施分布在城市的各个地点。由于城市中心是城市的核心，是反映城市经济、社会、文化发展最敏感的地区，在土地利用方案调整过程中应主要考虑市中心的布局方式。

方案Ⅱ的土地布局方式，见图10-4。

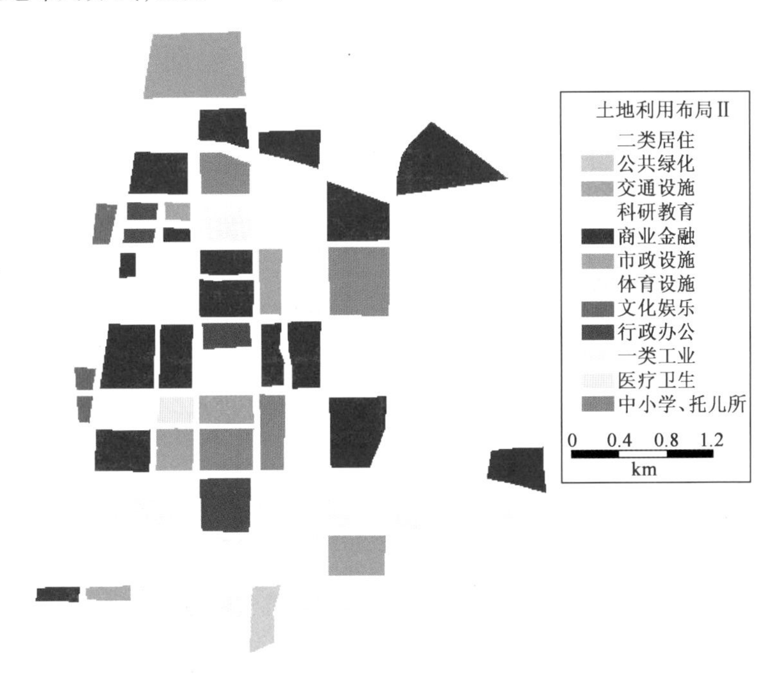

图10-4　方案Ⅱ的土地布局方式

方案Ⅱ具体的土地规划布局特点是分散式的布局，具体结构如下：

①规划区内居住用地有10个不同规模居住区，分布在除东南部工业区之外的各个部分。

②规划区内工业用地按照一般规则，分布在下风向，和方案Ⅰ一样，主要安排在昌金路以南的昌平科技园区内。占地面积174.8hm^2，包括孟祖河以东的原昌平民办科技园，工业性质为一类工业。工业用地建筑高度控制24m，容积率控制在1.2。

③规划区内公共设施用地安排为：

A. 行政办公用地占地面积 $15hm^2$,占规划总用地 1.0%,主要包括区政府和镇政府及科技园区的办公设施。

B. 商业金融用地占地面积 $54.1hm^2$,占规划总用地 3.6%,主要包括分散的居住区和城市的中心、次级中心,分散在城市的各个部分。

C. 医疗卫生用地 $3.8hm^2$,仍设在南环路南侧,结合市中心安排。

D. 文化娱乐体育用地。文化娱乐用地占地面积 $5.9hm^2$,在三环路南丰路外侧,体育用地 $12hm^2$,设在崔昌路的中央,紧靠市中心安排。

E. 教育科研用地占地面积 $21hm^2$,设在本区市中心。

(2)方案Ⅱ路网交通布局形式

方案Ⅱ路网交通布局形式,见图 10-5。方案Ⅱ的路网有环形高速公路,市中心以外的金融中心被吸引到环路和放射路的交叉地方,产生许多大的城市次级中心。

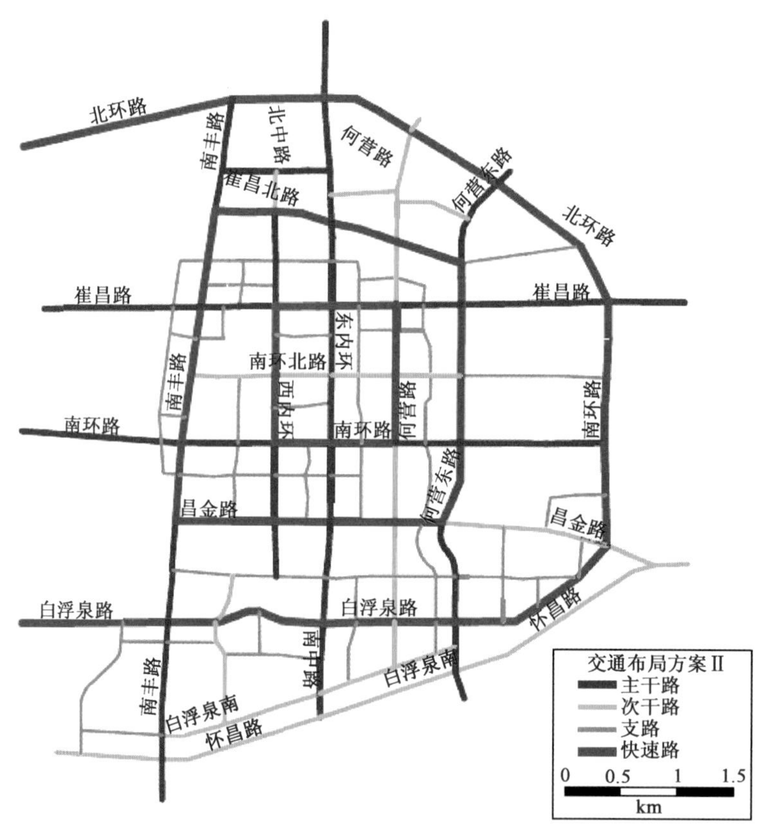

图 10-5 方案Ⅱ路网交通布局形式

方案Ⅱ具体的交通路网布局方案如下:

道路总长 123km,道路以快速环路和放射性道路布局为主,分为快速、主、次、支四个等级,快速路分布在三环路上,快速路的红线宽度为 60~70m,快速路总长 24km。主干路是分布在放射形干道上,主干路红线宽度为 40~60m,主干路总长 22km。次干路与主干路相间布置,次干路红线宽度为 30~40m,次干路总长 17km。

10.3.1.3 东区土地利用和交通规划设计方案Ⅲ

(1)方案Ⅲ的土地利用布局形式

方案Ⅲ是参考强大市中心类型的城市布局方式。这种城市的共同点是:城市巨大且高度集中。以巴黎为例,巴黎的城市形式结构基本上是由中心环状向外发散,整个城市呈放射状结构,塞纳河由市中心经过,从塞纳河伸展出来的一系列轴向开发,使巴黎的布局变成了一个轴线交织的网络,轴线延伸的概念成为巴黎城市发展的一个重要支配因素。东京也有着类似强大的市中心,以放射路交通系统为基础。东京的市中心没有正式的边界,它的面积大约是$17km^2$,包括三个区。统计数字表明,1970年时,这三个区的工作岗位总数是172万,约占整个东京市区工作岗位总数的17%。尽管人们每天赶来市中心上班,路上极不方便、舒适,但是,在当时市中心工作岗位仍在稳步上升。

方案Ⅲ的土地布局方式,见图10-6。

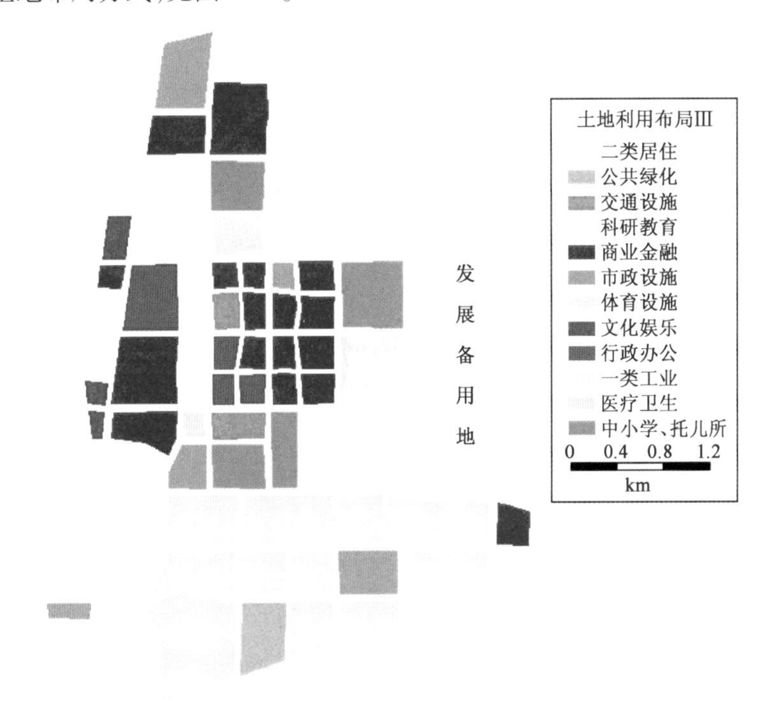

图10-6 方案Ⅲ的土地布局方式

方案Ⅲ具体的土地规划布局特点是市中心集中,具体结构如下:

①规划区内居住用地包括4个不同规模居住区,主要分布在城市的北部、南部和中部。

②规划区内工业用地按照一般规则,分布在下风向,和方案Ⅰ一样,主要安排在昌金路以南的昌平科技园区内。占地面积174.8hm^2,包括孟祖河以东的原昌平民办科技园,工业性质为一类工业。工业用地建筑高度控制24m,容积率控制在1.2。

③规划区内公共设施用地安排为:

A.行政办公用地占地面积15hm^2,占规划总用地1.2%,主要包括区政府和镇政府及科技园区的办公设施。

B. 商业金融用地占地面积 54.1hm²，占规划总用地 4.5%，全部设在市中心，以突出本方案市中心高度集中的特点。

C. 医疗卫生用地 3.8hm²，设在南环路南侧结合次中心安排。

D. 文化娱乐体育用地。文化娱乐用地占地面积 5.9hm²，在主、次中心各设一处，体育用地 12hm²，设在本区北部的中央，成为东区的体育活动和健身中心。

E. 教育科研用地占地面积 21hm²，设在本区东南结合科技园区安排。

(2)方案Ⅲ路网交通布局形式

方案Ⅲ路网交通布局形式，见图 10-7。方案Ⅲ的路网市中心有环形和交叉形的高速公路，有以主干道为主的较为强大的放射性路网。环路趋向于将市中心的活动引导出去(除非是为中心服务的内环路)，而放射路却为市中心增加活动和力量。

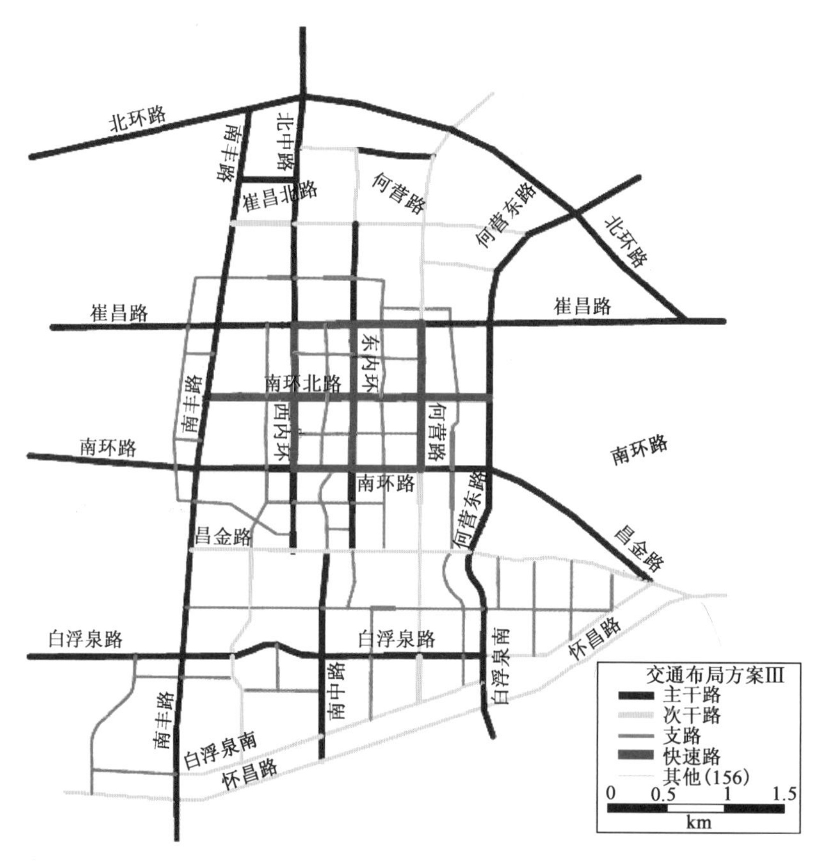

图 10-7　方案Ⅲ路网交通布局形式

方案Ⅲ具体的交通路网布局方案如下：

道路总长 122km，道路以快速环路和放射性道路布局为主，分为快速、主、次、支四个等级，快速路分布在三环路上，快速路的红线宽度为 60～70m，快速路总长 7km。主干路是分布在放射形干道上，主干路红线宽度为 40～60m，主干路 34km 总长。次干路与主干路相间布置，次干路红线宽度为 30～40m，次干路总长 21km。

在方案Ⅲ的交通路网中没有安排城市铁路的交通方式。

10.3.2 昌平东区三种不同的土地利用和交通规划方案下环境影响量化分析

10.3.2.1 机动车尾气预测思路及算法

本案例的排放因子是在完成 MOBILE6 模型参数的修订的基础上，利用先进的实时尾气排放检测系统 OEM（On-board Emission Measurement），也称作 PEMS（PorTab. 10 Emission Measurement Systems），进行实测数据选取和标定工作后，开发一个排放因子计算软件系统将这两部分工作调和在一起，使之更系统化、协调化、高级化。OEM 技术提供了目前世界上最先进的机动车尾气量化实验手段，能够为机动车尾气排放的相关研究提供实时的尾气排放和车辆发动机数据等。根据开发的排放因子计算软件可以得到不同道路等级的平均单车排放因子，见表 10-1。

不同道路等级的平均单车排放因子　　表 10-1

排 放 因 子	NO_x(g/km)	HC(g/km)	CO(g/km)
次干路	0.97	0.90	7.43
快速路	0.78	0.37	4.35
支路	0.85	0.72	7.39
主干路	0.83	0.57	6.99

得到排放因子之后，可以得到路网中各路段的各排放物的日均排放强度，以方案Ⅰ为例。在预测模型的路网中，共有 400 多条路段，按照规划中的路名进行了统计，给出了主干路和次干路上的各排放物的日均排放强度。其中，南丰路路段的排放强度最大，作为主干路，这主要是由于其路段交通流量和行驶速度，见表 10-2。

主要道路的机动车尾气日均排放强度　　表 10-2

道 路 名	CO 排放强度(g/m)	NO_x 排放强度(g/m)	HC 排放强度(g/m)
白浮泉路	74.1	10.1	7.9
白浮泉南	14.1	1.4	2.0
北环路	43.8	5.9	4.7
北中路	24.1	3.3	2.6
昌金路	115.7	11.6	16.6
怀昌路	20.0	2.0	2.9
崔昌北路	41.8	4.2	6.0
崔昌路	94.9	12.9	10.1
东内环	95.7	13.0	10.2
何营东路	71.2	9.7	7.6
何营路	33.0	3.3	4.7
南丰路	202.0	27.5	21.6
南环北路	114.5	11.4	16.5
南环路	91.9	12.5	9.8
南中路	42.9	5.8	4.6
西内环	64.5	8.8	6.9

图 10-8 给出了路网中 NO_x 的日均排放强度的分布。图中将排放强度由弱到强分了四个等级,分别用由绿到红不同的颜色予以表示。即红色表示排放强度最大,污染最严重的路段,而绿色表示排放强度最小,污染最轻的路段。

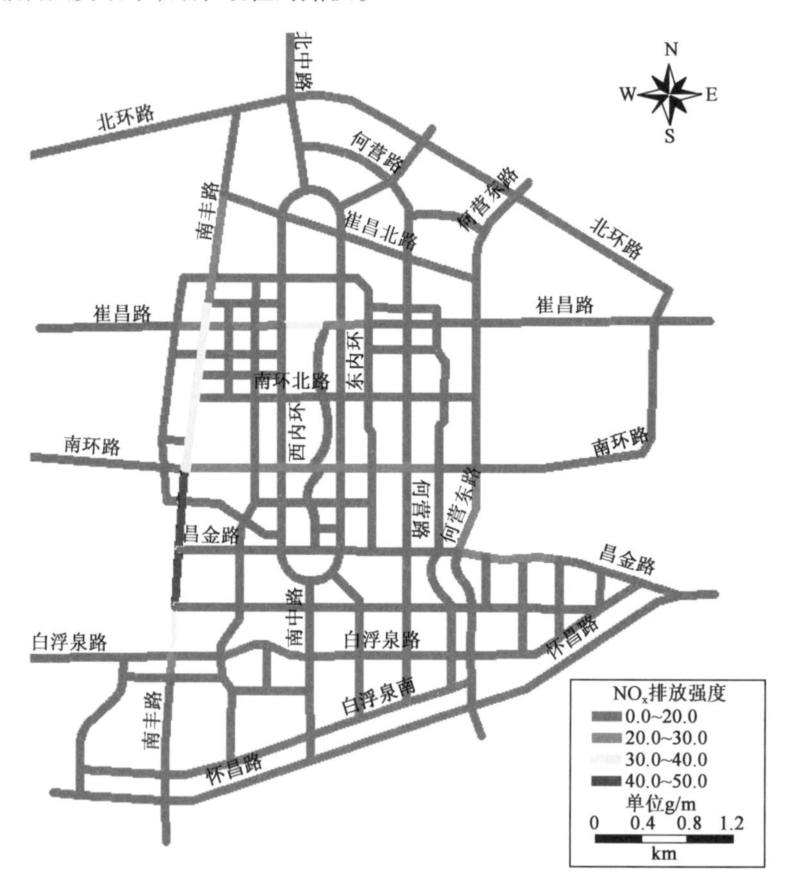

图 10-8 路网全天 NO_x 排放强度分布图

应用城市道路尾气扩散模型 CALINE4,计算得到距道路中心线 35m 处的道路两侧的各尾气污染物浓度。图 10-9 给出了早高峰路网中 CO 的浓度分布。

预测表明,昌平东区未来年机动车 CO 排放对空气质量的影响较小,若假设机动车尾气污染为 CO 唯一污染源,则规划区内道路两侧空气质量均达到国家二级标准。图中,按照 CO 浓度由低到高分为两级,分别用黄色和绿色表示,其中红色标出的是分担率为 10% 时超标的 2.7km 路段,分布在南丰路(白浮泉路—崔昌路段)大部分和昌金路的何营东路东部一段。

路网排放总量的预测:交通需求预测模型 TransCAD 的路网数据库包含各路段的长度数据,在得到路段排放强度数据后,两者相乘便得到各个路段的尾气排放量,然后累加便可得出路网的尾气排放总量。

10.3.2.2 不同类型土地利用和交通规划方案下的机动车尾气排放量化计算

由排放因子、路段长度和车流量可计算得到三种不同的城市布局方式下的机动车各尾气排放污染物的日排放总量。表 10-3 给出了三种方案下机动车尾气排放量。

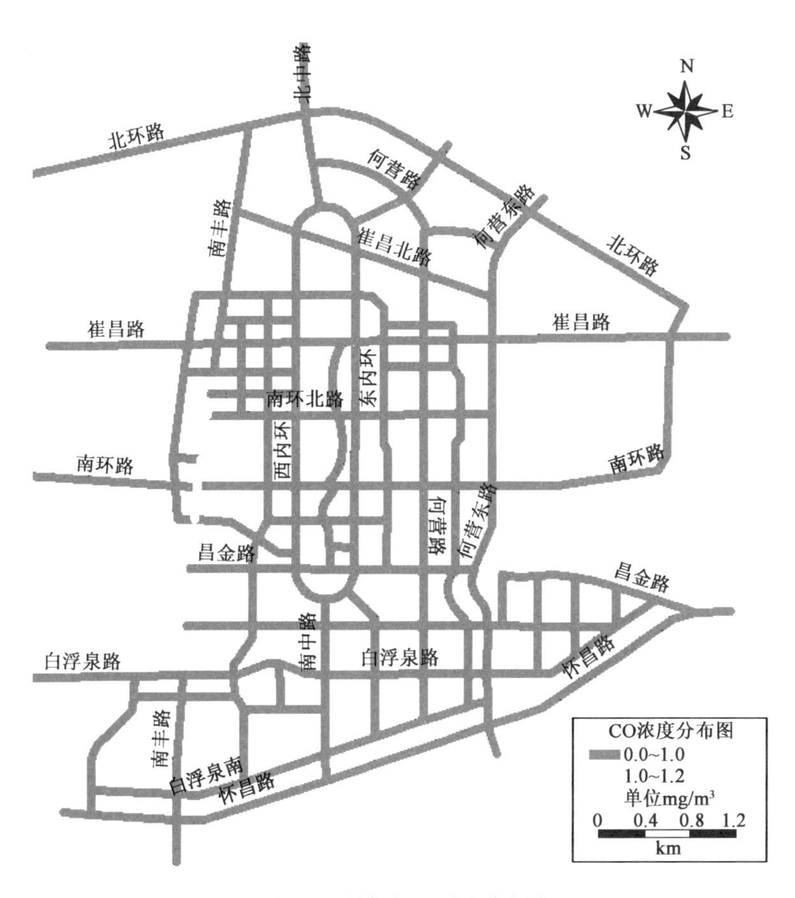

图 10-9　早高峰 CO 浓度分布图

三种城市布局方案下机动车尾气日排放总量　　表 10-3

尾气排放量	NO_x(t)	HC(t)	CO(t)
方案Ⅰ	0.40	0.30	3.34
方案Ⅱ	0.55	0.32	3.67
方案Ⅲ	0.82	0.57	6.35

为了便于量化分析，根据不同等级的道路长度可以计算得到三种城市布局下，不同道路等级的机动车各尾气日排放量。表 10-4 是方案Ⅰ下不同道路等级的机动车尾气污染物的日排放总量。

方案Ⅰ下不同道路等级的机动车尾气中各污染物的日排放总量　　表 10-4

道路类型	长度总和(km)	NO_x 排放量(kg)	HC 排放量(kg)	CO 排放量(kg)
主干路	39	290	198	2 439
次干路	24	65	60	497
支路	26	45	38	391
总计	89	400	296	3 327

根据表 10-4 可以得到柱状图(图 10-10)。从图中可以看出在方案Ⅰ各等级道路中,主干路的尾气日排放总量远远大于次干路和支路排放量。表 10-5 是方案Ⅱ下不同道路等级的机动车尾气中各污染物的日排放总量。表 10-6 是方案Ⅲ下不同道路等级的机动车尾气中各污染物的日排放总量。

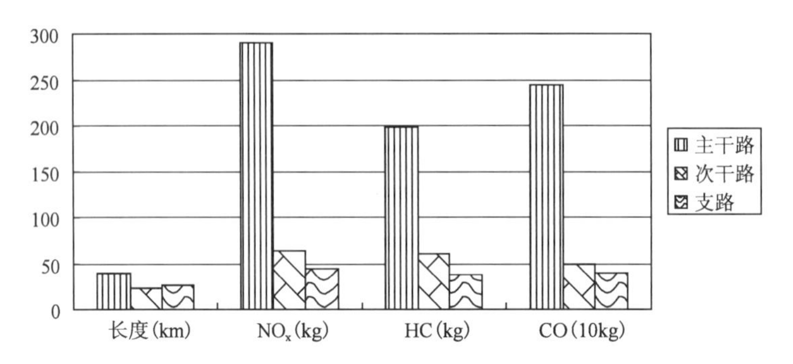

图 10-10　方案Ⅰ下不同道路等级的机动车尾气排放各污染物的日排放量比较

方案Ⅱ下不同道路等级的机动车尾气排放各污染物的日排放总量　　表 10-5

道路类型	长度总和(km)	NO_x 排放量(kg)	HC 排放量(kg)	CO 排放量(kg)
快速路	24	327	153	1 818
主干路	22	146	99	1 223
次干路	17	30	28	229
支路	27	46	39	404
总计	90	549	320	3 674

根据表 10-5 可以得到柱状图(图 10-11)。从图中可以看出在方案Ⅱ的各等级道路中,快速路的尾气日排放总量远远大于主干路、次干路和支路排放量。这是由于方案Ⅱ中快速路为城市环路的主要道路等级,而环路在这种方案中承担着巨大的交通作用。

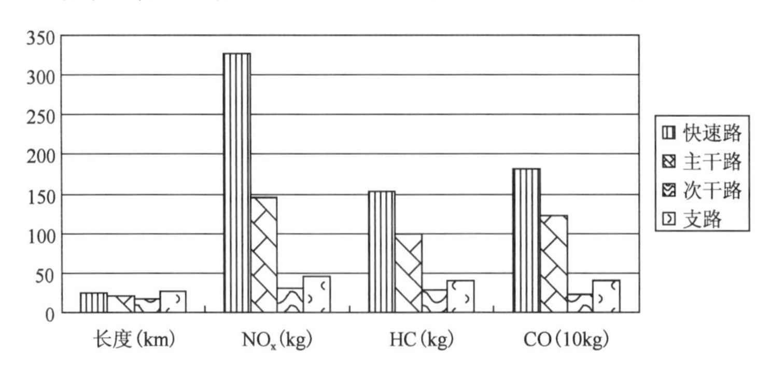

图 10-11　方案Ⅱ下不同道路等级的机动车尾气排放各污染物的日排放量比较

方案Ⅲ下不同道路等级的机动车尾气中各污染物的日排放总量　　表 10-6

道路类型	长度总和(km)	NO_x 排放量(kg)	HC 排放量(kg)	CO 排放量(kg)
快速路	7	178	83	989
主干路	34	449	306	3 770

续上表

道路类型	长度总和(km)	NO_x 排放量(kg)	HC 排放量(kg)	CO 排放量(kg)
次干路	21	126	117	966
支路	27	72	61	625
总计	89	824	567	6 350

根据表10-6可以得到柱状图(图10-12)。从图中可以看出在方案Ⅲ各等级道路中,主干路的尾气日排放总量远远大于快速路、次干路和支路排放量。这是由于方案Ⅲ中主干路是城市放射形道路的主要类型,而放射形道路在方案Ⅲ市中心强大的布局方式中,承担着输送市中心巨大交通量的任务,虽然快速路的速度更快,但在本方案中快速路所占比例较小,且快速路集中在市中心区域。

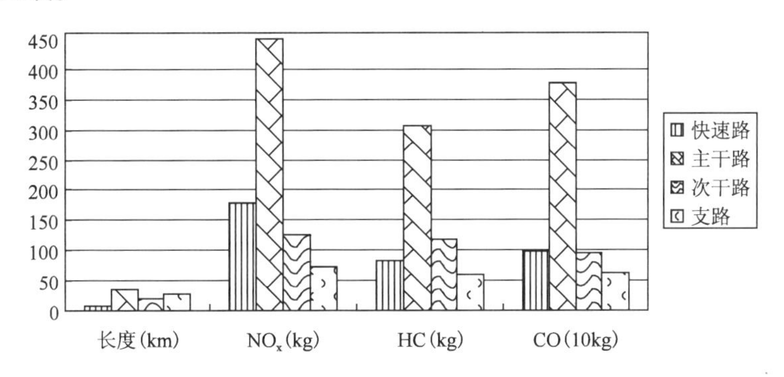

图10-12　方案Ⅲ下不同道路等级的机动车尾气中各污染物的日排放量比较

10.3.3* 基于交通环境优化的规划方案评价

保持总体人口不变;总体土地面积不变;不同属性的土地利用小区总数不变;各交通小区的交通发生、吸引量不变,道路总长度不变。在以上的原则和基础上调整土地利用和交通网络的布局,得到了三种布局方案下的尾气日排放总量及按照道路类型的尾气日排放总量。

从表10-3中比较分析,可以看出方案Ⅰ是三种方案中尾气排放量最小的,方案Ⅲ的尾气排放量最大,NO_x 的日排放总量是方案Ⅰ的两倍之多,HC和CO的排放总量也接近方案Ⅰ的两倍。方案Ⅱ的排放量接近方案Ⅰ的排放量。总结分析三种方案的土地利用和交通规划方式,结合尾气日排放总量,对如下基于环境优化的规划方案进行横向评价。

(1)方案Ⅰ中尾气日排放总量最小,这主要有两方面的原因:

①方案Ⅰ没有快速路的规划,导致车辆行驶里程降低,车速也较低,减少了最终的尾气日排放总量。

②网格式的城市土地利用布局,使得市中心只能发挥金融中心的作用,许多市中心的活动,包括就业、商业、文娱等等,已经分散到小的中心里,这样的布局有效地减少了城市的交通流量。

(2)方案Ⅱ中尾气日排放总量较之方案Ⅰ,NO_x、HC、CO日排放量分别增大36.8%、7.6%和10.1%。这是由于:

①方案Ⅱ市中心的规模比较小,有长为24km的快速环路,而方案Ⅰ没有快速路。

②方案Ⅱ的分散式的土地布局方式除城市中心外，有较多次级城市中心，这种方式有着相对较小的车流量，即使快速道路长度增加很多，也不会导致尾气日排放总量的大量增加。

(3)方案Ⅲ尾气日排放总量较之方案Ⅰ，NO_x、HC、CO日排放量分别增大105.5%、90.9%和90.3%。这主要是由于：

①方案Ⅲ的土地布局方式是以市中心集中且强大为主要特征，在这种情况下，繁华的市中心吸引了来自城市各个部分的巨大交通量，使得各等级道路的车流量明显增加，导致尾气日排放总量明显增大。从这点可以看出，土地布局对机动车尾气排放的影响是很大的。

②方案Ⅲ中快速路长7km，主干路长34km，道路长度比起上两种方案并没有明显的增加，这说明道路长度并不直接影响机动车尾气日排放总量。

10.4 案例总结

本案例系统地分析了土地利用、交通规划和交通环境之间的两阶段递进关系，确定了城市土地利用、交通规划对城市环境影响量化分析的思路、步骤和实现方法，并引用昌平东区案例量化分析土地利用、交通规划和交通环境之间的量化关系，最终得出：

(1)网格式的土地利用和交通规划方案中尾气日排放总量较小。

(2)分散式的土地利用和城市规划方案的尾气日排放总量也较小，但在道路长度和交通发生吸引不变的情况下，比网格式方案尾气日排放总量稍大。

(3)强大市中心类型的土地利用和交通网络布局的尾气日排放总量较大。

参考文献

[1] 于雷，等.昌平卫星城东区综合交通问题及其解决方案研究[R]，2004.

[2] 吴明伟，孔令龙，陈联.城市中心区规划[M].东南大学出版社，2000.

[3] 宛素春.城市空间形态解析[M].科学出版社，2004.

[4] 于雷，等.利用OEM技术改善北京市交通网络尾气排放的相关研究[R]，2005.

[5] 宋国华，于雷.城市交通规划环境影响评价的方法与实践[J].安全与环境工程，2007，14(3)：6-10.

[6] 万涛，于雷，余柳，等.北京市基础交通尾气数据库系统的开发及应[J].交通与计算机，2006，24(5)：28-30.

案例11：轨道交通沿线客运线路与枢纽规划方案的排放影响评价

11.1 案例目标

近年来，越来越多的城市增建或新建轨道交通线路，作为综合运输体系一种重要的交通方式，轨道交通越来越受到重视。轨道交通的建设会在沿线吸引大量交通，造成沿线地区路网不堪重负。新建轨道交通线路与已有轨道交通线路、客运专线等线路交汇，形成一系列综合交通枢纽和重要的公共交通节点，而大量交通的产生必将产生一定的排放和污染。

轨道建设规划应当进行环境影响评价，首先了解评价区域的自然环境、空气质量和交通排放现状，建立环境影响的评价指标体系，以交通需求预测结果为基础，针对规划道路网络布局，进行道路交通的油耗和排放污染的预测，从而提出相应的环境改善建议与措施，为政府主管部门审批项目决策服务，为项目环境保护和建设提供依据。其原则是：具有针对性、政策性、科学性和公正性。

11.2　方法设计

本方法对环境影响中的交通油耗与排放的影响进行评价。油耗与排放的测算数据来源于排放测算模型、交通需求预测模型和典型城市的车型比例。

11.2.1　环境影响评价指标体系建立

机动车尾气污染物的成分十分复杂，主要污染物为氮氧化物（NO_x）、一氧化碳（CO）、碳氢化合物（HC），以及固体颗粒物等，根据国内外研究经验，提出以下评价指标：

（1）基准方案路网中各路段的平均单车排放因子、日均（年均）排放强度。

（2）基准方案路网范围内的油耗、温室气体、污染物排放总量。

（3）基准方案路网上温室气体、污染物排放随时间、空间的分布图。

（4）各优化方案的车辆油耗削减量。

（5）各优化方案的温室气体（CO_2）年均减排量。

（6）各优化方案的氮氧化物（NO_x）年均减排量。

（7）各优化方案的细颗粒物（PM）年均减排量。

（8）各优化方案的一氧化碳（CO）年均减排量。

（9）各优化方案的路网交通污染强度时空分布变化趋势。

（10）各方案下的各污染物高排放路段和时段。

11.2.2　油耗与排放的测算思路与方法

李铁柱等人指出，城市交通规划过程中机动车对空气污染的影响分析的关键技术包括单车排放因子的确定、城市街道污染物扩散模型的选择和建立、交通网络环境条件下机动车尾气排放量和街道污染物扩散浓度的计算，以及交通网络负荷条件下交通污染评价等方面。

基本油耗与排放因子的确定：利用机动车排放模型 CVEM（China Vehicle Emission Model）可以测算得到各车型的基本排放因子，再根据影响因素对其进行修正。

速度修正因子的确定：55 种车型的不同排放污染物、温室气体以及油耗因子有各自不同的速度修正曲线。

路段排放强度的确定：某一路段的排放强度可由单车排放因子乘以该路段上的车流量得到。在交通需求预测完成后，交通需求预测模型 TransCAD 生成的交通分配结果数据库中包含了路段的速度和车流量数据，对应速度下的各排放因子，可以在数据库中计算出每条路段的排放强度。但交通需求预测模型得到的车流量是折算后的当量小汽车流量，排放预测前需将 55 种车型的实际比例换算成当量小汽车流量比例。受调查及获取数据深度等限制，选取我国典型城市早高峰的车型作为实际比例,再进行当量换算后预测油耗与排放。当量折算系数、转换公式以及各车型换算前后的比例见表 11-1、表 11-2。

油耗与排放车辆折算系数　　表 11-1

车　型	轻 型 车	微 型 车	中 型 车	重 型 车
换算系数	1	1	2	3

$$r_i = \frac{C_i \times R_i}{\sum_{i=1}^{55} C_i \times R_i} \tag{11-1}$$

式中:C_i——油耗与排放车辆折算系数;

R_i——实际车型比例;

r_i——当量小汽车车型比例;

i——第 i 个车型。

高峰小时车型比例(以轻型汽油客车为例)　　表 11-2

序号	客/货车	燃油	车型	国标	实际比例	当量小汽车比例
1	客车	汽油	轻型车	国 0	1.106 6%	0.961 1%
2	客车	汽油	轻型车	国Ⅰ	9.107 9%	7.910 4%
3	客车	汽油	轻型车	国Ⅱ	20.599 2%	17.890 8%
4	客车	汽油	轻型车	国Ⅲ	38.134 1%	33.120 2%
5	客车	汽油	轻型车	国Ⅳ	16.258 1%	14.120 5%

路网排放总量的预测:交通需求预测模型 TransCAD 中的路网数据库中包含各路段的长度数据,在得到路段油耗和排放强度数据后,两者相乘便得到各个路段的油耗和排放量,然后累加便可得出路网的排放总量。交通需求预测模型预测得到的只有早高峰车流量,在预测日均油耗与排放量时需要扩样。本研究采用我国典型城市的车流量时变系数进行扩样。时变系数如表 11-3 所示。

车流量时变系数　　表 11-3

流　量	时 变 系 数	流　量	时 变 系 数
24:00 ~ 1:00	0.250 4	12:00 ~ 13:00	0.765 9
1:00 ~ 2:00	0.169 3	13:00 ~ 14:00	0.826 6
2:00 ~ 3:00	0.132 6	14:00 ~ 15:00	0.851 8
3:00 ~ 4:00	0.104 7	15:00 ~ 16:00	0.878 7
4:00 ~ 5:00	0.103 2	16:00 ~ 17:00	0.877 1
5:00 ~ 6:00	0.168 4	17:00 ~ 18:00	0.894 3
6:00 ~ 7:00	0.542 1	18:00 ~ 19:00	0.848 8
7:00 ~ 8:00	1.000 0	19:00 ~ 20:00	0.730 6
8:00 ~ 9:00	0.974 3	20:00 ~ 21:00	0.638 9
9:00 ~ 10:00	0.911 4	21:00 ~ 22:00	0.573 3
10:00 ~ 11:00	0.888 9	22:00 ~ 23:00	0.491 4
11:00 ~ 12:00	0.831 0	23:00 ~ 24:00	0.355 2

11.3 方法应用

东莞市位于我国华南珠三角地区珠江口东岸,处于珠三角两大中心城市广州与深圳之间。2009 年 7 月,经国务院同意,国家发改委批复同意《东莞市城市快速轨道交通建设规划》。按照该规划,东莞市将在 2010 ~2015 年间建设轨道交通 R2 线首期工程(石龙火车站—虎门白沙站),线路全长 37.37km。

2015 年,东莞 R2 线将开通运营,不仅方便了周边城市居民的出行,而且减轻了周边道路的交通压力,改善了道路交通环境。同时,东莞 R2 线沿线地区客运系统优化以及东莞 R2 线枢纽规划研究对东莞综合交通系统的开发有重要意义。为了深入评价东莞 R2 线开通运营后周边道路交通环境的变化,根据 11.2.2 中提出的内容进行如下测算。

11.3.1 东莞区域有无 R2 线的交通排放影响评价

11.3.1.1 无 R2 线的交通排放测算

(1)无 R2 线的油耗与排放强度测算

在测算得到早高峰小时的各路段排放强度后,利用时变系数得到了全路网油耗与排放强度随时间的变化曲线。由折算后的早高峰车型比例、速度修正后的油耗与排放因子、交通预测模型中得到各路段的车流量三者相乘即可得到早高峰各路段双方向的油耗与排放强度,再与时变系数相乘得到各路段日均排放强度,进而得到年均油耗与排放强度。最后对各路段油耗与排放测算结果求和得到全路网的日均、年均油耗与排放强度。图 11-1 展现了全路网年均油耗强度随时间的变化情况。

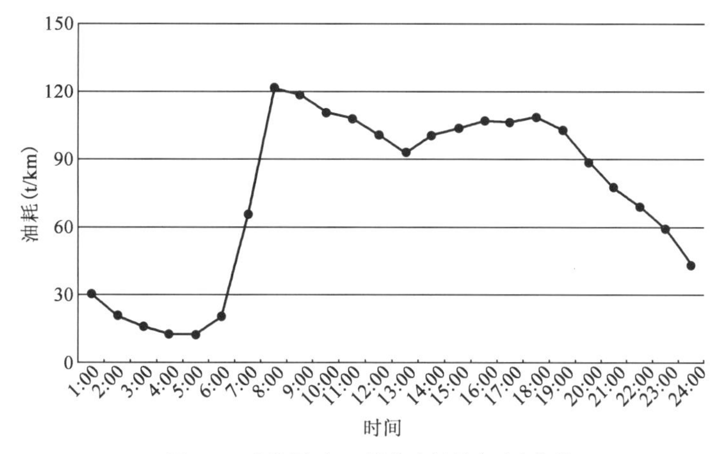

图 11-1 全路网无 R2 线的油耗强度时变曲线

从图 11-1 中可以看出,由于车流量早晚高峰时期较大,其油耗强度也较大,无 R2 线的全路网油耗排放强度呈现双峰,且早高峰时段路网油耗强度最大。早 8 点至晚 20 点的油耗强度均大于 88t/km。

在预测模型的路网中,共有 1 000 多条路段,表 11-4 和表 11-5 中选取预测中的部分路段给出了各排放物和油耗的日均强度和年均强度。

无 R2 线部分路段日均排放强度预测 表 11-4

路段 ID	油耗(g/km)	CO_2(g/km)	CO(g/km)	HC(g/km)	NO_x(g/km)	PM(g/km)
1	1 254 119.7	3 950 477	157 575.85	16 151.76	16 711.62	104.161
2	12 179 836	38 366 483	1 571 649.6	161 096.39	128 286.47	799.589
3	1 282 160	4 038 804	161 103.57	16 513.35	17 084.95	106.488
4	1 628 111.3	5 128 550.7	204 623.05	20 974.16	21 690.98	135.196
5	10 690.73	33 675.81	1 343.03	137.66	142.47	0.888

无 R2 线部分路段年均排放强度预测 表 11-5

路段 ID	油耗(t/km)	CO_2(t/km)	CO(t/km)	HC(t/km)	NO_x(t/km)	PM(t/km)
1	457.75	1 441.92	57.52	5.9	6.1	0.038
2	4 445.64	14 003.77	573.65	58.8	46.82	0.292
3	467.99	1 474.16	58.8	6.03	6.24	0.039
4	4 895.64	15 421.26	633.02	64.89	50.04	0.312
5	3.9	12.29	0.49	0.05	0.05	0

为更形象地展现各路段的油耗与排放情况，本案例中利用 TransCAD 绘制出油耗(图 11-2)与各排放物排放空间分布图，以 CO_2 为例(图 11-3)，图中将排放强度由弱到强分了四个等级，分别用由绿到红不同的颜色表示。即红色表示油耗与排放强度最大，污染最严重的路段，而绿色表示油耗与排放强度最小，污染最轻的路段。图中两条黑色的线路，东西方向的为东莞 R1 线，南北方向的为东莞 R2 线。

图 11-2　全路网无 R2 线年均油耗强度分布图

油耗与各排放物排放强度的分布十分相似，这是由于油耗与排放的测算原理一致，影响因素均包含交通需求预测得到的车流量、车速、已有基本油耗与排放因子、速度修正因子，最终测算结果的强弱分布图相近，但数值存在差异。

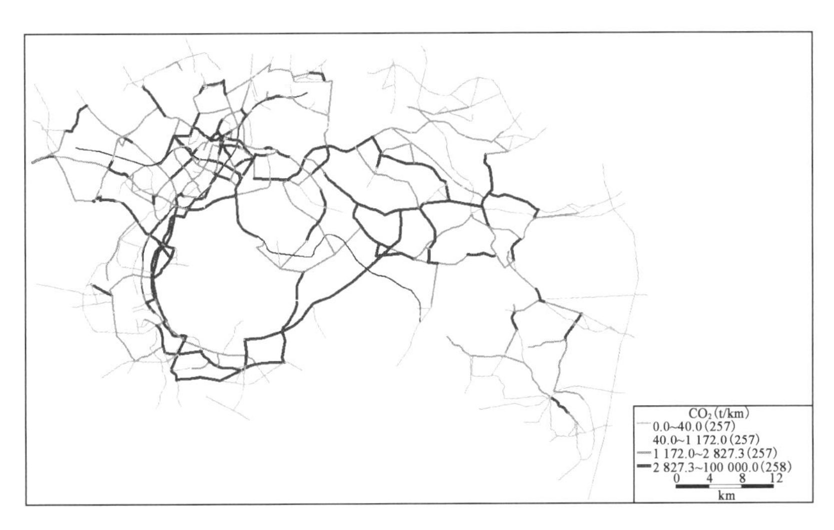

图 11-3　全路网无 R2 线年均 CO_2 排放强度分布图

(2)无 R2 线的油耗与排放量测算

用各路段长度分别与各路段早高峰油耗与排放强度、日均油耗与排放强度、年均油耗与排放强度相乘,可得到路段的油耗与排放量,再对其求和可得到全路网的早高峰、日均和年均油耗与排放量。表 11-6 和表 11-7 中选取预测中的部分路段给出了各排放物和油耗的日均、年均总量。

无 R2 线部分路段日均油耗与排放量预测　　表 11-6

路段 ID	油耗(g/d)	CO_2(g/d)	CO(g/d)	HC(g/d)	NO_x(g/d)	PM(g/d)
1	1 805 932.34	5 688 686.88	226 909.23	23 258.53	24 064.73	149.992
2	4 262 942.58	13 428 269.13	550 077.37	56 383.74	44 900.27	279.856
3	1 115 479.19	3 513 759.44	140 160.11	14 366.62	14 863.91	92.644
4	1 221 083.49	3 846 413.00	153 467.29	15 730.62	16 268.23	101.397
5	11 545.99	36 369.88	1 450.48	148.68	153.87	0.959

无 R2 线部分路段年均油耗与排放量预测　　表 11-7

路段 ID	油耗(t/year)	CO_2(t/year)	CO(t/year)	HC(t/year)	NO_x(t/year)	PM(t/year)
1	659.17	2 076.37	82.82	8.49	8.78	0.055
2	1 555.97	4 901.32	200.78	20.58	16.39	0.102
3	407.15	1 282.52	51.16	5.24	5.43	0.034
4	445.70	1 403.94	56.02	5.74	5.94	0.037
5	4.21	13.28	0.53	0.05	0.06	0

11.3.1.2　有 R2 线的交通排放测算

与无 R2 线分析过程相同,通过绘制油耗与排放的时变强度分布图,可以了解油耗与排放随时间的变化趋势。分析有 R2 线时交通油耗和排放物在全天内的变化情况。也可得到各排放物和油耗的日均强度和年均强度。同样,为更形象地展现各路段油耗与排放情况,利用 TransCAD 绘制出油耗与排放强度的空间分布图。油耗和排放量的测算方法与无 R2 线时相同。

11.3.2 有无 R2 线的油耗与排放影响评价

11.3.2.1 全路网油耗与排放的影响评价

建设 R2 线后油耗与排放强度有轻微的降低，在图中降低的幅度不大，但年均全路网的削减量并不小，油耗、温室气体以及各污染物的削减量见表 11-8。

建设 R2 线后的全路网年均油耗与排放量　　表 11-8

油耗和污染物	油耗	CO_2	CO	HC	NO_x	PM
无 R2 线	945 699.37t/year	2 978 953.00t/year	119 080.10t/year	12 205.88t/year	11 779.43t/year	73.42t/year
有 R2 线	936 066.17t/year	2 948 608.00t/year	117 775.08t/year	12 079.63t/year	11 661.62t/year	72.64t/year
削减量	9 633.20t/year	30 344.58t/year	1 305.02t/year	126.25t/year	117.81t/year	0.78t/year
削减百分比	1.02%	1.02%	1.10%	1.03%	1.00%	1.06%

从削减百分比可以看出，油耗与排放均在 1% 左右；从削减量可以看出，年均油耗、各污染物以及温室气体的变化较为显著。为研究削减强度在空间的分布情况、R2 线对交通环境影响的规律，研究中绘制了年均削减强度的空间分布图。图中削减强度由少到多分为四个等级，依次用绿色、黄色、橙色和红色表示。绿色表示削减强度最小，红色表示削减强度最大，减排效果最明显。削减强度（以油耗为例）的空间分布情况如图 11-4 所示。

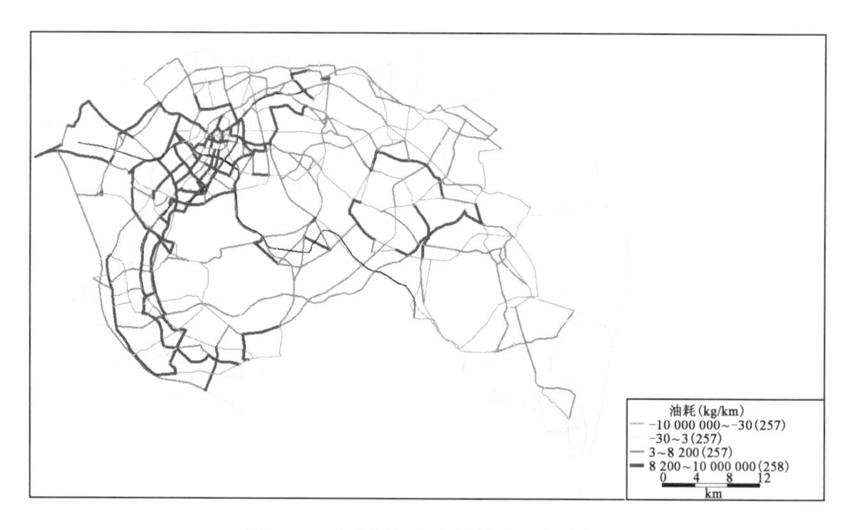

图 11-4　全路网年均油耗削减强度分布图

从削减强度分布图可以看出，红色的路段多分布在 R2 线和 R1 线周围，与 R2 线和 R1 线平行的路段削减强度大，油耗、温室气体以及污染物排放强度都有明显的降低。R2 线的开通将降低周边地区的小汽车出行需求，轨道网与道路网的连通性也会影响其他地区的小汽车出行需求，使得更多人选择公共交通方式出行，优化 R2 线沿线地区客运系统会促进节能减排，创造良好的交通环境。

此外，本案例统计较高等级道路的油耗与年均排放削减量的情况。环莞快速路、莞长快速路以及广深高速公路的减排效果十分显著，具体情况如表 11-9 所示。

建设 R2 线后主要道路油耗与排放的削减情况　　表 11-9

指标	道路名称	油耗	CO_2	CO	HC	NO_x	PM
削减量(t)	环莞快速路	704.9917	2220.724	89.38444	9.16204	9.22106	0.05747
	莞长快速路	194.2545	611.9017	24.44949	2.50611	2.58292	0.0161
	广深高速公路	575.287	1812.154	73.32184	7.5156	7.20621	0.04492
削减百分比(%)	环莞快速路	3.50	3.50	3.64	3.42	3.47	3.67
	莞长快速路	1.25	1.25	1.26	1.18	1.24	1.31
	广深高速公路	1.24	1.24	1.33	1.25	1.18	1.25

11.3.2.2　R2 线沿线区域油耗与排放的影响评价

为具体研究建设 R2 线并优化其沿线客运系统对 R2 线沿线区域的交通油耗与排放的影响，本案例提取 R2 线沿线(R2 两侧各 3km 范围内)路段进行分析。3km 范围内的路段共有 277 条，全长共计 306.75km。建设 R2 线后的沿线 3km 区域内年均油耗与排放情况见表 11-10。R2 线的建设对 R2 沿线道路油耗和各排放均有 2.5% 左右的降低，节能减排效果较为明显。

建设 R2 线后的沿线 3km 区域内年均油耗与排放量　　表 11-10

油耗和污染物	油耗	CO_2	CO	HC	NO_x	PM
无 R2 线	204610.72t/year	644523.76t/year	25835.04t/year	2648.13t/year	2610.41t/year	16.27t/year
有 R2 线	199359.21t/year	627981.51t/year	25123.09t/year	2579.42t/year	2547.38t/year	15.86t/year
削减量	5251.51t/year	16542.25t/year	711.95t/year	68.71t/year	63.03t/year	0.41t/year
削减百分比	2.57%	2.57%	2.76%	2.59%	2.41%	2.55%

为探究建设 R2 线后沿线区域与整个市域范围内油耗、排放的关系，计算 3km 内油耗、排放的削减量与全路网油耗、排放的削减量的百分比。由表 11-11 可以看出，沿线区域内油耗、温室气体以及各排放物的削减量均占全路网削减量的 50% 以上，占比较高，减排量的空间分布较为集中。

建设 R2 线后沿线区域与全路网的油耗与排放削减量　　表 11-11

油耗和排放物	油耗	CO_2	CO	HC	NO_x	PM
R2 沿线削减量	5251.51t/year	16542.25t/year	711.95t/year	68.71t/year	63.03t/year	0.41t/year
全路网削减量	9633.20t/year	30344.58t/year	1305.02t/year	126.25t/year	117.81t/year	0.78t/year
百分比	54.51%	54.51%	54.55%	54.42%	53.50%	53.41%

11.3.3　西平枢纽调整优化的交通排放影响评价

11.3.3.1　西平枢纽原规划的交通排放测算

(1)原规划的油耗与排放强度测算

在利用早高峰车型比例、基本排放因子、车流量以及速度修正因子得到早高峰油耗与排放强度后，可利用时变系数得到各路段日均油耗与排放强度，进而得到年均油耗与排放强度。最后对各路段测算结果求和得到全路网的日均、年均油耗与排放强度，见表 11-12、表 11-13。

在预测模型的路网中，共有400多条路段选取预测中的部分路段给出了油耗和各排放物的日均强度与年均强度。

原规划的西平枢纽日均交通油耗与排放强度　　表11-12

路段ID	油耗(g/km)	CO_2(g/km)	CO(g/km)	HC(g/km)	NO_x(g/km)	PM(g/km)
1	8 204 611.46	25 844 526.1	1 040 180.53	106 620.03	105 017.85	654.559
2	2 552 239.83	8 039 555.45	321 939.84	32 999.31	33 698.58	210.038
4	2 240 023.38	7 056 073.66	283 295.39	29 038.19	29 213.01	182.080
7	326 623.15	1 028 862.92	41 566.73	4 260.65	4 063.89	25.330
9	447 183.53	1 408 628.11	56 489.46	5 790.25	5 868.43	36.577

原规划的西平枢纽年均交通油耗与排放强度　　表11-13

路段ID	油耗(t/km)	CO_2(t/km)	CO(t/km)	HC(t/km)	NO_x(t/km)	PM(t/km)
1	2 994.68	9 433.25	379.67	38.92	38.33	0.239
2	931.57	2 934.44	117.51	12.04	12.30	0.077
4	817.61	2 575.47	103.40	10.60	10.66	0.066
7	119.22	375.53	15.17	1.56	1.48	0.009
9	163.22	514.15	20.62	2.11	2.14	0.013

为更形象地展现各路段的油耗与排放情况，本案例利用TransCAD绘制出油耗(图11-5)与排放强度的空间分布图，图中将排放强度由弱到强分了四个等级，分别用由绿到红不同的颜色表示。即红色表示油耗与排放强度最大，污染最严重的路段，而绿色表示油耗与排放强度最小，污染最轻的路段。

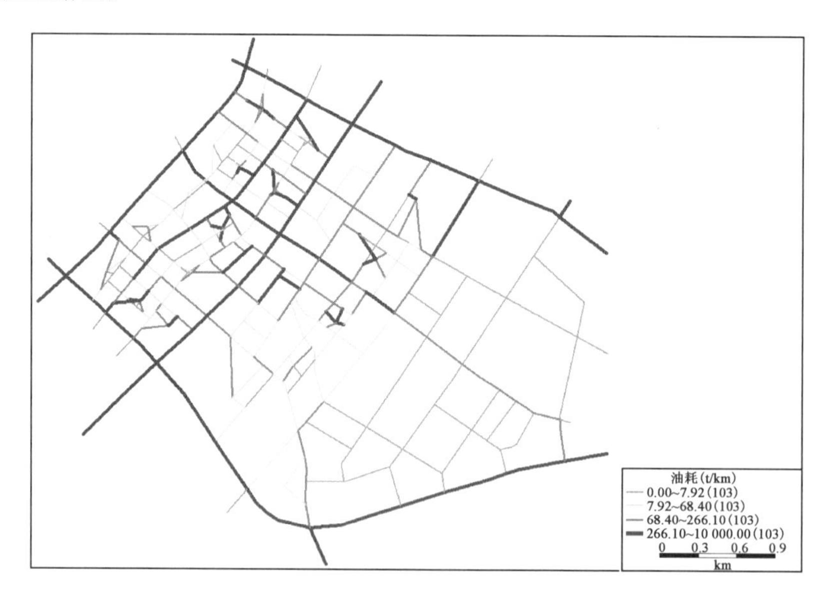

图11-5　原规划的西平枢纽年均油耗强度分布图

(2)原规划的油耗与排放量测算

表11-14和表11-15选取预测中的部分路段给出了各排放物和油耗的日均、年均总量。

原规划的西平枢纽日均油耗与排放量 表 11-14

路段 ID	油耗(g/d)	CO_2(g/d)	CO(g/d)	HC(g/d)	NO_x(g/d)	PM(g/d)
1	3 117 752.36	9 820 919.92	395 268.60	40 515.61	39 906.78	248.731
2	561 492.76	1 768 702.20	70 826.76	7 259.85	7 413.69	46.208
4	336 003.51	1 058 411.05	42 494.31	4 355.73	4 381.95	27.312
7	104 519.41	329 236.14	13 301.35	1 363.41	1 300.44	8.105
9	129 683.22	408 502.15	16 381.94	1 679.17	1 701.85	10.607

原规划的西平枢纽年均油耗与排放量 表 11-15

路段 ID	油耗(t/year)	CO_2(t/year)	CO(t/year)	HC(t/year)	NO_x(t/year)	PM(t/year)
1	1 137.98	3 584.64	144.27	14.79	14.57	0.091
2	204.94	645.58	25.85	2.65	2.71	0.017
4	122.64	386.32	15.51	1.59	1.60	0.010
7	38.15	120.17	4.85	0.50	0.47	0.003
9	47.33	149.10	5.98	0.61	0.62	0.004

11.3.3.2 西平枢纽用地调整后交通排放测算

在用地调整后,交通预测模型中各路段的车流量、车速均发生了变化,需结合车型比例、油耗与排放因子、速度修正因子和道路长度对油耗与排放进行测算。

(1)用地调整的油耗与排放强度测算

同原规划的测算过程相同,表 11-16 和表 11-17 选取预测中的部分路段给出了油耗、各排放物的日均强度与年均强度。

用地调整后西平枢纽日均油耗与排放强度 表 11-16

路段 ID	油耗(g/d)	CO_2(g/d)	CO(g/d)	HC(g/d)	NO_x(g/d)	PM(g/d)
1	6 981 732.89	21 992 458.59	882 682.76	90 476.28	91 169.75	568.246
2	2 334 779.08	7 354 554.10	294 488.48	30 185.50	30 834.48	192.186
4	1 868 986.45	5 887 307.31	236 222.91	24 213.19	24 459.55	152.452
7	151 362.92	476 793.19	19 262.62	1 974.45	1 883.40	11.739
9	463 862.47	1 461 166.77	58 596.65	6 006.24	6 087.18	37.940

用地调整后西平枢纽年均油耗与排放强度 表 11-17

路段 ID	油耗(t/year)	CO_2(t/year)	CO(t/year)	HC(t/year)	NO_x(t/year)	PM(t/year)
1	2 548.33	8 027.25	322.18	33.02	33.28	0.207
2	852.19	2 684.41	107.49	11.02	11.25	0.070
4	682.18	2 148.87	86.22	8.84	8.93	0.056
7	55.25	174.03	7.03	0.72	0.69	0.004
9	169.31	533.33	21.39	2.19	2.22	0.014

同样,为更形象地展现各路段的油耗与排放情况,本案例中利用 TransCAD 绘制出油耗与排放强度的空间分布图。

(2)用地调整后油耗与排放量

表11-18和表11-19选取预测中的部分路段给出了各排放物和油耗的日均、年均总量。

用地调整后西平枢纽日均油耗与排放量　　表11-18

路段ID	油耗(g/d)	CO_2(g/d)	CO(g/d)	HC(g/d)	NO_x(g/d)	PM(g/d)
1	2 653 058.50	8 357 134.27	335 419.45	34 380.99	34 644.50	215.934
2	513 651.40	1 618 001.90	64 787.47	6 640.81	6 783.58	42.281
4	280 347.97	883 096.10	35 433.44	3 631.98	3 668.93	22.868
7	48 436.13	152 573.82	6 164.04	631.82	602.69	3.756
9	134 520.12	423 738.36	16 993.03	1 741.81	1 765.28	11.003

用地调整后西平枢纽年均油耗与排放量　　表11-19

路段ID	油耗(t/year)	CO_2(t/year)	CO(t/year)	HC(t/year)	NO_x(t/year)	PM(t/year)
1	968.37	3 050.35	122.43	12.55	12.65	0.079
2	187.48	590.57	23.65	2.42	2.48	0.015
4	102.33	322.33	12.93	1.33	1.34	0.008
7	17.68	55.69	2.25	0.23	0.22	0.001
9	49.10	154.66	6.20	0.64	0.64	0.004

11.3.3.3　西平枢纽交通油耗与排放影响评价

为研究西平枢纽的交通油耗与排放随时间的变化趋势,绘制出西平枢纽原规划与用地调整的时变曲线来进行评价(图11-6)。以油耗时变曲线为例,其他排放物的变化趋势与油耗类似。

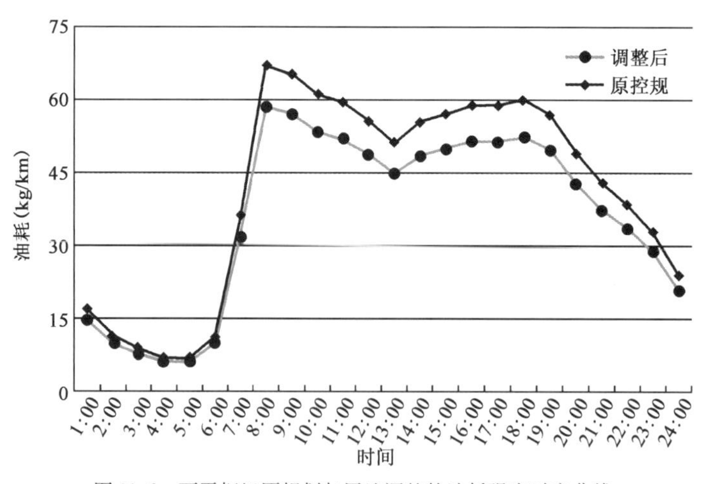

图11-6　西平枢纽原规划与用地调整的油耗强度时变曲线

从油耗时变曲线可以看出,原规划和用地调整后的油耗强度曲线均呈双峰,早高峰大于晚高峰的油耗强度。油耗强度与车流量、车速密切相关,早晚高峰的油耗强度较大主要是由于车流量大,且速度较低。调整后的油耗强度整体低于原规划的油耗强度,在8:00~24:00的削减强度十分明显,用地调整后的节能减排效果较为明显。

为分析各路段的油耗与排放的削减强度，本案例绘制出年均油耗与排放削减强度分布图。图中削减强度由少到多分为四个等级，依次用绿色、黄色、橙色和红色表示。绿色表示削减强度最少，红色表示削减强度最多，减排效果最明显。

油耗削减强度分布见图 11-7，排放物削减强度的空间分布见图 11-8。

图 11-7　西平枢纽年均油耗削减强度分布图

图 11-8　西平枢纽年均 CO_2 削减强度分布图

从油耗与各排放物的削减强度分布图可以看出，油耗与排放的削减强度的空间分布情况十分相似，图中削减强度大的大部分红色路段是主要的客运通道，由于用地调整后主要客运通道的车流量削减量较大，油耗与排放的削减效果明显。

西平枢纽用地调整后年均油耗、温室气体、各污染物的排放情况见表 11-20 和图 11-9。

西平枢纽年均油耗与排放量 表 11-20

污染物	油耗	CO_2	CO	HC	NO_x	PM
原规划	27 900.74t/year	87 887.33t/year	3 533.46t/year	362.18t/year	350.86t/year	2.19t/year
用地调整	24 348.93t/year	76 699.14t/year	3 050.35t/year	315.65t/year	308.86t/year	1.91t/year
削减量	3 551.80t/year	11 188.19t/year	483.11t/year	46.53t/year	42.00t/year	0.28t/year
削减百分比	12.73%	12.73%	13.67%	12.85%	11.97%	12.66%

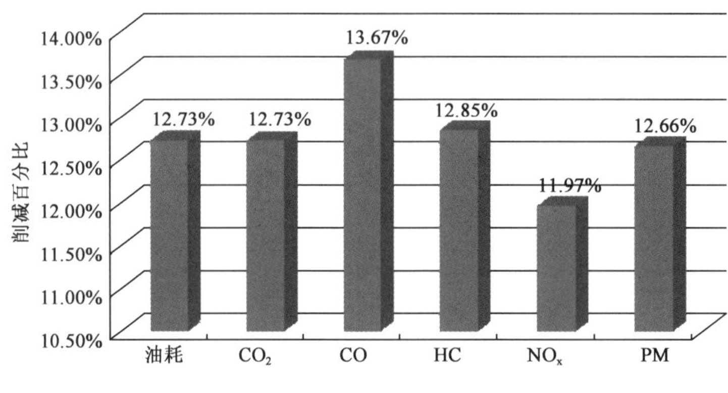

图 11-9 西平枢纽年均油耗与排放的削减百分比

从削减百分比可以看出,油耗与排放均在12%左右,从削减量可以看出,用地调整后西平枢纽年均油耗、温室气体以及各污染物的变化十分显著。

11.3.4 主要结论及节能减排措施建议

经测算与分析,轨道交通 R2 线的建设可以减少东莞市区域的道路交通油耗排放,油耗、CO_2、CO、HC、NO_x、PM 的年均削减量分别达 9 633.20t、30 344.58t、1 305.02t、126.25t、117.81t、0.78t,削减比例分别为 1.02%、1.02%、1.10%、1.03%、1.00%、1.06%。其中,R2 沿线(两侧3km 以内)的削减量分别为 5 251.51t、16 542.25t、711.95t、68.71t、63.03t、0.41t,削减比例分别为 2.57%、2.57%、2.76%、2.76%、2.59%、2.41%、2.55%,R2 沿线节能减排量占全区域的50%以上,节能减排量的空间分布较为集中。

西平枢纽用地调整优化后,枢纽地区的道路交通油耗排放有所降低,油耗、CO_2、CO、HC、NO_x、PM 年均削减量分别达 3 551.80t、11 188.19t、483.11t、46.53t、42.00t、0.28t,削减比例达到 12%左右,减排效果显著。

为进一步促进道路交通节能减排,改善交通环境,提出交通节能减排及污染治理措施建议如下:

11.3.4.1 完善慢行交通系统

慢行交通系统,是指把步行、自行车等慢速出行方式作为城市交通的主体,缓解交通拥堵现状,减少汽车尾气污染,从而营造舒适、安全、便捷、清洁的城市环境。大力发展公共交通,提倡绿色出行,需要完善地铁站点、自行车、步行等出行环境。进一步加强自行车道、步行道建设和环境整治,推广公共自行车服务运营,完善公共自行车设备安装及系统建设。完善步行设施

建设,使得步行、自行车及轨道交通有效结合。

11.3.4.2　加强机动车排放控制

在用车排放控制方面,一是加强检查维护制度,该制度可以促进车主对排放设备的保养和维护,确保排放控制部分的维护质量;二是加速老旧车辆淘汰,低排放标准的老旧车辆油耗率高、污染排放高,老旧车辆的减少将有效控制机动车排放;三是严格对高频使用车的改造,重点放在公共汽车和出租汽车。公共汽车应使用低排放水平的发动机,或者采用清洁燃料;出租汽车可以提高更新速度,或增加对出租汽车的检测频率,加强对排放的监控,及时对排放超标车辆进行维修。

新车排放控制方面,一方面对新车实施更严格的排放标准,比较各阶段排放标准的限值,可以看到无论是轻型车还是重型车,从实行欧 I 排放标准以后,各种常规污染物的排放都有显著降低,新车排放标准越严格,减排效果越好;另一方面是激励购买高排放标准车辆,在市民购买新车时,政府通过补贴排放标准更高的车辆,鼓励他们去选择高排放标准车辆。

11.3.4.3　严格管理车用燃料

机动车环保技术的发展要有高品质的燃油来保证,执行与排放标准相结合的燃油标准,更严格的燃油标准使机动车的污染排放更低。加强汽油、柴油、液化石油气(LPG)以及压缩天然气(CNG)的市场管理和执法力度,防止劣质燃料的流通和使用。制定有效的油气监管政策,强化油气监管力度,削减挥发性有机化合物(VOCs)的排放。

推广清洁燃料,鼓励交通运输企业或市民购买使用清洁燃料的车辆或改装车辆以使清洁燃料作为其动力。经实测,使用清洁燃料的车辆可以减少60%以上的有害物排放。因此,使用清洁燃料也是节能减排的有效措施。

11.3.4.4　综合应用交通节能减排的科技管理手段

运用科技手段节能减排。通过在车辆上安装 GPS 逐秒行驶工况采集设备和车载 CAN 总线油耗采集设备,实现车辆油耗数据的实时采集和传输,进而开展交通节能减排数据监测工作。加强重点行业和用能企业的能耗监测,可以实现交通行业能源消耗统计,提高车辆能耗效率;同样,可以实现出租汽车、郊区客运、旅游客运、省际客运、货运行业能耗数据的实时抽样采集和科学校验,提高数据质量的可信度。分析、测算、评估交通行业的能耗排放,以支持交通行业能耗排放清单编制、目标分解、问题诊断、潜力挖掘及政策效果评价,也为交通行业节能减排策略的制定提供数据支持,全面提升交通行业节能减排统计监测水平。

11.4　案例总结

为达到交通环境评价的目标,本案例利用机动车排放模型 CVEM 可测算得到各车型的基本排放因子,再根据交通需求预测模型中的速度对其进行修正,得到各车型油耗与排放因子,接着将我国典型城市的车型比例按当量小汽车的折算系数换算,得到各车型当量小汽车的比例,最后将交通需求预测模型中的道路长度、车流量数据与当量小汽车的车型比例、油耗与排放因子、车流量时变系数结合,得到各路段以及全路网的排放强度与排放量。

参 考 文 献

[1] 中华人民共和国国家标准. GB 14761.1—1993 轻型汽车排气污染物排放标准[S],1993.

[2] 中华人民共和国国家标准. GWPB1—1999 轻型汽车污染物排放标准[S]. 北京:中国环境保护出版社,2004.

[3] 李铁柱,王炜,李修刚. 城市交通规划中机动车空气污染影响分析技术及其应用[J]. 交通运输系统工程与信息[J]. 2005,5(2):90-96.

案例12:京津冀城市群综合运输规划的节能减排效果评估

12.1 案例目标

在全球变暖、能源紧缺的背景下,在建设生态文明的时代背景下,在新型工业化和城镇化快速推进、城市群崛起并发展成为城镇化新模式的国家发展背景下,建设城市群绿色低碳的综合交通运输体系对城市群的健康和可持续发展至关重要。因此,在城市群综合运输规划的设计中,评估规划的节能减排效果是重要环节。本案例基于京津冀城市群综合运输一体化规划,设计能耗、二氧化碳排放和污染物排放的测算方法,并评估规划的节能减排效果,为决策者提供科学依据。

12.2 方法设计

12.2.1 评估内容

根据城市群交通运输规划期限,以时间来划分评估阶段。测算包括铁路内燃机车与电力机车的能耗、二氧化碳排放,公路不同车型的能耗、二氧化碳排放和污染物排放,其中污染物包含机动车尾气排放物 CO、HC、NO_x、PM10、PM2.5。测算空间范围,铁路对城市群全区域进行了客货运输的能耗与排放测算,公路分省市和全区域分别进行了测算。测算假设,公路不同车型的行驶里程比例不变。此外,针对不同的城市群,需结合规划时间对机动车排放标准比例进行假设。根据公安部发布的机动车类型术语和定义标准,对车型整理分类(表12-1)。

车 型 分 类 表　　表12-1

车　型	说　明
中小客车	车长 <6m 且座数≤20 座的客车
大客车	车长≥6m 或座数 >20 座的客车
小型货车	车长 <6m 且 1.8t < 总质量 <4.5t 的货车
中型货车	车长≥6m 或 4.5t≤总质量≤12t 的货车
重型货车	总质量 >12t 的货车

评价的重要指标如下：

(1)现状年的能耗总量、CO_2 排放总量、污染物排放总量。

(2)规划年的能耗总量、CO_2 排放总量、污染物排放总量。

(3)规划年在有规划情况下的能耗、CO_2 排放总量比无规划情况下的能耗、CO_2 排放总量的下降比例。

(4)现状年和规划年的单位客运周转量和单位货运周转量的能耗、CO_2 排放，及其规划年比现状年的下降比例。

(5)规划年的污染物排放总量、单位周转量的污染物排放量比现状年的污染物排放总量、单位周转量的污染物排放量的下降比例。

12.2.2　评估方法

12.2.2.1　能耗与二氧化碳排放的测算方法

测算城市群综合交通一体化规划的能源消耗和二氧化碳排放思路是：先将各交通方式的客货运周转量利用工作量占比划分至公路和铁路的不同车型；再利用不同车型的能耗与二氧化碳排放因子，计算该车型的能源消耗量与二氧化碳排放量；最后，统计公路和铁路中不同车型的能耗与排放量，并计算各交通方式下客货运的能耗与排放总和。

以铁路货运能耗与碳排放为例：利用铁路机车的内燃机与电力的工作量比例分别划分铁路客货运周转量，获得内燃和电力机车分别承担的铁路客货运周转量。再根据内燃和电力机车各自的能耗因子计算其能耗。利用能耗总量与相应燃料的二氧化碳排放因子计算其对应的碳排放值。最后根据我国综合能耗计算通则规定的能源折算系数将能耗值换算成统一标准煤单位(表 12-2)。

能源折算系数表　　　　表 12-2

能源名称	折标准煤系数	能源名称	折标准煤系数
原煤	0.714 3kgce/kg	汽油	1.471 4kgce/kg
洗精煤	0.900 0kgce/kg	煤油	1.471 4kgce/kg
焦炭	0.971 4kgce/kg	柴油	1.457 1kgce/kg
原油	1.428 6kgce/kg	液化石油气	1.714 3kgce/kg
燃料油	1.428 6kgce/kg	电力(当量)	0.122 9kgce/(kW·h)

12.2.2.2　污染物排放的测算方法

污染物的排放测算原理与能耗和碳排放计算方法类似，区别在于污染物的排放与车辆的排放标准有关。其计算模型与能耗模型相似，不同之处有两个方面，一是对铁路污染物排放不做测算；二是不同车型的工作量比例，由于道路上的客货车排放因子受排放标准的影响大，不同排放标准下的排放因子差异很大，因此，计算污染物排放时需要在工作量比例处细分不同排放标准车辆的工作量比例，该比例按阶段假设，在测算不同阶段时不相同。

上述自下而上的测算方法，如图 12-1 所示。

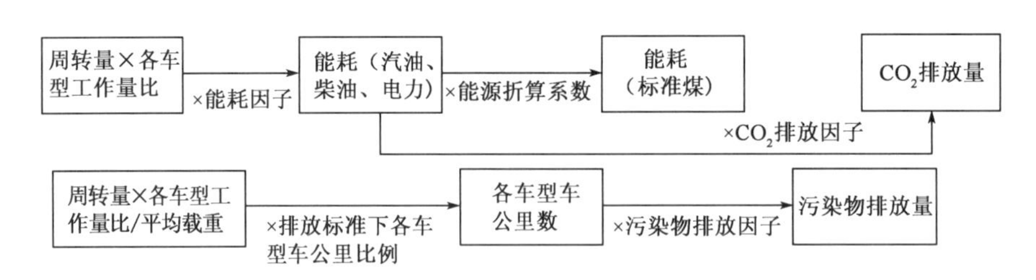

图 12-1　能耗与排放测算方法

12.3　方法应用

京津冀城市群涵盖北京、天津 2 个直辖市以及河北省的石家庄、承德、张家口、秦皇岛、唐山、廊坊、保定、沧州、衡水、邢台、邯郸 11 个地级市，地域面积 21.6 万 km^2，2014 年总人口 1.1 亿人。本案例基于的京津冀综合运输一体化规划是在《京津冀协同发展规划纲要》以及《京津冀协同发展交通一体化规划》的战略框架指导下，针对区域综合运输的重点问题开展的一体化规划研究，目标是全面提升客货运输组织效率，优化区域客货运输结构，并引导交通向更加绿色的方向发展。因此，节能减排效果评估是该规划的重要组成部分。

该规划期限分为三个阶段，分别是 2013 年现状年、2020 年和 2030 年规划年，客货运输一体化规划预测得到的公路周转量和铁路周转量作为能耗与排放测算的重要基础数据，下面结合评估方法对规划的节能减排效果进行测算。

12.3.1　京津冀城市群基础数据

根据能耗与排放测算的方法，整理所需数据：

(1)京津冀公路、铁路客货周转量(表 12-3)。

京津冀城市群客货运输周转量　　表 12-3

客运周转量(亿人・km)	铁路	公路
2013 年	1 277	2 056
2020 年	2 370	3 483
2030 年	4 605	4 394
货运周转量(亿 t・km)	铁路	公路
2013 年	5 644	7 048
2020 年	11 368	7 979
2030 年	28 409	9 730

(2)测算公路机动车污染物排放时所需各车型的排放标准比例(图 12-2)，并根据天津和河北的发展情况选择恰当比例。

(3)公路各车型的工作量比例来源于国家干线公路网的调查数据(图 12-3)。

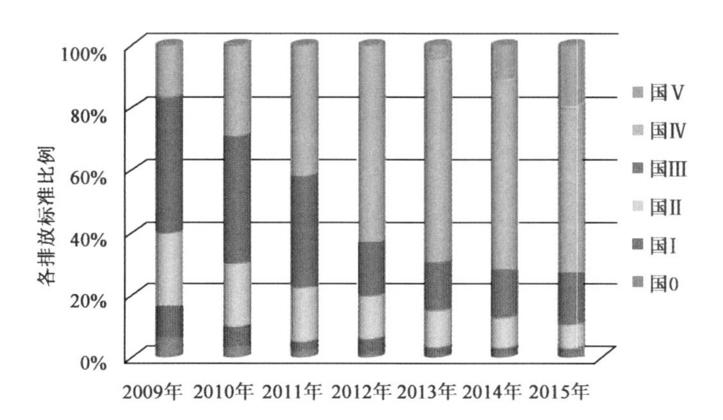

图 12-2　北京市交通流各排放标准比例(2009～2015 年)

线路纟	线路起讫点	省份	观测点	代表计	技术	路面宽	面层类	路基	小型货车	中型货车	大型货车	特大货车	拖挂汽车	集装箱车	小型客车	大型客车	自然合计
G1	北京-哈尔滨	北京	通州区白鹿站	41.10	8.00	30.00	11.00	35.00	1495.00	1084.00	561.00	250.00	182.00	93.00	21033.00	1779.00	26477
G1	北京-哈尔滨	河北	香河县主线站	21.30	8.00	30.00	11.00	34.50	2247.00	1614.00	1728.00	521.00	4435.00	143.00	18703.00	1184.00	30575
G1	北京-哈尔滨	天津	宝坻区津蓟立交	37.18	8.00	28.00	11.00	30.00	1931.00	4601.00	779.00	0.00	3326.00	0.00	7509.00	858.00	19004
G1	北京-哈尔滨	河北	山海关区山海关	18.01	8.00	29.00	11.00	33.50	1450.00	1521.00	2091.00	380.00	7824.00	344.00	6069.00	479.00	20158
G2	北京-上海	北京	大兴区大羊坊	32.60	8.00	21.50	11.00	26.00	8834.00	1918.00	1903.00	0.00	1741.00	0.00	6038.00	2993.00	23427
G2	北京-上海	河北	青县主线站	14.50	8.00	23.50	11.00	28.00	1576.00	900.00	1603.00	1723.00	1516.00	874.00	10013.00	907.00	19112
G3	北京-台北	河北	青县主线站	14.49	8.00	23.50	11.00	28.00	1576.00	900.00	1603.00	1723.00	1516.00	874.00	10013.00	907.00	19112
G3	北京-台北	河北	吴桥县主线站	14.05	8.00	23.50	11.00	28.00	891.00	567.00	1046.00	1728.00	1532.00	985.00	5789.00	573.00	13111
G4	北京-港澳	北京	房山区小井	1.40	8.00	24.00	11.00	26.00	797.00	670.00	774.00	190.00	178.00	187.00	86906.00	4406.00	94108
G4	北京-港澳	北京	杜家坎	15.50	8.00	24.00	11.00	26.00	2725.00	2856.00	6830.00	440.00	463.00	408.00	92343.00	4599.00	110664
G4	北京-港澳	北京	阎村	23.10	8.00	24.00	11.00	26.00	2082.00	1419.00	4170.00	565.00	358.00	280.00	25692.00	1806.00	36372
G4	北京-港澳	河北	涿州市涿州北	2.66	8.00	24.00	11.00	27.00	2642.00	2817.00	1201.00	2013.00	2103.00	38.00	22323.00	1429.00	34566
G4	北京-港澳	河北	临漳县临漳站	16.30	8.00	24.00	11.00	26.00	2161.00	3008.00	2906.00	979.00	817.00	1433.00	4002.00	636.00	15942
G5	北京-昆明	河北	井陉矿区井陉西	17.75	8.00	19.50	11.00	21.50	124.00	1101.00	1989.00	3202.00	5521.00	86.00	6362.00	374.00	18759
G6	北京-拉萨	北京	昌平区西三旗	10.00	8.00	30.00	11.00	35.00	3424.00	2177.00	1616.00	321.00	1125.00	467.00	96856.00	10872.00	116858
G6	北京-拉萨	北京	沙河桥	9.50	8.00	30.00	11.00	35.00	2018.00	951.00	843.00	327.00	87.00	49.00	53490.00	6012.00	63777
G6	北京-拉萨	北京	居庸关	25.00	8.00	22.00	11.00	24.50	4802.00	4002.00	4155.00	1808.00	1795.00	392.00	16563.00	4560.00	38077
G6	北京-拉萨	北京	市界	23.00	8.00	22.00	11.00	24.50	2007.00	2114.00	2518.00	313.00	3608.00	536.00	7855.00	1261.00	20212
G6	北京-拉萨	河北	怀来县东花园	7.08	8.00	24.00	11.00	27.00	1537.00	177.00	244.00	1625.00	2462.00	67.00	11086.00	998.00	18196
G6	北京-拉萨	河北	东洋河	30.08	8.00	23.00	11.00	26.00	1507.00	277.00	1456.00	361.00	428.00	86.00	4789.00	1200.00	10104
G7	北京-乌鲁木齐	河北	怀来县京冀界	21.65	8.00	26.50	11.00	28.50	130.00	3.00	1285.00	2134.00	2536.00	368.00	0.00	0.00	6456
G18	荣成-乌海	河北	海兴县海兴	12.35	8.00	23.00	11.00	28.00	537.00	993.00	1949.00	5070.00	804.00	152.00	3696.00	282.00	13483
G18	荣成-乌海	河北	黄骅市黄骅北	8.16	8.00	23.00	11.00	28.00	567.00	1048.00	1039.00	5731.00	1134.00	286.00	3634.00	304.00	13743
G18	荣成-乌海	河北	霸州市冀津	1.86	8.00	23.00	11.00	27.00	2261.00	2243.00	3235.00	820.00	464.00	222.00	6011.00	342.00	15598
G18	荣成-乌海	天津	武清区王庆坨	23.94	8.00	18.00	11.00	20.00	794.00	1513.00	895.00	0.00	2679.00	0.00	3464.00	1182.00	10527
G20	青岛-银川	河北	井陉矿区井陉西	17.75	8.00	19.50	11.00	21.50	124.00	1101.00	1989.00	3202.00	5521.00	86.00	6362.00	374.00	18759
G20	青岛-银川	河北	清河县主线站	16.94	8.00	25.00	11.00	28.00	1018.00	979.00	1302.00	1622.00	1242.00	896.00	1569.00	256.00	8884
G22	青岛-兰州	河北	馆陶县鲁冀界	5.55	8.00	25.00	11.00	28.00	517.00	591.00	443.00	1845.00	1772.00	6.00	1445.00	262.00	6881
G25	长春-深圳	河北	海兴县海兴主线站	12.35	8.00	23.00	11.00	28.00	537.00	993.00	1949.00	5070.00	804.00	152.00	3696.00	282.00	13483
G25	长春-深圳	河北	黄骅市黄骅北主线站	8.16	8.00	23.00	11.00	28.00	567.00	1048.00	1039.00	5731.00	1134.00	286.00	3634.00	304.00	13743
G25	长春-深圳	河北	遵化市南小营收费站	8.98	8.00	22.50	11.00	26.00	439.00	59.00	36.00	576.00	147.00	4.00	2493.00	9.00	3763
G25	长春-深圳	河北	丰南区丰南西	2.23	8.00	29.50	11.00	34.50	1371.00	2018.00	4938.00	2278.00	1524.00	1052.00	3648.00	415.00	17244
G45	大庆-广州	河北	双桥区承德收费站	17.33	8.00	24.50	11.00	26.00	413.00	492.00	157.00	442.00	462.00	14.00	3425.00	168.00	5573
G45	大庆-广州	北京	怀柔区密云站	23.93	8.00	35.00	11.00	36.00	253.00	19.00	17.00	112.00	0.00	0.00	2501.00	104.00	3006
G45	大庆-广州	北京	杨宋站	2.92	8.00	35.00	11.00	36.00	168.00	28.00	20.00	37.00	0.00	0.00	976.00	17.00	1246
G45	大庆-广州	北京	怀柔站	5.38	8.00	35.00	11.00	36.00	224.00	16.00	18.00	142.00	0.00	0.00	3291.00	158.00	3849
G45	大庆-广州	北京	宽沟站	4.82	8.00	35.00	11.00	36.00	45.00	12.00	3.00	5.00	0.00	0.00	1617.00	31.00	1713
G45	大庆-广州	北京	北石槽站	4.10	8.00	35.00	11.00	36.00	37.00	4.00	23.00	77.00	0.00	0.00	324.00	0.00	465
G45	大庆-广州	北京	赵全营站	3.70	8.00	35.00	11.00	36.00	101.00	12.00	37.00	84.00	0.00	0.00	528.00	0.00	762
G45	大庆-广州	北京	高丽营站	1.85	8.00	35.00	11.00	36.00	180.00	7.00	14.00	55.00	0.00	0.00	1355.00	0.00	1611
G45	大庆-广州	北京	大兴区榆垡	26.00	8.00	24.00	11.00	26.00	1881.00	1466.00	571.00	199.00	250.00	136.00	4211.00	675.00	9389
G1811	黄骅-石家庄	河北	黄骅市黄骅港	30.06	8.00	24.50	11.00	27.50	94.00	32.00	47.00	64.00	47.00	4.00	1242.00	17.00	1547
G1811	黄骅-石家庄	河北	藁城市东站	28.84	8.00	23.00	11.00	33.50	610.00	204.00	144.00	311.00	133.00	99.00	5923.00	96.00	7520

图 12-3　国家干线公路交通流部分汇总数据

12.3.2　京津冀城市群综合运输规划节能减排效果评估

许多学者对绿色交通的发展进行了不同方面的研究。从不同交通方式的能耗研究看,2007 年若以铁路单位换算周转量能耗水平为 1,那么水运能耗水平为 1.7、公路为 14.1、航空为 104.4,铁路是最为节能的交通方式。2007 年在铁路与公路客货交通能耗因子的对比中,公路客运单位周转量能耗是铁路客运单位周转量能耗的 2.9 倍,而公路货运单位周转量能耗是铁路货运单位周转量能耗的 17.1 倍,也就是说,铁路货运替代公路货运节约的能耗大于铁路客运替代公路客运节约的能耗。对比城市不同交通方式的能耗,自行车单位人公里能耗水平为 1,则地铁和市郊铁路均为 5、常规公交为 11、摩托车和小汽车分别是 23 和 44。

从交通方式来看,绿色交通体系包括步行交通、自行车交通、常规公共交通和轨道交通。

从交通工具上看，绿色交通工具包括各种低污染车辆，如双能源汽车、天然气汽车、电动汽车、氢气动力车、太阳能汽车等。绿色交通还包括各种电气化交通工具，如无轨电车、有轨电车、轻轨、地铁等。

12.3.2.1 客货运输一体化规划的定性评估

（1）一体化客运体系

规划中建设轨道上的京津冀，重点建设都市圈层的市郊铁路网，建设城市群层的城际铁路网，京津冀城市群构建以“四纵、四横、一环”为主骨架的3 796km的城际铁路，将大大提高城际铁路出行分担率，并且规划中分析了利用既有铁路富余能力开行城际列车的方案，有利于资源的整合节约，降低了建设产生的能耗与排放。

规划中侧重轨道“四网融合”，有利于提高轨道交通的服务水平，进而提高公共交通的竞争力。此外，机场一体化发展，整合机场资源，有利于提高资源利用效率，改善机场与公共交通的衔接。联程联运、公交一卡通等一体化客运措施，将提高京津冀城市群的公共交通服务水平、改善客运出行结构，从而大大降低能耗和排放量。

（2）一体化货运系统

规划中建立以天津为中心的京津冀城市群货运网络及枢纽体系，统一规划区域间枢纽及通道网络，建立网格状综合通道，建立首都过境分流通道，建设环渤海综合通道，环渤海铁路；京津冀城市群港口协同发展，设计推进京津冀城市群多式联运发展、鼓励开展甩挂运输的京津冀城市群货运一体化规划，将提高货物运输的效率，提高铁路运输的比例，促进绿色低碳运输发展。规划中提出的货物物流信息共享的一体化研究，建立统一开放的市场环境，以及政府如何引导“互联网＋货运”健康发展的一系列对策，有助于多式联运的发展、资源整合、信息共享，进而提高运输效率，促进货运的节能减排。

12.3.2.2 客货运输一体化规划的定量评估

（1）能耗测算结果

铁路和公路的客货运能耗总量不断增长（图12-4和图12-5），且铁路运输能耗远小于公路运输能耗，在货运方面尤其明显。

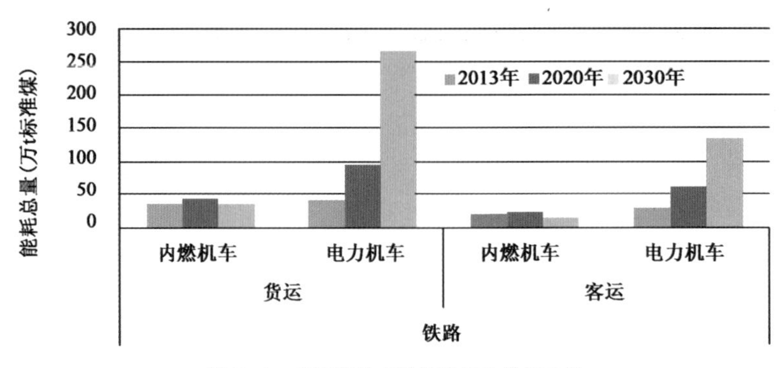

图12-4 京津冀城市群铁路能耗总量对比

能耗总量的增长是由于客货周转量的不断增长，但从单位周转量的能耗角度看（图12-6），客货单位周转量的能耗量均不断降低，2020年客运、货运单位周转量的能耗分别比2013年降低4%和25%；2030年客运、货运单位周转量的能耗分别比2013年降低16%和52%。表

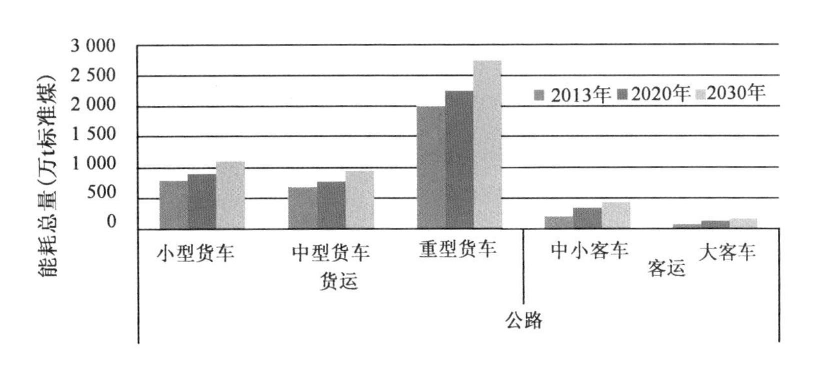

图 12-5　京津冀城市群能耗总量对比

明客货一体化规划具有节能效果，在货运上的节能效果更显著，说明货运上用铁路替代公路的节能作用大于客运铁路对公路的替代作用，这与国内学者的研究结论也相符。

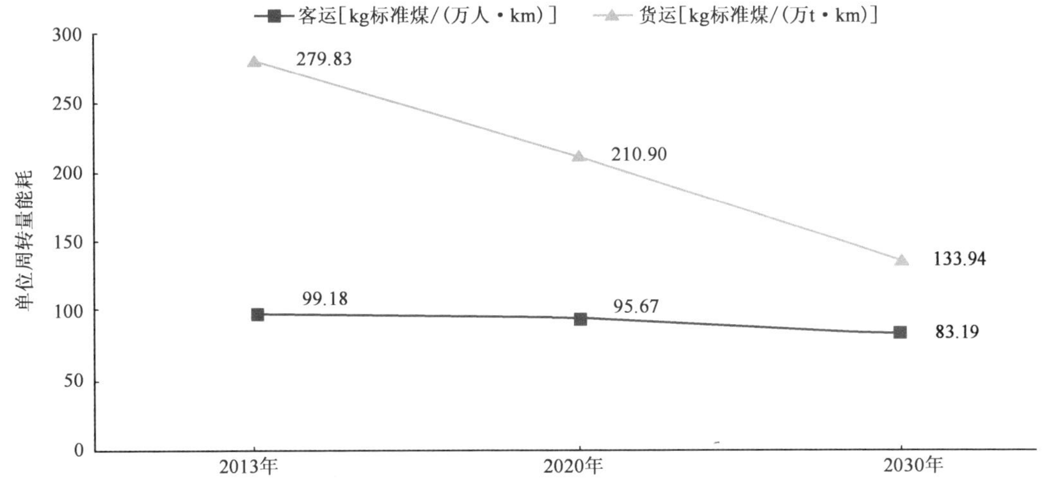

图 12-6　单位周转量的能耗变化趋势

采用自下而上的测算方法，可以具体评估各类交通结构调整的节能减排效果，如根据测算，2030 年单位客运周转量能耗量降低的 16% 中，有 13% 是铁路占比提升的作用，3% 是铁路电力机车占比增大的作用。而 2030 年单位货运周转量能耗量降低的 52% 中，有 51% 是铁路占比提升的作用，1% 是铁路电力机车占比增大的作用。表明现阶段优化公路、铁路交通结构比提升铁路电力机车比例的节能效果更显著。

对比有无一体化规划的能耗测算结果(图 12-7)实施一体化规划使能耗在 2020 年和 2030 年得到大幅下降，2020 年有规划比无规划的能耗总量下降 35%，2030 年下降 58%，其中，2020 年客运下降 16%，货运下降 37%，2030 年客运下降 27%，货运下降 60%。表明客货一体化规划的节能效果显著，货运能耗下降幅度更大。

(2) 二氧化碳排放测算结果

二氧化碳排放与能耗关系密切。货运的二氧化碳排放总量不断增长(图 12-8)。根据测算，2013 年、2020 年和 2030 年二氧化碳排放总量分别为 8 623 万 t、10 605.1 万 t、14 315.7 万 t。从二氧化碳排放分布图看(图 12-9 ~ 图 12-11)，铁路运输二氧化碳排放远小于公路运输的二氧化碳排放量，但规划后铁路占比不断提升。

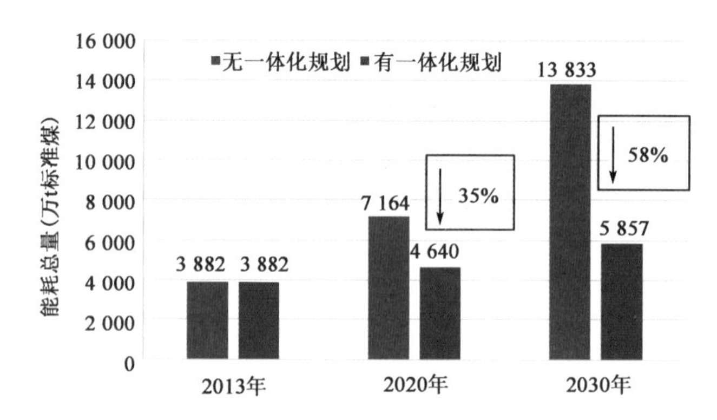

图 12-7　有无一体化规划的京津冀能耗总量对比

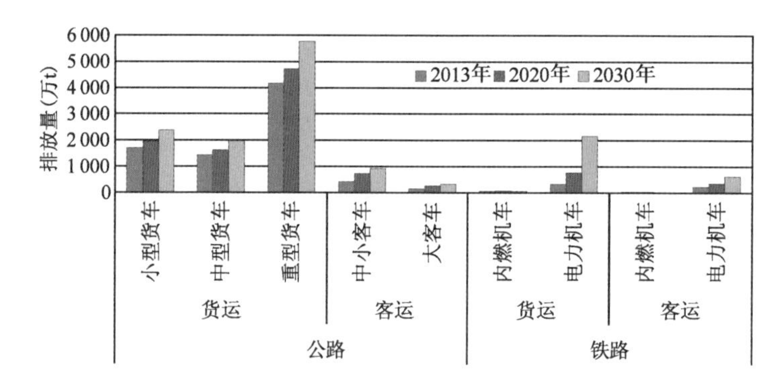

图 12-8　京津冀城市群二氧化碳排放总量对比

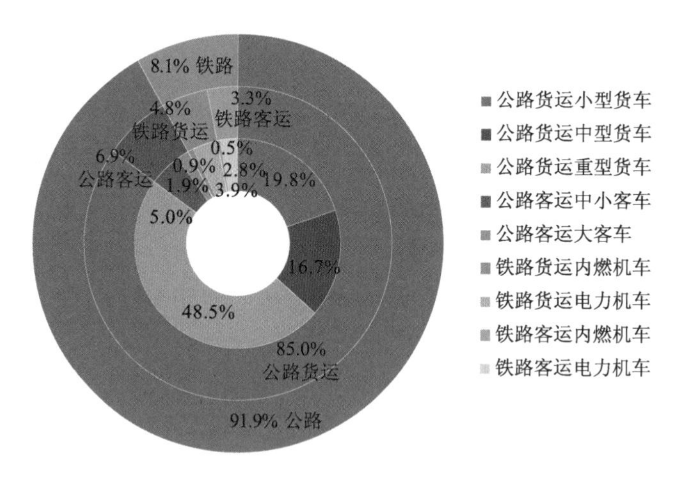

图 12-9　2013 年京津冀铁路、公路碳排放分布

从单位周转量的二氧化碳排放量看（图 12-12），客货单位周转量的二氧化碳排放量不断降低，2020 年客运、货运单位周转量的二氧化碳排放分别比 2013 年降低 8%、22%；2030 年客运、货运单位周转量的二氧化碳排放分别比 2013 年降低 19% 和 47%。表明客货一体化规划有减排效果，货运减排幅度更大。

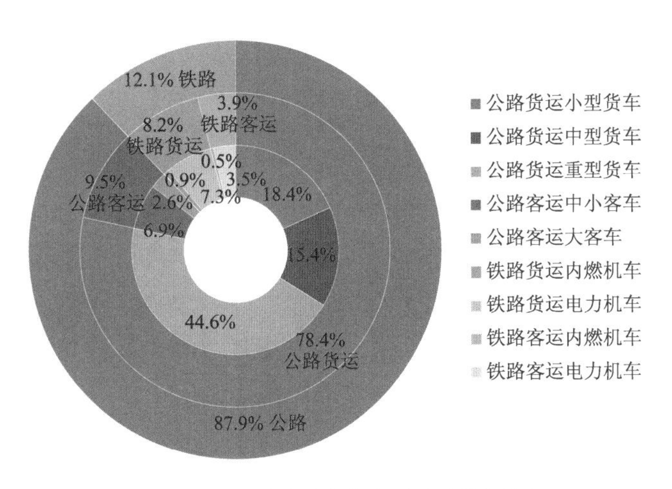

图 12-10　2020 年京津冀铁路、公路碳排放分布

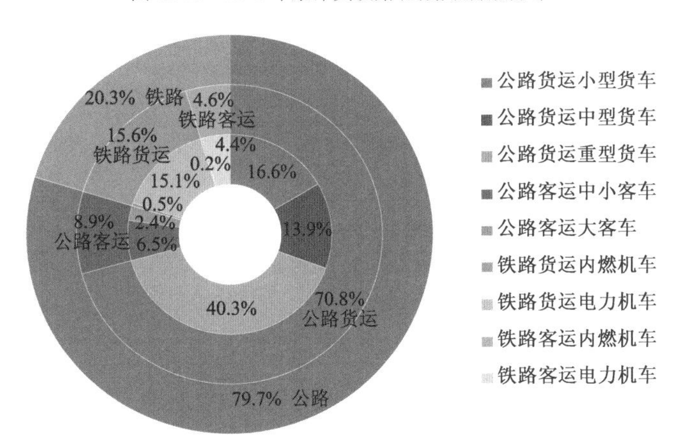

图 12-11　2030 年京津冀铁路、公路碳排放分布

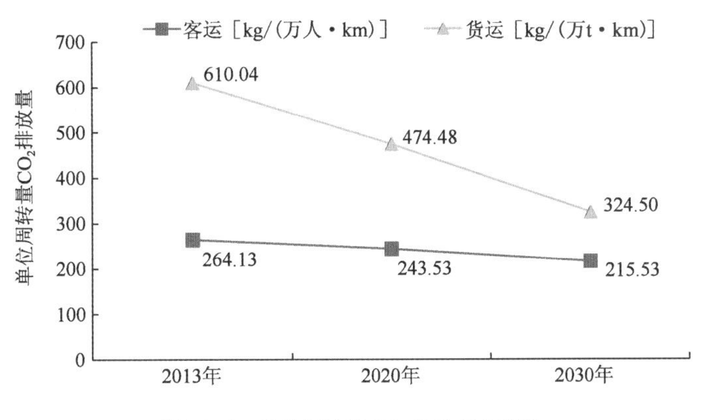

图 12-12　单位周转量 CO_2 排放变化趋势

对比有无一体化规划的二氧化碳排放测算结果，如图 12-13 所示，实施一体化规划使排放得到大幅下降，二氧化碳排放总量 2020 年有规划比无规划下降 33%，2030 年下降 53%，其中 2020 年客运、货运分别下降 20%、35%，2030 年客运、货运分别下降 29%、56%。表明客货一

体化规划的降低碳排放的效果显著。

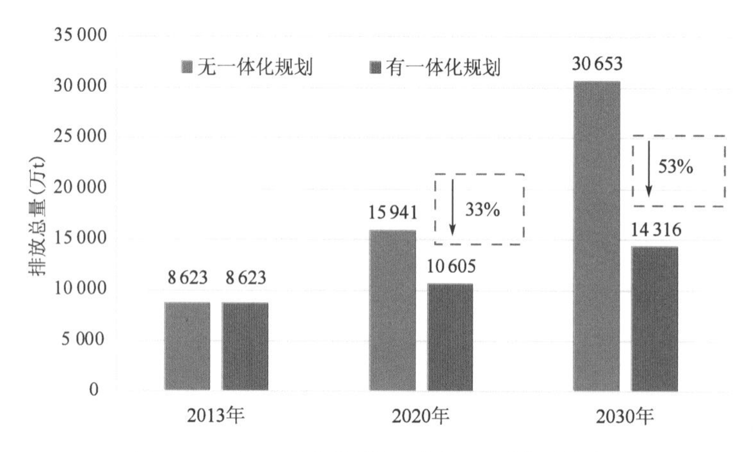

图 12-13　有无一体化规划的京津冀 CO_2 排放总量对比

(3)污染物排放测算结果

京津冀各种污染物排放总量均随公路客货周转量的增长而呈下降趋势，各污染物 2020 年下降 13% ~56%，2030 年下降 18% ~88%，其中 NO_x 下降比例最低，PM2.5 和 PM10 下降比例最高，表 12-4 和图 12-14 分别为污染物排放总量及其变化比例。

京津冀城市群公路污染物排放总量　　表 12-4

年份	排放量(万 t)				
	CO	HC	NO_x	PM2.5	PM10
2013 年	70.93	9.05	59.80	2.84	3.14
2020 年	42.45	3.96	52.11	1.53	1.69
2030 年	33.01	2.18	49.05	0.35	0.39

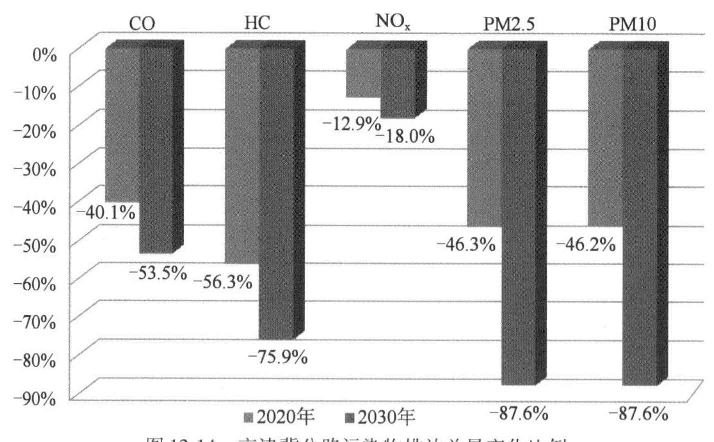

图 12-14　京津冀公路污染物排放总量变化比例

在客货周转量不断增多的同时，各污染物排放总量不断降低，因此，单位周转量的污染物排放量比总量的下降幅度更大，表 12-5 为三个阶段公路客运、货运的单位周转量的污染物排放量，图 12-15 为 2020 年和 2030 年单位客货周转量的污染物排放量比 2013 年的变化情况。

由图可见，单位货运周转量的污染物排放下降比例远大于单位客运周转量的污染物排放下降比例。表明客货一体化规划的污染物减排效果显著。

京津冀城市群公路单位客、货运周转量的污染物排放量　　表12-5

污染物	单位客运周转量排放量[g/(人·km)]			单位货运周转量排放量[g/(t·km)]		
	2013年	2020年	2030年	2013年	2020年	2030年
CO	0.314	0.162	0.065	0.915	0.461	0.310
HC	0.032	0.015	0.006	0.119	0.043	0.020
NO_x	0.144	0.128	0.104	0.807	0.597	0.457
PM2.5	0.007	0.004	0.002	0.038	0.017	0.003
PM10	0.008	0.005	0.002	0.042	0.019	0.003

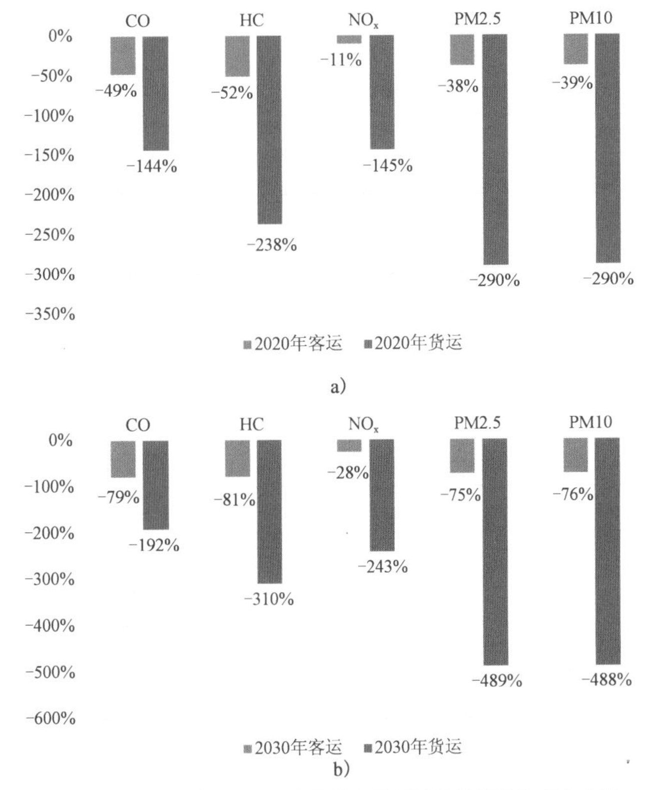

图12-15　2020年和2030年单位客货周转量的污染物变化比例

需要指出的是，因节能减排的效果与规划的执行情况密切相关，针对客货运一体化规划测算得到的上述节能减排结果是最理想的状态，而根据测算分析，规划得到的客货运输结构是影响能耗排放的重要因素，建议规划执行时对此加强保障措施。

12.4　案例总结

本案例针对城市群客货运输规划，设计了自下而上的能耗排放测算方法，确定了评价指标，并将评估方法应用于京津冀城市群客货综合运输一体化规划的节能减排效果评估中。测算方法是根据规划预测的铁路、公路客货周转量,结合交通调查数据中不同车型的工作量比例(包含不同车型和不同排放标准的车辆行驶里程比例)、不同交通方式和不同车型的能耗排放因子以及能源折算系数等得到能耗排放总量、单位客货运周转量的能耗排放量等,进而对规划的节能减排效果进行科学的评估,并根据测算结果对规划提出建议。京津冀的案例表明,交通结构的调整对节能减排起到关键作用,货运的结构调整十分重要。

参考文献

[1] 北京交通大学中国综合交通研究中心. 不同交通方式能耗与排放因子及其研究[R]. 北京:北京交通大学,2009:94-99.

[2] 程斌. 轨道交通与城市交通的可持续发展[J]. 中国铁道科学,2001,22(1):108-112.

第五章　管理控制类评估案例

为缓解交通拥堵和提高交通效率,越来越多先进交通管理与控制手段应用于现有的道路交通网络和系统。本章面向不同的交通管理与控制策略,定量评价不同的管理控制策略对交通尾气排放的影响。内容包括对不同交叉口信号控制策略、公交专用道设置等的排放评估案例。

案例13:面向交通管理策略评估的移动源温室气体排放评估

13.1　案例目标

交通管理策略能够有效地减少不同类型车辆的排放。然而,由于实测数据的限制和现有温室气体排放模型的局限性,以及缺乏与交通管理相关的温室气体减排的综合方法论分析,一直都没有一套系统的方法用于研究交通管理策略对车辆排放的影响。基于此,本案例旨在建立一套可量化实际路网中车辆碳排放测算方法,并提供对交通管理策略减排效果进行量化的评估方法。

13.2　方法设计

在本案例中,通过利用 PEMS 设备收集实际数据和基于 VSP 的建模方法对交通管理策略进行评价,并研究其移动源温室气体排放的影响。因此,方法包括综合数据收集、先进的汽车排放建模方法应用、交通策略评价。

13.2.1　数据收集

实测数据分为两部分:一部分数据用于建模,使模型可以满足特定需要的排放计算;另一部分数据用于具体方案的交通管理评价。通过装有 PEMS 设备的轻型汽油车获取用于建模的数据。在一天中的不同时间段和不同道路类型上进行数据测试,目的是使测试车辆的行驶情况尽量与休斯敦交通网的典型驾驶状态一致。用于具体方案的交通管理评价数据的收集工作更为复杂。它涉及测试方案、车辆、设备、路线和时间地点的设计。其基本思想是创建一个数据采集方案,该方案能够在反映真实世界交通条件下对能或不能执行特定交通管理策略进行比较,然后使用实测汽车运行和排放数据执行评价研究。

13.2.1.1　数据收集仪器

OEM-2100AX Axion Unit:OEM 2100AX Axion 作为主数据采集设备。此设备使用美国

环保局验证的温室气体监测技术以及 EPA 验证 PEMS 单元。图 13-1 为利用 Axion 进行排放测试。

a)安装在车内的Axion

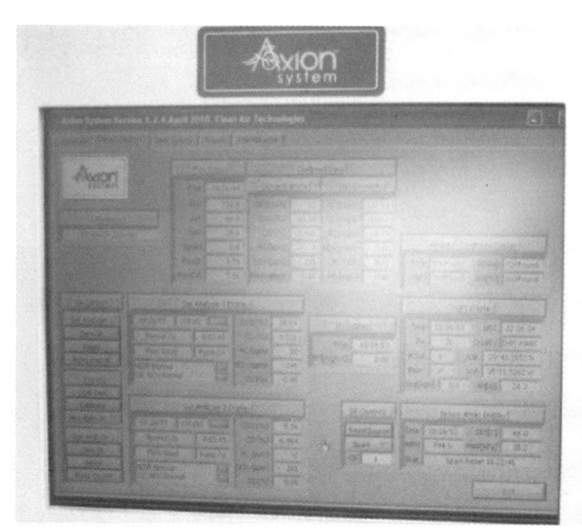

b)数据收集操作界面

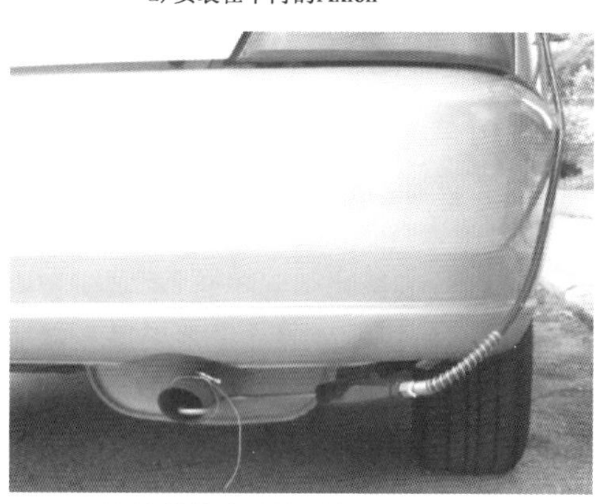
c)固定排放系统的排放样本管

d)排放样本管接线

图 13-1　Axion 排放测试

GeoLog GPS 设备：GeoLog GPS 设备用于实时收集测试车辆的位置和速度信息。图 13-2 是 GeoLog GPS 的使用图示。

a)GeoLog GPS 在测试中使用

b)GeoLog GPS 安装在车内

图 13-2　GeoLog GPS 的使用

13.2.1.2　数据预处理

有必要对原始数据通过数据的质量保证程序，确保只将有效数据用在随后的分析中。为了确保完整性和 PEMS 数据的准确性，所有数据记录的筛选按下列步骤操作：

（1）审查“valid_g/s”列，以确保信息被记录。

（2）审查每个气体工作台的状态，以确保两个气体工作台回报相似的排放污染物数值。

（3）审核发动机操纵参数，例如 RPM、进气温度、进气压力和速度，以确保数据的完整和一致。

（4）检查发动机转速，确保变化每几秒被报告。

（5）将发动机操作参数和常规极值比较，看是否有异常数据点。

最常见的错误是 GPS 数据丢失和有短期内的阻止或干扰信号造成的数据偏离。

13.2.1.3　基于 VSP 的温室气体排放模型方法

基于 VSP 的模型方法精度取决于 VSP 的区间如何定义。然而目前没有明确的对于选择 VSP 切割点的标准定义。因此，对 VSP 区间的定义参考 MOVES，因为 MOVES 是目前 EPA 被交通部门认定的标准工具。在 MOVES 中共定义了 17 种车辆行驶中的能源消耗运行模式，如表 13-1 所示。

属于能源消耗的 MOVES 运行模式定义　　表 13-1

运行模式	模式描述	VSP VSP_t(kW/t)	车辆速度 v_t(mile/h)	车辆加速度 a[mile/(h·s)]
0	减速/制动			$a_t \leq -2.0$ 或($a_t < -1.0$ 且 $a_{t-1} < -1.0$ 且 $a_{t-2} < -1.0$)
1	怠速		$-1.0 \leq v_t < 1.0$	
11	滑行	$VSP_t < 0$	$0 \leq v_t < 25$	
12	巡航/加速	$0 \leq VSP_t < 3$	$0 \leq v_t < 25$	
13	巡航/加速	$3 \leq VSP_t < 6$	$0 \leq v_t < 25$	
14	巡航/加速	$6 \leq VSP_t < 9$	$0 \leq v_t < 25$	
15	巡航/加速	$9 \leq VSP_t < 12$	$0 \leq v_t < 25$	
16	巡航/加速	$12 \leq VSP_t$	$0 \leq v_t < 25$	
21	滑行	$VSP_t < 0$	$25 \leq v_t < 50$	
22	巡航/加速	$0 \leq VSP_t < 3$	$25 \leq v_t < 50$	
23	巡航/加速	$3 \leq VSP_t < 6$	$25 \leq v_t < 50$	
24	巡航/加速	$6 \leq VSP_t < 9$	$25 \leq v_t < 50$	
25	巡航/加速	$9 \leq VSP_t < 12$	$25 \leq v_t < 50$	
26	巡航/加速	$12 \leq VSP_t$	$25 \leq v_t < 50$	
33	巡航/加速	$VSP_t < 6$	$50 \leq v_t$	
35	巡航/加速	$6 \leq VSP_t < 12$	$50 \leq v_t$	
36	巡航/加速	$12 \leq VSP_t$	$50 \leq v_t$	

13.2.2 排放模型方法

在本案例中,使用基于 VSP 排放的建模方法。将 VSP 纳入模型方法的优点在于:

(1)VSP 一直是车辆尾气排放最重要的解释变量。

(2)VSP 可以仅通过车辆的速度和加速度轻易获得。

(3)VSP 与燃料消耗量具有很好的一致性。

13.2.3 策略评估方法

评估方法基于有或没有特定交通管理战略的实施方案计算减排量。由于本案例研究的重点是现有交通管理策略,在实际交通网络中测试车辆的排放和行驶数据可以直接用 PEMS 设备收集。同时,特定方案下的数据收集计划需要开发,因此,在没有实施选定的交通管理策略的方案下车辆排放数据可以通过实测数据设定计算出来。基于 VSP 的排放模型方法使得仅知道车辆的速度和加速度的情况下也可以对排放进行计算。因此在本案例中,用一辆装有 GPS 设备的车辆在不同情景下与装有 PEMS 的车辆同步方式运行,这种方式下可以收集到可做比较的平行数据。

13.2.4 方案设计

本案例选用大容量车道、信号协调和 ETC 作为目标交通管理策略分析,详细数据收集是为了让数据收集方案能反映在有或没有选定的交通管理策略下的真实道路状况。

13.2.4.1 大容量车道(HOV)情景设计和分析

连续五天调查休斯敦 TranStar 的 HOV 车道实时交通,在北 IH-45 (I-45N) 经历晚高峰期间最大的交通需求。因此,高速公路部分选择 I-45N 作为研究区域。研究区域的地图如图 13-3 所示。此外,根据休斯敦 TranStar 速度图表落入选定的路段。最低的行驶速度通常发生在 17:30 ~ 18:30,因此,HOV 车道分析的数据集合现象发生在该时间段内。

在这种情况下,将 HOV 车道上和混合流(MF)车道上的 CO_2 排放因子进行了比较。两辆轻型汽油车用于数据收集,一辆配备 PEMS 装置,另一辆装有 GPS 装置。在两天里进行数据收集:第一天,配备 PEMS 装置的车辆在指定的 HOV 车道和配备有 GPS 设备车辆在相应的 MF 车道平行驾驶。第二天两辆车角色对调。因为车辆在 HOV 车道上运行的旅行时间更少,为更好地实现同步到达所选出口处的高速公路,设计 MF 车道上的车辆进入测试路段比在 HOV 车道的车辆早 10min 左右。

13.2.4.2 信号协调情景设计和分析

根据调查,休斯敦中心区的信号配时协同性较好。当以 25 ~ 30mile/h 的速度驾驶时,现有的交通信号配时允许车辆通过几个连续的交叉路口而不被红灯打断。因此,一条在休斯敦城区的由四个单行道组成的路线被选为研究区域,如图 13-4 所示。测试路线总距离约 2.9km,每一对相邻路口在相距大约 75m。

数据由两辆轻型汽油车收集,一辆装配 PEMS,另一辆装配 GPS。这两辆车轮流在以下两种情景中运行测试:

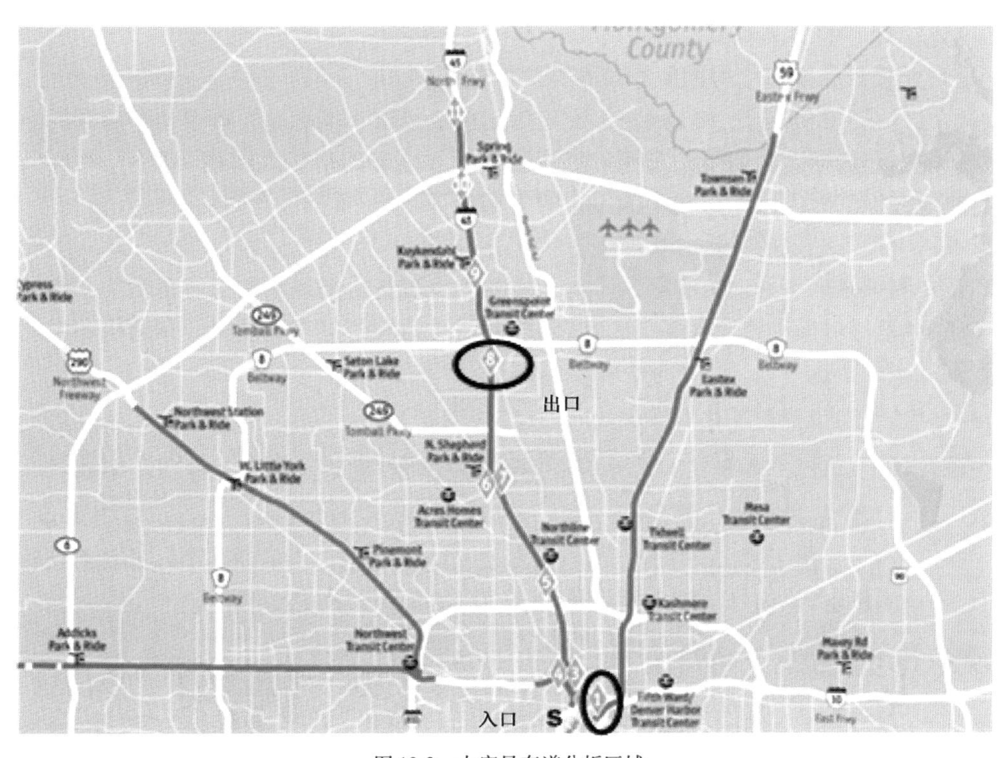

图 13-3 大容量车道分析区域

（来源：http://www.ridemetro.org/SchedulesMaps/HOV/i45n.aspx）

图 13-4 信号协同控制分析研究区域

(1)遵循现有的协调的信号时序。

(2)按照模拟非协调信号配时故意在绿灯时随机停止。

起始点设在 Crawford St 和 Pease St 交叉口。两辆受试车辆总是在该点相遇并同时离开该点开始新的一个周期。两辆受试车辆重复测试路线八倍和四倍于现有信号配时,并四倍于随机有目的地在绿灯时停止。每次车辆停止的类型、时间和位置都被车内的测试人员记录下来。该信息可以有助于结果的数据分析加工。

在正式测试之前有两次试验测试。从区域调查发现选定街道上的所有车辆共享路侧车道穿插交通、规范的转向和路边停车。因此,随机和故意地绿灯停车无须离开车道也不会对过往车辆产生太多的干扰。

13.2.4.3 ETC 情景设计和分析

在该情景下,对比一辆车在 ETC 收费站和在半自动收费站附近产生的 CO_2 排放量。在对休斯敦所有收费站的种类和位置进行一系列仔细检查后,在 Fort Bend Parkway Toll Road 的点被选为测试区域,如图 13-5 所示。沿受试路段有两个收费站,一个在北部,受理电子收费和人工收费,在该案例中,该站只使用人工收费;一个在南部,只使用电子收费。

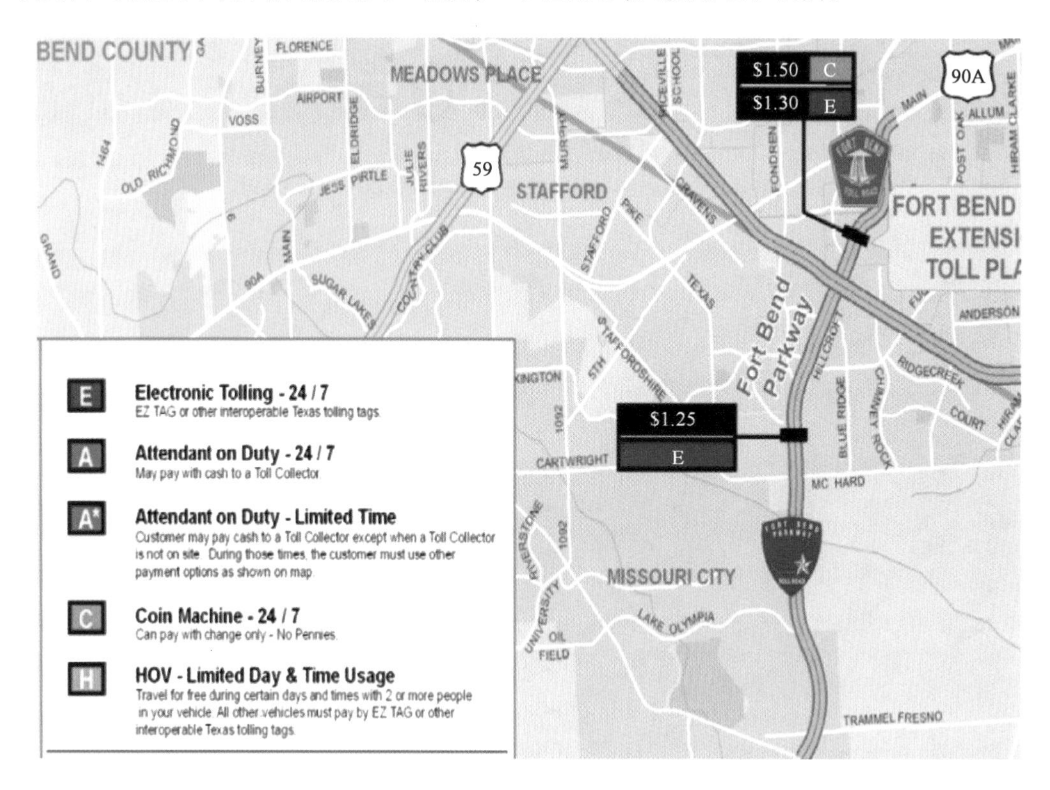

图 13-5 ETC 研究区域

(来源:https://www.hctra.org/files/Front_SW_Quadrant.pdf)

一辆装配有 PEMS 的轻型汽油车作为受试车辆。在数据收集过程中,车辆进入选定收费路段后,首先在人工收费站(MTC)停车缴费,然后通过 ETC 收费站自动缴费。之后,受试车辆离开选定收费路段转一个 U 形弯进入对向相同的路段。在受试车辆第二次通过同一个 ETC

和 MTC 后，它从最近的出口离开收费路段再开始一个新的周期。计划沿测试路线行驶 5 个周期，记录 10 组车辆排放、运行和活动数据。每一周期的行驶总里程约为 10mile。

13.3　方法应用

13.3.1　数据来源

用于发展建模方法的温室气体排放数据来源于休斯敦 2010 年 4 月到 7 月的不同的 8 天。覆盖了每日的不同时间段和道路类型。测试车辆是 1999 年的日产 Altima，装配有 PEMS 设备。关于测试车辆的详细信息如表 13-2 所示。所有测试均由一位驾驶员完成，目的是将个人驾驶者驾驶行为的影响最小化。在数据扫描后，共有 35 538 条数据被输入数据库。全部的数据集被划分为两部分，一部分用于模型建立，一部分用于模型验证。

测试车辆信息　　表 13-2

产地与型号	日产 Altima	产地与型号	日产 Altima
发动机排量	2.4L	变速器	4 速，自动挡
年份	1999 年	功率	110.4kW，5 600r/min
年限	11 年	质量	2 925lb（1lb = 0.453 6kg）
行驶里程	71 600km	长度	183.5in（1in = 2.54cm）
燃油型号	汽油		

13.3.2　模型参数标定

共有 18 253 条数据被用于建模。基于逐秒速度与加速度数据计算 VSP 的值，采用 MOVES 中对 VSP bin 值的定义，然后执行计算机程序将这些值建立区间。图 13-6 说明了在每个 VSP Bin 值下的平均 CO_2 排放率和数据频率。表 13-3 列出了每个 Bin 值所代表的平均 CO_2 排放率。由于车辆技术水平是车辆自身的静态物理属性，因此，模型应用中的每个 VSP Bin，其 CO2 排放率可以很容易地用于计算总排放量。

每个 Bin 下的 CO_2 排放率　　表 13-3

Bin	排放率（g/s）	Bin	排放率（g/s）
Bin 0	0.860 987	Bin 16	3.338 543
Bin 1	0.747 978		
Bin 11	1.022 136	Bin 21	1.222 702
Bin 12	1.351 904	Bin 22	1.757 108
Bin 13	2.071 827	Bin 23	2.517 369
Bin 14	2.841 045	Bin 24	3.077 797
Bin 15	3.374 991	Bin 25	3.886 606

续上表

Bin	排放率（g/s）	Bin	排放率（g/s）
Bin 26	4.753 380	Bin 35	4.155 850
Bin 33	2.730 084	Bin 36	5.156 085

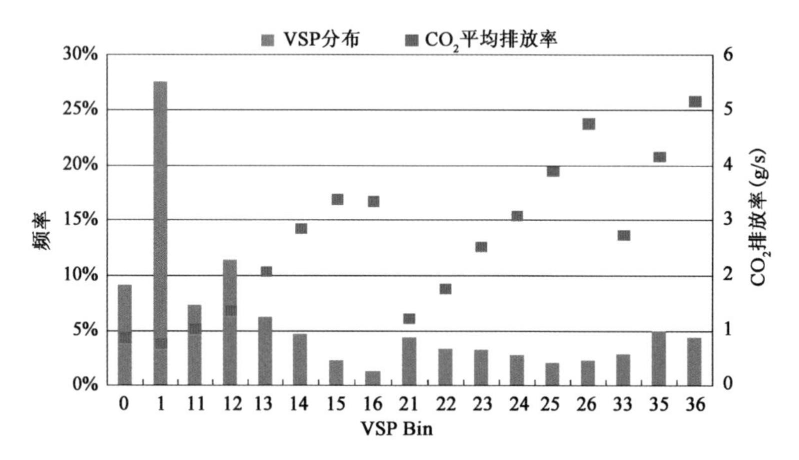

图 13-6　平均 CO_2 排放率和每个 VSP Bin 值频率

13.3.3　评价方法选择

共有 17 825 条数据被用于模型验证，PEMS 中以克每秒记录车辆真实 CO_2 大规模排放数据。本部分所覆盖的时间段内的总 CO_2 排放量可以直接通过加和每秒的排放数据获得。基于 VSP Bin 方法引入模型发展，可以获得这部分落入每一个 Bin 中的数据点。利用平均 CO_2 排放率（表 13-3），超过时间段的总 CO_2 排放同样可以通过模型法计算获得。

表 13-4 列明了从生成的建模方法中得出的平均 CO_2 排放率、VSP 数据中落入每一个 Bin 中的数量和每个 Bin 中产生的 CO_2 排放。结果显示，由 PEMS 收集和基于 VSP 模型生成的总 CO_2 排放覆盖相同距离下分别为 35 173.046g 和 31 810.294 9g，相对差异是 9.56%。

对比分析表明，建模方法提出的温室气体排放水平的精度达到 90% 以上。因此，这种建模方法可随时用于估计交通管理评估在这项研究的移动源 CO_2 排放量。

基于模型的和基于 PEMS 排放数据的 CO_2 排放量比较　　表 13-4

Bin ID	模型的平均 CO_2 排放率	每个 Bin 的数据量	从模型获得的每个 Bin 的排放量（g）
0	0.861 0	1 660	1 429.238 4
1	0.748 0	4 468	3 341.965 7
11	1.022 1	1 327	1 356.374 5
12	1.351 9	1 924	2 601.063 3

续上表

Bin ID	模型的平均 CO_2 排放率	每个 Bin 的数据量	从模型获得的每个 Bin 的排放量（g）
13	2.071 8	1 158	2 399.175 7
14	2.841 0	952	2 704.674 8
15	3.375 0	401	1 353.371 4
16	3.338 5	129	430.672 0
21	1.222 7	823	1 006.283 7
22	1.757 1	803	1 410.957 7
23	2.517 4	617	1 553.216 7
24	3.077 8	521	1 603.532 2
25	3.886 6	438	1 702.333 4
26	4.753 4	340	1 616.149 2
33	2.730 1	363	991.020 5
35	4.155 9	707	2 938.186 0
36	5.156 1	654	3 372.079 6
模型方法计算的排放量总计			31 810.294 9
PEMS 排放数据排放量合计			35 173.046 0
相关差异			9.56%

13.3.4　情景的评估与分析

13.3.4.1　大容量车道情景的评估与分析

综合使用 Google Map 和 PEMS 与 GPS 中的地理坐标，将混合流车道上的靠近大容量车道入口的一个点标记为目标高速公路段的起点；另一个车辆都会通过的出口匝道的点设置为终点。经过数据有效性检验，选出两天满足需求的 PEMS 和 GPS 数据。表 13-5 是在选定高速路段上使用大容量车道和相应混合流车道的碳排放因子。第一天的结果显示大容量车道碳排放比混合流车道减少 3.56%，第二天的碳排放减少 10.42%。

排放减少的差别主要是因为两天混合流车道的不同交通需求。图 13-7 表示根据两天的实验数据获得的在大容量车道和相应的混合流车道上的 VSP 分布，从图中可以看出：当车辆在 HOV 上行驶时，约 80% 的数据进入 Bin 33、35、36。当车辆在混合流（MF）车道上行驶时，进入这三个 Bin 的数据明显减少。两天的实验数据分别减少了 29% 和 16%。因此可以说明，车辆的平均速度第一天低于第二天，第二天所选取路段的混合流（MF）车道更为拥堵。

使用大容量车道和混合流车道的 CO_2 排放比较　　表 13-5

项　　目	总 CO_2 排放 (g)		总行驶距离(mile)		CO_2 排放因子 (g/mile)	
	第一天	第二天	第一天	第二天	第一天	第二天
大容量车道	2 797.41	2 768.03	11.21	11.20	249.55	247.15
混合流车道	2 882.43	3 110.40	11.14	11.27	258.75	275.90
利用大容量车道减少的 CO_2 排放量					9.20	28.75
减少百分比					3.56%	10.42%

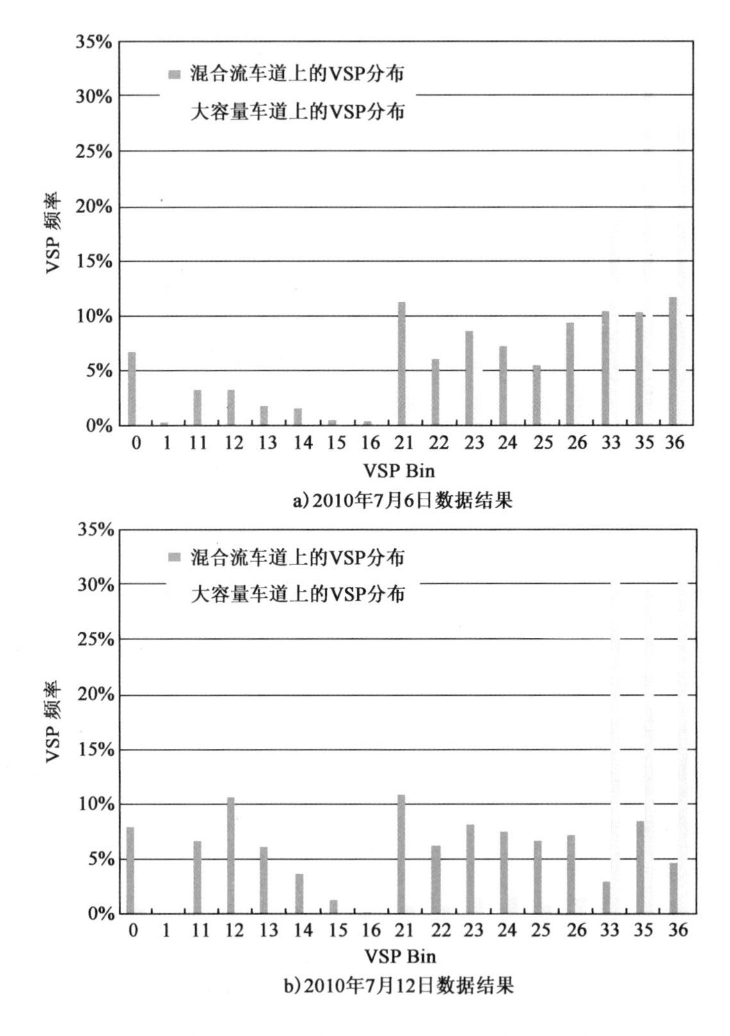

图 13-7　大容量(HOV)车道和混合流(MF)车道的 VSP 分布比较

上述对比分析表明,在高峰期使用 HOV 车道的受试车辆每英里产生较少的 CO_2 排放。在相应 MF 车道上有越多的交通需求,使用 HOV 车道时就能减少更多的 CO_2 排放。另外,因为 HOV 车道只允许至少车内有一名乘客的车辆使用,所以 HOV 车道有潜力通过影响总的车辆行驶里程更深层次地减少一辆车的排放。

13.3.4.2　交通信号协同情景的评估与分析

图 13-8 是测试车辆在两种测试情景下的总 CO_2 排放对比图。从图中可以看出，在没有信号协同的情况下车辆比现有信号协同方案下多排放 56% 的 CO_2。从按小时统计的两辆受试车辆的 CO_2 排放看，15:00～16:00 的测试结果比 17:00～18:00 的有所增加，其原因是后者更接近晚高峰，交通流量的增长可能抵消了一部分由信号协同带来的温室气体排放控制效果。在非信号协同的情况下，按行驶周期统计的 CO_2 排放结果不具有可比性，原因是驾驶员在期间随意停车，数量不定且时间不定。

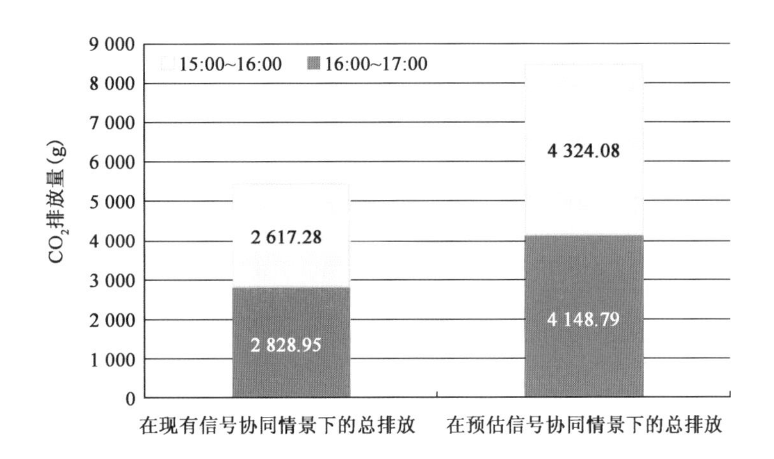

图 13-8　有无信号协同情景下的总 CO_2 排放对比图

图 13-9 是各驾驶周期的 CO_2 排放对比图。由图可知，在现状信号协同情景下，车辆排放的 CO_2 比仿真非信号协同情景下少 32%。第二周期的减排效果最明显，接近 50% 的减少；即使是减排效果最低的第三周期，减排效果也有 20% 左右。

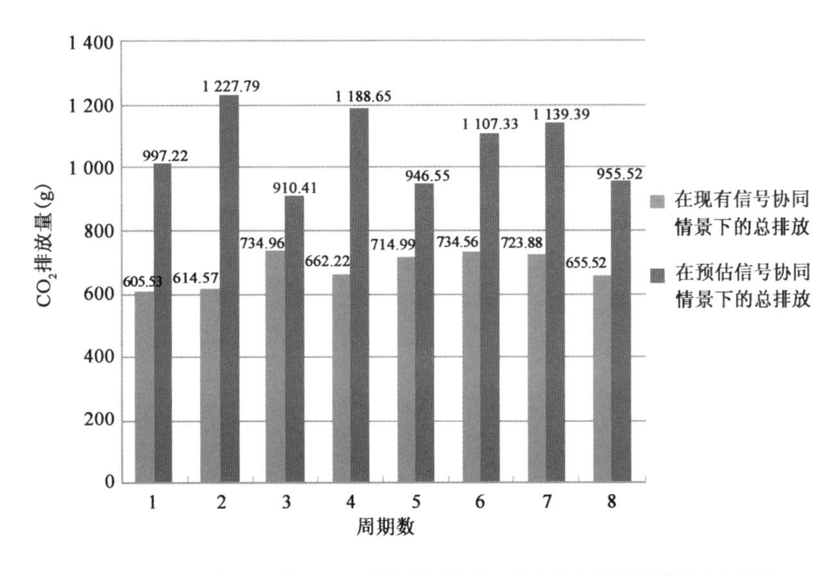

图 13-9　不同行驶周期下现有信号协同情景和仿真非信号协同情景对比分析

图 13-10 是两种测试情景下周期数据的 VSP 分布。交通信号协同对车辆的排放影响主要表现在交叉口的起停和怠速状态。因此,落在 Bin 1 的数据是决定车辆与协同信号的拟合程度的重要指标。在第一周期随现有协同信号行驶的情景落在 Bin 1 的数据点百分比最低。第二周期随仿真非协同信号的情景落在 Bin 1 的数据点百分比最高。该结果与图 13-9 的结论一致,证明在测试路段,随现有协同信号行驶的第一周期车辆排放的 CO_2 最少,随仿真非协同信号的第二周期排放 CO_2 总量最多。

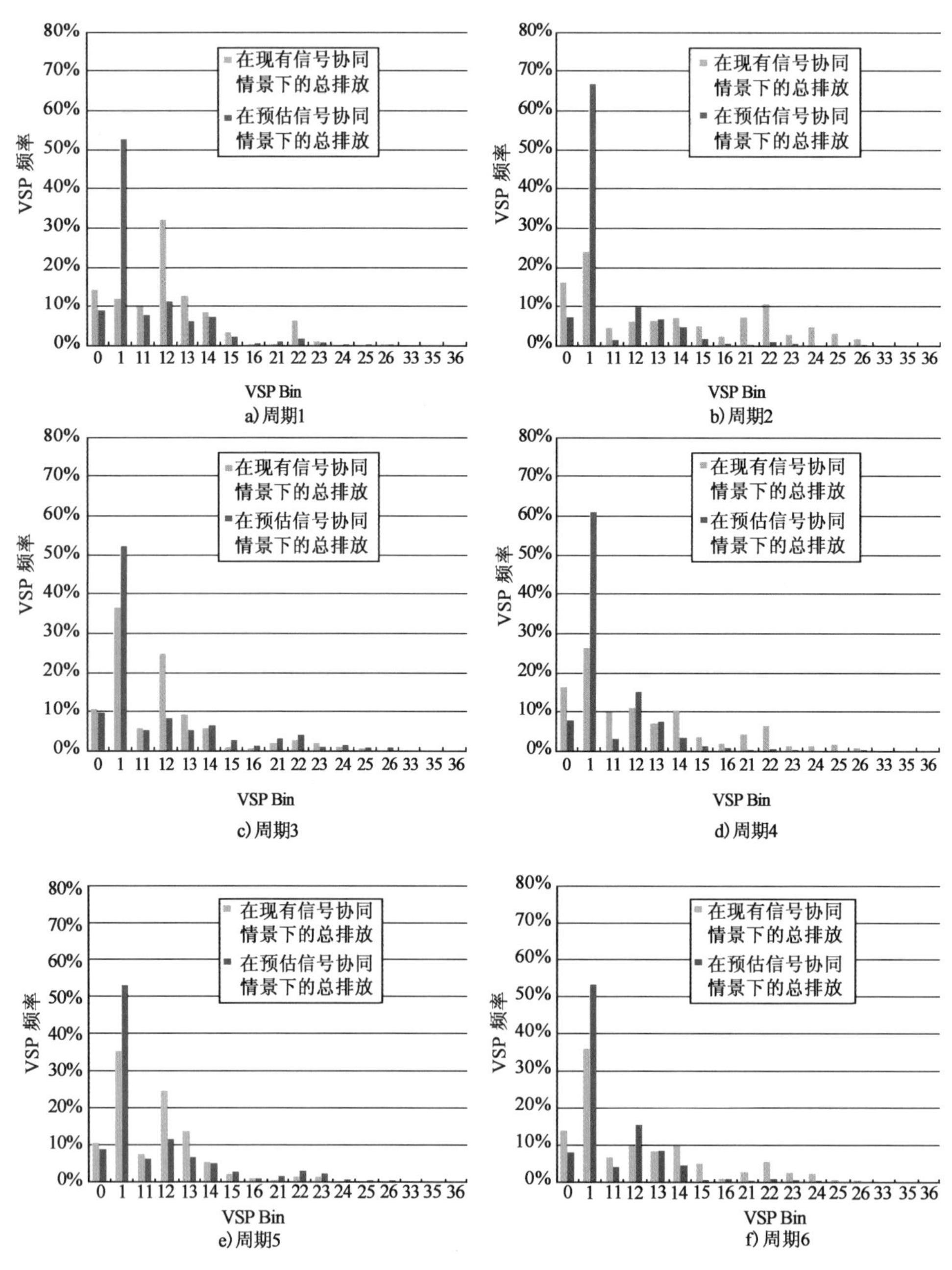

图 13-10

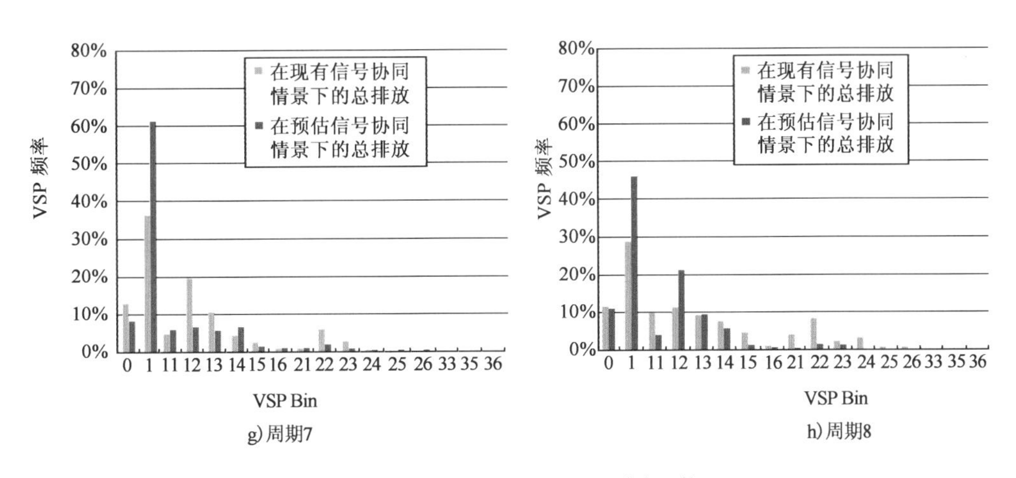

图 13-10　各周期的 VSP 分布比较

另外，从图 13-10 看出，Bin 0、Bin 1 和 Bin 12 的数据值也同样是该案例中车辆 CO_2 排放的重要影响因素。因为 Bin 0 和 Bin 12 是继 Bin 1 后最大的两个数据集。

13.3.4.3　ETC 情景的评估与分析

表 13-6 是受试车辆的基本信息，在同一条高速公路路段上选择 ETC 和 MTC 两种收费站，测试车辆在两种收费站下的 CO_2 排放可以直接由 PEMS 设备收集得到。

评估 ETC 情景的受试车辆信息　　表 13-6

厂商和型号	福特 Taurus
发动机排量	3.0 L
年份	2002 年
车龄	8 年
行驶里程	126 000km
燃油类型	汽油
变速器	4 速，自动挡
功率	116kW，4 900r/min
质量	3 335.6lb(1lb = 0.453 6kg)
长度	197.6in(1in = 2.54cm)

对比 ETC 收费站和 MTC 收费站周边的车辆 CO_2 排放的临界问题是定义两个目标地的范围。根据收费公路的驾驶经验，车辆通常在距离 MTC 收费点 200m 外开始减速，收费之后，车辆同时需要 200m 的距离恢复到原有速度。因此将分析路段长度定为 200m。另外，根据研究观测 MTC 收费站排队最大长度是 3 辆车，这个长度的车辆排队对研究范围长度的影响可忽略不计。

为了获取两目标收费站周围 200m 的数据，首先将 PEMS 的坐标数据导入 MapInfo Professional 10.0 软件中,显示车辆的排放数据与地理位置的空间关系。由于经过 MTC 收费站的车辆势必会经过减速—停车—加速的过程,数据路径清晰,因此 MTC 收费站的数据特性可以直接获得。ETC 车站的数据可以利用 Google Map 和 PEMS 记录的地理坐标数据进行匹配,在 ETC 车站周边设置半径为 200m 的缓冲区,选中缓冲区以内的数据作为数据结果,过程如图 13-11所示。

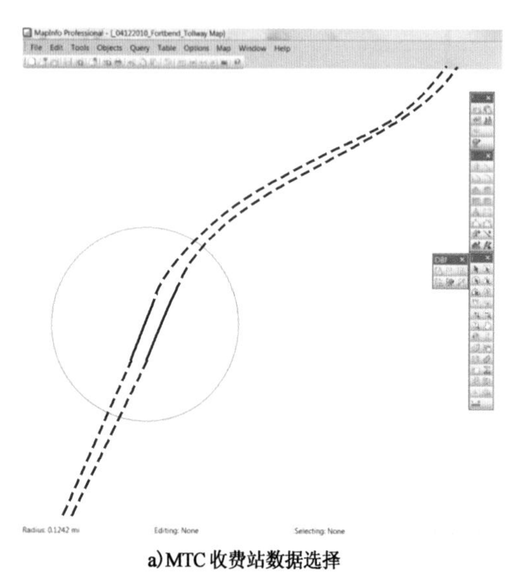

a)MTC 收费站数据选择

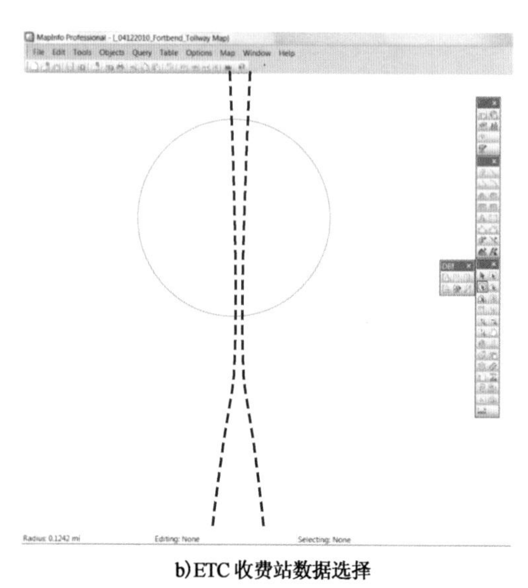

b)ETC 收费站数据选择

图 13-11　MTC 和 ETC 收费站数据选择过程

图 13-12 显示的是在 200m 范围内两收费站的 CO_2 排放量对比。图中可以看出,ETC 收费站产生的 CO_2 量仅为 MTC 收费站的 30%。图 13-13 是车辆每次通过选定收费站时的 CO_2 排放量。可以看出,相较于 MTC,ETC 的排放减少率在 50% ~80%。

值得注意的是,本案例的数据收集过程中,测试车辆排队等待的时间花费较少,并且测试者在数据收集过程中准备充分。而在实际情况中,驾驶者在收费口停留的时间可能更久,他们需要花更多的时间支付和找零钱,而这些行为都会增加 MTC 收费站的 CO_2 排放。

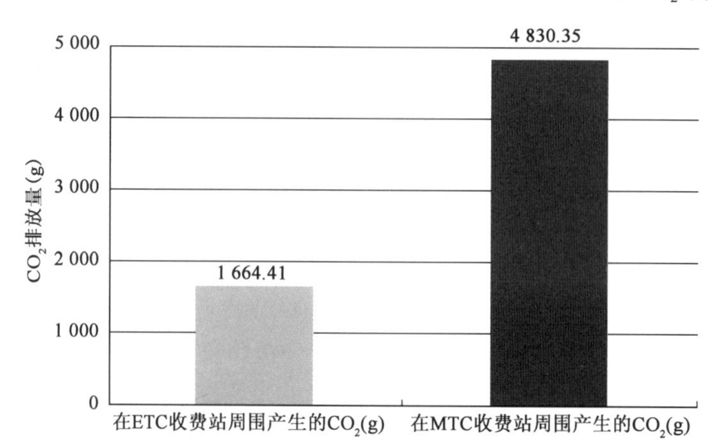

图 13-12　ETC 收费站和 MTC 收费站的 CO_2 排放量示意图

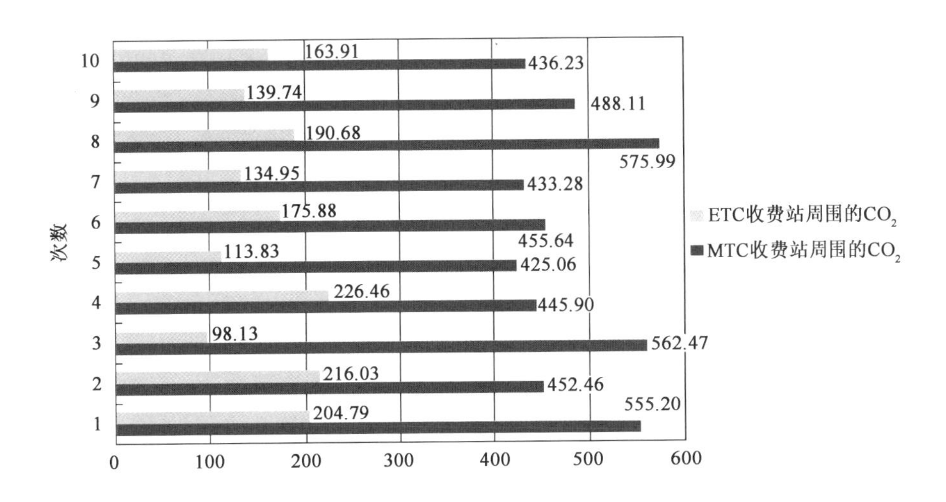

图 13-13　车辆每次通过收费站时的 CO_2 排放量对比

13.4　案例总结

本案例首先介绍了研究的背景，并对主要的温室气体排放计算方法、移动源碳排模型和交通管理措施对排放控制的作用进行了综合整理。大容量通道、交通信号协同计划、ETC 被作为研究对象。评估研究中，PEMS 用于收集逐秒排放数据，排放评估的基础是一个基于 VSP 的移动源温室气体排放模型。本案例的主要贡献是提出了一个新的交通管理评估方法，该方法既有数据支持又有模型方法，可以反映现实排放情况且易于实现。根据研究，大容量通道、良好的交通信号协同和 ETC 均能有效减少碳排放。高峰期使用大容量车道，测试车辆的人公里 CO_2 排放较低。信号协同控制影响车辆起停的碳排放，结果显示交通流量的增加会削弱信号协同对车辆碳排控制的效果。研究显示，ETC 收费站产生的碳排只有普通收费站的 30%，因此 ETC 是一个能非常有效地减少交通碳排的交通管理措施。

参 考 文 献

[1] CATI. Axion System User's Manual Version 2.0. Clean Air Technologies International, Inc., 2008.

[2] Environmental Protection Agency (EPA). (2010g). EPA Releases MOVES2010 Mobile Source Emissions Model: Questions and Answers. Office of Transportation Air Quality, EPA-420-F-09-073. Available online at: http://www.epa.gov/oms/models/moves/420f09073.pdf. Accessed on July 19, 2010.

[3] Yu L, Z Wang, F Qiao et al. Approach to Development and Evaluation of Driving Cycles for Classified Roads Based on Vehicle Emission Characteristics. In Transportation Research Record: Journal of the Transportation Research Board, No. 2058, Transportation Research Board of the National Academies, Washington, D.C., pp. 58-67.

[4] FREY H C, ROUPHAIL N M, ZHAI H. Speed and Facility Specific Emission Estimates

for On-Road Light-Duty Vehicles on the Basis of Real-World Speed Profiles [J]. Transportation Research Record Journal of the Transportation Research Board, 2006, 1987(1):128-137.

案例14:交通信号控制策略对机动车尾气排放的影响评价

14.1 案例目标

交叉口作为交通网络中的重要组成部分,其通常有多向交通流集中,该交通流又经常被交通信号中断,使交叉口形成交通网络中的瓶颈地点。而且由于机动车在通过交叉口时都会经历减速(或停车)、加速的过程,由此产生一定的延误,在这一过程中,一方面延误会使机动车行驶时间延长;另一方面,机动车的加减速过程会使机动车行驶工况发生变化,这些都会使机动车产生比在一般道路行驶时更多的尾气排放。在诸多交通管理控制策略中,调整各交叉口的信号配时是最直接有效的方法之一。通过研究表明,路段的信号协调控制对于优化交通要素、最大限度地提高信号交叉口的通过能力、降低平均延误时间有着明显的效果,但是对于机动车尾气排放的影响尚无明显结论。因此,本研究将实测排放因子、交通仿真技术、尾气排放模型有机地结合在一起,建立交叉路口不同信号配时策略和尾气之间的定量评价关系,分析不同信号配时及不同交通流量对机动车尾气排放的影响,力图为研究和评价交通管理控制策略提供一些新的思路,同时也为PEMS技术在交通管理控制中的应用提供技术支持和借鉴。

14.2 方法设计

14.2.1 基于PEMS的信号协调控制排放影响分析

14.2.1.1 基础数据描述和数据处理

(1)路网文件的选择及编辑

所选用的北京路网文件中,路段长短不一,为了更好地进行路段排放计算,表现出路段上排放强度的微观特征,本方法在原有道路文件的基础上对路段进行了分解和合并处理。该地图已包含有精确的经纬度坐标。

(2)PEMS数据的导入及创造排放点

将OEM数据与GPS数据经过时间对应,以经纬度为横纵坐标作图,其中每个点都记录有该位置、该时刻的排放数据、行驶数据、发动机运行数据和地理坐标数据等。

(3)PEMS数据匹配

要分析路段上的排放信息,必须建立路网和排放点之间的匹配关系。应用MapInfo提供的空间计算功能和Map basic提供的二次开发工具,本文将路段上及路段两侧一定范围之内的排放点与该路段建立了空间联结关系。构建好的GIS分析平台见图14-1。

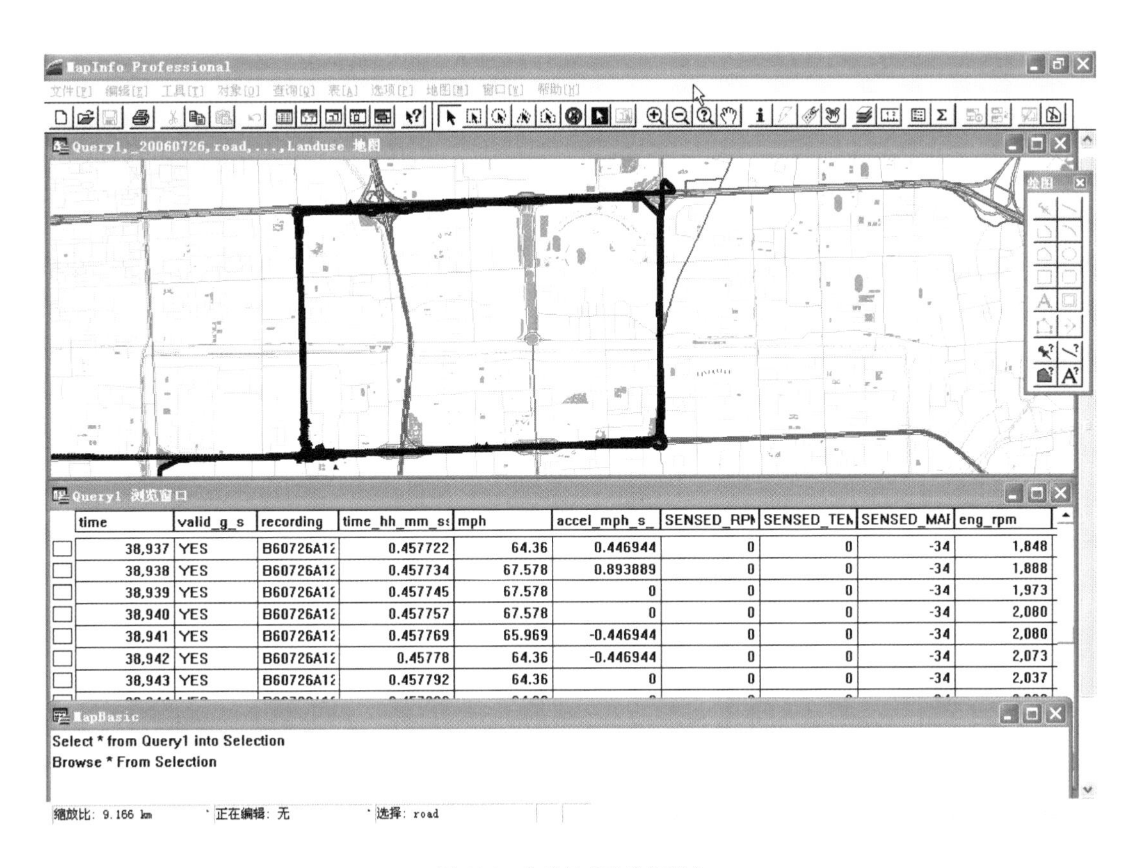

图 14-1　构建的 GIS 分析平台

14.2.1.2　排放数据处理的步骤

利用 OEM 设备进行车辆的尾气检测时，可收集到 GPS 数据、车辆的实时尾气排放数据、车辆的发动机数据。从设备所获取的各种原始数据中剔除掉无效数据，以获得研究所需的数据，对整个研究起着重要的作用。一般情况，对原始数据的分析需要经过以下几个步骤：

(1)数据的质量控制

原始数据的精确性因设备、传感器的延误等问题会受到影响，致使原始数据不能真实地反映机动车的排放水平。因此，为了保证获得正确且有效的数据，为后面的数据分析提供可靠的基础，数据质量控制是很重要的一个环节。

对于 OEM 设备，最主要的控制措施是对所收集到的错误或丢失的原始数据进行处理或者删除，比如删除掉那些速度达到 200km/h 等明显的坏值，或者对几秒的数据缺失值进行平滑处理。因为这些坏值所对应的排放值通常远远大于正常值，致使得到的结论相悖于实际情况，通过一些控制手段可以有效地提高数据质量。

(2)匹配 GPS 数据

GPS 系统记录了机动车每秒所处位置的经度、纬度、速度等信息，由于 GPS 与 OEM 系统相互独立，它们各自所得数据的时间系统并不能完全吻合，因此通过必要的处理手段来使 GPS

的数据与 OEM 的排放数据相对应。

(3)确定空间位置

针对本方法所要比较的路段,借助搭建的 GIS 平台,可以得到对不同路段不同次数的测试记录,更加科学地得到分析结果。

14.2.2 交通仿真以及与尾气量化模型的衔接

14.2.2.1 微观仿真模型的信号配时

在 VISSIM 仿真模型中,需要预先在仿真平台上设置好信号控制器。在信号控制器设置完毕后,就可以给路网中的各交叉口选择信号。如要定义新的信号控制器,需点击仿真平台菜单 Signal Control→Edit Controllers 才能打开定义对话框。在对话框中,点击“NEW”按钮就可定义信号控制器。

对于每一个信号控制器,需要设置如下参数:

Number:信号控制器的唯一标志 ID。

Cycle Time:定时信号的周期时长,单位 s。

Offset:定义第一个周期的延误值,单位 s。

Type:定义类型和控制策略。

在定义好固定信号的信号控制器之后,就可以定义各相位的配时情况。各相位具体参数如下:

NO.:该信号控制器下的相位编号。

Red/Amber:红灯/黄灯的时间,单位 s。

Amber:黄灯时间,单位 s。

Red End:一个周期中,红灯结束时刻,单位 s。

Green End:一个周期中,绿灯结束时刻,单位 s。

Type:该相位的类型,可以选择周期、永远绿灯、永远红灯。

14.2.2.2 微观仿真模型的指标的输出

VISSIM 可以对路网的交通运行状况进行实时动画效果仿真评价,同时可以通过一系列评价指标进行定量分析和评价。由于微观仿真系统可以对每辆车的运行情况进行跟踪记录,因此,不仅可以得到路网的各种常用评价指标,还可以根据评价需要,得到一些特殊的评价指标。系统将这些评价指标以文本形式输出,用户还可以根据自己的需要,确定在输出文件中输出哪些数据及其在输出文件中的排列顺序。根据本方法需要,主要输出每辆车实时信息指标和行程时间指标。

(1)车辆实时信息指标

在 VISSIM 模型的输出文件“Vehicle Record”中,可以记录每辆车在每一秒的运行状况信息,如车辆的速度、加速度等。这些信息不仅可以在模拟界面中实时显示,而且还可以保存到输出文件(*.fzp)中,用户可方便地对其进行处理和分析。

(2)行程时间指标

在 VISSIM 模型的输出文件“Travel Time”中,可以记录经过所定义路段上的车辆的数量和行程时间,保存到输出文件（ * . rsz）中,用户可方便地对其进行处理和分析。

14.2.2.3 微观仿真模型与尾气排放模型的衔接

尾气模型分类标准不尽相同,从应用目的上可分为宏观模型和微观模型。宏观模型是基于平均速度的模型,它是根据一个地区的车辆构成、车辆运行状况（车辆平均速度、车里程累计、冷热起动比例等）、车辆排放水平、环境因素等计算出某一类型车的排放因子,一般用于评价一个国家或地区的尾气排放。宏观模型的最大不足就是它不能反映车辆运行模式变化（加减速）对尾气排放的影响,因此它只适用于对宏观的交通规划方案的评价。微观模型是基于车辆瞬时速度的模型,能够计算出某一类型车平均每秒的排放,从而反映出车辆运行模式变化对尾气排放的影响,一般用于中观或微观的交通方案评价。交通仿真模型与尾气排放模型的具体对应关系如图 14-2 所示。

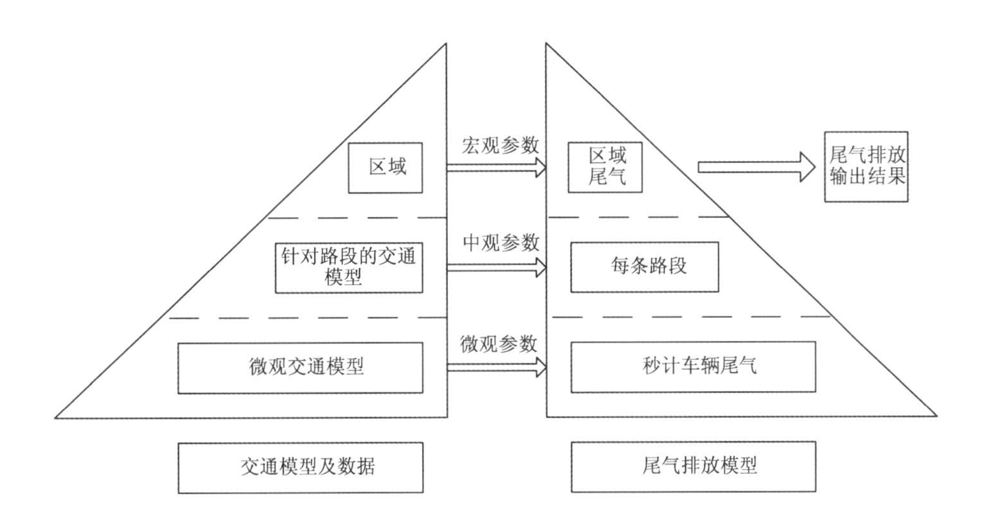

图 14-2 排放模型和交通模型间的相互作用

本方法所采用的基于 VSP 变量的排放建模方法是一种微观尾气模型。因此,采用微观仿真模型与之结合来评价不同交通管理策略下的尾气排放。

14.3 方法应用

14.3.1 基于 PEMS 的信号协调控制排放影响分析

14.3.1.1 路段尾气排放特性分析

(1)基本排放因子对比

排放因子是车辆尾气排放的关键特性,是衡量排放水平一个重要的指标。将处理后的数据作图,见图 14-3,为了方便作图且更方便直观地比较各排放物,图中的 HC 值扩大 10 倍。由图可以看出,各排放物中除 NO_x 增加 10% 外,线控路段的 HC 和 CO 分别比非线控路段降低了 50%、30%,从而说明对路段进行信号协调控制可以有效地减少 HC、CO 的排放,但是 NO_x 的排放却有所增加。

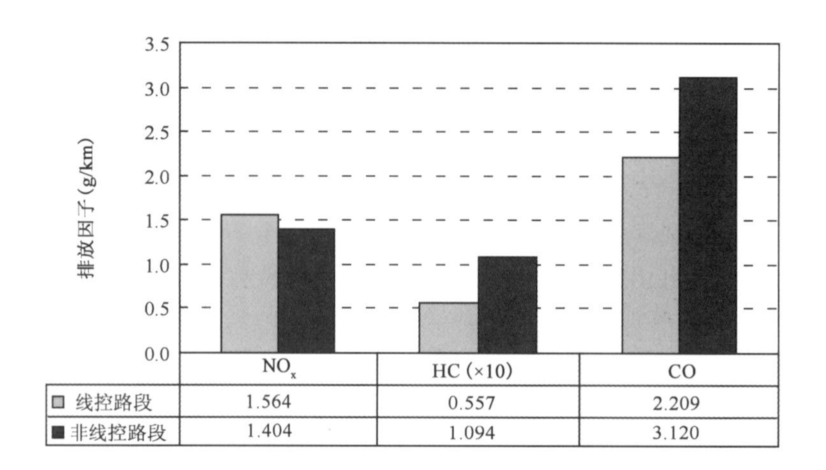

	NO_x	HC (×10)	CO
线控路段	1.564	0.557	2.209
非线控路段	1.404	1.094	3.120

图 14-3　线控与非线控路段上排放因子对比图

(2)分工况的排放情况比较

同一辆车在不同行驶工况下的排放情况有很大差别,下面对车辆在加速、减速、匀速、怠速四种不同行驶工况下两种路段的排放情况进行比较。其中,各行驶工况的具体定义如下:

怠速(Idle):采样点的速度和加速度为零。

加速(Acceleration):加速度大于或等于正加速度阈值,该阈值一般取为 $0.1m/s^2$。

匀速(Cruise):加速度的绝对值小于加速度阈值,且速度不等于零。

减速(Deceleration):加速度小于负加速度阈值。

各排放物在线控路段和非线控路段不同工况下的对比分析图,见图 14-4、图 14-5 和图 14-6。

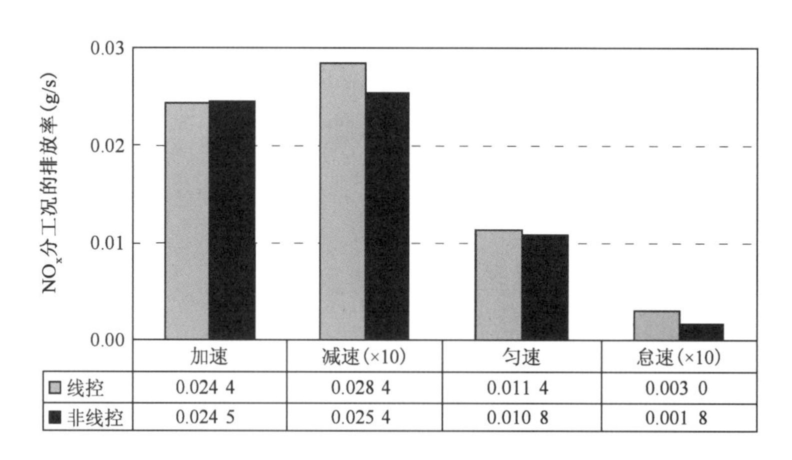

	加速	减速(×10)	匀速	怠速(×10)
线控	0.024 4	0.028 4	0.011 4	0.003 0
非线控	0.024 5	0.025 4	0.010 8	0.001 8

图 14-4　NO_x 分工况的排放情况对比图

从图 14-4、图 14-5 和图 14-6 可以看出,在不同行驶工况下,线控路段上 HC 和 CO 在各种工况下的排放率几乎均低于非线控路段上的排放;线控路段上的 HC 和 CO 在减速工况下的降幅最大，分别达到59%、57%；而在怠速情况下，CO的排放有所增加，而线控路段上 NO_x 在各种工况下的排放和非线控路段上的排放变化不大；从排放物的角度看，各排放物在加速工况下的排放都比较大。

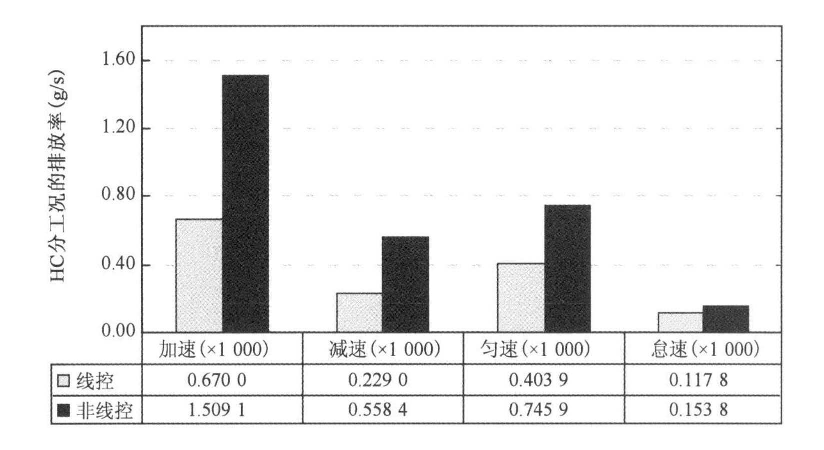

图14-5　HC分工况的排放情况对比图

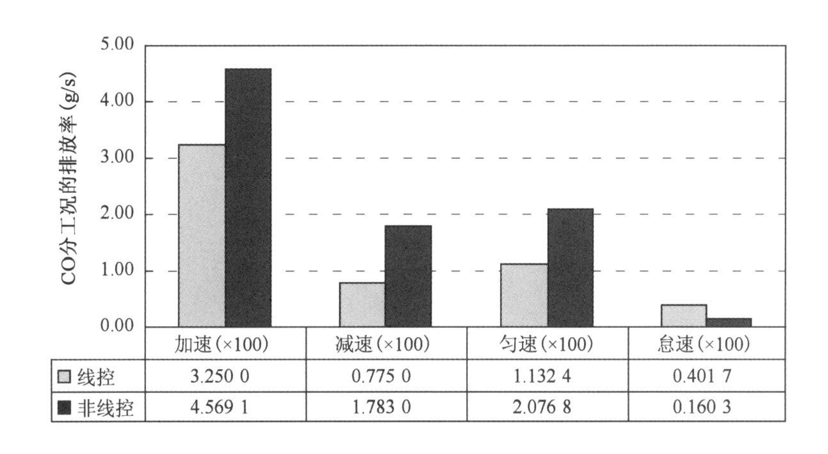

图14-6　分工况的排放情况对比图

（3）分速度区间的排放特性分析

排放因子在不同平均速度下的变化趋势也是排放特性研究的一个重要内容，有助于提高尾气排放量化的准确度，并对面向尾气治理的交通控制策略（如优化速度）的制定提供数据支持。不同速度下不同排放物的变化趋势图如图14-7、图14-8、图14-9所示。

从图14-7、图14-8和图14-9可以看出，HC、CO的排放因子随速度的增加呈现一致的递减趋势，在速度大于20km/h后，其排放值已经很小，而且在不同速度区间下，线控路段的排放几乎都低于非线控路段的排放，有很好的一致性。速度大于50km/h时，线控路段上的CO排放大于非线控路段，是因为样本量不够所致。

（4）油耗的分析

根据国家标准《轻型汽车燃料消耗量试验方法》中计算油耗的公式分别计算测试车辆在

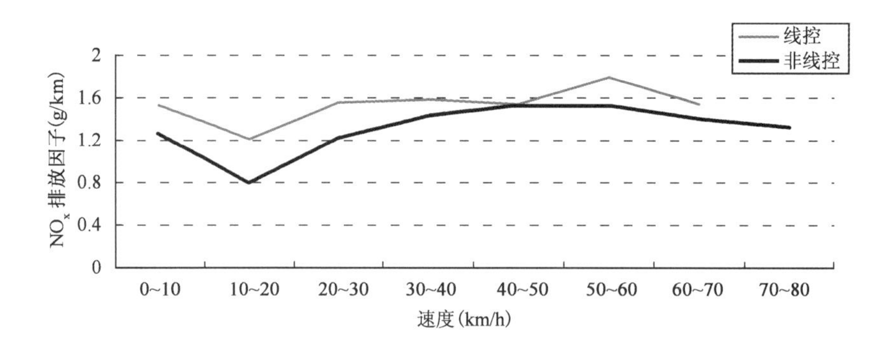

图 14-7　NO_x 分速度区间的排放特性分析图

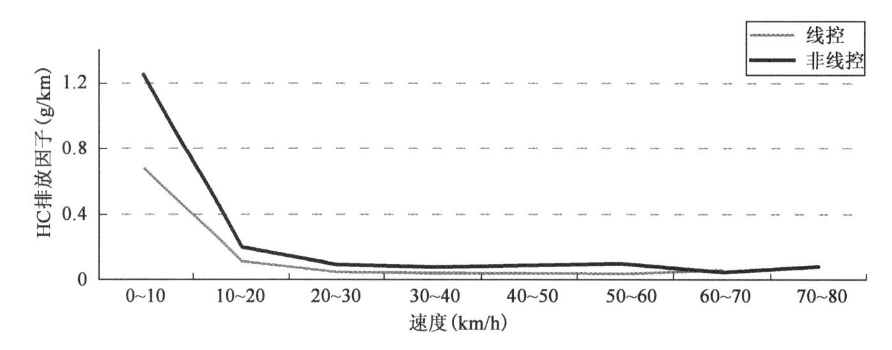

图 14-8　HC 分速度区间的排放特性分析图

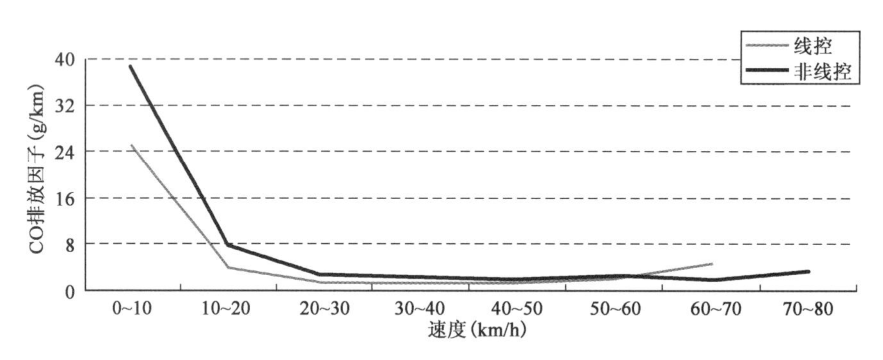

图 14-9　CO 分速度区间的排放特性分析图

两条路段下的油耗，其公式如式(14-1)所示：

$$F = \frac{0.1154}{D \times [(0.866 \times HC) + (0.429 \times CO) + (0.273 \times CO_2)]} \tag{14-1}$$

式中：F——燃油消耗量（L/100km）；

HC——测得的 HC 消耗（g/km）；

CO——测得的 CO 消耗量（g/km）；

CO_2——测得的 CO_2 消耗量（g/km）；

D——288K（150℃）下燃料的密度（kg/L）。

本案例所采用的93号汽油的密度为0.725kg/L,将实验在两条道路上收集的各排放物带入式(4-1)中,得到不同路段上的油耗,见表14-1。

不同路段下的油耗(L/100km)　　表14-1

路段类型	油　耗
线控	6.4
非线控	5.8

根据计算结果,线控路段比非线控的下油耗的多10%,可见信号协调控制手段并不能保证在改善交通状况的同时减少机动车的油耗。

14.3.1.2　交叉口尾气排放特性分析

经过上述的分析,发现除NO_x外,机动车在线控路段上的排放均要低于非线控带。但是,考虑到由于线控路段与非线控路段上交叉口数量不一,且转向不同会导致机动车行驶工况有很大区别,有必要针对单位交叉口进行分析。因此,结合构建的GIS平台,针对路段上的信号交叉口做如下分析。

利用搭建的GIS分析平台,首先在数据分析平台中分别对两条对比路段的各个交叉口中心以50m为半径来选取各自交叉口附近的数据,然后计算得到各排放物在单位交叉口的排放因子,具体见图14-10。

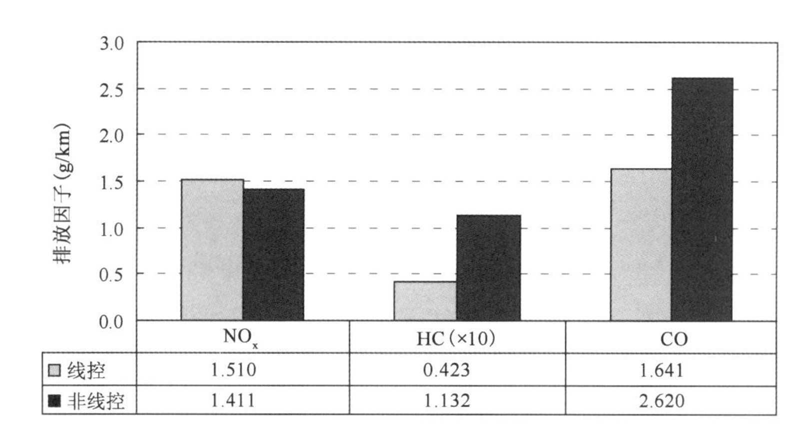

图14-10　不同排放物在各交叉口的排放特性分析图

经过对单位交叉口的分析可以看出,除NO_x外,HC和CO在线控路段上的排放都比非线控路段小,其降幅分别为63%和37%,通过交叉口的分析很好地验证了上文的结论。

14.3.2　基于微观仿真的信号协调控制排放影响分析

14.3.2.1　不同信号配时对排放的影响

众所周知,不同的交通信号控制策略会改变路网中车辆的行驶工况,从而影响车辆在怠速、加速、减速和匀速运行时的速度。而不同的瞬时速度将导致不同的尾气排放。实践证实,尾气排放与车辆的特殊运行模式有关。Frey等使用车载尾气检测设备评价了交通信号控制的改变对尾气排放的影响。他们指出:加速时的尾气排放比怠速、减速时显著增加,并且交通信号对尾气排放的显著影响主要是由于车辆在遇红灯停车后的加速造成的。由此可见,不同的交通信号控制措施很可能导致不同的尾气排放。

因此,为了分析不同信号控制措施对排放的影响,本案例在线控路段实际调查信号配时方案的基础上,将该路段改为无信号协调路段来做比较分析。

具体分析方法如下:首先,将仿真平台中的信号参数调整到现实情况的信号参数,然后设置步长为1,时长为3 600s开始仿真,当模拟完毕后得到路网中所运行每辆车的实时信息,经过对数据文件的整理分析,得到模拟时段内从西入口到东出口全程行驶的机动车信息,然后利用上文提及的VSP变量建模方法计算得到整个路段上的排放,同时为了更好地减少误差,对该信号参数下的路段进行了10次模拟仿真。以同样的方法,将仿真路段调整为无信号协调路段来进行模拟计算;仿真路段为信号协调路段(简称为模拟值1)和无信号协调路段(简称为模拟值2)下的排放分别如表14-2、表14-3所示。

利用VSP变量建模法得出的模拟值1　　表14-2

次数	行驶距离(km)	行驶时间(s)	平均速度(km/h)	NO_x 排放量(g)	HC排放量(g)	CO排放量(g)	CO_2 排放量(g)
1	2.95	380	27.98	3.99	0.16	8.62	369.34
2	2.96	500	21.33	3.04	0.17	7.46	370.13
3	2.96	475	22.43	3.46	0.17	8.48	372.53
4	2.95	419	25.39	2.96	0.15	7.65	324.66
5	2.97	432	24.77	4.11	0.16	9.22	403.63
6	2.95	503	21.14	3.45	0.17	8.76	401.95
7	2.97	516	20.72	3.38	0.16	8.34	387.71
8	2.97	509	21.01	4.60	0.20	11.61	465.20
9	2.96	510	20.90	4.06	0.20	9.92	430.76
10	2.97	460	23.27	3.27	0.15	8.10	345.15
平均值	2.96	470	22.89	3.63	0.17	8.82	387.11

利用VSP变量建模方法得出的模拟值2　　表14-3

次数	行驶距离(km)	行驶时间(s)	平均速度(km/h)	NO_x 排放量(g)	HC排放量(g)	CO排放量(g)	CO_2 排放量(g)
1	2.95	503	21.14	3.45	0.17	8.76	401.95
2	2.97	525	20.35	3.78	0.19	9.72	436.47
3	2.96	526	20.27	3.48	0.18	8.09	424.49
4	2.97	516	20.72	3.38	0.16	8.34	387.71
5	2.97	509	21.01	4.60	0.20	11.61	465.20
6	2.96	510	20.90	4.06	0.20	9.92	430.76
7	2.97	483	22.14	4.59	0.18	10.17	432.42
8	2.97	460	23.27	3.27	0.15	8.10	345.15

续上表

次数	行驶距离（km）	行驶时间（s）	平均速度（km/h）	NO_x 排放量（g）	HC 排放量（g）	CO 排放量（g）	CO_2 排放量（g）
9	2.97	439	24.36	2.45	0.14	6.03	293.81
10	2.97	436	24.50	3.55	0.17	7.82	374.00
平均值	2.97	491	21.87	3.66	0.17	8.86	399.20

将两次模拟计算结果转换为排放因子，如表 14-4 所示。

两次计算结果的对比　　表 14-4

项　目	行程时间	平均速度	NO_x 排放量	HC 排放量	CO 排放量	CO_2 排放量
模拟值 1	466s	23.12km/h	1.061g/km	0.052 9g/km	2.559g/km	122.148g/km
模拟值 2	491s	21.87km/h	1.233g/km	0.058 8g/km	2.985g/km	134.566g/km
变化趋势	+5%	+5%	+14%	+10%	+14%	+9%

由表 14-4 可以看出，当把路段的有信号协调控制调整为无信号协调控制后，各排放因子和行程时间都有所增加，平均速度下降；从而说明优化交通信号控制方案能够有效提高路段的运行状况，降低机动车的污染排放。

14.3.2.2　不同交通流量对排放的影响

交通流量是三大基本交通参数之一，是描述交通流特性最重要的参数之一。不同的交通流量将直接影响机动车在路段上的行驶速度，对机动车尾气排放也有着直接影响，为了比较不同交通流量对机动车排放的影响，本案例利用构建好的仿真平台对其进行分析。具体分析方法如下：首先，在现状信号配时情况下，将路段上所有进口的交通流量增加 20%，然后设置步长为 1，时长为 3 600s 开始仿真，当模拟完毕后得到路网中所运行每辆车的实时信息，经过对数据文件的整理分析，得到模拟时段内从西入口到东出口全程行驶的机动车信息，然后利用 VSP 变量建模方法计算得到整个路段上的排放，同时为了更好地减少误差，对该信号参数下的路段进行了 10 次模拟仿真。以同样的方法，将路段上所有进口的交通流量减少 20% 来进行模拟计算，仿真路段上增加流量（简称为模拟值 3）和减少流量（简称为模拟值 4）下的排放分别如表 14-5、表 14-6 所示。

利用 VSP 变量建模方法得出的模拟值 3　　表 14-5

次数	行驶距离（km）	行驶时间（s）	平均速度（km/h）	NO_x 排放量（g）	HC 排放量（g）	CO 排放量（g）	CO_2 排放量（g）
1	2.97	490	21.83	4.16	0.17	10.21	419.47
2	2.97	472	22.62	4.11	0.17	10.08	405.65
3	2.97	465	22.97	3.85	0.17	10.34	417.92
4	2.96	467	22.81	4.43	0.18	9.78	431.30
5	2.97	479	22.30	4.29	0.19	10.50	436.62
6	2.96	572	18.65	5.11	0.21	12.71	520.90

续上表

次数	行驶距离(km)	行驶时间(s)	平均速度(km/h)	NO_x 排放量(g)	HC 排放量(g)	CO 排放量(g)	CO_2 排放量(g)
7	2.97	561	19.03	5.35	0.21	12.97	525.16
8	2.97	546	19.61	3.85	0.18	9.85	422.55
9	2.97	561	19.03	4.59	0.22	12.37	485.46
10	2.97	524	20.41	3.21	0.18	8.95	398.22
平均值	2.97	514	20.93	4.30	0.19	10.78	446.33

利用 VSP 变量建模方法得出的模拟值 4 表 14-6

次数	行驶距离(km)	行驶时间(s)	平均速度(km/h)	NO_x 排放量(g)	HC 排放量(g)	CO 排放量(g)	CO_2 排放量(g)
1	2.96	387	27.52	0.543	0.063	2.427	155.439
2	2.97	328	32.55	0.595	0.057	2.236	140.979
3	2.97	396	26.97	0.632	0.057	2.273	143.634
4	2.96	387	27.51	0.821	0.059	2.372	153.055
5	2.96	382	27.86	0.628	0.057	2.225	142.854
6	2.97	367	29.10	0.703	0.057	2.269	145.405
7	2.96	355	30.02	0.665	0.056	2.226	140.640
8	2.96	347	30.74	0.758	0.063	2.603	159.070
9	2.96	330	32.34	0.694	0.054	2.147	137.894
10	2.95	333	31.94	0.871	0.063	2.687	160.377
平均值	2.96	361	29.66	0.691	0.059	2.347	147.935

将两次模拟计算结果转换为排放因子,如表 14-7 所示。

两次模拟值的对比 表 14-7

项　目	行程时间	平均速度	NO_x 排放因子	HC 排放因子	CO 排放因子	CO_2 排放因子
原有流量	466s	23.12km/h	1.061g/km	0.0529g/km	2.559g/km	122.148g/km
减少 20% 流量	361s	29.66km/h	0.23g/km	0.020g/km	0.793g/km	49.978g/km
变化趋势	-22.53%	+28.29%	-78.32%	-62.19%	-69.01%	-59.08%
增加 20% 流量	514s	20.93km/h	1.446g/km	0.063g/km	3.629g/km	150.278g/km
变化趋势	+10.3%	-9.47%	+36.29%	+19.09%	+41.81%	+23.03%

从表 14-7 可以看出,当路段流量增加 20% 后,行程时间比原来增加了 48s,平均速度降低了 9.47%,各排放物均有明显增加;当路段流量减少 20% 后,行程时间降低了 105s,平均速度提高了 28.29%,四种排放因子有了明显的降低,其减幅都超过了 50%,其中 NO_x 减幅最大,达到 78.32%,说明降低路段流量可以有效减少机动车的排放,因此有必要对一些特殊路段进行交通流量控制或者进行交通诱导来有效减少该路段交通量。

14.4 案例总结

本案例在总结与分析国内外相关研究现状的基础上，确定了本案例的研究内容，首先利用PEMS技术分别获取了线控路段和非线控路段上的排放数据，同时获得了线控路段各交叉口的信号配时和路段各进出口的流量数据，利用搭建的GIS数据分析平台对两条路段进行了排放特性分析对比；针对所收集的数据进行了VSP的特性分析，并确定了VSP Bin的划分方法；最后，针对线控路段建立了微观交通仿真平台，分析了路段不同信号配时和不同交通量下对机动车排放的影响。通过用构建的GIS分析平台对实测线控和非线控排放数据的对比分析，发现线控路段的HC和CO分别比非线控路段降低了50%、30%，而NO_x和油耗分别增加了10%，说明了对路段进行信号协调控制可以有效地减少HC、CO的排放。同时，本案例利用构建的微观仿真平台对线控路段进行了不同交通管理控制策略的排放分析，发现优化交通信号控制方案能够有效提高路段的运行状况，降低机动车的污染排放，同时，减少路段交通流量也可以有效减少机动车的排放，因此有必要对一些特殊路段进行交通量控制或者进行交通诱导来有效减少流量。

参 考 文 献

[1] YU L. Remote Vehicle Exhaust Emission Sensing for Traffic Simulation and Optimization Models [J]. Transportation Research Part D Transport & Environment, 1998, 3 (5): 337-347.

[2] FREY H C, ROUPHAIL N, UNAL A, et al. Emissions and Traffic Control: An Empirical Approach[C]. Proceedings of the CRC On-Road Vehicle Emissions Workshop. March 2000. San Diego, CA.

案例15：基于仿真的城市道路设置公交专用道对机动车尾气排放的影响评价

15.1 案例目标

现阶段，大力发展公共交通已成为解决城市交通拥堵和环境污染问题的有效途径，其中建设公共交通专用道是我国优先发展公共交通的一个重要组成部分。国内外多个城市设置公交专用道后，交通运行质量和服务水平均得到显著提高，但目前对公交专用道设置效果的评价大多是基于公交客运量、公交车辆的速度、公交车辆的正点率等因素。由于缺少实验条件和分析手段，设置公交专用道对交通环境所产生的影响，尤其是对尾气排放的影响，还多为简单的定性评价。

为了对公交专用道的设置效果进行全面的评价，除了分析传统的交通运行特性外，还有必要对不同设置方案所产生的尾气排放进行量化分析，从交通环境的角度对不同方案进行评价，这样可以从环境的角度优化公交专用道的设置，最大限度地减少机动车尾气排放。因此，本案例从尾气排放的角度评价公交专用道的设置效果，并为北京和国内其他城市拟建的公交专用道提供数据参考和技术经验,具有十分重要的现实意义。

15.2 方法设计

15.2.1 数据采集与处理

15.2.1.1 车载尾气监测技术与设备

数据采集过程中,采用了便携式尾气检测技术(PEMS)与全球定位系统(GPS,Global Positioning System)结合的方法,借助精确的时间作为切合点,把机动车尾气排放与行驶路段的真实工况一一对应,可以得到每秒机动车所在的地理位置、行驶工况及其相应的排放情况,可以根据路段的变化设定虚拟尾气包(bag),确定每个尾气包所代表工况的相应路段属性,然后按照路段等级将这些数据归类存档,录入数据库。这样就可以得到不同等级路段的行驶工况数据以及对应的尾气排放量,也可实现同时搜集机动车状况、尾气排放情况和机动车行驶工况数据,进而分析实测数据并建立尾气量化模型。

PEMS 实时尾气检测系统是一种基于车辆实际行驶工况的机动车车载尾气检测系统,能够方便地获取不同路段、不同车型、不同时段的尾气排放数据,安装快捷且测试精度高。目前,该技术中具有代表性的是美国 Clean Air Technologies International, Inc.(CATI)公司开发的车载尾气检测系统 OEM-2100。它由多成分尾气分析系统、全球定位系统(GPS)、内嵌计算机系统及发动机检测系统组成,可以测试出机动车每秒的发动机运行数据,车辆行驶速度、加速度,尾气排放浓度及绝对质量和燃料消耗量,并能记录车辆在路网中的行驶路线和地理位置,该设备能够检测车辆逐秒 NO_x、HC、CO、CO_2 和 PM 五种污染物的排放质量,以及相应的行驶和经纬度数据。该设备同移动式排放测试实验室相比,携带安装更为便捷;同美国 Sensor 公司开发的 SEMTECH-D 相比,则增加了 PM 这一柴油车主要污染物的检测,极为适于柴油公交车实际道路排放测试。

实验设备使用红外线分析仪分析 HC,使用分散红外线检测技术分析碳氧化合物 CO 和 CO_2,使用光化学法检测氮氧化物 NO_x,并使用激光散射技术检测 PM 颗粒物。同时,车载尾气检测系统通过车载电脑诊断系统 OBD 的接口,可以得到发动机及车辆运营的相关参数,如发动机转速、进气管压力、进气管温度、节气阀打开比例、开闭环标志以及车辆速度等。对于没有车载电脑检测系统的车辆,可以在发动机的相应位置使用传感器,同样可以得到计算尾气排放量所必需的发动机转速、进气管压力以及进气管温度。有触摸式显示屏显示瞬间尾气分析以及发动机检测的数据,并且可直观监测到以秒为单位的尾气排放量。车载尾气检测系统通过插入尾气管采样探针将收集到的尾气样本传输给本机,这些气体通过设置在设备内部的一组传感器分析得到排放污染物的浓度值。这些浓度值与通过发动机及车辆相关参数得到的尾气管气体排放速率相结合,得到污染物的瞬间绝对排放量。

15.2.1.2 排放数据收集

为了研究车载尾气排放数据的排放特性,本方法共选取 3 辆重型柴油车进行测试,测试车辆的具体信息见表 15-1。车辆 I 为北京祥龙公交公司运通 112 公交线路上的在用公交车,测试线路为“绿岛家园—史各庄”线路,全长约 44km。其余两辆测试车选取与北京市柴油公交车主要车型相似的重型柴油车，测试在设计好的固定环形路线上进行，该测试路线全长约50km，包括快速路、主干路、次干路、支路各等级道路，且长度比例与北京市实际路网中各等级道路的使用比例一致。

测试车辆基本信息　　表15-1

参　数	车　辆　Ⅰ	车　辆　Ⅱ	车　辆　Ⅲ
制造商	北京交通客车	上海申龙	郑州宇通
型号	BJK6102S	SLK6868F53	ZK6860HA
制造年份	1999年	2007年	2004年
整车质量（kg）	8 360	11 400	11 400
行驶里程（km）	195 452	56 665	200 528
发动机排量(L)	6.84	5.2	7.8
燃油类型	0号柴油	0号柴油	0号柴油
排放标准	国Ⅰ	国Ⅲ	国Ⅱ

在测试过程中，被测车辆严格按照规定路线正常行驶。试验线路为了尽可能获得具有工况多样性的数据，路线包含了北京市各等级的道路，循环测试里程共计250km。

15.2.1.3　排放数据处理

利用PEMS设备进行车辆尾气检测可收集到GPS数据、车辆的实时尾气排放数据、车辆的发动机数据等。如何从设备所获取的各种原始数据中剔除掉无效数据来获得研究所需的数据，对整个研究起着重要的作用。对原始数据的分析需要经过以下几个步骤：

(1)数据质量控制

原始数据的精确性因设备、传感器的延误等问题会受到影响，导致原始数据不能真实反映机动车的排放水平。因此，为了保证获得正确且有效的数据，为后面的数据分析提供可靠的基础，数据质量控制是很重要的一个环节。

对于PEMS设备，最主要的控制措施是对所收集的错误或丢失数据进行处理或者删除，比如删除掉速度值突变到200km/h等明显的坏值数据点，或者对几秒的数据缺失值进行平滑处理。因为这些坏值点所对应的排放值通常远远大于正常值，导致得到的结论相悖于实际情况，通过一些控制手段可以有效地提高数据质量。

(2)数据匹配

GPS系统记录了机动车每秒所处位置的经度、纬度、速度等信息，由于GPS与PEMS系统相互独立，其各自所得的数据的时间系统往往存在几秒误差，因此应通过必要的处理手段来使GPS的数据与OEM的排放数据相对应。

15.2.2　基于VSP的排放模型构建

首先，根据从交通仿真模型VISSIM中输出公交车和社会车辆在路网中实际运行的瞬时速度 v 和加速度 a，计算逐秒的VSP值；其次，对VSP Bin区间的划分和区间频率分布计算，同时得到对应区间内污染物的瞬时排放速率；最后，在得到VSP区间所对应排放速率及重型车和轻型车VSP区间频率分布后，采取以下步骤计算某时段内路网中总的污染物排放量 Q。

第一步,计算每个时段(每30min)内,路网中公交车和社会车辆每辆车行驶时排放的第 q 种污染物的总质量 Q_{kmb}^{q}:

$$Q_{kmb}^{q} = \sum_{i=1}^{t} f_{km}(p_i)_b \times R_{km}^{q}(p_i)_b \quad (15\text{-}1)$$

式中:Q_{kmb}^{q}——k 时段内路网中行驶的第 m 辆公交车的排放的第 q 种污染物排放量;

i——行程时间 ($i=1, 2, 3,\cdots, t$)(s);

p_i——第 i 秒时刻下的 VSP 值(kW/t);

q——相应的排放污染物,$q=1, 2, 3, 4$ 分别对应 NO_x,HC,CO 和 CO_2;

$f_{km}(p_i)_b$——k 时段内路网内行驶的第 m 辆公交车在第 i 秒时刻下 VSP 为 p_i 值的分布;

$R_{km}^{q}(p_i)_b$——k 时段内路网内行驶的第 m 辆公交车在第 i 秒时刻下 VSP 为 p_i 值分布时第 q 种污染物的排放速率。

$$Q_{kms}^{q} = \sum_{i=1}^{t} f_{km}(p_i)_s \times R_{km}^{q}(p_i)_s \quad (15\text{-}2)$$

式中:Q_{kms}^{q}——k 时段内路网中行驶的第 m 辆公交车的排放的第 q 种污染物排放量;

i——行程时间 ($i=1, 2, 3,\cdots, t$)(s);

p_i——第 i 秒时刻下的 VSP 值(kW/t);

q——相应的排放污染物,$q=1,2,3,4$ 分别对应 NO_x,HC,CO 和 CO_2;

$f_{km}(p_i)_s$——k 时段内路网内行驶的第 m 辆社会车在第 i 秒时刻下 VSP 为 p_i 值的分布;

$R_{km}^{q}(p_i)_s$——k 时段内路网内行驶的第 m 辆社会车在第 i 秒时刻下 VSP 为 p_i 值分布时第 q 种污染物的排放速率。

第二步,计算仿真时段内,路网中行所有公交车辆排放的第 q 种污染物的总质量 Q_{kb}^{q} 和所有社会车辆的第 q 种污染物的总质量 Q_{ks}^{q}:

$$Q_{kb}^{q} = \sum_{m} Q_{kmb}^{q} \quad (15\text{-}3)$$

式中:Q_{kb}^{q}——k 时段内路网中行驶的公交车辆排放的第 q 种污染物排放量。

$$Q_{ks}^{q} = \sum_{m} Q_{kms}^{q} \quad (15\text{-}4)$$

式中:Q_{ks}^{q}——k 时段内路网中行驶的公交车辆排放的第 q 种污染物排放量。

第三步,计算仿真时段内,路网中运行的所有车辆排放的第 q 种污染物的总质量 Q_{k}^{q}。

$$Q_{k}^{q} = \sum_{m} (Q_{kmb}^{q} + Q_{kms}^{q}) \quad (15\text{-}5)$$

15.2.3 公交专用道设置的交通仿真

15.2.3.1 交通仿真平台搭建

本方法的交通仿真建模将针对西三环研究路段进行仿真,具体为西三环紫竹桥至丽泽桥之间的三环路网及主要的东西向路网,因此需要搭建研究路段的基础仿真平台。

为了能够真实、细致地反映研究路网的交通状况,并且为搭建仿真平台提供基础数据,需对研究路段进行现场调研。根据调研结果汇总,并利用主要基础数据进行仿真平台的搭建:

(1)路网信息

所需要的路网信息主要包括所研究路网范围内路段的类型、路段的车道数、路段的自由流速度、路段的设计通行能力、路段的长度等。

(2)路段流量信息

路段流量信息指在调研期间路网中的各路段交通流量信息。

(3)公交运营组织信息

公交运营组织信息主要包括西三环主辅路公交站点的位置及站台长度、公交线路信息、发车间隔、停站时间等信息。

其中,路网信息、公交站点的位置、长度及公交线路信息和路段流量是构建仿真平台的基础;公交组织方案和路段流量及物理站台设置主要为仿真方案设计提供参考。

利用微观仿真软件 VISSIM 搭建仿真平台的基本过程如下:

(1)勾画研究路网

仿真平台搭建的第一步即是勾画西三环的基础路网。具体工作包括仿真路网范围的确定、仿真路段的筛选以及路段线形的勾画等。本方法选取北京市西三环交通走廊紫竹桥至丽泽桥段作为仿真区域,搭建西三环公交专用道设置方案测试平台。整体路网勾画完成,如图 15-1所示。

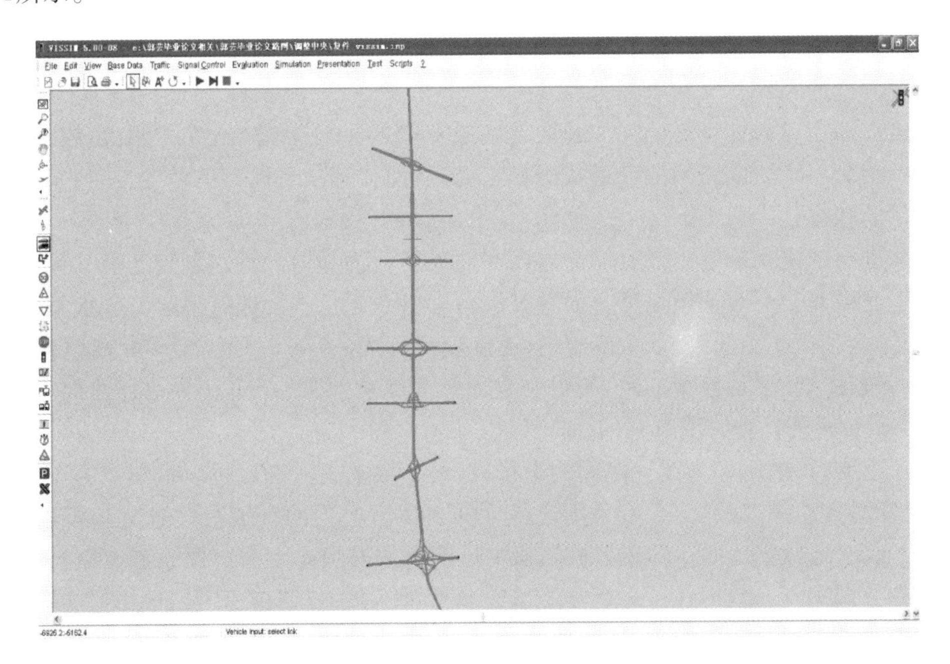

图 15-1　三环基础路网

(2)输入路段基本参数

画完研究区域的基础路网之后,需要输入每条路段以及节点的基本参数。其中路段的基本输入参数主要包括:路段的编号、路段的起始节点、路段的终止节点、路段的长度、自由流速度以及车道数等等。节点的输入参数则主要包括:节点的编号和类型(如吸引点、发生点等)。

(3)设置交通信号配时

在 VISSIM 中,交叉口信号是用信号控制机进行控制的,信号灯组是最小的控制单元。VISSIM 中的信号灯设置在每条车道的停车线处。遇到红灯的车辆将在信号灯/停车线后约

0.5m处停车。黄灯期间,如果车辆无法在停车线前安全停车,它将继续行驶通过交叉口。

研究路网区域内总共有30个入口,每个入口均要进行交通流量输入。在输入路网入口交通流量输入之前首先要定义路网的交通构成。交通构成是对进入VISSIM路网的每一股交通流构成的定义(车辆进入路网时的车速分布,通过标定获得)。

(4)整理输入文件并进行路网测试

整理VISSIM仿真所需要的输入文件并在VISSIM中进行路网的测试。在运行仿真路网过程中,系统会进行自动提示运行的情况以及运行过程中出现的错误。根据这些错误提示,进行路网的调整与完善。

(5)微观交通模型数据输出

VISSIM可以对路网的交通运行状况进行实时动画效果仿真评价,同时可以通过一系列评价指标进行定量分析和评价。由于微观仿真系统可以对每辆车的运行情况进行跟踪记录,因此不仅可以得到路网的各种常用评价指标,还可以根据评价需要,得到一些特殊的评价指标。系统将这些评价指标以文本形式输出,用户还可以根据自己的需要,确定在输出文件中输出哪些数据及其在输出文件中的排列顺序,根据本文需要,主要输出每辆车实时信息指标和行程时间指标。

15.2.3.2 交通仿真平台参数标定

交通仿真模型参数标定是确保交通仿真结果有效的重要手段。通过模型参数的标定,可以使其仿真结果与所研究路网的交通状况相吻合,从而提高仿真模型的精度,使仿真输出结果与实际测量的数据差异最小。

本方法进行的模型标定主要有期望速度和驾驶员行为参数。针对期望速度的标定主要有小汽车期望速度和公交车期望速度。而驾驶员行为参数标定主要包括10个,分别是消散前的等待换道时间、最小车头间距、最大减速度、速度变化率为$-1m/s^2$所需要的距离、可接受的减速度、最大前视距离、平均停车间距、期望安全距离的加法部分、期望安全距离的乘法部分、停车和以50km/h速度行驶时两车间的横向距离。

由于在道路行驶畅通时,车辆之间的干扰较少,车辆的行驶速度可以近似作为车辆的期望速度,所以针对期望速度的标定,宜采用道路行驶通畅情况下的车辆行驶速度数据进行标定。主要通过既有交通数据(如浮动车数据)和实际调研数据两方面来实现标定。

对既有数据和调研数据进行分析和质量控制后,能够获得期望速度的最小值、最大值和各速度段的速度比例。将其输入到VISSIM中,得到小汽车期望速度分布曲线。

15.3 方法应用

15.3.1 公交专用道设置的排放总量及其对比分析

排放总量即为一段时间内各污染物的排放总质量,是评价道路累计污染程度的重要参数,单位一般为千克(kg)或者吨(t)。本案例对西三环研究路段仿真时段中7:30~8:30排放的NO_x、HC、CO、CO_2、PM总量进行计算后,分别得到公交车和社会车辆各污染物的排放总量,如图15-2和图15-3所示。

由图 15-2 可以看出：路网中的公交车在设置公交专用道后各污染物的排放总量均有所减少。设置中央式公交专用道后车辆的尾气排放总量少于路侧式公交专用道，这是由于设置中央式公交专用道后，公交车的运行相对独立、顺畅、社会车辆对公交车的运行干扰减少，车流交织情况减少，因此降低了各污染物的排放总量。

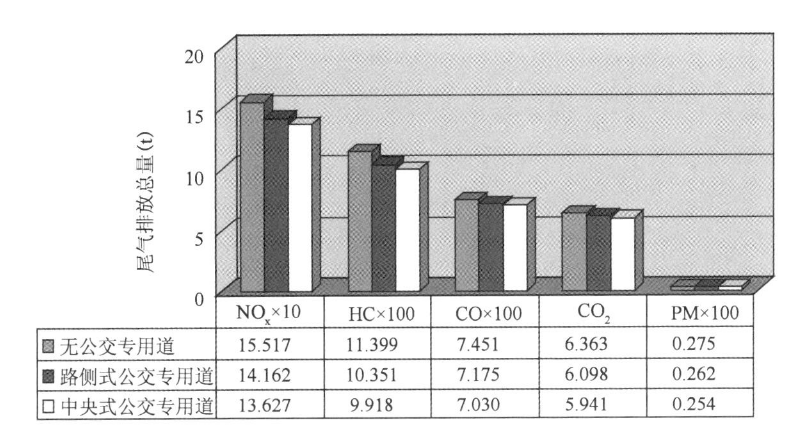

	NO_x×10	HC×100	CO×100	CO_2	PM×100
无公交专用道	15.517	11.399	7.451	6.363	0.275
路侧式公交专用道	14.162	10.351	7.175	6.098	0.262
中央式公交专用道	13.627	9.918	7.030	5.941	0.254

图 15-2　公交车尾气排放总量

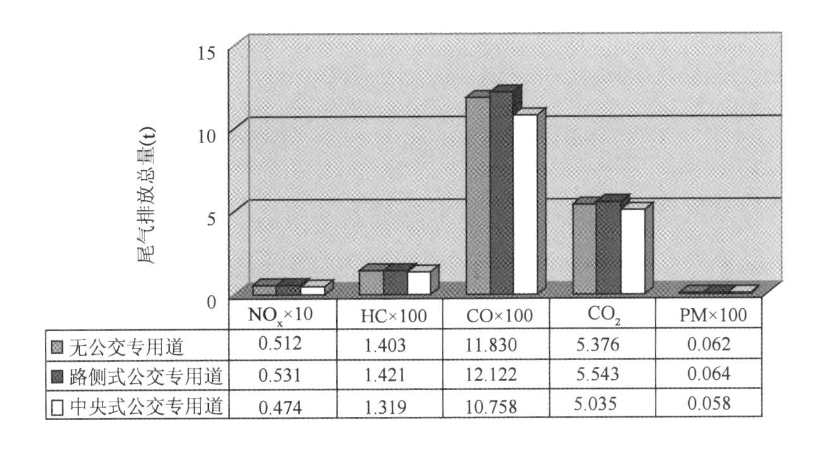

	NO_x×10	HC×100	CO×100	CO_2	PM×100
无公交专用道	0.512	1.403	11.830	5.376	0.062
路侧式公交专用道	0.531	1.421	12.122	5.543	0.064
中央式公交专用道	0.474	1.319	10.758	5.035	0.058

图 15-3　社会车尾气排放总量

由图 15-3 可以看出：路网中的社会车辆在设置中央式公交专用道后各污染物的排放总量均有所减少，而在设置路侧式公交专用道后各污染物的排放总量却有部分升高。设置路侧式公交专用道后，NO_x 排放总量比无公交专用道时增加 1.9kg、HC 排放总量增加 0.18kg、CO 排放总量增加 2.92kg、CO_2 排放总量增加 167kg、PM 排放总量增加 0.02kg。造成以上结果的原因在于路侧式公交专用道受路网中出入口交织影响较大，车辆的行驶独立性不如中央式公交专用道好，公交车辆和社会车辆在主路和辅路之间行驶及出入主辅路行驶时相互干扰增大，加减速频繁，从而导致尾气排放总量增加。

根据以上计算可得到路网中全部车辆的尾气排放总量，具体如图 15-4 所示。

由图 15-4 可以看出，对于全路网而言，设置公交专用道后，尾气排放均有明显改善。其中，设置中央式公交专用道后车辆的尾气排放总量最小，NO_x 的排放总量为无公交专用道时的

87.97%，HC 排放总量为无公交专用道时的 87.77%，CO 为无公交专用道时的 92.26%，CO_2 为无公交专用道时的 93.49%，PM 为无公交专用道时的 92.71%。同时，设置中央式公交专用道相对于路侧式公交专用道时的尾气排放量也有所减少，其中，NO_x 排放总量减少了 59.2kg、HC 排放总量减少了 5.35kg、CO 排放总量减少了 15.09kg、CO_2 排放总量减少了 665kg、PM 排放总量减少了 0.14kg。以上排放总量减少的原因在于，设置公交专用道后，公交车辆和社会车辆的行驶交织和干扰相对减少，运行速度得到提高，减少了急加速、急减速等造成大量尾气排放的行驶工况。由以上排放总量的分析可以说明，设置公交专用道能够有效改善路段的运行状况、降低污染排放。

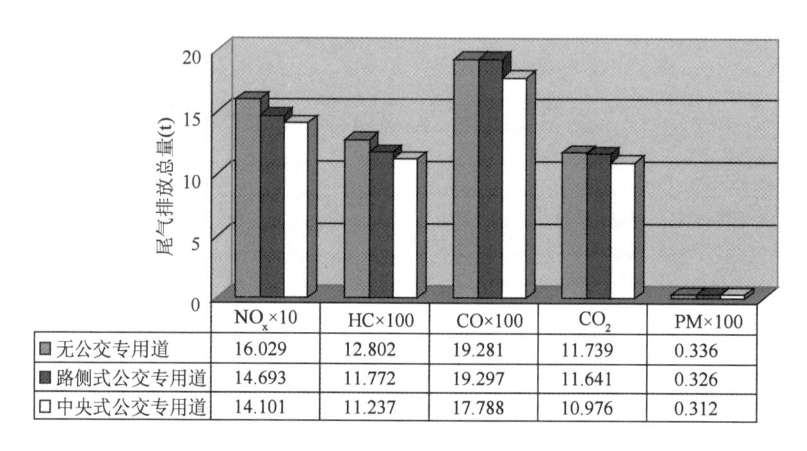

	NO_x×10	HC×100	CO×100	CO_2	PM×100
无公交专用道	16.029	12.802	19.281	11.739	0.336
路侧式公交专用道	14.693	11.772	19.297	11.641	0.326
中央式公交专用道	14.101	11.237	17.788	10.976	0.312

图 15-4　仿真方案对路网尾气排放的影响

15.3.2　公交专用道设置后各时段排放强度及其对比分析

为了更加详细地比较公交专用道的不同设置方案对尾气排放强度的影响，本案例按照 30min 为时间间隔对不同仿真时段进行排放强度的分析。

排放强度即为单位距离各污染物的排放量，是评价道路污染水平的重要参数，单位一般为 g/km 或者 g/m。

首先按照车辆类型分别进行公交车和社会车辆的排放强度分析。公交车辆在各仿真时段内的污染物排放强度如图 15-5 ~ 图 15-9 所示。

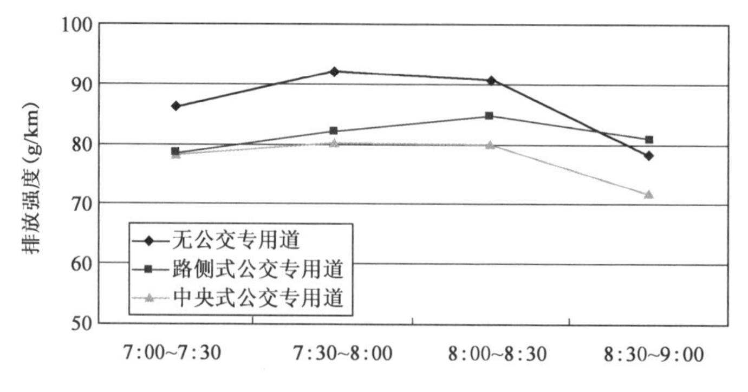

图 15-5　路网中各时段公交车 NO_x 的排放强度

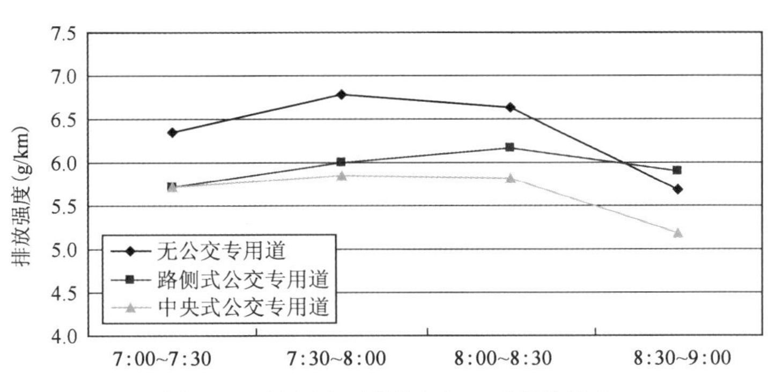

图 15-6　路网中各时段公交车 HC 的排放强度

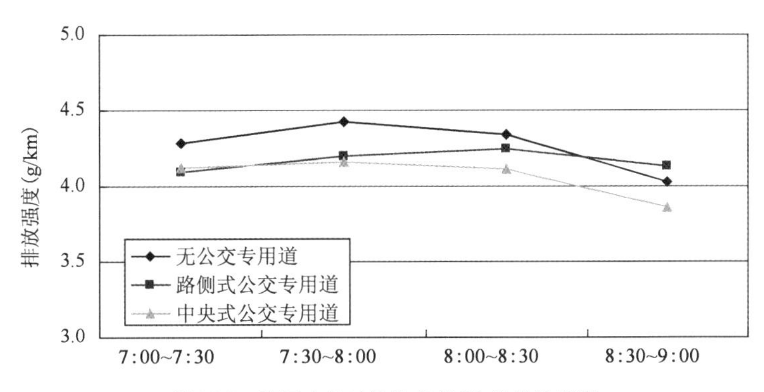

图 15-7　路网中各时段公交车 CO 的排放强度

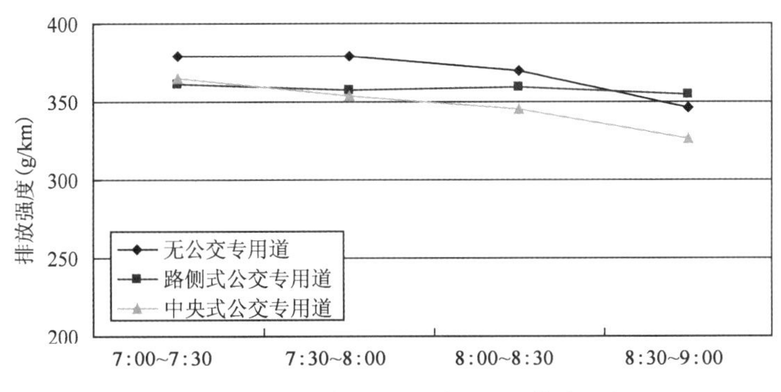

图 15-8　路网中各时段公交车 CO_2 的排放强度

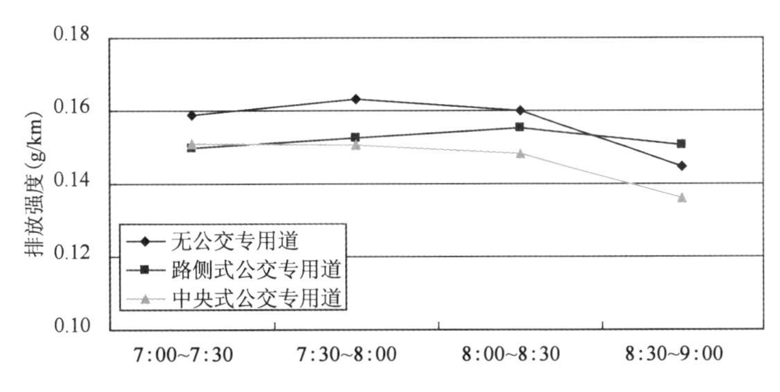

图 15-9　路网中各时段公交车 PM 的排放强度

由图 15-5 ~ 图 15-9 可以看出，仿真路网中各污染物在各时段的排放强度变化趋势较为一致，均是由仿真起始阶段开始逐渐上升达到最大值后再逐渐降低。无公交专用道时大约在 7:30 ~ 8:00 达到峰值，路侧式公交专用道排放强度大约在 8:00 ~ 8:30 达到峰值，中央式公交专用道各污染物排放强度在 7:30 ~ 8:00 达到峰值。

设置中央式公交专用道后排放强度的变化趋势最为明显，另外，在仿真时段内设置中央式公交专用道后的排放强度平均值均低于路侧式公交专用道和无公交专用道。

社会车辆在各仿真时段内的污染物排放强度如图 15-10 ~ 图 15-14 所示。

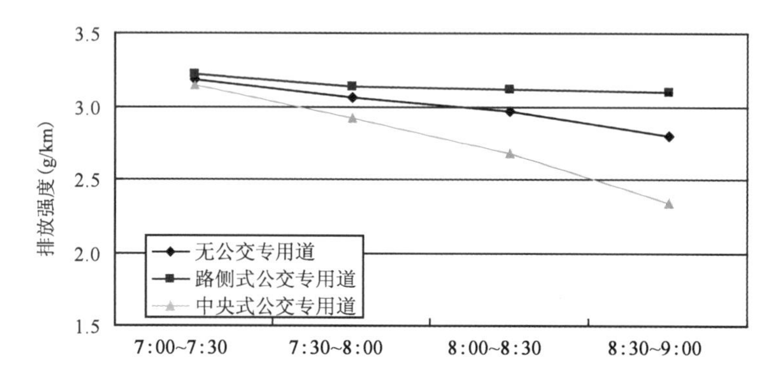

图 15-10　路网中各时段社会车 NO_x 的排放强度

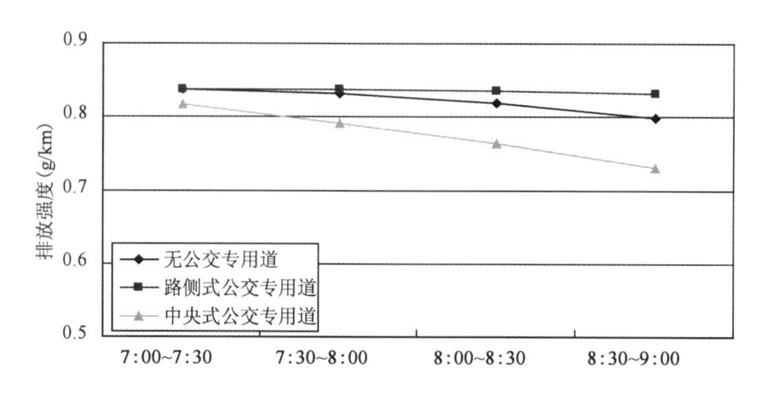

图 15-11　路网中各时段社会车 HC 的排放强度

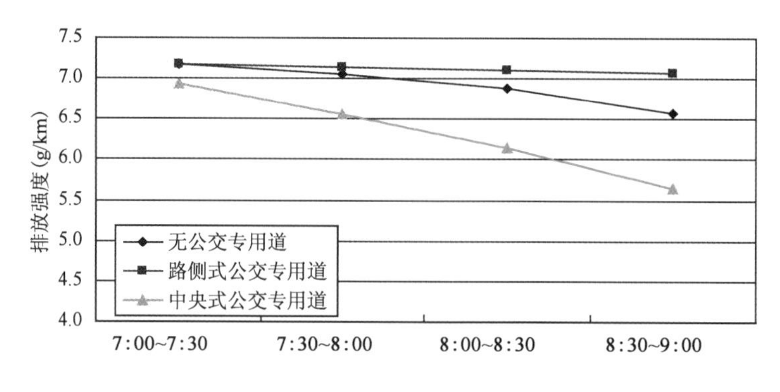

图 15-12　路网中各时段社会车 CO 的排放强度

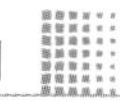

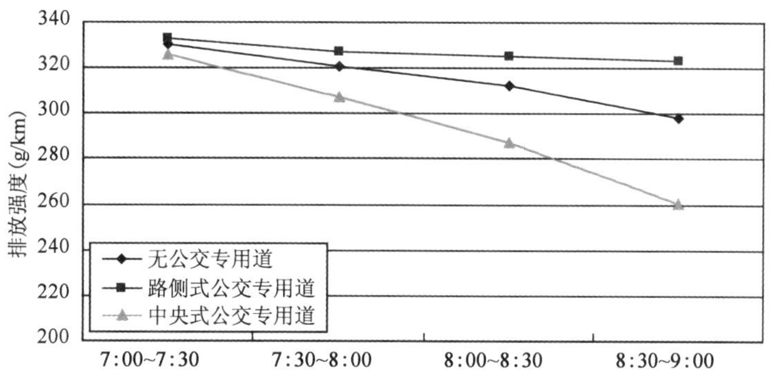

图 15-13 路网中各时段社会车 CO_2 的排放强度

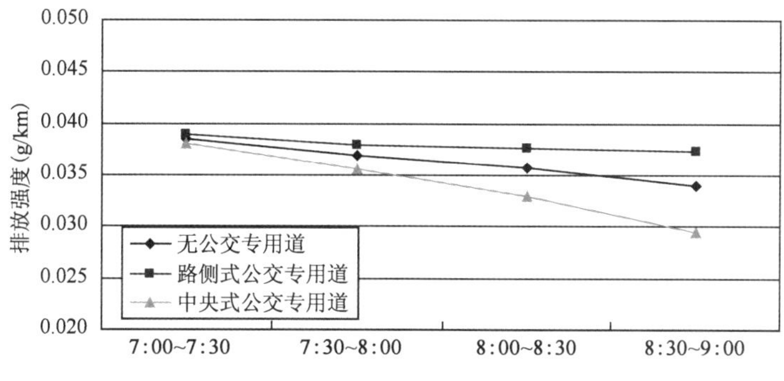

图 15-14 路网中各时段社会车 PM 的排放强度

由图 15-10 ~ 图 15-14 可以看出,仿真路网中各污染物在各时段的排放强度变化趋势与公交车辆的排放强度变化趋势大致吻合,均是由仿真起始阶段开始逐渐上升达到最大值后再逐渐降低。

但是值得一提的是,对于社会车辆而言,路侧式公交专用道各污染物在各时段的排放强度均大于无公交专用道和中央式公交专用道时的排放强度。这与上一节中针对排放总量的分析保持一致,主要原因在于设置路侧式公交专用道后,社会车辆在路网中受出入口影响较大,独立性较差,车辆加减速频繁,从而导致尾气排放强度增加。

其次对路网中全部车辆进行排放强度分析,各污染物的排放强度如图 15-15 ~ 图 15-19 所示。

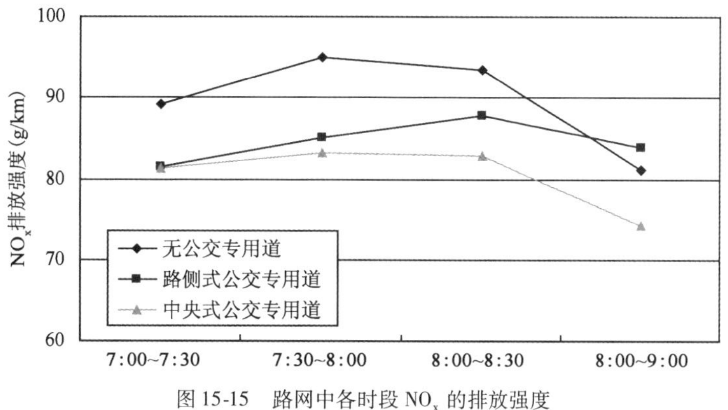

图 15-15 路网中各时段 NO_x 的排放强度

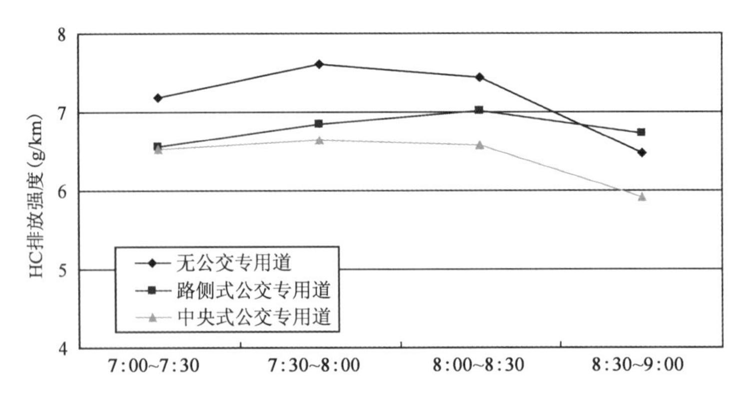

图 15-16　路网中各时段 HC 的排放强度

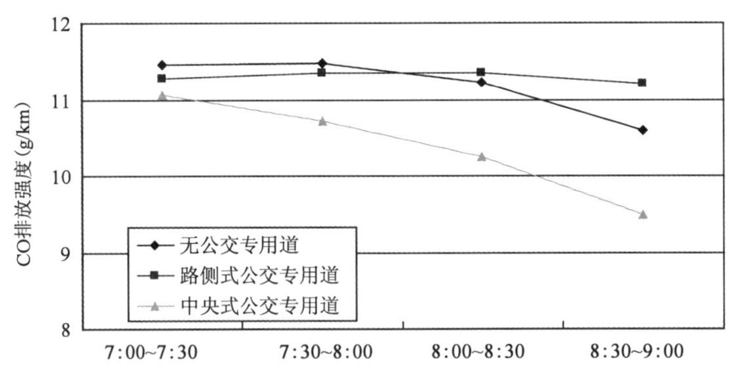

图 15-17　路网中各时段 CO 的排放强度

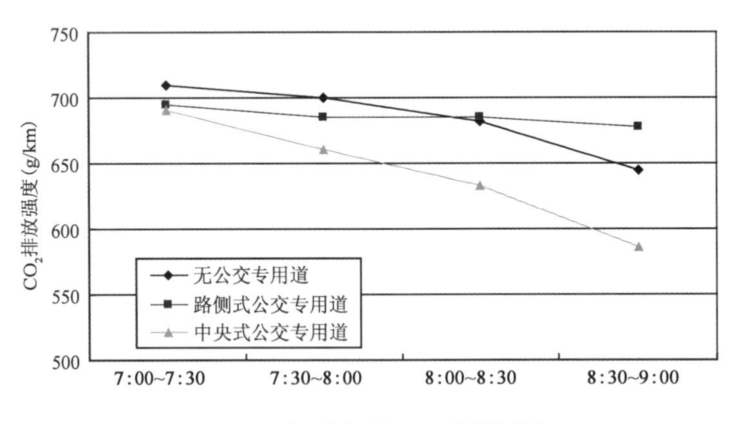

图 15-18　路网中各时段 CO_2 的排放强度

由图 15-15 ~ 图 15-19 可以看出，仿真路网中各污染物在各时段的排放强度变化趋势与公交车及社会车辆的变化趋势大致吻合，均是由仿真起始阶段开始逐渐上升达到最大值后再逐渐降低。其中，无公交专用道时，各污染物排放强度大约在 7:30 ~ 8:00 期间达到峰值。在设置路侧式公交专用道后，NO_x、HC、CO 和 PM 排放强度大约在 8:00 ~ 8:30 期间达到峰值，CO_2 排放强度在 7:00 ~ 7:30 达到峰值，但各污染物的峰值比无公交专用道时的峰值均有所下降，以 HC 排放强度下降幅度最大,为 7.98%。设置中央式公交专用道后,各污染物排放强度也均有较大幅度下降,下降幅度比设置路侧式公交专用道时稍大,其中 NO_x 和 HC 排放强度下降幅度较大,分别较无公交专用道时下降了 12.56% 和 13.64%。以上分析表明设置公交专用道后能够改善路网中全部车辆的排放强度,降低道路污染水平。

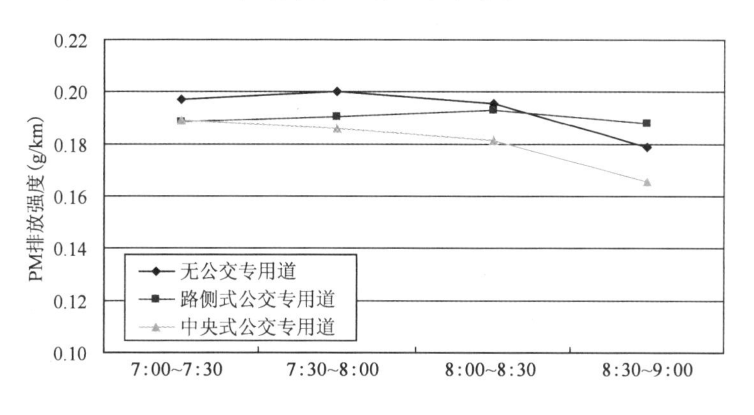

图 15-19 路网中各时段 PM 的排放强度

研究路段设置公交专用道后,路网中各污染物的排放强度随着时间的推进升高,在7:30 ~ 8:30 达到尾气排放峰值,8:30 尾气排放开始缓解。公交车在早高峰 8:00 左右达到尾气排放峰值,社会车辆的排放强度则随着时间的推进而逐步缓解。

此外,通过分车型对各时段的排放强度进行分析后发现,公交车辆和社会车辆的排放物在不同时段的变化趋势较为一致。对于公交车辆来说,在各个仿真时段内,设置中央式公交专用道后的排放强度均低于路侧式公交专用道和无公交专用道时的排放强度。对于社会车辆而言,不同方案之间的结果略有不同。设置路侧式公交专用道时的排放强度均高于无公交专用道和中央式公交专用道时的排放强度。总结对比这两种不同车型的排放强度,设置中央式公交专用道时的排放强度总为最优,均低于其他两种方案。对路网中全部车辆的分析结果也表明设置中央式公交专用道后的排放强度最小,均优于其他两种方案。

15.3.3 公交专用道设置的典型桥段排放强度及其对比分析

前文中分别针对仿真路网的排放总量和各时段的排放强度进行了分析计算,本案例中将针对路网中的典型桥段进行分析。

根据 2008 年 9 月 9 日、2008 年 10 月 7 日和 2008 年 10 月 8 日调研结果以及仿真方案设置情况,选取紫竹桥至航天桥(桥段一)、新兴桥至莲花桥(桥段二)和六里桥至丽泽桥(桥段三)三个桥段进行排放强度分析。

根据不同车辆类型对三个桥段的排放强度进行分析,分别计算分析公交车和社会车辆在不同公交专用道设置方案下各个桥段的排放强度。

结果显示,各污染物在桥段二的排放强度最高,桥段三次之,桥段一最小。造成以上结果是因为桥段二设置了公交线路的出入口、该桥段流量较大、车辆交织情况较为严重;桥段三公交线路较为集中,车流量不大;桥段一无公交线路出入口,车流量最小,数据汇总见表 15-2。

机动车在各桥段污染物排放强度　　表 15-2

项目	排放强度(g/km)	各桥段			桥段二相对桥段一增幅	桥段二相对桥段三增幅
		桥段一	桥段二	桥段三		
无公交专用道	NO_x	873.15	1 538.89	946.39	43.26%	38.50%
	HC	70.32	123.27	76.14	42.95%	38.23%
	CO	97.35	181.81	115.53	46.46%	36.46%
	CO_2	5 975.79	10 979.95	6 720.63	45.58%	38.79%
	PM	1.75	3.16	1.95	44.50%	38.16%
路侧式公交专用道	NO_x	694.15	1 433.95	907.85	51.59%	36.69%
	HC	56.30	116.51	73.30	51.68%	37.08%
	CO	95.28	194.23	117.16	50.94%	39.68%
	CO_2	5 538.58	11 399.64	6 793.31	51.41%	40.41%
	PM	1.54	3.20	1.96	51.93%	38.76%
中央式公交专用道	NO_x	503.26	1 263.64	912.43	60.17%	27.79%
	HC	40.19	101.27	73.75	60.32%	27.17%
	CO	79.87	159.45	115.04	49.91%	27.85%
	CO_2	4 617.24	9 789.18	6 827.53	52.83%	30.25%
	PM	1.17	2.83	2.06	58.60%	27.16%

其中,各排放物在桥段二的排放强度相对于桥段一增长幅度较大,设置中央式公交专用道后污染物 HC 的排放强度增长幅度达到最大,为 60.32%。无公交专用道时 HC 的排放强度增幅最小,为 42.95%;桥段二相对于桥段三来讲排放强度也有所增长,设置路侧式公交专用道时 CO_2 的排放强度增长幅度最大,达到 40.41%。设置中央式公交专用道后 PM 的排放强度增幅最小,为 27.16%。

从表中还可以看出,各桥段设置公交专用道后的排放强度均有所下降。中央式公交专用道的排放强度大多优于路侧式公交专用道,这与 15.5.2.1 节中排放总量的分析也较为一致,尤其以桥段一较为明显。但也不能忽略设置中央式公交专用道后桥段三的 CO_2 和 PM 排放强度略高于其他方案的最大排放强度,分别比路侧式公交专用道时增长 34.22g/km 和 0.10g/km,比无公交专用道时增长 106.90g/km 和 0.11g/km。

综上所述,对公交专用道的不同设置方式进行仿真及数据分析可知,对于公交车辆而言,设置中央式公交专用道后各污染物的排放总量最小,路侧式公交专用道次之,无公交专用道时的污染物排放总量最大。设置路侧式公交专用道后的社会车辆的排放总量略高,无公交专用道时次之,中央式公交专用道最小。路网内全部车辆排放总量变化趋势与公交车辆的排放总量变化趋势一致,由此可以得到设置公交专用道有助于减少路网中车辆的尾气排放情况,提高车辆行驶特性,改善交通环境。同时,由于公交线路出入口分布、车流交织及车流量大造成桥段二排放强度最高,也可说明合理布设公交线路出入口、较少车辆交织有利于改善公交专用道的使用状况。

通过对研究路段不同时段及典型桥段进行尾气排放强度分析后发现,公交专用道的不同布设方案对社会车和公交车的尾气排放存在较大影响。总体上来说,设置中央式公交专用道和路侧式公交专用道后路网中车辆的尾气排放强度均比无公交专用道时减少,设置中央式公交专用道后路网中全部车辆的排放强度最小,路侧式公交专用道次之,无公交专用道时最小。从以上分析可以得出:设置中央式公交专用道和路侧式公交专用道能够改善路网中的尾气排放强度和各桥段的尾气排放总量,其中,中央式公交专用道优于路侧式公交专用道。同时还应该注意高峰时段尾气排放强度较大,可采取合理的交通引导及管理策略减少交通拥堵。此外,还应该合理布设公交线路出入口及调整公交线路,保障公交专用道的实施效果,从而使路网中的车辆顺畅行驶,减少尾气排放,改善交通环境。

15.4　案例总结

本案例利用 PEMS 技术获取了研究路段的排放数据,并基于实测数据进行测试路线及单车的排放特性分析;针对所收集的数据进行 VSP 特性分析及 VSP Bin 划分,并对各对应区间进行尾气排放率分析,构建基于 PEMS 实测数据和 VSP 变量的尾气排放模型;接着针对研究路段建立了微观交通仿真平台,利用 VISSIM 输出的瞬时速度和加速度分析得到 VSP 分布规律,从而实现交通仿真与尾气模型的有效衔接;最后通过设计不同的公交专用道设置方案进行交通仿真,分析路网中各污染物的排放总量、不同时段及不同桥段的排放强度变化规律,评价公交专用道不同设置方案对机动车尾气排放的影响。

参考文献

[1] 裴文文,于雷,杨方,等. 北京市机动车行驶周期的建立方法研究 [J]. 交通环保, 2004, 25 (3) : 17-20.

[2] JOHNSON K C, DURBIN T D, COCKER D R, et al. On-Road Evaluation of a PEMS for Measuring Gaseous In-Use Emissions from a Heavy-Duty Diesel Vehicle[J]. 2008,1(1):200-209.

[3] VOJTISEK-LOM M, COBB J T. Vehicle Mass Emissions Measurement Using a Novel Inexpensive On-Board Portable System [R]. Proceedings of the 8th CRC On-Board Vehicle Emissions Workshop, San Diego, CA, USA, 2001.

[4] COCKER D R, SHAH S D, JOHNSON K, et al. Development and Application of a Mobile Laboratory for Measuring Emissions From Diesel Engines Regulated Gaseous Emissions [J]. Environmental Science & Technology, 2004, 38 (7): 2182-2189.

[5] 潘汉生,陈长虹,景启国,等. 轻型柴油车排放特征与机动车比功率分布的实例研究[J]. 环境科学学报,2005,25(10):1307-1313.

[6] 杨亮,庄严. 公交优先及公交车发展专题之一:国内历史上最大的一次公交车招标给北京带来了什么? [J]. 商用汽车,2005,(5):33-35.

[7] 裴文文,于雷,杨方,等. 北京市机动车行驶周期建立方法研究[J]. 交通环保,2004,25(3):20-23.

[8] 孙剑,杨晓光. 微观交通仿真模型系统参数校正研究——以 VISSIM 的应用为例[J]. 交通与计算机,2004,22(3):3-6.

案例16:基于实测数据的公交专用道对交通排放的影响分析

16.1 案例目标

近年来,交通拥堵现象频繁发生,同时导致机动车在怠速、低速、急加速和急减速等非稳定行驶状态下的时间增加,机动车污染物排放增加。机动车排放已成为北京市大气环境的重要污染源。为缓解城市交通拥堵和减少机动车污染物的排放,交通管理者采取了各种治理措施。其中,大力发展公共交通是一种效率高,且得到众多交通工作者认可的措施。设置公交专用道这种方法,因其实施费用少,且效果显著等特点,而被广泛使用。

为全面评价公交专用道的设置效果,除了分析机动车的运行特性外,还需要从机动车能耗和排放角度分析公交专用道的设置效果。尤其是在环境问题受到广大民众关注的今天,交通排放影响分析显得尤为重要。

本案例从交通环境角度对其设置效果进行评价。梳理交通行业不同领域的交通运行及管理特征,为交通行业的机动车排放测算模型的构建提供数据基础。同时,建立城市道路交通流参数与能耗排放的耦合模型,实现从能耗排放角度对交通需求管理政策及微观交通管理政策进行分析评价,为典型交通政策、交通管理控制措施的节能减排效果评价提供关键参数和技术方法支撑。

16.2 方法设计

16.2.1 公交专用道的设置对交通排放的影响因素分析

为评价公交专用道的设置对机动车油耗和尾气排放的影响,需先分析设置公交专用道会带来哪些影响交通排放的因素。

16.2.1.1 对公众出行行为影响

公交专用道开通后,公交车由于具有专用路权,其在专用道内的运行效率得到提高,从而吸引更多的公众选择公交车出行,进而导致选择私家车出行的乘客减少,社会车流量降低。

16.2.1.2 对驾驶行为影响

公交专用道开通前,公交车和社会车在道路上混行。在行驶过程中由于公交车和社会车不停地变换车道,导致公交车运行速度降低,急加速和急减速的频率升高。公交专用道开通后,公交车具有专用路权,运行速度增加,并且公交车与社会车只在进出公交专用道时进行交织,交织区减小,从而因交织引起的急加速和急减速的频率降低。社会车由于公交专用道的设置,能够使用的车道数减少,社会车运行速度可能会下降。

16.2.1.3 稳定性指标求解

公交专用道的设置会影响公交车和社会车的流量。然而流量的变化会影响路段排放强度,即路段上单位里程内所排放的污染物的质量(单位:g/km)。若路段上车辆排放因子一定

时，路段上车辆流量增加，路段排放强度增加；路段上车辆流量降低，路段排放强度降低。

公交专用道的设置会影响车辆的速度和加速度，即车辆行驶工况。公交车 VSP 计算方法见公式（16-1），VSP 区间划分方式见表 16-1。

$$VSP = v \times (a + 0.09199) + 0.000169 \times v^3 \tag{16-1}$$

式中：VSP——机动车比功率（kW/t）；

v——机动车速度（km/h）；

a——机动车加速度（m/s^2）。

VSP 区间划分方式　　表 16-1

VSP 区间	机动车速度 v（km/h）	机动车加速度 a_t（m/s^2）	VSP Bin
制动		$a_t \leq -0.9$	0
怠速	[-1.6,1.6)	$a_t > -0.9$	1
(-∞,0)	[1.6,40)	—	11
[0,3)			12
[3,6)			13
[6,9)			14
[9,12)			15
[12,+∞)			16
(-∞,0)	[40,80)		21
[0,3)			22
[3,6)			23
[6,9)			24
[9,12)			25
[12,15)			26
[15,18)			27
[18,24)			28
[24,30)			29
[30,+∞)			30
(-∞,6)	[80,+∞)		33
[6,12)			35
[12,18)			37
[18,24)			38
[24,30)			39
[30,+∞)			40

从图 16-1 可以看出，不同 VSP 区间下，CO_2 排放率和油耗率相差很大。

因此，公交专用道的设置会影响公交车和社会车的流量、速度和加速度，进而影响其排放因子和排放率。

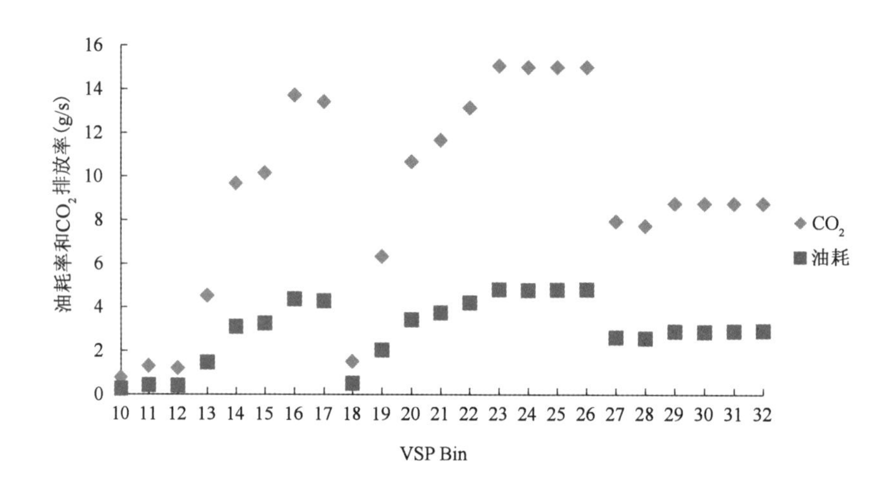

图 16-1　公交车 CO_2 排放率和油耗率

16.2.2　机动车运行工况和排放数据采集及质量控制

16.2.2.1　数据采集

本案例中用到的数据有速度、流量数据,排放数据,机动车工况数据等。

依托浮动车(FCD,Floating Car data)交通信息采集系统、远程交通微波传感器(RTMS,Remote Traffic Microwave Sensor)和人工调查方法,获取机动车速度和流量数据。

常用的尾气排放测试方法有四种:底盘测功机测试法、隧道测试法、室外遥感测试法和车载尾气检测法。本案例中,公交车车载测试,利用 PEMS 设备,按照规定路线进行测试,保存逐秒工况和排放数据。社会车台架测试,将车辆按照 NEDC(New European Driving Cycle,欧洲车辆测试的行驶周期)工况进行测试。

机动车的行驶工况数据是考察其特定环境下排放的主要依据。典型的机动车行驶工况数据应包括时间、速度、道路类型等字段。为获取机动车行驶工况数据,本案例选择多条线路作为采集对象。以手持式 GPS 为采集仪器,采集机动车高峰和平峰、周末和工作日的工况数据。图 16-2 为本案例采集的机动车行驶工况数据在 GIS 中道路的匹配图。图中灰色部分为北京市路网底图,深色部分为所获取的机动车工况数据在 GIS 中的匹配情况。所采集的机动车工况数据覆盖北京市不同的区域,如二环、三环、四环和放射线等;覆盖不同道路类型,如快速路、主干路、次干路和支路等。

16.2.2.2　机动车排放数据质量控制

获取机动车原始排放数据时,需要先对数据质量进行检验,包括检验逐秒排放数据的单位、数据的连续性、速度与排放物数据的完整性等。具体检验过程如下:

(1)检验排放物数据单位

在机动车尾气排放测试中,实验设备输出的排放物数据结果包括单位时间浓度、单位时间质量等多种形式。由于本案例所需排放物的单位为单位时间质量,即克每秒(g/s),所以需检验所获得的排放物数据的单位。若排放物浓度不是单位时间质量,则可以通过测试设备再次输出单位时间质量数据。

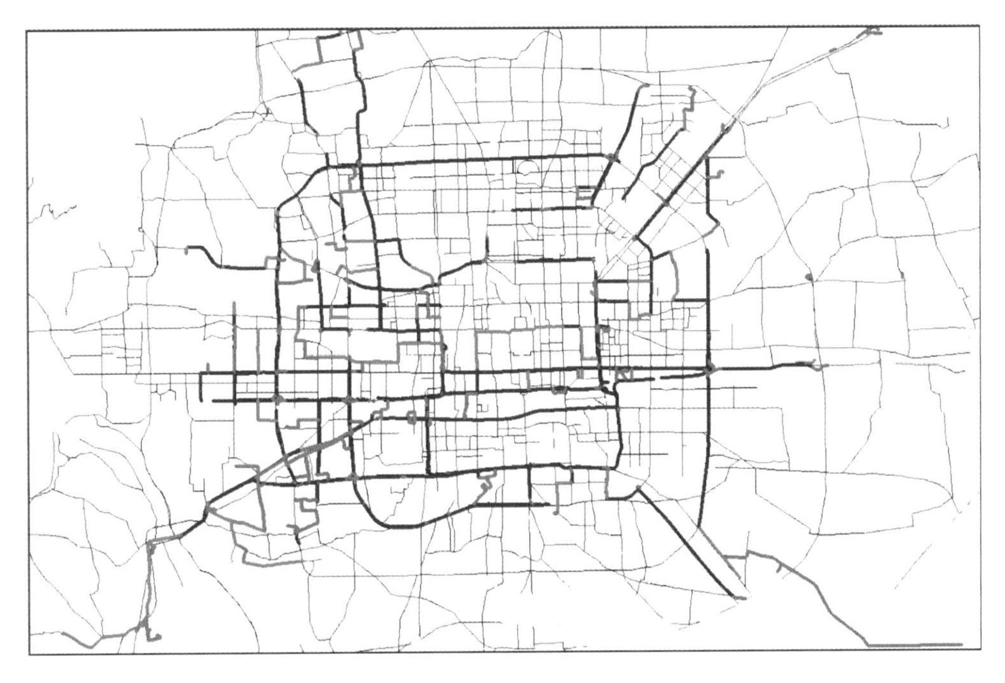

图 16-2　动车工况数据 GIS 匹配图

(2)检验 GPS 数据连续性

由于 GPS 设备缺陷和测试过程中不确定因素的影响,逐秒的排放数据会出现断秒的情况,即一秒或几秒的数据缺失。为保证排放数据的连续性,需对 GPS 数据进行连续性检验。

(3)检验数据完整性

逐秒地检查数据的完整性,查看每一秒数据是否完整,速度和排放数据是否缺失,对缺失的数据条目进行标记。不完整的条目不参与后续排放率的计算。

(4)检验测试车辆信息

检查测试车辆的信息,包括:车辆编号、车牌号码、测试日期、生产日期、行业、车重、排放标准、燃油类型、行驶里程、测试方法和数据量等。

(5)检验数据时间匹配

提取原始排放数据中速度和 CO_2 数据,绘制速度—CO_2 折线图。检查机动车起动点(速度从 0 开始加速的点)与 CO_2 排放产生点是否在同一时间。通常车辆起动时,速度开始大于 0 的点与 CO_2 排放开始增加的点不在同一时间点上。即速度记录时间与排放记录时间匹配不完全对应,而是存在一定偏差。

16.2.2.3　机动车工况数据质量控制

工况数据的实际采集过程中,由于受数据采集仪器的精度和实际道路交通条件的影响,采集获取的行驶工况数据会存在一些问题。为提高工况数据质量,需对所获取的原始工况数据进行质量控制。

首先要检查数据完整性，具体调整内容如下：

(1)赋值空白字段。

(2)补齐时间缺口数据。

(3)补齐道路类型字段。

(4)筛选完整数据。

在获取各字段完整的行驶工况数据的基础上，为获取可用的行驶工况数据，需处理行驶工况数据的连续性。

(1)判断工况数据逐秒的连续性。

(2)划分平均速度区间。

表16-2为各道路类型的平均速度区间长度。可以看出，非快速路速度区间长度为180s。选择180s作为非快速路区间长度是出于对非快速路基本路段长度及交叉口信号周期的综合考虑。180s既包括机动车在基本路段上的行驶特征，又包括其在交叉口的行驶特征。

各道路类型的平均速度区间长度 表16-2

道路类型	单位平均速度区间长度(s)	道路类型	单位平均速度区间长度(s)
快速路	60	次干路	180
主干路	180	支路	180

实际数据中，如果具体的时间连续区间长度小于相应的道路类型的平均速度区间长度，则这一连续时间区间的工况数据将不参与后续的计算。即只有连续时间区间长度大于平均速度区间长度的数据才会被保留，参与后续的计算。然而这些筛选出来的连续时间区间并不总是单位平均速度区间长度的整数倍(如快速路的每个连续时间区间长度并不总是60s、120s、180s……)，对于整数倍平均速度区间长度之外的剩余数据，将其并入到最后一个整数倍平均速度区间里。例如：一个长度为207s的快速路的连续时间区间，可以将其划分为3个平均速度区间，长度分别为60s、60s、87s。平均速度划分区间示例，见图16-3。

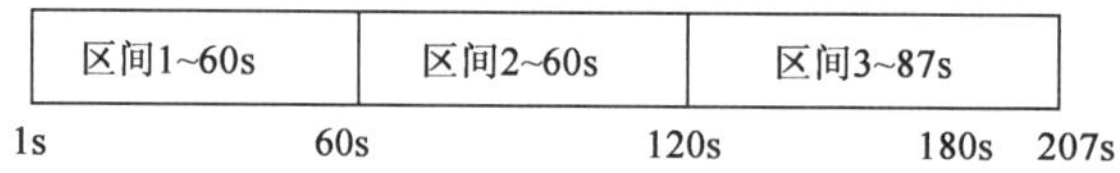

区间1~60s	区间2~60s	区间3~87s

1s　60s　120s　180s　207s

图16-3　平均速度划分区间示例

行驶工况数据的有效性主要是指其加速度的有效性。由于受发动机的性能和机动车的运行环境影响，机动车的加速性能有限。然而采集获取的数据中存在超过机动车加速性能的数据，因此需要删除这类数据。为获取机动车的加速性能的限值，需先根据加速度的大小，找出正加速度和负加速度的98分位数。以此为限，筛除超过此限值的数据。社会车和公交车的正负加速度98分位数，如表16-3所示，对采集的工况数据进行筛选。

正负加速度98分位数限值 表16-3

车　型	正加速度(m/s^2)	负加速度(m/s^2)
社会车	2.56	2.56
公交车	2.00	2.14

16.2.3　排放和工况数据特征分析

16.2.3.1　排放率的影响因素分析和计算

(1)车辆技术

公安交通管理局根据机动车使用性质不同,对机动车进行分类。机动车初步分为:载客、载货、三轮汽车、低速汽车、摩托车和挂车;载客机动车分为:大型、中型、小型和微型;载货机动车分为:重型、中型、轻型和微型;摩托车分为:普通和轻便;挂车分为重型、中型和轻型。其中载客和载货车的具体分类标准如表 16-4 所示。

载客和载货车的分类标准　　表 16-4

车型分类		说　明
客车	大型	车长≥6m,或座位数≥20
	中型	车长 <6m,且 10≤座位数≤19
	小型	车长 <6m,且座位数≤9
	微型	车长≤3.5m,且排量≤1L
货车	重型	最大总质量≥12t
	中型	车长≥6m,或 4.5t≤最大总质量 <12t
	轻型	车长 <6m,且最大总质量 <4.5t
	微型	车长≤3.5m,且最大总质量≤1.8t

本案例车载测试的公交车,总质量大于 10t,且座位数大于 20;所以依照排放法规,将其划分为重型车。公交车和社会车排放率相差较大,所以后续排放率数据库建立时,公交车和社会车的排放率应分开处理。

(2)车辆排放标准

目前,我国车辆排放标准有国 0、国Ⅰ、国Ⅱ、国Ⅲ、国Ⅳ和国Ⅴ六种。2009 ~ 2013 年,北京市各排放标准车辆所占比例如图 16-4 所示。从图中可以看出,2009 ~ 2013 年,国 0、国Ⅰ和国Ⅱ排放标准的车辆逐渐减少,国Ⅳ和国Ⅴ排放标准的车辆逐渐增多。

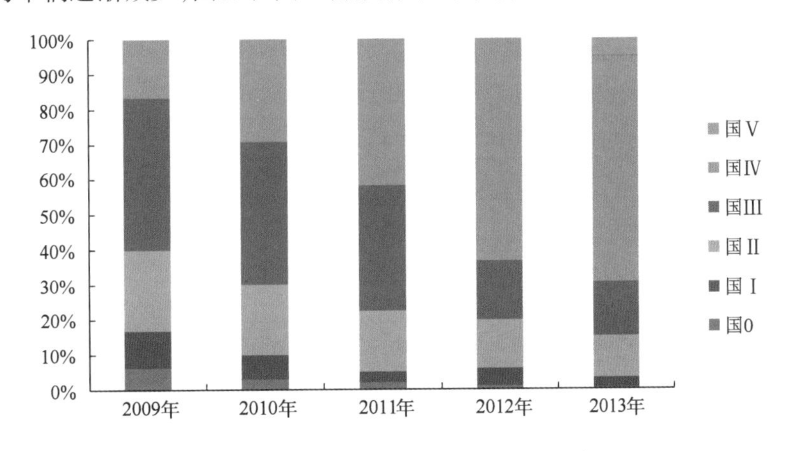

图 16-4　2009 ~ 2013 年机动车排放标准比例

不同排放标准的社会车油耗排放率相差较大,尤其是国 0 排放标准和国 V 排放标准的差距更明显。因此,后续排放率数据库建立时,需考虑排放标准的影响,不同排放标准的机动车排放率应分开处理。社会车不同排放标准下油耗率,见图 16-5。

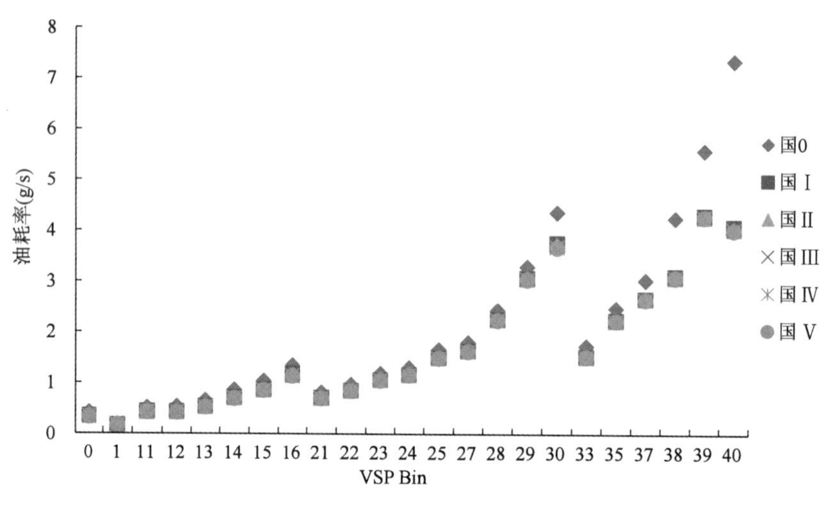

图 16-5　社会车不同排放标准下油耗率示例

经过上述数据质量控制之后,筛选符合质量要求的排放数据,并建立基于 VSP 变量的尾气排放模型,计算机动车的排放率,具体计算步骤如下所示。VSP 计算公式见式（16-1）、VSP 区间划分表如表 16-1 所示。

①结合获取的排放数据、VSP 计算公式和 VSP 区间划分表,求出排放数据的 VSP Bin,即获取排放率计算的中间值。经过初步处理的排放率数据表如表 16-5 所示。

②在表 16-5 基础上,分机动车 Vehicle ID 和 VSP Bin 对不同的排放物分别求平均值,并根据排放率的影响因素建立排放率数据库。

初步处理后的排放率数据示例　　表 16-5

车辆 ID	速度（m/s）	加速度（m/s^2）	VSP（kW/t）	VSP Bin	CO_2 排放率（g/s）	CO 排放率（g/s）	NO_x 排放率（g/s）	HC 排放率（g/s）
45	10.2	0.45	6.18	14	0.818 2	2.529×10^{-4}	1.888×10^{-4}	1.225×10^{-5}
45	10.76	-0.50	-3.67	11	1.586 7	3.359×10^{-4}	3.822×10^{-6}	1.747×10^{-5}
45	10.4	-0.36	-2.08	11	1.540 4	3.240×10^{-4}	3.822×10^{-6}	1.628×10^{-5}
45	10.1	-0.22	-0.64	11	1.469 4	3.028×10^{-4}	3.822×10^{-6}	1.544×10^{-5}
45	9.9	-0.22	-0.64	11	1.407 7	3.173×10^{-4}	9.173×10^{-6}	1.417×10^{-5}
45	10.0	0.07	2.20	12	1.392 2	2.897×10^{-4}	3.567×10^{-5}	1.400×10^{-5}
45	13.7	0.08	3.72	23	2.984 6	2.218×10^{-4}	1.835×10^{-4}	3.488×10^{-5}
45	9.7	-0.12	0.28	12	1.080 6	2.901×10^{-4}	1.710×10^{-4}	1.323×10^{-5}
45	12.2	-0.87	-8.51	21	1.617 5	3.658×10^{-4}	4.587×10^{-6}	1.821×10^{-5}
45	9.6	-0.57	-4.08	11	0.617 7	2.323×10^{-4}	1.819×10^{-4}	1.044×10^{-5}
45	4.1	1.33	6.06	14	0.398 5	1.672×10^{-4}	6.116×10^{-5}	1.703×10^{-5}
45	14.1	0.23	5.98	23	2.938 3	3.531×10^{-4}	9.912×10^{-5}	3.117×10^{-5}

16.2.3.2 工况数据影响因素分析

广义上的工况是指设备在与其动作有直接关系的条件下的工作状态。在交通领域,工况是指机动车的运行状况,即加速、减速、匀速、怠速等。

(1)车辆类型

图16-6为某一速度区间下公交车和社会车工况分布示例,纵轴VSP分布值为机动车在行驶周期内各VSP Bin下的时间比例。从图中可以看出,公交车和社会车工况分布形状类似于正态分布;与社会车的工况分布相比,公交车的工况分布较集中,且公交车工况分布的波峰在社会车工况分布的波峰左侧。可见,不同车辆类型,工况分布存在较大差异;因此工况分布数据库建立时,公交车和社会车工况需分开考虑。

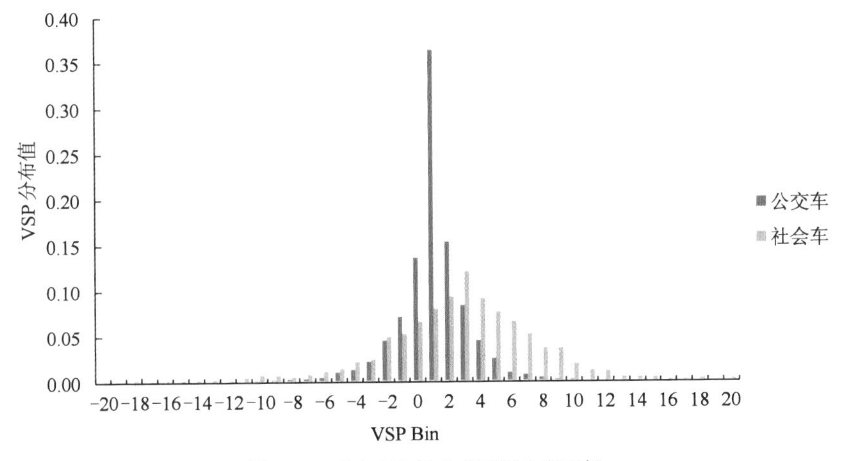

图16-6 公交车和社会车工况分布示例

(2)平均速度

图16-7为不同速度区间下的社会车VSP分布。从图中可看出不同速度区间下,VSP分布差异较大,主要体现在:

①随着平均速度增加,VSP峰值比例逐渐降低,且向高VSP Bin移动。

②平均速度较低时,VSP分布较集中。

③平均速度较高时,VSP分布较分散。

④因此,工况分布数据建立时,需分别处理不同速度区间下的工况数据。

16.2.4 排放和工况数据的数据库建立

16.2.4.1 排放率的数据库建立

根据排放率影响因素分析,建立排放率数据库。排放率数据库包括以下字段,具体数据库示例如表16-6所示。

(1)车辆类型:公交车、社会车。

(2)排放标准:国0、国Ⅰ、国Ⅱ、国Ⅲ、国Ⅳ、国Ⅴ。

(3)VSP Bin:采用MOVES尾气排放模型中VSP划分方式,具体划分如表16-1所示。

(4)排放物:CO、CO_2、HC、NO_x、PM和FUEL。

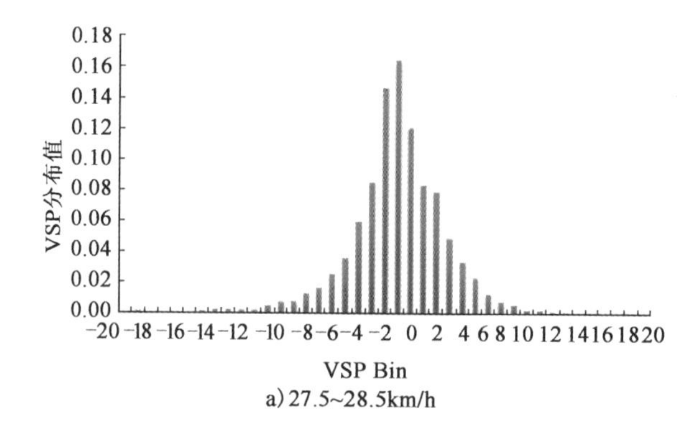

a) 27.5~28.5km/h

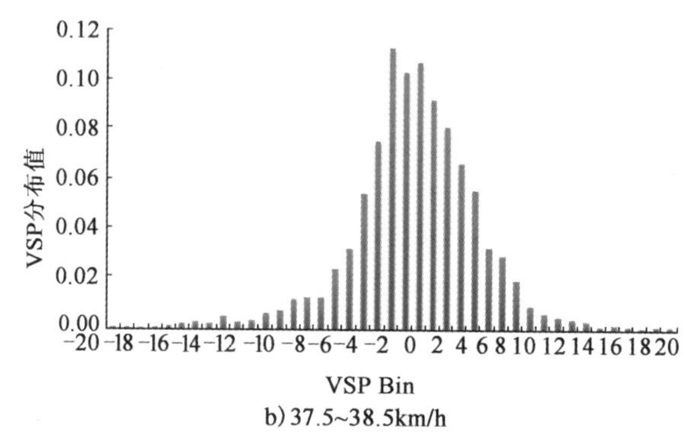

b) 37.5~38.5km/h

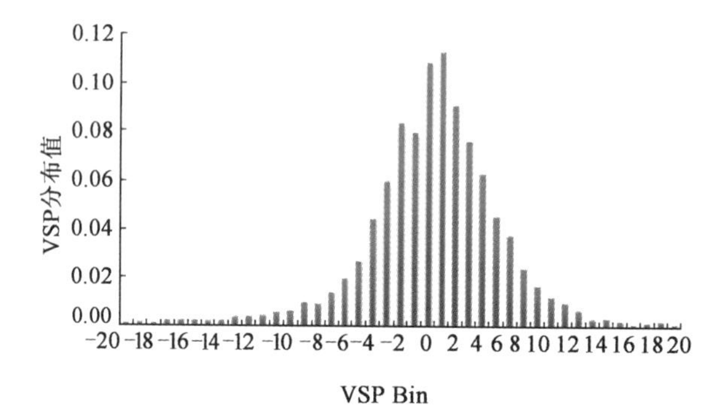

c) 47.5~48.5km/h

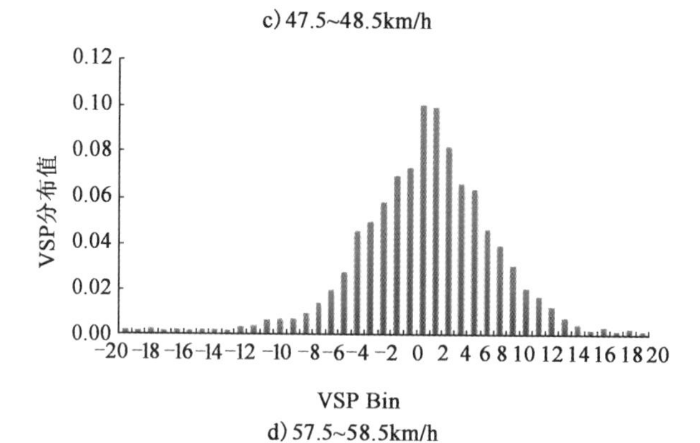

d) 57.5~58.5km/h

图 16-7　不同速度区间下的社会车 VSP 分布

排放率数据库示例　　表 16-6

车辆类型	排放标准	VSP Bin	CO 排放率(g/s)	CO_2 排放率(g/s)	NO_x 排放率(g/s)	HC 排放率(g/s)	PM 排放率(g/s)	油耗率(g/s)
公交车	国Ⅰ	0	0.027 624	0.764 112	0.006 48	0.004 309	0.003 283	0.258 874
公交车	国Ⅰ	1	0.032 495	1.290 392	0.007 528	0.003 936	0.003 804	0.426 82
公交车	国Ⅰ	11	0.038 161	1.191 636	0.007 541	0.004 988	0.005 935	0.399 547
公交车	国Ⅰ	12	0.061 747	4.512 781	0.041 078	0.007 84	0.009 882	1.461 049
公交车	国Ⅰ	13	0.088 012	9.667 555	0.081 728	0.009 998	0.015 585	3.101 222
公交车	国Ⅰ	14	0.101 443	10.142 33	0.090 894	0.010 591	0.014 978	3.258 138
公交车	国Ⅰ	15	0.074 549	13.708 92	0.084 943	0.009 53	0.022 811	4.368 095
公交车	国Ⅰ	16	0.068 433	13.416 38	0.106 92	0.010 156	0.022 811	4.273 468
公交车	国Ⅰ	21	0.054 625	1.498 94	0.0250 59	0.006 603	0.013 958	0.506 193
公交车	国Ⅰ	22	0.077 775	6.320 305	0.058 02	0.008 253	0.015 069	2.039 21
公交车	国Ⅰ	23	0.100 805	10.663 38	0.094 526	0.010 232	0.022 805	3.421 719
公交车	国Ⅰ	24	0.107 27	11.652 39	0.117 46	0.010 756	0.021 732	3.737 224
公交车	国Ⅰ	25	0.088 006	13.136 9	0.128 309	0.010 626	0.026 27	4.195 531
公交车	国Ⅰ	27	0.083 834	15.067 96	0.138 756	0.009 877	0.050 15	4.801 468
公交车	国Ⅰ	28	0.080 1	14.994 67	0.194 258	0.009 686	0.073 011	4.776 323
公交车	国Ⅰ	29	0.102 986	14.994 67	0.249 76	0.012 453	0.106 293	4.790 427
公交车	国Ⅰ	30	0.125 871	14.994 67	0.305 262	0.015 22	0.128 253	4.804 532
公交车	国Ⅰ	33	0.224 688	7.934 3	0.200 907	0.010 19	0.012 66	2.622 725
公交车	国Ⅰ	35	0.269 486	7.730 958	0.409 336	0.008 98	0.024 358	2.579 604
公交车	国Ⅰ	37	0.254 563	8.745 609	0.682 227	0.008 901	0.035 461	2.891 995
公交车	国Ⅰ	38	0.204 975	8.745 609	0.955 115	0.009 072	0.051 627	2.867 6
公交车	国Ⅰ	39	0.263 539	8.745 609	1.228 009	0.011 664	0.075 161	2.899 204
公交车	国Ⅰ	40	0.322 104	8.745 609	1.500 896	0.014 256	0.090 689	2.930 808

16.2.4.2　工况数据的数据库建立

对采集获得的工况数据，进行数据质量控制后，再根据工况分布影响因素，建立工况分布数据库。工况分布数据库示例见表 16-7，数据库中包括以下字段：

(1)车辆类型：公交车、社会车。

(2)平均速度：以 1km/h 为步长，快速路速度大于 129.5km/h 为单独一个平均速度，其他道路类型速度大于 59.5km/h 为单独一个平均速度。

(3)VSP Bin：VSP Bin 采用 MOVES 模型 VSP 划分方式，具体划分见表 16-1。

(4)VSP 分布值。

工况分布数据库示例 表 16-7

车 辆 类 型	平均速度(km/h)	VSP Bin	VSP 分布值
社会车	[50.5,51.5)	0	0.029 485
社会车	[50.5,51.5)	1	0.000 497
社会车	[50.5,51.5)	11	0.034 454
社会车	[50.5,51.5)	12	0.033 792
社会车	[50.5,51.5)	13	0.024 35
社会车	[50.5,51.5)	14	0.016 73
社会车	[50.5,51.5)	15	0.004 472
社会车	[50.5,51.5)	16	0.001 16
社会车	[50.5,51.5)	21	0.183 866
社会车	[50.5,51.5)	22	0.242 173
社会车	[50.5,51.5)	23	0.230 247
社会车	[50.5,51.5)	24	0.121 418
社会车	[50.5,51.5)	25	0.049 528
社会车	[50.5,51.5)	27	0.021 865
社会车	[50.5,51.5)	28	0.003 975
社会车	[50.5,51.5)	29	0.001 325
社会车	[50.5,51.5)	30	0.000 663
社会车	[50.5,51.5)	33	0
社会车	[50.5,51.5)	35	0
社会车	[50.5,51.5)	37	0
社会车	[50.5,51.5)	38	0
社会车	[50.5,51.5)	39	0
社会车	[50.5,51.5)	40	0

16.3 方法应用

基于以上建立的公交车和社会车排放率和工况分布数据库的数据基础，本节从公交车和社会车能耗和排放角度评价京通快速路公交专用道的设置效果。

16.3.1 研究范围及数据选取

京通快速路是一条由朝阳区通往通州区的城市快速路，西起朝阳区大望桥，东至通州区北苑桥，是北京市东部区域重要的公共交通走廊，见图 16-8。2011 年 5 月 24 日，北京市正式启用京通快速路公交专用道。公交专用道的设置形式为路中式，其使用时间为进城方向早高峰

7:00～9:00,出城方向晚高峰17:00～19:00。其中,进城方向的起点为双会桥西,终点为四惠桥东,全长8.6km;出城方向的起点为四惠桥,终点为双会桥西,全长8.8km。(2011年5月25日,早高峰公交专用道起点东移2km,至八里桥收费站,早高峰公交专用道全长增至10.6km)

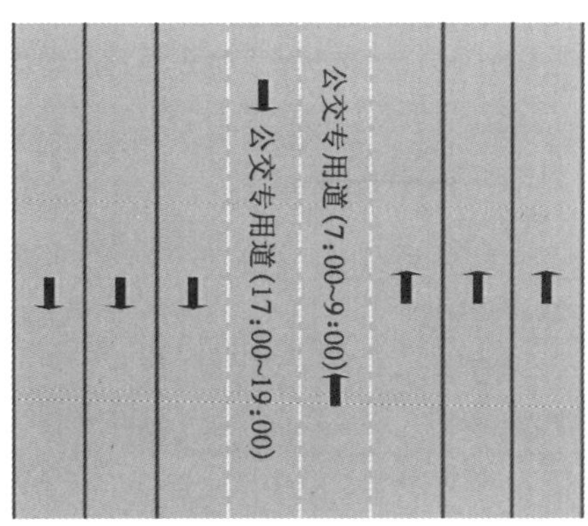

图16-8　京通快速路公交专用道线路图

通过实地调查获取开通前后的数据,并进行计算。公交专用道开通前的调查时间为2011年5月18日,开通后的调查时间为2011年5月24日、5月25日和5月27日。

16.3.2　公交专用道开通前后公交车的排放

京通快速路公交专用道开通前,公交车早高峰进城方向和晚高峰出城方向主路的运行速度分别为:25km/h和27km/h。公交专用道开通后,公交车的运行速度出现明显增长。公交车早高峰进城和晚高峰出城速度均达到45km/h。京通快速路公交专用道开通前,公交车早高峰进城方向和晚高峰出城方向的流量分别为:229veh/h和198veh/h。公交专用道开通后,由于公交车的发车频率增加,早高峰进城和晚高峰出城的流量均增加,分别增至308veh/h和271veh/h。

结合已建立的排放率数据库、工况分布数据库和京通快速路公交专用道开通前后公交车的运行速度,计算公交专用道开通前后公交车各污染物的排放率。

16.3.2.1　计算排放率

以公交专用道开通前早高峰公交车进城方向速度25km/h为例,叙述公交车各污染物排放率的计算过程。

在工况分布数据库中,筛选出车辆类型为"公交车"、道路类型为"快速路"和平均速度为"[24.5, 25.5)"的记录(25km/h在速度区间[24.5, 25.5)内)。在排放率数据库中,筛选出车辆类型为"公交车"的记录。

公交车排放率的计算公式见式(16-2):

$$\text{排放率} = \sum \text{VSP Bin 平均排放率} \times \text{VSP 分布值} \tag{16-2}$$

式中:VSP Bin平均排放率——机动车在各VSP Bin下的排放率(g/s);

VSP分布值——机动车在行驶周期内各VSP Bin下的时间比例。

不同排放标准比例值作为权重,计算公交车的平均排放率,可以求出公交车平均速度为25km/h时的平均排放率。

同理,可以求出公交专用道开通前后公交车早晚高峰的平均排放率,公交专用道开通前后公交车早晚高峰的平均排放率值如表16-8所示。

公交专用道开通前后公交车早晚高峰的平均排放率 表16-8

项　目	平均速度(km/h)	CO排放率(g/s)	CO_2排放率(g/s)	HC排放率(g/s)	NO_x排放率(g/s)	PM排放率(g/s)	油耗率(g/s)
开通前早高峰	25	0.074 626	4.904 427	0.010 406	0.246 139	0.003 312	1.579 000
开通前晚高峰	27	0.074 374	5.114 029	0.010 561	0.247 211	0.003 361	1.644 485
开通后早高峰	45	0.093 817	7.618 35	0.012 973	0.261 747	0.004 593	2.438 595
开通后晚高峰	45	0.093 817	7.618 35	0.012 973	0.261 747	0.004 593	2.438 595

16.3.2.2　计算排放因子

排放因子是指机动车行驶单位距离所排放的污染物的质量,单位为g/km。排放因子的计算公式如式(16-3)所示。

$$\text{排放因子} = \frac{\sum \text{VSP Bin 平均排放率} \times \text{VSP 分布值}}{3\,600 \times \text{平均速度}} \tag{16-3}$$

式中:VSP Bin平均排放率——机动车在各VSP Bin下的排放率(g/s);

排放因子——机动车行驶单位距离所排放的污染物的质量(g/km);

VSP分布值——机动车在行驶周期内各VSP Bin下的时间比例;

平均速度——机动车单位时间所行驶的距离(km/h)。

公交专用道开通前后公交车各污染物的排放因子如表16-9所示。

公交专用道开通前后公交车各污染物的排放因子 表16-9

项　目	平均速度(km/h)	CO排放因子(g/km)	CO_2排放因子(g/km)	HC排放因子(g/km)	NO_x排放因子(g/km)	PM排放因子(g/km)	油耗因子(g/km)
开通前早高峰	25	10.746 1	706.237 5	1.498 5	35.444 0	0.476 9	227.376 0
开通前晚高峰	27	9.916 6	681.870 5	1.408 1	32.961 4	0.448 2	219.264 7
开通后早高峰	45	7.505 4	609.468 0	1.037 8	20.939 8	0.367 5	195.087 6
开通后晚高峰	45	7.505 4	609.468 0	1.037 8	20.939 8	0.367 5	195.087 6

可以看出,公交专用道开通前,早高峰公交车各污染物的排放因子比晚高峰各污染物的排放因子高,但高出比例不大。公交专用道开通后,公交车早晚高峰各污染物的排放因子与开通前相比,均出现较大幅度降低。具体变化幅度如表16-10所示。其中,NO_x的排放因子降幅最大,与开通前相比,早高峰降低40.92%,晚高峰降低36.47%。

公交专用道开通后公交车早晚高峰各污染物排放因子的变化幅度 表16-10

项　目	CO	CO_2	HC	NO_x	PM	油耗
早高峰	-30.16%	-13.70%	-30.74%	-40.92%	-22.94%	-14.20%
晚高峰	-24.31%	-10.62%	-26.30%	-36.47%	-18.01%	-11.03%

16.3.2.3　计算各污染物的排放量

为分析京通快速路公交专用道的开通对公交车排放的宏观影响，本案例进一步结合京通快速路公交专用道开通前后公交车早晚高峰的排放因子、流量和公交专用道的长度数据，计算公交专用道开通前后公交车早晚高峰的排放量。

$$排放量=\frac{排放因子\times长度\times车流量}{1\ 000} \tag{16-4}$$

式中：排放量——机动车单位时间所排放污染物的质量（kg/h）；

排放因子——机动车行驶单位距离所排放污染物的质量（g/km）；

长度——公交专用道的长度（km）；

车流量——单位时间通过道路横断面的车辆数（veh/h）。

以公交专用道开通前早高峰运行速度25km/h为例，阐述排放量的计算过程。可以获取平均速度为25km/h的公交车各污染物的排放因子，公交专用道开通后早高峰公交专用道的全长为10.6km，流量为229veh/h。通过上述公式，得出公交专用道开通前早高峰各污染物的排放量，同理可以求出公交专用道开通前后公交车早晚高峰各污染物的排放量。具体计算结果如表16-11所示。

公交专用道开通前后公交车早晚高峰的排放量　　表16-11

项　目	CO排放量（kg/h）	CO_2排放量（kg/h）	HC排放量（kg/h）	NO_x排放量（kg/h）	PM排放量（kg/h）	油耗量（kg/h）
开通前早高峰	26.085 1	1 714.320 8	3.637 4	86.036 7	1.157 5	551.932 6
开通前晚高峰	17.278 7	1 188.091 2	2.453 5	57.432 0	0.780 9	382.046 8
开通后早高峰	24.503 6	1 989.7911	3.388 3	68.364 1	1.199 7	636.922 0
开通后晚高峰	17.898 9	1 453.459 2	2.475 0	49.937 2	0.876 3	465.244 9

公交专用道开通后，公交车早高峰CO、HC和NO_x的排放量均减少，CO_2、PM排放量和油耗量均增加；晚高峰除NO_x的排放量减少外，其他污染物CO、HC、CO_2、PM排放量和油耗量均增加。公交专用道开通后，公交车各污染物排放量具体变化幅度如表16-12所示。其中，NO_x减少幅度最大，早高峰减少20.54%；CO_2增长幅度最大，晚高峰增长22.34%。由排放量的计算公式可知，公交车排放因子和公交车车流量决定公交专用道开通前后公交车排放量。前面已经详细说明公交专用道开通后公交车各污染物的排放因子均降低，所以公交专用道开通后公交车部分污染物的排放量增加是由公交车车流量增加导致的。

公交专用道开通后公交车早晚高峰各污染物排放量的变化幅度　　表16-12

项　目	CO	CO_2	HC	NO_x	PM	油耗
早高峰	-6.06%	16.07%	-6.85%	-20.54%	3.64%	15.40%
晚高峰	3.59%	22.34%	0.88%	-13.05%	12.22%	21.78%

16.3.3　公交专用道开通前后社会车的排放

京通快速路公交专用道开通前，公交车早高峰进城方向和晚高峰出城方向的运行速度分别为:25.5km/h 和 30.1km/h。公交专用道开通后,社会车早高峰的速度降低至 21.6km/h;社会车晚高峰出城方向的运行速度增加至 33.7km/h。社会车早高峰进城方向和晚高峰出城方向的流量分别为:6 488veh/h 和 5 071veh/h。公交专用道开通后,由于可用车道数减少和晚高峰错峰出行,社会车早高峰进城方向和晚高峰出城方向的流量均减少,分别减少到:4 242veh/h 和 3 233veh/h。

16.3.3.1 计算排放率

前面已详细介绍公交车各污染物排放率的计算过程,社会车排放率的计算过程与公交车的相同。公交专用道开通前后,社会车早晚高峰的平均排放率计算结果如表 16-13 所示。

公交专用道开通前后社会车早晚高峰各污染物的排放率 表 16-13

项　目	平均速度(km/h)	CO 排放率(g/s)	CO_2 排放率(g/s)	HC 排放率(g/s)	NO_x 排放率(g/s)	油耗率(g/s)
开通前早高峰	25.5	0.012 956	1.357 715	0.001 425	0.000 889	0.426 617
开通前晚高峰	30.1	0.013 233	1.493 929	0.001 461	0.000 964	0.468 972
开通后早高峰	21.6	0.012 619	1.263 971	0.001 387	0.000 805	0.397 383
开通后晚高峰	33.7	0.013 448	1.686 148	0.001 489	0.001 093	0.528 620

可以看出,公交专用道开通前和开通后,社会车晚高峰的排放率均高于早高峰的排放率。社会车早高峰各污染物的排放率均低于公交专用道开通前社会车各污染物排放率,但是晚高峰的情况却呈现相反的结果。社会车各污染物排放率变化幅度表如表 16-14 所示。其中,公交专用道开通后早高峰,NO_x 排放率下降幅度最大,下降 9.43%;公交专用道开通前晚高峰,NO_x 排放率增长幅度最大,增长 13.39%,可见此处 NO_x 排放率对公交专用道的开通最敏感,变化幅度最大。

公交专用道开通后社会车早晚高峰各污染物排放率的变化幅度 表 16-14

项　目	CO	CO_2	HC	NO_x	油耗
早高峰	-2.60%	-6.90%	-2.69%	-9.43%	-6.85%
晚高峰	1.63%	12.87%	1.92%	13.39%	12.72%

16.3.3.2 计算排放因子

前面已详细介绍公交车各污染物排放因子的计算过程,社会车排放因子率的计算过程与公交车的相同。公交专用道开通前后社会车各污染物的排放因子计算结果如表 16-15 所示。

公交专用道开通前后社会车各污染物的排放因子 表 16-15

车　辆	平均速度(km/h)	CO 排放因子(g/km)	CO_2 排放因子(g/km)	HC 排放因子(g/km)	NO_x 排放因子(g/km)	油耗因子(g/km)
社会车	25.5	1.793 9	187.991 3	0.197 3	0.123 1	59.070 0
社会车	30.1	1.587 9	179.271 5	0.175 3	0.115 7	56.276 6

续上表

车　辆	平均速度（km/h）	CO 排放因子（g/km）	CO_2 排放因子（g/km）	HC 排放因子（g/km）	NO_x 排放因子（g/km）	油耗因子（g/km）
社会车	21.6	2.065 0	206.831 7	0.226 9	0.131 8	65.026 3
社会车	33.7	1.423 9	178.533 3	0.157 6	0.115 8	55.971 5

公交专用道开通前后，社会车早高峰各污染物的排放因子均高于晚高峰的各污染物的排放因子。社会车早高峰的各污染物的排放因子高于开通前。然而公交专用道开通后，社会车晚高峰，除 NO_x 有少许增加外，其他污染物的排放因子均减少。社会车各污染物排放因子变化幅度如表 16-16 所示。其中，早高峰时 CO 排放因子增长幅度最大，增长 15.11%；晚高峰时 CO 排放因子下降幅度最大，下降 10.33%，可见此处 CO 排放因子对公交专用道的开通最敏感，变化幅度最大。

公交专用道开通后社会车早晚高峰各污染物排放因子的变化幅度　　表 16-16

项　目	CO	CO_2	HC	NO_x	油耗
早高峰	15.11%	10.02%	15.00%	7.04%	10.08%
晚高峰	-10.33%	-0.41%	-10.07%	0.05%	-0.54%

16.3.3.3　计算各污染物的排放量

社会车排放量的计算过程与公交车的相同。公交专用道开通前后社会车各污染物的排放量计算结果如表 16-17 所示。

公交专用道开通前后社会车早晚高峰的排放量　　表 16-17

项　目	CO 排放量（kg/h）	CO_2 排放量（kg/h）	HC 排放量（kg/h）	NO_x 排放量（kg/h）	油耗量（kg/h）
开通前早高峰	123.375	12 928.690	13.569	8.468	4 062.408
开通前晚高峰	70.862	7 999.956	7.823	5.163	2 511.333
开通后早高峰	92.853	9 300.228	10.203	5.926	2 923.919
开通后晚高峰	40.511	5 079.345	4.485	3.293	1 592.411

公交专用道开通后，社会车早晚高峰各污染物的排放量均减少，减少幅度如表 16-18 所示。其中，公交专用道开通后早高峰，NO_x 排放量减少幅度最大，减少 30.02%；晚高峰 CO 排放量减少幅度最大，减少 42.83%。

公交专用道开通后社会车早晚高峰各污染物排放量的变化幅度　　表 16-18

项　目	CO	CO_2	HC	NO_x	油耗
早高峰	-24.74%	-28.07%	-24.81%	-30.02%	-28.02%
晚高峰	-42.83%	-36.51%	-42.67%	-36.21%	-36.59%

16.3.4 公交专用道开通前后公交专用道的排放

16.3.4.1 公交专用道开通前后公交专用道的路段排放强度

路段排放强度是指路段上单位里程内所排放的污染物的质量，单位为 g/km 或 kg/km，它反映了一定车速、流量下的路段污染物的排放大小程度。一般计算路段排放强度的时间长度可选高峰小时或全天。（本案例以高峰小时计算路段排放强度）

$$路段排放强度 = \frac{公交车排放因子 \times 公交车流量 + 社会车排放因子 \times 社会车流量}{1\ 000} \tag{16-5}$$

式中：路段排放强度——路段上单位里程内所排放的污染物的质量（kg/km）；

公交车排放因子——公交车行驶单位距离所排放污染物的质量（g/km）；

公交车流量——公交车早高峰或晚高峰一小时内通过路段车辆数（辆/h）；

社会车排放因子——社会车行驶单位距离所排放污染物的质量（g/km）；

社会车流量——社会车早高峰或晚高峰一小时内通过路段车辆数（辆/h）。

结合前面已调查和计算的公交车和社会车高峰小时流量和排放因子数据，可计算出公交专用道开通前后公交专用道早晚高峰的排放强度，计算结果如表 16-19 所示。

公交专用道开通前后公交专用道早晚高峰排放强度　　表 16-19

项　目	CO 排放强度（kg/km）	CO_2 排放强度（kg/km）	HC 排放强度（kg/km）	NO_x 排放强度（kg/km）	PM 排放强度（kg/km）	油耗强度（kg/km）
开通前早高峰	14.100 0	1 381.416 1	1.623 3	8.915 5	0.109 2	435.315 2
开通前晚高峰	10.016 0	1 044.096 3	1.167 8	7.113 1	0.088 7	328.793 1
开通后早高峰	11.071 4	1 065.096 1	1.282 2	7.008 5	0.113 2	335.928 4
开通后晚高峰	6.637 5	742.364 1	0.790 9	6.048 9	0.099 6	233.824 5

公交专用道开通前和开通后，公交专用道早高峰的排放强度均大于晚高峰。公交专用道开通后，公交专用道早晚高峰除 PM 外，其他排放物的路段排放强度均出现不同程度的降低，见表 16-20。其中，公交专用道开通后早高峰路段 CO_2 排放强度下降幅度最大，下降 22.90%；晚高峰路段 CO 排放强度下降幅度最大，下降 33.73%。

公交专用道开通后公交专用道早晚高峰排放强度变化幅度　　表 16-20

项　目	CO	CO_2	HC	NO_x	PM	油耗
早高峰	-21.48%	-22.90%	-21.01%	-21.39%	3.64%	-22.83%
晚高峰	-33.73%	-28.90%	-32.27%	-14.96%	12.22%	-28.88%

16.3.4.2 公交专用道开通前后公交专用道的路段排放总量

公交专用道开通前后公交专用道的高峰小时路段排放总量可由路段排放强度与公交专用道长度相乘算得，路段排放总量公式见式(3-5)。计算结果如表 16-21 所示。

$$路段排放总量 = 路段排放强度 \times 长度 \tag{16-6}$$

式中:路段排放总量——路段上各排放的污染物总质量(kg);

路段排放强度——路段上单位里程内所排放的污染物的质量(kg/km);

长度——路段长度(km)。

公交专用道开通前后公交专用道高峰小时的排放总量　　表 16-21

项　目	CO 排放总量(kg)	CO_2 排放总量(kg)	HC 排放总量(kg)	NO_x 排放总量(kg)	PM 排放总量(kg)	油耗总量(kg)
开通前早高峰	149.46	14 643.01	17.21	94.50	1.16	4 614.34
开通前晚高峰	88.14	9 188.05	10.28	62.60	0.78	2 893.38
开通后早高峰	117.36	11 290.02	13.59	74.29	1.20	3 560.84
开通后晚高峰	58.41	6 532.80	6.96	53.23	0.88	2 057.66

若早晚高峰均按两小时计算,一年 365 天,则公交专用道开通前后公交专用道早晚高峰一年的路段排放总量如图 16-9 和表 16-22 所示。可以看出公交专用道开通后,CO_2 一年早晚高峰路段减排量最大,减排 4 386.01t,其次是油耗减排 1 379.13t。

公交专用道开通前后公交专用道一年早晚高峰路段排放总量　　表 16-22

项　目	CO 排放总量	CO_2 排放总量	HC 排放总量	NO_x 排放总量	PM 排放总量	油耗总量
开通前	173.45t	17 396.67t	20.06t	114.68t	1.42t	5 480.64t
开通后	128.31t	13 010.66t	15.00t	93.09t	1.52t	4 101.50t
开通后变化量	-45.14t	-4 386.01t	-5.06t	-21.59t	0.10t	-1 379.13t
变化幅度	-26.02%	-25.21%	-25.22%	-18.83%	7.10%	-25.16%

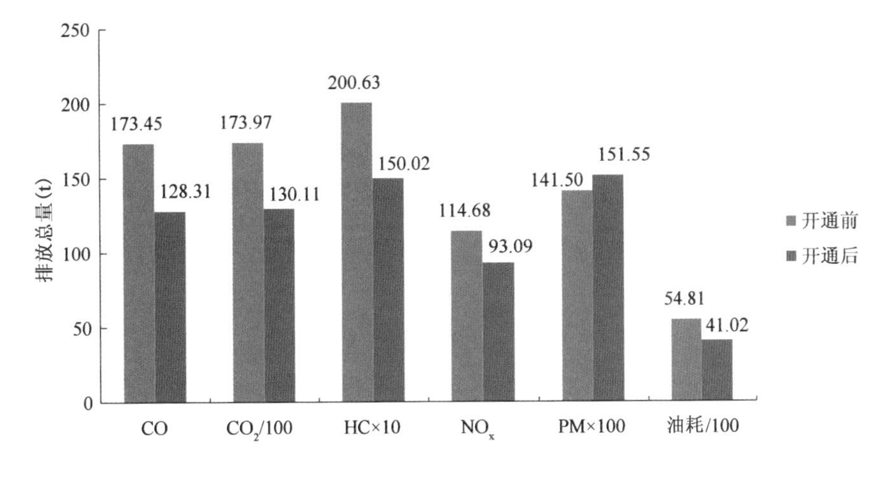

图 16-9　公交专用道一年内早晚高峰路段排放总量(t)

16.4 案例总结

本案例分析了公交专用道开通对交通排放产生影响的因素,并借助浮动车系统、RTMS 和人工调查方式获取影响因素速度和流量数据,同时通过台架测试和车载尾气测试获取机动车排放数据,利用手持式 GPS 采集实际道路上机动车行驶工况数据;然后,根据排放率影响因素和工况影响因素分别建立排放率数据库和工况分布数据库;最后结合排放率数据库、工况分布数据库和京通快速路公交专用道开通前后的机动车平均速度、机动车流量和公交专用道长度数据,分析比较公交专用道开通前后公交车和社会车的能耗和尾气排放情况。发现公交专用道开通后,高峰时段内公交车和社会车各污染物的排放量均显著下降。因此,从机动车油耗和尾气排放角度来说,京通快速路公交专用道的设置是有效的,并且高峰时段内节能减排效果十分显著。

参 考 文 献

[1] 高章. 基于底盘测功机的公交车整车排放和油耗测试研究 [D]. 武汉:武汉理工大学, 2011.
[2] 吕宁宁. 基于 MOVES 的交通排放评价系统及优化 [D]. 西安: 长安大学, 2012.
[3] CADLE S H, STEPHENS R D. Romote Sensing of Vehicle Exhaust Emissions [J]. Environment Science and Technology, 1994, 28 (6): 258-264.
[4] 莫飞, 于雷, 宋国华. 车载尾气检测技术及相关研究综述 [J]. 车辆与动力技术, 2007 (4): 57-62.
[5] 郭芸. 城市道路设置公交专用道对机动车尾气排放的影响 [D]. 北京: 北京交通大学, 2009.
[6] 刘雪杰, 孙明正, 李民伟, 等. 京通快速路公交专用车道建设效果评估 [J]. 城市交通, 2012, 10 (3): 33-39.

案例 17:基于微观仿真的公交信号优先策略对尾气排放的影响

17.1 案例目标

公交优先发展作为城市可持续发展的必行之路,是城市拥堵解决措施中的一种重要策略。其在节能减排、创造绿色交通出行环境上也具有一定的积极作用。同时,不容忽视的是公交优先策略在节能减排、创造绿色交通出行环境中所具有的积极作用。研究表明,在地面交通行驶单位里程运送单位乘客时,公共交通的二氧化碳排放远低于小汽车。这说明优先发展公共交通能够在一定程度上缓解城市道路交通污染,在改善拥堵状况的同时,使得城市空气环境得到彻底改善。因此,有必要研究不同公交信号优先方案对城市交通行为特征的影响,建立公交信号优先方案和排放量的反馈机制与体系,为决策者制定有利于环境保护的公交信号优先方案提供有力的技术支持。在此基础上,为提高整个公共交通系统的服务水平以及推动城市公共交通可持续发展提供技术支撑,为节能减排策略的制定和相关公交信号优先策略的实施提供理论依据,为创造能源节约型的绿色交通出行环境提供新的契机。

17.2　方法设计

17.2.1　机动车尾气排放测算模型

17.2.1.1　基本概念和原理——机动车比功率区间划分

根据 VSP 计算公式,可以计算出每秒的瞬时 VSP 值,但是在进行基于 VSP 参数的机动车排放测算时,相同 VSP 值对应的排放率存在较大的离散度。案例以较短步长 1kW/t 来划分 VSP 区间,将 VSP 区间按照公式 (17-1) 中的原则进行划分。

$$\text{VSP Bin} = n, \forall : \text{VSP} \in [n-0.5, n+0.5) \tag{17-1}$$

式中,n 为整数。

17.2.1.2　比功率区间排放率

首先通过采集大量各类型车辆的运行工况数据与排放实测数据,计算各类型车辆的 VSP Bin 的排放率,再根据车型比例等信息,计算得出案例所需的能代表北京市公交车以及社会车的比功率区间排放率。

(1)排放数据获取

案例的排放数据收集采用美国 CATI 公司开发的实时车载尾气检测设备 OEM-2100。在测试前,首先设计好固定实验路线,测试车辆在该路线上行驶 2 圈,每次测试时间 3h。测试日期包括不同季节的工作日和周末,同一天内包含早晚高峰和平峰各个时段。前期实验的重点是 30 辆轻型汽油车,覆盖多种典型车辆,涵盖国 0、国Ⅰ、国Ⅱ、国Ⅲ、国Ⅳ五种类别。此外,还收集了 15 辆重型柴油车的排放数据,覆盖各种常见重型柴油车辆。

采集到实时排放数据,主要包括测试时间、车辆瞬时速度 (km/h)、车辆瞬时加速度 (km/h^2)、燃油消耗 (g/s)、NO_x 排放 (g/s)、HC 排放 (g/s)、CO 排放 (g/s)、CO_2 排放 (g/s) 以及颗粒物排放 (g/s)。

(2)车型比例分析

由于使用频率不同,该比例与地区机动车的分车型注册比例并不相同。2010 年 3 月,对北京市西二环北段和中关村大街进行了车型比例调研。经过视频处理和车牌识别,得到 29 731条车牌样本。

车重类型和排放标准是影响机动车油耗排放的重要因素,因此对所得到的调研数据进行分类,得出各个车重类型和各个排放标准的车型比例数据。

①车重类型比例分析

车重类型按照环保部门的划分方法分为三种:轻型车、中型车以及重型车。调研结果显示,每个调研路段各自的车重类型比例结构是比较稳定的,路段之间存在着一定差异。与西二环北段相比,中关村大街的重型车比例相对较高,而轻型车比例相对较低,两条路段的中型车比例相近。

②排放标准类型比例分析

目前,我国的机动车排放标准主要有国 0、国Ⅰ、国Ⅱ、国Ⅲ、国Ⅳ五种类型。调研结果显示,在西二环和中关村大街的车辆排放标准类型比例中,国Ⅲ最高。两条路段上的国Ⅱ、国Ⅲ

所占比例基本一致；西二环的国0、国Ⅰ比例明显小于中关村大街，而国Ⅳ比例高于中关村大街。

综上可知，交通流车型比例结构随着道路类型、功能、交通特征等的不同会存在较小差异，对于某一路段而言，其交通流比例结构在一段时间是相对稳定的。

（3）比功率区间排放率计算

对实验数据进行计算分析，轻型汽油车的VSP值主要分布在 −20 ~ 20kW/t，其排放分担率占到98%以上，而重型柴油车的VSP值主要分布在 −15 ~ 15kW/t，其排放分担率占到99%。然后轻型车按照国0、国Ⅰ、国Ⅱ、国Ⅲ、国Ⅳ五种标准；重型车分车辆，按照式（17-2）对采集的排放数据分别计算出对应VSP区间下的排放率。

$$ER_{in} = \frac{EF_{in}}{N_n} \tag{17-2}$$

式中：ER_{in}——车辆在第 n 个VSP区间内的第 i 种排放物的排放率（g/s）；

EF_{in}——车辆在第 n 个VSP区间内的第 i 种排放物的排放总量（g）；

N_n——车辆在第 n 个VSP区间内的总时间（s）。

根据车型比例分析的结果，取各道路上车型比例的均值作为案例计算轻型车VSP区间排放率的基础，国0标准车辆占道路车流总数的3.0%，国Ⅰ标准占6.3%，国Ⅱ标准占25.1%，国Ⅲ标准占44.1%，国Ⅳ标准占21.6%。根据各车型的比例系数与各车型在各VSP区间下的排放率，由式（17-3）可以计算得到轻型车各VSP区间下的排放率。

$$ER_k = \sum_i ER_{ki} \times \lambda_i \tag{17-3}$$

式中：ER_k——第 k 种排放物的区间排放率（g/s）；

ER_{ki}——第 i 种车型第 k 种排放物的区间排放率（g/s）；

λ_i——第 i 种排放标准车型的比例，无量纲。

最终得到轻型车在各VSP区间下的 CO_2、NO_x、HC，以及CO的排放率，作为案例的研究基准，详细的数据结果如表17-1所示。

轻型汽油车在各VSP Bin下的排放率 表17-1

VSP Bin	CO_2(g/s)	NO_x(g/s)	HC(g/s)	CO(g/s)
−20	0.607	0.001 49	0.000 68	0.018 81
−19	0.589	0.001 25	0.000 68	0.021 06
−18	0.6	0.001 69	0.000 76	0.024 84
−17	0.592	0.001 63	0.000 65	0.016 61
−16	0.565	0.001 41	0.000 64	0.018 77
−15	0.699	0.002 18	0.000 59	0.017 09
−14	0.681	0.001 69	0.000 83	0.021 16
−13	0.655	0.002 15	0.000 63	0.019 69
−12	0.588	0.001 27	0.000 62	0.017 39
−11	0.639	0.001 42	0.000 7	0.018 68

续上表

VSP Bin(kW/t)	CO_2(g/s)	NO_x(g/s)	HC(g/s)	CO(g/s)
-10	0.659	0.001 69	0.000 69	0.018 27
-9	0.692	0.001 56	0.000 74	0.018 75
-8	0.721	0.001 86	0.000 82	0.022 32
-7	0.703	0.001 39	0.000 75	0.019 48
-6	0.741	0.001 54	0.000 74	0.019 66
-5	0.827	0.002 53	0.000 7	0.019 55
-4	0.897	0.003 11	0.000 73	0.019 82
-3	0.795	0.001 98	0.000 74	0.018 9
-2	0.828	0.001 85	0.000 77	0.019 7
-1	0.84	0.001 47	0.000 74	0.018 04
0	0.726	0.000 65	0.000 46	0.007 59
1	1.181	0.002 81	0.001 01	0.023 19
2	1.399	0.004 34	0.001 14	0.028 08
3	1.557	0.005 29	0.001 18	0.029 37
4	1.782	0.007 19	0.001 22	0.031 26
5	1.87	0.006 93	0.001 42	0.035 62
6	2.03	0.008 51	0.001 55	0.038 89
7	2.115	0.008 88	0.001 64	0.038 89
8	2.229	0.010 24	0.001 72	0.044 86
9	2.395	0.012 12	0.001 75	0.044 02
10	2.456	0.011 68	0.001 76	0.044 81
11	2.48	0.012 61	0.001 85	0.044 15
12	2.617	0.013 23	0.001 84	0.050 43
13	2.703	0.013 99	0.001 97	0.053 48
14	2.758	0.013 65	0.002 13	0.056 22
15	2.732	0.013 65	0.001 95	0.054 33
16	2.918	0.016 17	0.002 23	0.059 85
17	2.939	0.014 45	0.002 26	0.064 99
18	2.888	0.014 13	0.002 34	0.071 55
19	3.061	0.015 19	0.002 62	0.082 24
20	3.084	0.014 96	0.002 63	0.084 7

对所测重型柴油车的相关信息与北京市常用柴油公交车进行对比，发现车辆编号 2、3、4、5、6、14、15 的重型柴油车与北京市现有公交柴油车主流车型接近，且排放标准相近。选择这 9

辆重型柴油车排放数据进行 VSP 区间排放率的计算。由于测试是在车辆接近空载的情况下进行,实际情况需要对排放数据进行负载修正。最终得到符合北京市公交柴油车排放率的基准排放率,详细的计算结果如表 17-2 所示。

重型柴油车在各 VSP Bin 下的排放率

表 17-2

VSP Bin	CO_2(g/s)	NO_x(g/s)	HC(g/s)	CO(g/s)
-15	0.756	0.029 10	0.014 41	0.015 50
-14	0.709	0.025 28	0.015 57	0.020 20
-13	1.034	0.033 70	0.014 80	0.019 00
-12	0.834	0.033 02	0.016 54	0.017 00
-11	0.729	0.031 04	0.017 03	0.019 52
-10	0.518	0.018 10	0.014 63	0.015 95
-9	0.675	0.021 06	0.014 43	0.015 15
-8	0.776	0.027 58	0.016 82	0.019 94
-7	0.691	0.022 12	0.015 14	0.017 38
-6	0.784	0.024 23	0.016 00	0.018 86
-5	0.944	0.031 17	0.016 48	0.019 94
-4	0.999	0.030 63	0.017 26	0.021 16
-3	1.083	0.037 47	0.018 48	0.023 94
-2	1.046	0.031 37	0.018 58	0.023 14
-1	1.451	0.039 74	0.018 28	0.024 37
0	1.525	0.034 52	0.016 31	0.024 53
1	3.128	0.073 04	0.023 37	0.034 89
2	3.856	0.092 37	0.025 31	0.038 37
3	4.750	0.116 38	0.027 02	0.042 55
4	5.398	0.129 73	0.027 86	0.046 19
5	6.145	0.148 88	0.029 15	0.050 33
6	6.718	0.162 66	0.029 94	0.059 14
7	7.294	0.170 79	0.030 88	0.070 62
8	7.207	0.166 86	0.030 58	0.065 09
9	7.620	0.170 40	0.029 37	0.066 61
10	7.433	0.173 95	0.031 53	0.067 01
11	7.160	0.181 40	0.031 18	0.071 31
12	7.620	0.177 40	0.032 72	0.064 50
13	7.560	0.167 00	0.031 08	0.068 75
14	8.160	0.176 00	0.029 48	0.072 50
15	7.620	0.166 73	0.031 68	0.067 25

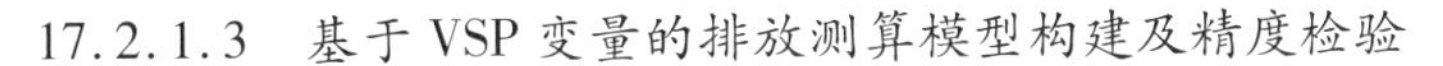

17.2.1.3　基于 VSP 变量的排放测算模型构建及精度检验

(1)基于 VSP 变量的排放测算模型构建

排放因子是指一辆机动车行驶单位里程或者单位小时的尾气排放量,单位为 g/km 或者 g/h。案例基于 Frey 的研究中定义的排放因子计算公式,作为案例基于 VSP 参数的排放模型,如公式(17-4) 所示。

$$EF_m = \frac{\sum_i ER_{im} \times D_i}{v} \times 1\,000 \tag{17-4}$$

式中:EF_m——路网中某辆车在某路段内第 m 种排放物的排放量(g/km);

ER_{im}——排放物 m 在第 i 个 VSP 区间内的排放速率(g/s);

D_i——第 i 个细分 VSP 区间的频率分布(%),可由实测数据计算得到;

v——该段时间内机动车平均行驶速度(m/s)。

(2)模型精度检验

为了验证式(17-4) 的精度,案例随机抽取一小时的排放数据 (未参与排放率计算),应用式 (17-4) 进行计算,并同实测数据进行对比,如表 17-3 所示。

尾气排放因子预测值同实际值比较表　　表 17-3

项　目	CO_2	NO_x	HC	CO
预测值	497.966g/km	5.695g/km	0.078 3g/km	2.460g/km
实测值	547.065g/km	5.517g/km	0.083 0g/km	2.671g/km
误差	8.975%	-3.228%	5.677%	7.892%

由表 17-3 可以看出,案例建立的排放因子测算模型,其预测值与实际测试值的误差均在 10%之内,分别为:8.975%、3.228%、5.677%以及 7.892%。

17.2.2　公交信号优先方案设计

交通仿真技术能够大大减少现场研究或实验的费用,VISSIM 是目前最常用的微观交通仿真模型之一,它能对车道设置、交通组成、交通信号、公交车站等条件下的城市交通与公共交通进行微观仿真和分析评价。因此案例选择 VISSIM 仿真软件作为研究公交信号优先的手段。

17.2.2.1　基本概念和原理

(1)VISSIM 仿真模型概述

VISSIM 仿真软件是一种微观的、离散的、随机的、以 0.1s 为时间步长的仿真模型。利用 VISSIM 可以仿真实际的交通运行状况,也可以进行公交优先信号控制逻辑的设计,同时可以仿真多种交通控制方式。公交信号优先方案设计的核心技术,是利用 VAP 程序进行信号优先控制方案的参数标定和逻辑控制。

(2)信号优先控制方案概述

信号优先控制方案主要包括绿灯延长、红灯早断、相位插入以及这三种方案的组合方案。

绿灯延长是指在本相位剩余绿灯时间不足以让检测到的公交车辆安全通过交叉口时,可延长本相位的绿灯时间,使得公交车辆无等待通过该信号交叉口。

红灯早断是指当公交车辆在本相位红灯时间到达交叉口,且公交相位绿灯将在下一个相位切换时显示,这时可以缩短当前相位的绿灯时间,切断公交相位的红灯信号,提前开启公交相位绿灯。

相位插入是指公交车辆在本相位红灯时间到达交叉口,但是下一个相位仍然不允许公交车辆通过,可以在当前相位和下一相位之间插入一个允许公交车辆通过的绿灯相位。

组合方案是指为了尽可能多地增加公交车的通行机会,在公交优先方案里采用不同公交优先基础方案的组合,满足不同时刻到达交叉口公交车辆的需求。主要有以下几种组合结果:绿灯延长+红灯早断、绿灯延长+相位插入、红灯早断+相位插入、绿灯延长+红灯早断+相位插入。

17.2.2.2 微观仿真平台的建立

(1)研究区域选取

本案例将以北京市快速公交2号线(以下简称BRT2)作为研究案例。具体研究线路如图17-1中黑色粗线条所示。

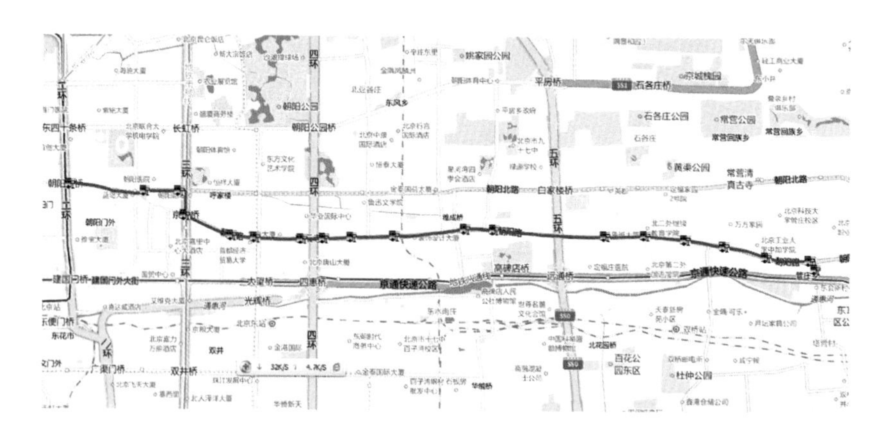

图17-1 研究对象示意图

(2)数据采集与分析

对平台搭建所需的各种数据进行实地采集,采集时间2012年3月15日、2012年3月22日至2012年2月23日以及2012年3月28日至2013年3月30日。采集的数据包括VISSIM仿真平台搭建所需的基础数据和参数标定及有效性验证的数据。

仿真平台搭建所需的基础数据包括道路几何数据、交叉口信号配时和停车线位置、交通流量数据以及公交信息等。为了实现模型参数的标定与有效性验证,需要采集实际路网中BRT车辆、常规公交与小汽车的GPS数据,以便与仿真平台中的数据进行对比。

(3)仿真平台的搭建

①构建BRT2线路所在的路网

仿真平台搭建的第一步是勾画BRT2号线的仿真路网。具体工作包括仿真路段的筛选以及路段线型的勾画。本步骤是整个平台搭建的基础,需根据现场调研数据辅助Google地图画图,并需要进行反复核查。

②定义路网各入口的交通组成并输入流量

在勾画完整个研究路网后，定义路网各入口的交通组成并输入流量以及输入每条路段及其节点的基本参数。路段的基本参数包括路段编号、路段起始节点、路段终止节点、路段长度以及车道数等等，节点的基本参数包括节点的编号和类型。

③输入设置交通信号配时

VISSIM 中的信号灯头设置在每条车道的停车线处。遇到红灯的车辆将在信号灯头后约 0.5m 处停车。遇到黄灯时，如果车辆无法在停车线前安全停车，会继续行驶通过交叉口。BRT2 号线沿途有 34 个交叉口，都属于定时控制交叉口。案例根据调研的信号，分别逐个设置，对每个交叉口都要定义信号灯组，然后定义每个相位的红灯结束时间、绿灯结束时间以及黄灯时间。

④设置交叉口的路径选择

在 VISSIM 中，车辆行驶路径的长度可以是任意值，局部路径分配会影响公交车，为防止公交线路被重新定义，在设置路径时，需要严格限制该路径只针对私人交通车辆类别激活，对于公交车辆类别为非激活。

⑤设置 BRT 线路以及其他常规公交线路

根据调研结果，在路网中设置快速公交以及常规公交线路、站点。在 VISSIM 中，一条公交线路由有时刻表和固定停靠站顺序的公交车辆组成，车辆的停车时间由停车分布决定。在有多条运行线路的公交线路中，需要分别对其独立编辑，成为多条独立的线路。

⑥路网测试及错误修正

在仿真运行时，系统会提示运行的情况以及运行错误，并生成错误报告。根据这些错误报告进行路网的修改与调试，最终完成北京市 BRT2 号线仿真平台的搭建。

(4)仿真平台参数标定及精度检验

由于 VISSIM 仿真软件由德国 PTV 公司开发，其交通流特性与国内存在一定差异，因此需对模型进行有效的参数标定。VISSIM 用于排放测算时，驾驶行为参数的标定，应该在速度与加速的微观层次满足仿真的精度要求。本案例采用 Martin 等人的研究方法，以现实车辆的逐秒运动轨迹，来标定驾驶行为参数。

VISSIM 模型中的驾驶员行为参数主要设计四个方面，共十个参数，这些参数在 VISSIM 中皆有默认值。本案例采用遗传算法，进行微观仿真模型的标定，最终得到的标定结果如表 17-4所示。

标定后 VISSIM 仿真模型参数值　　　　表 17-4

驾驶行为参数	默认值	标定后的取值		
		BRT	社会车	常规公交车
消散前的等待换道时间(s)	60.00	33.64	43.2	40.91
最小车辆间距(m)	0.50	0.95	0.66	0.84
最大减速度(m/s^2)	-4.00	-2.44	-4.22	-2.89
速度变化率为 $-1m/s^2$ 所需要的距离(m)	100.00	110.3	62.12	147.12
可接受的减速度(m/s^2)	-1.00	-1.36	-2.84	-1.68

续上表

驾驶行为参数	默认值	标定后的取值		
		BRT	社会车	常规公交车
最大前视距离(m)	250.00	223.53	241.18	211.81
平均停车间距(m)	2.00	2.87	0.73	2.33
期望安全距离的加法部分(m)	2.00	0.73	2.87	3.93
期望安全距离的乘法部分(m)	3.00	3.65	3.35	3.06
停车和以 50km/h 速度行驶时两车间的横向距离(m)	1.00	1.32	1.21	1.47

图 17-2 所示为标定后的车辆逐秒速度仿真值与实测值对比,可见在对平台进行微观标定后,大大降低了车辆逐秒速度的仿真误差。

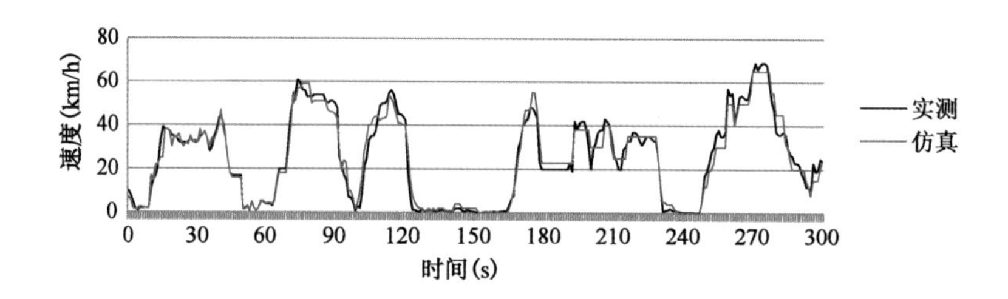

图 17-2　标定后仿真值与实测值对比图

为了验证标定后的仿真平台在用于测算车辆排放时的有效性,案例任意选取某一车型,对实测和仿真情况下的逐秒速度与加速度数据进行 VSP 区间分布对比分析。仿真排放总量与实测排放总量相比,四种尾气排放量的误差为 -8.9%、-7.2%、-5.7% 以及 9.3%。由此认为,VISSIM 仿真平台在标定后,可以用于基于 VSP 参数的排放总量测算研究。

17.2.2.3　公交信号优先方案设计

案例通过对 BRT2 号线进行特性及共性分析,设计以下三种不同的公交优先场景,包含大规模复杂网络下单点感应控制策略与线路协调逻辑设计(场景一)、公交信号优先控制策略下多线复用方案优化(场景二)以及交叉口公交信号优先预信号感应控制策略仿真实现(场景三)三部分内容,并将其与基本场景(无公交信号优先)进行对比。

(1)场景一设计

对沿途 23 个信号交叉口设置公交信号优先控制策略,其中 21 个交叉口为两相位交叉口,另有 3 相位和 4 相位交叉口各 1 个。考虑到各交叉口的已有信号配时,对于不满足最小绿灯时长的交叉口不采用信号优先,保留原有定时控制方案,以减少对 BRT 对向车流的影响。对 BRT2 号线沿途 23 个信号交叉口设置信号优先,对各参数进行计算。

然后采用线路协调控制模式,对于间距较长的大型多相位交叉口,采用独立的信号优先控制方案,对于间距较短的连续小型两相位交叉口采用信号协调控制方案,从而实现整体最优目标。各交叉口采用的信号优先方案如表 17-5 所示。

BRT2 号线线路协调控制设计方案 表 17-5

序 号	位 置	交叉口数目	控 制 方 式
1	朝阳门至三环	7 个复杂大型交叉口	无信号优先
2	朝阳门至三环	2 个交叉口	单点感应
3	三环至金台路	3 个交叉口	单点感应
4	金台路至四环之间	2 个交叉口	协调控制
5	四环	慈云寺桥交叉口	无信号优先
6	四环至八里庄路	1 个交叉口	单点感应
7	八里庄路到五环	3 个交叉口	协调控制
8	五环到双桥路	8 个交叉口	协调控制
9	双桥路	2 个交叉路	协调控制
10	双桥路到杨闸	2 个交叉口	协调控制

(2)场景二设计

在场景一中,快速公交专用道利用率较低,而路侧社会车道相当拥挤。场景二将部分常规公交与 BRT 车辆共用专用道,常规公交车辆在由社会车道驶入快速公交专用道时,会提高行驶速度,因而提高运营效率。然而过多的常规公交进入 BRT 专用道会使专用车道变为拥挤状态,降低 BRT 车辆的行程速度。本场景设计的目的在于提高 BRT 专用道利用率的同时又不至于对 BRT 车辆产生过度的影响。

案例通过计算 BRT 专用道的通行能力并结合常规公交的发车班次,以及各常规公交的运行线路等综合因素,拟定以下仿真方案,如表 17-6 所示。

场景二各种设计方案 表 17-6

项 目	基 础 方 案	子 方 案 1	子 方 案 2	子 方 案 3
专用道内运行线路	BRT2 号线、BRT 区间、BRT2 号线支线	BRT2 号线、BRT 区间、BRT2 号线支线、364 路、488 路、639 路	BRT2 号线、BRT 区间、BRT2 号线支线、364 路、488 路、639 路、648 路	BRT2 号线、BRT 区间、BRT2 号线支线、364 路、488 路、639 路、648 路、731 路

(3)场景三设计

在场景二的基础上,考虑到调入常规公交线路以后,BRT 专用车道上的流量增大,进而导致公交车辆在交叉口处的排队较长,为了给公交车辆提供优先通行权,案例在提供时间优先权(公交信号优先)的基础上,进一步考虑增设锯齿形公交专用进口道。

场景三参考本案例参考文献[11]的研究成果,在有快速公交和常规公交进口道的交叉口,距其停车线 40m 处设置预信号停车线,以控制快行道上行驶的小汽车,为行驶在 BRT 专用道上的常规公交与快速公交车辆提供优先通行权。预信号的控制需要设定两个时间参数:预信号绿灯提前启亮时间 t_1 以及预信号红灯提前启亮时间 t_2。根据本案例参考文献[13]的研究,选取 t_1 为 4s、t_2 为 5s。

17.3 方法应用

北京市BRT2号线公交信号优先策略的设置将对BRT车辆、常规公交车辆以及社会车辆的行驶状况和尾气排放产生影响。在前文研究的基础上,通过对BRT2号线各公交优先方案的运行状况以及排放状况进行评价,并与现状无信号优先方案进行对比,主要研究公交优先对机动车尾气排放的影响。

17.3.1 公交信号优先对机动车VSP分布的影响分析

VISSIM仿真软件可以输出全路网车辆的逐秒速度和加速度值,以及每组速度加速度值对应的路段编号(link)以及仿真时间(t)。为了研究公交信号优先策略对机动车尾气排放总量的影响,需要计算各场景下机动车VSP频数分布。案例还需对比分析各公交优先方案的时间排放特征以及空间排放特征,因此对时间(t)和路段(link)进行筛选,分别计算各优先方案下7:00~7:30、7:30~8:00、8:00~8:30、8:30~9:00四个时段,以及朝阳门至三环、三环至四环、四环至五环、五环至杨闸四个区间的VSP分布。

针对每个仿真场景,系统输出2 200万条数据,7个方案总计15.4亿条带有link和时间编号的逐秒速度加速度数据。处理得到各场景下BRT车辆、常规公交车、社会车辆在不同时间段、不同区间以及总体的VSP分布,其中BRT车辆在基础场景与场景一下的VSP分布如图17-3所示。

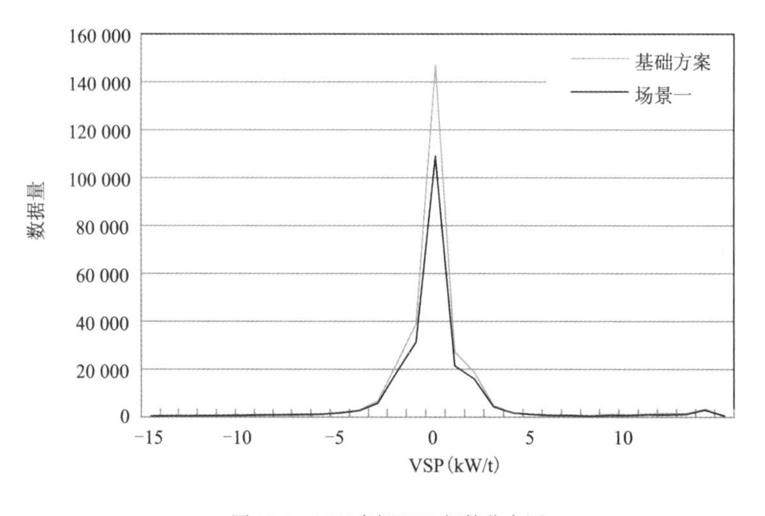

图17-3 BRT车辆VSP频数分布图

17.3.2 各公交信号优先方案时间排放特征对比

为了比较各公交优先方案对机动车尾气排放的影响,案例以30min为间隔,对不同仿真时段的排放因子进行分析。按照车辆类别,分别对BRT车辆、常规公交车辆以及社会车辆在各时段下的排放因子进行分析,其中BRT车辆在各仿真时段下的CO_2排放因子如图17-4所示。

由分析结果可以得出,仿真路网中BRT车辆在各时段的排放因子变化趋势较为一致,在

7:00 ~ 7:30 之间最低。基础场景的排放因子呈逐渐上升趋势，在 8:00 ~ 8:30 之间达到峰值后逐渐降低；CO_2、NO_x 以及 CO 的排放因子的峰值在 7:30 ~ 8:00 之间波动，后逐渐降低；HC 的排放因子先逐渐上升并到达峰值（8:00 ~ 8:30），然后再逐渐下降。各仿真场景之间的变化并无显著规律。

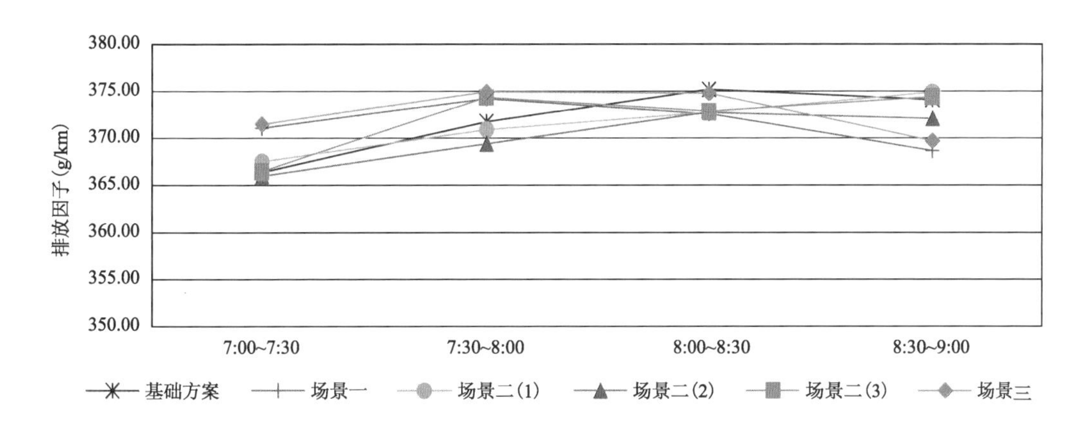

图 17-4　路网中各时段 BRT 车辆 CO_2 排放因子

常规公交排放因子的变化趋势较为一致，不同于 BRT 的趋势变化。常规公交的排放因子从仿真起始阶段开始逐渐降低，峰值为 7:00 ~ 7:30。各仿真场景之间对比发现，基础场景的排放因子最低，其次是场景一，场景二与场景三的排放因子之间的差异不大，但趋势一致。

社会车辆的排放因子不同于 BRT 与常规公交排放因子的变化趋势。其中，场景一的排放因子从仿真起始结算开始逐渐上升，到达峰值 8:00 ~ 8:30 后快速下降，其他场景之间的变化并不明显，CO_2 与 NO_x 的排放因子呈递增趋势，在 8:30 ~ 9:00 到达高峰峰值。HC 与 CO 的排放因子呈缓慢下降趋势，在 8:30 ~ 9:00 到达低峰峰值。对比各个场景的排放因子发现，基础方案的排放因子最小。

最后，通过分车型对各时段的排放因子进行分析后发现，每种车型的排放因子均有特定的变化趋势，不同方案之间的排放因子的变化趋势也不相同，具体原因有待进一步研究。对于常规公交车辆与社会车辆，基础场景的排放因子要低于其他各场景的排放因子，这说明实施公交信号优先策略后，虽然降低了 BRT2 号线沿线车辆的排放，但大大增加了与 BRT2 号线交叉方向行驶车流的尾气排放。

17.3.3　各公交信号优先方案空间排放特征对比

将整个路网划分为四个研究区间：二环到三环、三环到四环、四环到五环以及五环到杨闸（各研究区间分别设置了 2 个、5 个、5 个、11 个公交信号优先控制路口），对各研究区间内的排放因子进行分析。

其中，BRT 在各研究区间内的 CO_2 排放因子如图 17-5 所示。

由分析结果可以得出，BRT 车辆在四环至五环区段内的排放因子最高，其次是二环到三环区段，三环到四环区段内的排放因子最低；其次是二环到三环区间，该路段BRT与常规公交混行于普通的路侧公交专用车道，BRT专用车道里程较短；五环到杨闸区段次之，该路段信号交叉口密集，且有大量非信号交叉口；排放因子最低的是三环到四环区段，该区段内BRT车辆行驶于专门的专用道，道路条件较好。对于各研究区段，公交信号优先控制策略的实施使得BRT车辆的降低排放因子适当降低。

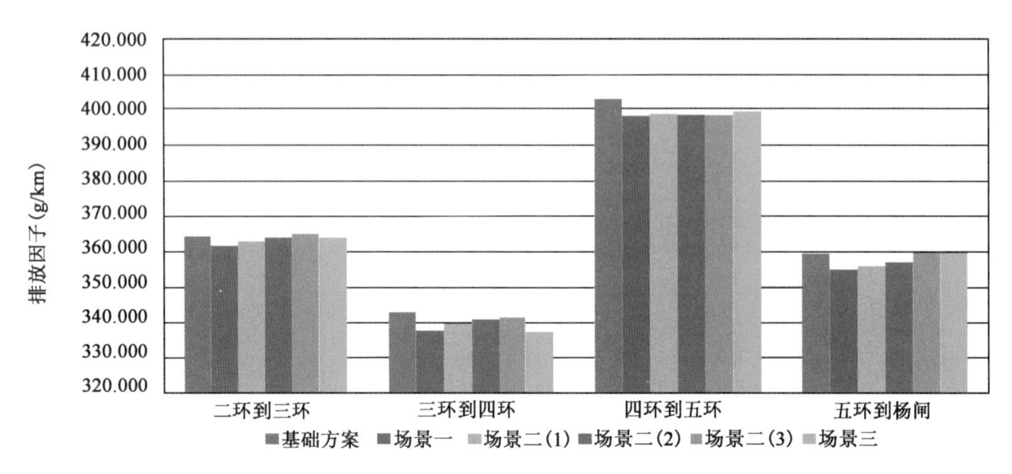

图17-5　BRT在各研究区间内的CO_2排放因子

常规公交在四环到五环、五环到杨闸区段内的排放因子最大，在二环到三环、三环到四环区段内次之。二环到三环区段内，设置公交信号优先策略能够降低常规公交的排放因子，而在三环到四环、四环到五环以及五环到杨闸区段，场景二、场景三的排放因子要大于基础场景下的排放因子。

社会车在五环到杨闸区段内的排放因子最大，四环到五环区段次之，其次是三环到四环区段，二环到三环区段的排放因子最小；二环到三环之间社会车主要行驶于朝阳门外大街，该路段双向8车道，社会车的运行环境较好，因而路段排放因子较低。

同时，通过将各区段内不同场景下的排放因子进行对比发现，公交信号优先的实施使得路段排放因子增加，尤其在五环到杨闸路段尤为明显，这说明设置公交信号优先会对社会车的排放带来负面影响。

最后，通过对各车型在不同排放区段内的排放因子进行对比，发现不同车型在各区段内的排放因子的变化趋势不同，这是由于各区段内的道路条件、基础设施、有无公交专用道、公交站点布设以及与BRT2号线道路对向道路的数目等因素所决定。

17.3.4　各公交信号优先方案对尾气排放总量的影响分析

排放总量为仿真时段(7:00～9:00)内，路网中所有车辆的排放总质量。该指标是直观反映各公交优先方案对机动车尾气排放总量影响的重要指标，本案例在VSP分析的基础上，对BRT2号线上BRT车辆、常规公交车、社会车以及总体车辆排放的CO_2、NO_x、HC、CO进行计算，得到BRT尾气排放总量、常规公交尾气排放总量以及社会车排放总量，其中BRT尾气排放总量如图 17-6 所示、常规公交尾气排放总量对比如图 17-7 所示，社会车辆尾气排放总量对比如图 17-8 所示，路网排放总量如图 17-9 所示。

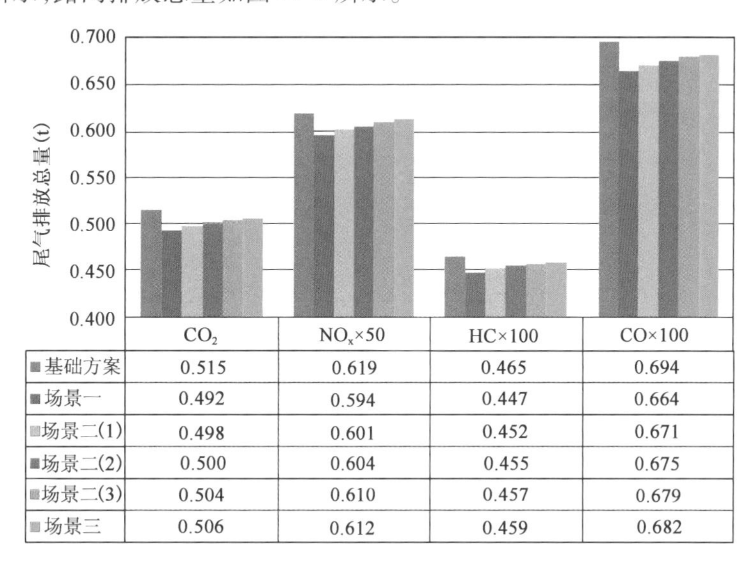

	CO_2	NO_x×50	HC×100	CO×100
■基础方案	0.515	0.619	0.465	0.694
■场景一	0.492	0.594	0.447	0.664
■场景二(1)	0.498	0.601	0.452	0.671
■场景二(2)	0.500	0.604	0.455	0.675
■场景二(3)	0.504	0.610	0.457	0.679
■场景三	0.506	0.612	0.459	0.682

图 17-6　BRT 尾气排放总量

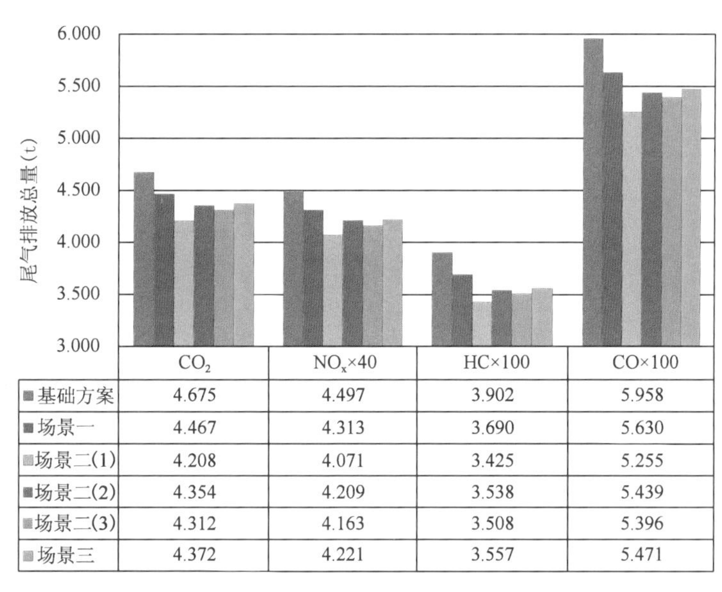

	CO_2	NO_x×40	HC×100	CO×100
■基础方案	4.675	4.497	3.902	5.958
■场景一	4.467	4.313	3.690	5.630
■场景二(1)	4.208	4.071	3.425	5.255
■场景二(2)	4.354	4.209	3.538	5.439
■场景二(3)	4.312	4.163	3.508	5.396
■场景三	4.372	4.221	3.557	5.471

图 17-7　常规公交尾气排放总量对比图

从分析结果可以得出，在实施公交信号优先后，路网中 BRT 车辆的 CO_2 排放量降低了 23kg，NO_x 排放量降低了 0.5kg，HC 排放量降低了 0.18kg，CO 排放量降低了 0.3kg，分别占原排放总量的 4.5%、4%、3.0%、7.2%。在调入部分常规公交进入公交专用道行驶后，BRT 车辆各类尾气排放总量有所增加。相对于场景一，场景二(1)的 CO_2、NO_x、HC 和 CO 的排放总量分别增加了 1.2%、1.2%、1.1%，以及 1.1%，这是由于部分常规公交进入 BRT 专用道行驶后，对行驶于 BRT 专用道的 BRT 车辆造成一定的影响。随着调入 BRT 专用道行驶的常规公交增多，场景二(2)与场景二(3)相对场景一，各类尾气排放量分别增加了1.6%、1.7%、1.8%、1.7%以及2.1%、2.7%、2.2%、2.3%。这说明随着行驶于BRT专用道的常规公交增多，对BRT车辆的影响越来越大，因而BRT车辆排放持续增加。场景三在场景二(3)的基础上，设置公交专用进口道，从图17-6中可以看出，设置公交专用进口道后，使得BRT车辆各类尾气排放总量分别增加了0.40%、0.33%、0.44%以及0.44%。这说明在设置公交专用进口道后，反而会造成BRT车辆排放的增加，这是由于BRT车辆在公交专用进口道处的换道行为，以及与其他类型车辆在交叉口处的交织以及干扰造成的。

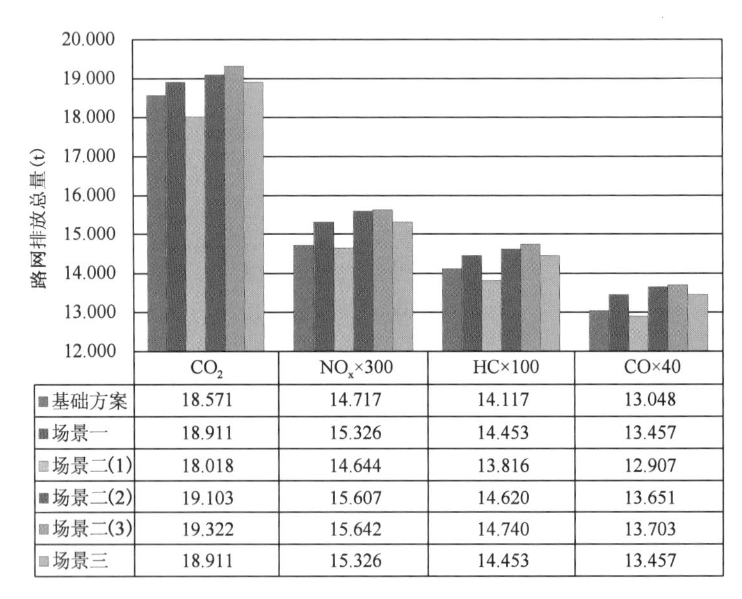

	CO_2	NO_x×300	HC×100	CO×40
基础方案	18.571	14.717	14.117	13.048
场景一	18.911	15.326	14.453	13.457
场景二(1)	18.018	14.644	13.816	12.907
场景二(2)	19.103	15.607	14.620	13.651
场景二(3)	19.322	15.642	14.740	13.703
场景三	18.911	15.326	14.453	13.457

图17-8　社会车辆尾气排放总量对比图

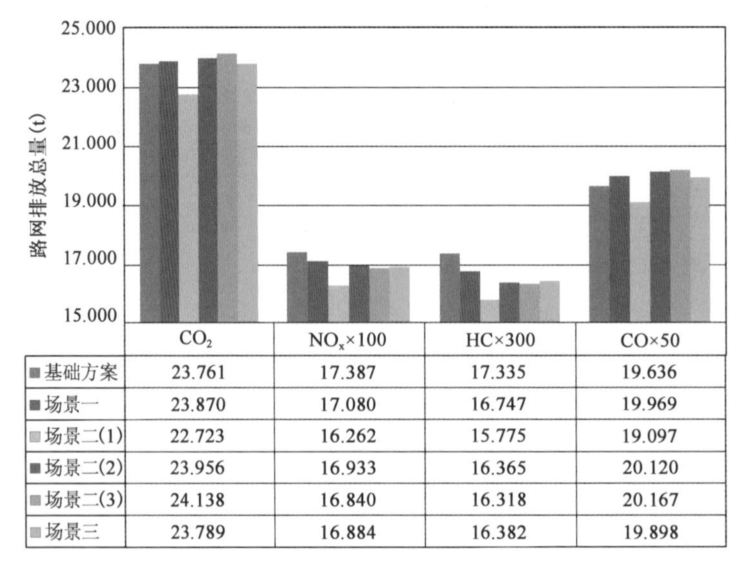

	CO_2	NO_x×100	HC×300	CO×50
基础方案	23.761	17.387	17.335	19.636
场景一	23.870	17.080	16.747	19.969
场景二(1)	22.723	16.262	15.775	19.097
场景二(2)	23.956	16.933	16.365	20.120
场景二(3)	24.138	16.840	16.318	20.167
场景三	23.789	16.884	16.382	19.898

图17-9　路网排放总量

在实施公交信号优先策略后，路网中常规公交车辆的 CO_2 排放量降低了 208kg，NO_x 排放量降低了 4.6kg，HC 排放量降低了 2.12kg，CO 排放量降低了 3.28kg，分别占原排放总量的 4.4%、4.1%、3.0%、7.2%。在调入部分常规公交进入公交专用道行驶后，常规公交车辆各类尾气排放总量有所减少。相对于场景一，场景二(1)的 CO_2、NO_x、HC 和 CO 的排放总量分别减少了 9.8%、5.6%、7.2%以及 6.7%，这是由于部分常规公交进入 BRT 专用道行驶后，改善了部分常规公交的行驶状况。随着调入 BRT 专用道行驶的常规公交增多，场景二(2)与场景一相比，各类尾气排放量分别减少了 2.5%、2.4%、4.1%、3.4%；场景二(3)与场景一相比，各类尾气排放量分别减少了 3.5%、3.5%、4.9%、4.2%；场景三与场景一相比，各类尾气排放量分别减少了 2.1%、2.1%、3.6%、2.8%。这说明随着行驶于 BRT 专用道的常规公交增多，对常规公交的有利影响越大，因而常规车辆排放相应减少。场景三在场景二(3)的基础上，设置公交专用进口道，从图 5-34 中可以看出，设置公交专用进口道后，使得常规公交车辆各类尾气排放总量分别增加了 1.4%、1.4%、1.4%以及 1.4%，这说明设置公交专用进口道后会对常规公交的行驶造成一定的干扰。

在实施公交信号优先策略后，路网中社会车辆的 CO_2 排放量增加了 340kg，NO_x 排放量增加了 2.03kg，HC 排放量增加了 3.36kg，CO 排放量增加了 10.2kg，分别占原排放总量的1.8%、4.1%、2.4%、3.1%。场景二(1)相对于场景一来说，CO_2、NO_x、HC 和 CO 的排放总量分别减少了 4.7%、4.4%、4.4%，以及 4.1%，这是由于部分常规公交进入 BRT 专用道行驶后，降低了社会车道的拥挤度，改善了社会车道小汽车的运行状况。然而，随着调入 BRT 专用道行驶的常规公交线路增多，场景二(2)与场景二(3)相对场景一，各类尾气排放量分别增加了 1.0%、1.8%、1.2%、1.4%以及 2.2%、2.1%、2.0%、1.8%。这说明随着行驶于 BRT 专用道的常规公交车辆数目增多，反而增加了社会车辆的尾气排放。这是因为随着 BRT 车道行驶的公交车辆越来越多，公交车停站以及越行等因素对行驶于快行道上社会车辆的影响越来越大。场景三在场景二(3)的基础上，设置公交专用进口道，从图 17-6 中可以看出，设置公交专用进口道后，使得社会车辆各类尾气排放总量分别减少了 2.1%、2.0%、2.0%以及 1.8%，降低了社会车辆的排放。

由图 17-7 可以看出，实施公交信号优先策略后，使得路网 CO_2 排放总量增加了 109kg，NO_x 排放总量减少了 3.07kg，HC 排放总量减少了 1.96kg，CO 排放总量增加了 6.66kg，变动幅度分别为：0.5%、-1.8%、-3.4%以及 1.7%。场景二(1)与基础方案相比，大大降低了各类尾气的排放，降幅分别为：4.4%、6.5%、9.0%以及 2.7%。场景二(2)与场景二(3)之间的变化不大，场景三与场景二相比，CO_2 与 CO 的排放有所减少，但 NO_x 与 HC 的变化不大。

总体来说，在本案例设计的三种仿真场景、6 种仿真方案中，场景二(1)有效地降低了各类尾气的排放量，从环境角度来说，场景二(1)是 6 种仿真方案中的最优方案。这为交通管理者制定有利于环境保护的公交优先策略，提供了理论依据。

17.4　案例总结

本案例结合国内外研究现状，确定各类车辆比功率参数的计算公式以及比功率区间的划分方法。首先利用先进的车载尾气检测设备采集北京市轻型汽油车以及重型柴油车尾气排放数据,通过分析北京市城市交通的车型比例,确定社会车辆的比功率区间排放率,同时,通过对实测重型柴油车排放数据进行荷载修正,确定公交柴油车比功率区间排放率。然后基于实测数据,提出基于VSP变量的排放测算方法,验证了基于VSP参数的尾气排放量化模型的精度。

本案例选取北京市BRT2号线作为研究对象,采集路网的基础数据以及各类交通数据,搭建仿真路网并基于遗传算法对驾驶行为参数进行标定以及面向排放测算角度进行精度验证,使仿真最大可能地模拟现实交通状况。案例通过对实际情况进行分析,设计大规模复杂网络下单点感应控制策略与线路协调逻辑、公交信号优先控制策略下多线复用优化方案以及交叉口公交信号优先预信号感应控制策略。案例利用VisVap进行编程,设计各方案的优先控制逻辑并在VISSIM中实现。在场景三中,设计预信号与主信号的联动,使得公交优先进口道在仿真中得以实现。最后运行仿真并输出路网中所有车辆的工况数据,利用前文VSP计算方法、比功率区间排放率以及排放测算模型,研究各公交信号优先方案的时间、空间排放特性以及对尾气排放总量的影响。

参考文献

[1] GALLIVAN F, GRANT M. Current Practices in Greenhouse Gas Emissions Savings from Transit [J]. Tcrp Synthesis of Transit Practice, 2010.

[2] 美晨阳.基于比功率参数的北京市常规公交柴油车与BRT车辆排放特征对比分析[D].北京:北京交通大学,2011.

[3] 裴文文,于雷,杨方,等.实时尾气检测系统OEM的应用[J].交通环保,2004,25(1):18-21.

[4] AMBROGIO A D. Simulation Model Building of Traffic Intersections [J]. Computer Science, 2009,17:625-640.

[5] 魏明,杨方延,曹正清.交通仿真的发展及研究现状[J].系统仿真学报,2003,15(8):1179-1183.

[6] 杨佩昆,吴兵.交通管理与控制[M].北京:人民交通出版社,2003.

[7] 徐晓慧,王德章.道路交通控制教程[M].北京:中国人民公安大学出版社,2005.

[8] JIE L, HENK V Z, YUSEN C, et al. Optimizing Traffic Control for Emission Reduction: the Calibration of the Simulation Mode [J]. mobile. TUM 2009, International Scientific Conference on Mobility and Transport-ITS for larger Cities, Munich.

[9] MARTIN F, PETER V. Validation of the Microscopic Traffic Flow Model VISSIM in Different Real-world Situations [C]. 80th Transportation Research Board Annual Meeting

[10] 章玉,于雷,赵娜乐,等.SPSA算法在微观交通仿真模型VISSIM参数标定中的应用[J].交通运输系统工程与信息,2010,10(4):44-49.

[11] 北京城市交通综合调查:公交车吸引力远逊小汽车[EB/OL].

[12] CHANG Y C. Robust Tracking cControl on Norlinear Micro Systems via Fuzzy Approaches

[J]. Automatica (S0005-1098), 2000, 36 (10): 1535-1545.

[13] http://www.bjtrc.org.cn/show.asp? id = 78&intType = 3 (北京交通发展研究中心网站).

[14] 何必胜,宋瑞,何世伟,等.交叉口公交优先预信号感应控制策略仿真实现[J].系统仿真学报,2011,23(9):1909-1914.

第六章　驾驶行为类评估案例

不同驾驶行为直接影响车辆的排放。本章面向驾驶行为,对不同驾驶行为造成的车辆排放进行评估,包括交叉口附近区域不同驾驶行为策略和驾驶员个体行为对车辆排放的评估。本章最后介绍了一套面向生态驾驶的智能手机应用程序,对机动车尾气排放进行评估。

案例18:交叉口邻近区域的先进生态驾驶策略

18.1　案例目标

驾驶行为是影响车辆排放的重要因素之一。由于车辆的频繁起停,交叉口是车辆产生排放的主要区域。为了降低车辆排放,改善交叉口临近区域的驾驶行为至关重要。先进的生态驾驶策略能够减少车辆排放和能源消耗。本案例旨在建立应用于交叉口邻近区域普通车辆,能够为驾驶员行为提供建议的实时生态驾驶算法,且可应用于在交叉口邻近区域的自动车辆驾驶。

18.2　方法设计

该案例首先分别为驾驶员和自动车辆建立实时生态驾驶模型。之后,为驾驶员提供的生态驾驶模型将被测试于使用不同音声策略的驾驶模拟环境中;为自动车辆提供的生态驾驶模型将在VISSIM仿真环境中的不同交通情况下测试。在建立驾驶模拟测试和VISSIM仿真环境后,分别利用MOVES模型对两者的车辆排放进行测试。

18.2.1　为驾驶员提供的生态驾驶策略

18.2.1.1　驾驶员生态驾驶模型

该模型讨论在车辆进入交叉口的两种情况,交叉口上游和交叉口下游。在不同驾驶情况下的驾驶策略会按照不同的数学方法计算。

(1)交叉口上游的驾驶情况判断

假设车辆在巡航状态下有机会通过交叉口,则期望到达停车线的巡航时间用式(18-1)计算。

$$t_c = \frac{d_{ts}}{v_t} \tag{18-1}$$

式中：t_c——从做判断到停车线的巡航时间（s）；

d_{ts}——从做判断到停车线的距离（或排队长度）（m）；

v_t——车辆做判断时的瞬时速度（m/s）。

根据巡航至停车线的期望时间和交通信号相位配时，在上游的驾驶状态可按照式（18-2）划分为四组，每组可对应一种典型生态驾驶指导。

$$DS_{up}=\begin{cases}1, \text{when sig}=0, \text{and } t_c>t_{lr}\\2, \text{when sig}=0, \text{and } t_c\leqslant t_{lg}\\3, \text{when sig}=0, \text{and } t_c\leqslant t_{lr}\\4, \text{when sig}=1, \text{and } t_c>t_{lg}\end{cases} \tag{18-2}$$

式中：DS_{up}——车辆在交叉口上游的驾驶状态；

sig——信号状态（0 代表红灯，1 代表绿灯）；

t_{lr}——红灯剩余时间；

t_{lg}——绿灯剩余时间（s）。

在 1、2 状态中，驾驶员可以按照当下巡航速度通过交叉口，提示信息将显示“维持现有速度”。在 3、4 状态中，车辆将无法按现速通过交叉口，提示信息将显示“减速”。当信号灯即将变绿时，将会为驾驶员提供“缓慢加速”的提示信息。

（2）交叉口下游的驾驶情况判断

建议在交叉口下游的车辆既不太快也不太慢，因此，可接受的速度范围将按照式（18-3）计算上下限。

$$\begin{cases}v_{max}=v_{limit}+e_{range}\\v_{min}=v_{limit}+e_{range}\end{cases} \tag{18-3}$$

式中：v_{max}和 v_{min}——在交叉口临近区域的可接受速度上下限（m/s）；

v_{limit}——限速（m/s）；

e_{range}——行驶过程中可接受的限速波动误差。

基于车辆现速和在下游的可接受的速度波动范围，下游驾驶状态可被表示为式（18-4），其中 DS_{dn}是车辆在交叉口下游的驾驶状态。

$$DS_{dn}=\begin{cases}1, \text{when } v_t>v_{max}\\2, \text{when } v_t\in[v_{min}, v_{max}]\\3, \text{when } v_t<v_{min}\end{cases} \tag{18-4}$$

状态 1 表示车辆正在加速，提示信息将显示“避免超速”；状态 2 表示车辆在速度许可范围内，提示信息将显示“维持现有速度”；状态 3 表示现状速度过低，提示信息将为“缓慢加速”。

（3）交叉口邻近区域的生态驾驶策略逻辑

结合上下游驾驶状态判断，在整个交叉口邻近区域的驾驶状态判断和实时生态驾驶建议如图 18-1 所示。

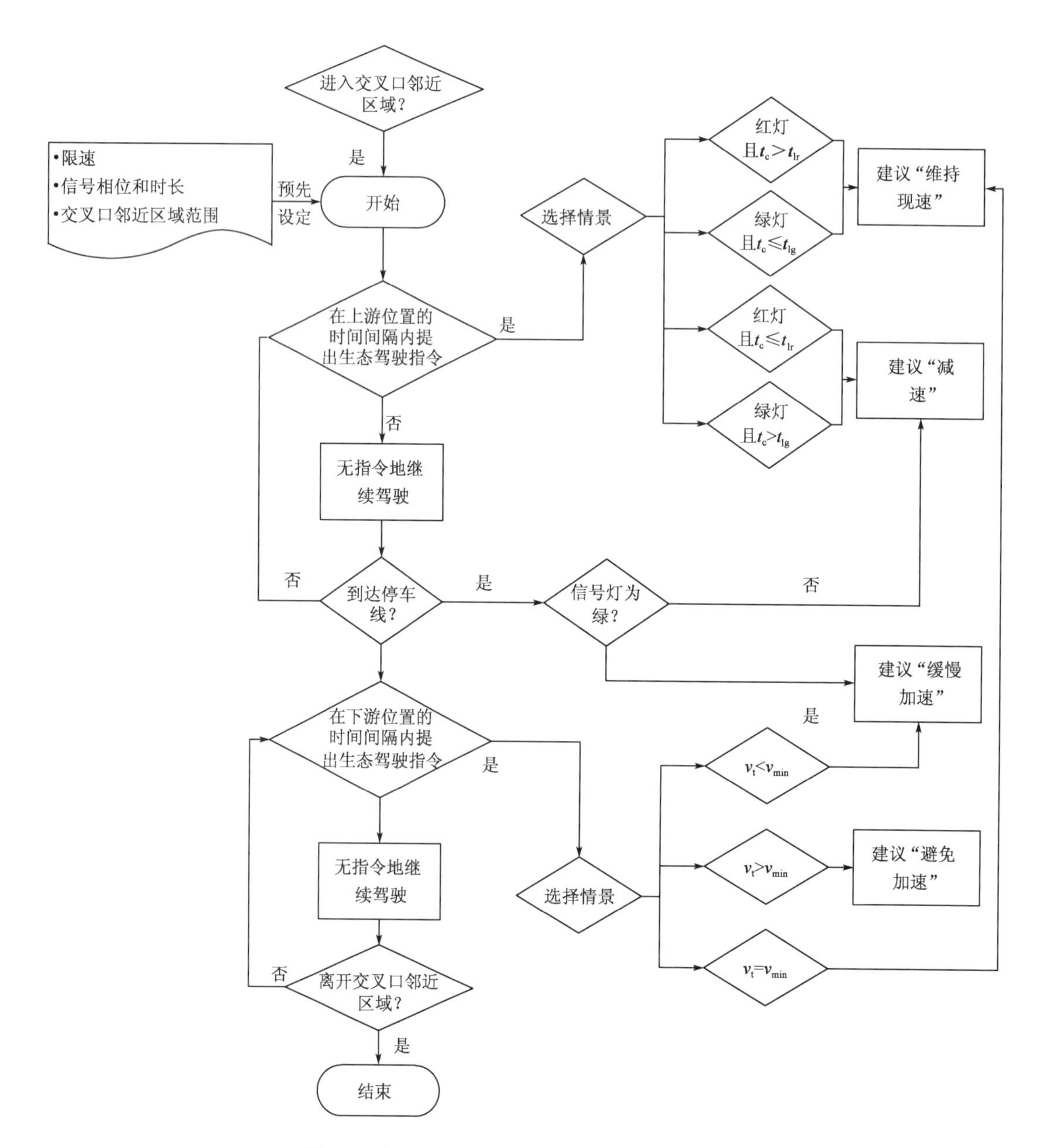

图 18-1　交叉口邻近区域的驾驶员生态驾驶策略逻辑

18.2.1.2　驾驶模拟下的生态驾驶设备

(1)实验装置

测试使用高保真度的小客车驾驶模拟器,该模拟器可支持 RS-600 硬件,如图 18-2 所示。驾驶模拟器有部分福特福克斯车厢,一面全宽前风窗玻璃和标准自动变速驾驶控制。设计停车(P)—后退(R)—空挡(N)—驾驶(D)—低速(L)挡位。在车厢前有一面 180°全包围式视觉显示。

本案例使用 HyperDrive 和 Tool Command Language (TCL)为不同驾驶方案搭建测试平台。

测试中的瞬时速度、加速度、行驶距离和其他相关参数都可被逐秒记录。

图 18-2　RS-600 驾驶模拟器

(2)测试平台

如图 18-3 所示,有三交叉口的四车道城市道路被设计为驾驶模拟环境。全路网限速 30mile/h,交叉口临近区域设定为交叉口中心附近 300m。另外,在第一个交叉口入口前设置足够长的道路,使驾驶模拟器有充足条件从 0 加速至正常速度驶入案例区域。

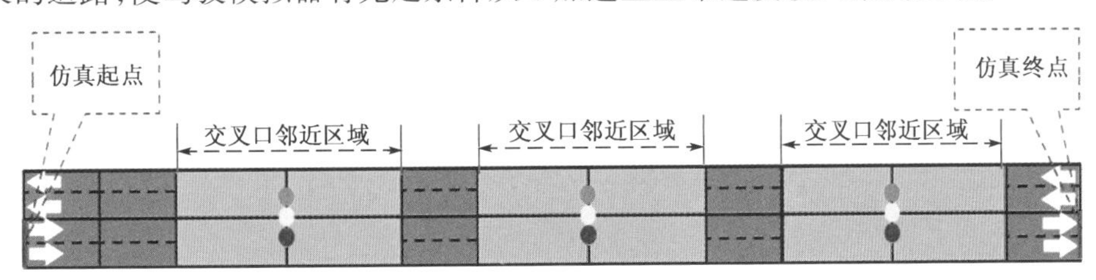

图 18-3　驾驶模拟器的测试平台

三个交叉口的信号相位配时完全相同。一旦车辆进入交叉口邻近区域,信号相位调整为 30s 红灯后 15s 绿灯。生态驾驶建议在车内设有的音声设备系统提示,如图 18-4 所示。建议提供频率按照第一个交叉口用 15s 间隔,第二个用 5s 间隔,第三个用 10s 间隔。另外,当行驶速度超过限速时为驾驶员提供防止超速信息。但在基础方案(普通驾驶方案)中没有任何提醒。

(3)测试步骤

整个测试控制在每位测试者 30min,生态驾驶测试中有三个阶段,熟悉设备阶段、基础方案测试、生态驾驶方案测试。熟悉设备阶段让测试者充分了解驾驶模拟器和虚拟环境。测试前,驾驶员被告知像在现实中一样驾驶,但要注意避免超速、闯红灯,在交叉口选择正确的车道和方向。该阶段不记录任何数据。基础方案测试在驾驶员充分熟悉了模拟设备后才能进行,该阶段记录数据,上述引导在驾驶员接受测试前都会被告

图 18-4　应用于驾驶模拟测试的车内设备

知。生态驾驶方案测试阶段，测试者在测试前要学习生态驾驶概念、每种音声生态驾驶建议和实时生态驾驶建议频率。音声提示的生态驾驶方案以排列组合形式被安排。每位测试者一次驾驶一种方案，测试之后驾驶者需要做一份调查问卷，调查问卷内容包括驾驶感受的统计信息和生态驾驶知识。

(4)测试者

关于测试人员的选择，案例随机从得克萨斯南方州立大学选择了31为测试者，年龄从20~60岁以上不等，所有的选择人员都拥有丰富现实驾驶经验。

18.2.2 为自动车辆提供的生态驾驶策略

为了评估自动车辆在更加符合现实的交通情况下的潜在减排效果，驾驶状态和相应的生态驾驶策略会考虑更多的条件进行分析，例如在上游加速通过交叉口、减速排队等。之后，推荐的生态驾驶模型将运用于VISSIM仿真平台。

18.2.2.1 自动车辆的生态驾驶模型

生态驾驶模型旨在尽可能地防止自动车辆在进入交叉口的时候突然加减速，不必要的停车和在停车线的空运转。提升车辆的平滑速度配置文件可以实现上述目的，并最终优化排放驾驶行为。

(1)接近交叉口的生态驾驶逻辑

基于决策树方法，主要驾驶状态的生态驾驶逻辑如图18-5所示。

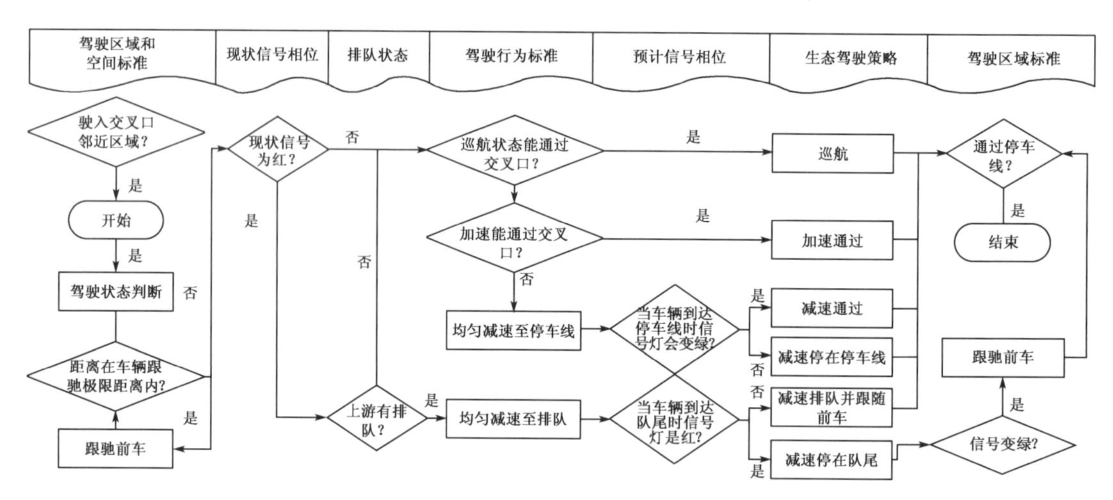

图18-5 自动车辆在生态驾驶下的决策逻辑

(2)接近交叉口的生态驾驶策略

该案例为自动车辆在进入交叉口提供六种策略，如下所示：

①巡航。自动车辆为了通过交叉口有机会以巡航状态通过。

②加速通过。如果车辆保持巡航速度将会在交叉口红灯时到达停车线，但是车辆可通过加速在绿灯结束前通过交叉口，且加速的最大速度不超过限速。

③减速通过。自动车辆无论是巡航或加速(限速内)都无法通过交叉口，因此，为了避免停车，车辆减速使其能在下一个绿灯相位时通过而不用停车等待。

④减速停车。当车辆无法达到上述②③状态时，车辆只能在停车线前停车并等候至下一绿灯相位。

⑤因排队减速并跟驰首车。当信号灯为红色时，交叉口已有车辆排队。然而当车辆到达队尾时信号变绿，此时，自动车辆不随信号灯而是排队车辆行驶。

⑥减速停在队列中。当遇到红灯且有排队时，车辆到达队尾时依然是红灯。在这种情况下车辆必须停车等待至首车在信号灯变绿行驶。

生态驾驶决策的制定基于以下的三个假设：

①车辆在交叉口临近区域不变道。

②自动车辆与首车的间隔距离超过车辆跟驰距离时自动车辆才选择生态驾驶决策，否则车辆依旧执行跟驰策略。

③生态驾驶策略是实时的。

(3)接近交叉口的生态驾驶算法

根据上述的逻辑，算法设计应与相应的驾驶状态相匹配，首先需要定义驾驶行为边界，根据行为边界设置以下六种生态驾驶策略。

(4)驾驶行为边界

①边界1：到停车线的期望巡航时间。假定车辆有机会以巡航速度通过交叉口，其期望时间以公式(18-1)计算。

②边界2：到停车线的期望加速度。当车辆可通过加速在目前绿灯相位下通过交叉口时，车辆可在剩余绿灯时间里按稳定加速度加速。这种加速法可认为是最平顺的加速行为，期望旅行时间和加速度以式(18-5)计算：

$$\begin{cases} t_{ac} = t_{lg} \\ a_{ac} = \dfrac{2(d_{ts} - v_t \times t_{lg})}{t_{lg}^{\ 2}} \end{cases} \tag{18-5}$$

式中：t_{ac}——加速到达停车线的期望时间(s)；

a_{ac}——到达停车线的期望加速度(m/s²)。

③边界3：减速至停车线或队尾的期望时间。在给定的时间段内定义减速度有两种标准，一种按速度减到0的时间计算，另一种按速度减到0的距离计算，如式(18-6)所示：

$$\begin{cases} a_{det} = \dfrac{v_t}{t_{det}} \\ a_{ded} = \dfrac{2[v_t \times t_{ded} - (d_{ts} - l_q)]}{t_{ded}^2} \end{cases} \tag{18-6}$$

式中：a_{det}——按时间计算的减速度(m/s²)；

t_{det}——减速到0的时间(s)；

a_{ded}——按距离计算的减速度(m/s²)；

t_{ded}——完成该段距离所用时间(s)；

l_q——上游排队长度(m)。

但如果按照上述算法计算车辆减速度，则可能出现车辆在到达队尾时速度未减至0，造成安全问题，或者速度减至0时车辆还未到达停车线，不利于生态驾驶。所以设定$a_{ded}=a_{det}$，且车辆在刚好停至停车线时速度减为0，此时的减速度和旅行时间以式(18-7)计算：

$$\begin{cases} a_{de}=a_{ded}=a_{det}=\dfrac{v_t^{\ 2}}{2(d_{ts}-l_q)} \\ t_{de}=\dfrac{2(d_{ts}-l_q)}{v_t} \end{cases} \tag{18-7}$$

式中：a_{de}——期望减速度(m/s^2)；

t_{de}——期望减速时间(s)。

考虑信号和排队，以下4种情景是车辆减速驶入交叉口的情况：

A. 情景1：$t_{de}\geqslant t_{lr}$，且停车线前无排队。车辆可无停车地通过交叉口，可认为$t_{def}=t_{lr}$。该情景对应生态驾驶策略3。

B. 情景2：$t_{de}<t_{lr}$，且停车线前无排队。车辆必须停止等待下一个绿灯相位，可认为$t_{def}=t_{de}$。该情景对应生态驾驶策略4。

C. 情景3：$t_{de}\geqslant t_{lr}$，停车线前有排队，车辆须跟驰前车通过停车线，可认为$t_{def}=t_{lr}$。该情景对应生态驾驶策略5。

D. 情景4：$t_{de}<t_{lr}$，停车线前有排队。车辆必须停止等待下一个绿灯相位并跟驰前车通过停车线，可认为$t_{def}=t_{de}$。该情景对应生态驾驶策略6。

E. 边界4：车辆跟驰的空间边界。该案例中自动车辆与前车的最大距离l_{fmax}为50m。如果实际距离小于该l_{fmax}，车辆按照跟驰模型行驶，不运用6种生态驾驶策略。

(5)生态驾驶决策目标和条件

①策略1：巡航通过。决策目标定义见式(18-8)：

$$\begin{cases} aa_{ta}=0 \\ v_{ta}=v_t \\ T_a=\dfrac{d_{ts}}{v_t} \\ T=T_a \\ t\in[0,T_a] \end{cases} \tag{18-8}$$

式中：aa_{ta}——基于生态驾驶建议的目标瞬时加速度(m/s^2)；

v_{ta}——目标瞬时速度(m/s)；

t——生态驾驶决策后花费时间(s)；

T_a——车辆到达停车线的总时间(s)；

T——车辆通过停车线的总时间(s)。

该生态驾驶策略可包括两种情形。一是信号为绿灯时车辆以巡航状态在该相位下通过停车线，二是信号为红灯时车辆以巡航状态在下一绿相位时通过停车线。两种情形分别以式(18-9)和式(18-10)计算：

$$\begin{cases} t_{pa} \in [0,g) \\ t_c < t_{lg} \\ v_t \leqslant v_{limit} \\ d_{sp} \geqslant l_{fmax} \end{cases} \tag{18-9}$$

$$\begin{cases} t_{pa} \in [g,C) \\ t_c \geqslant t_{lr} \\ l_q = 0 \\ v_t \leqslant v_{limit} \\ d_{sp} \geqslant l_{fmax} \end{cases} \tag{18-10}$$

式中：t_{pa}——从信号周期开始（从绿灯信号开始）至作出生态驾驶决策时的时间（s）；

C——信号周期（s）；

g——有效绿灯时间（s）。

②策略 2：加速通过。决策目标见式（18-11），决策条件见式（18-12）：

$$\begin{cases} T_a = t_{ac} = t_{lg} \\ aa_{ta} = a_{ac} \\ v_{ta} = v_t + aa_{ta} \times t \\ T = T_a \\ t \in [0,t_{lg}) \end{cases} \tag{18-11}$$

$$\begin{cases} t_{pa} \in [0,g) \\ aa_{ta} \in [0,a_{max}] \\ v_{ta} \leqslant v_{limit} \\ t_c \geqslant t_{lg} \\ t_{ac} < t_{lg} \\ d_{sp} \geqslant l_{fmax} \end{cases} \tag{18-12}$$

式中：a_{max}——最大加速度，设为 $3m/s^2$。

③策略 3：减速通过。决策目标如式 18-13 所示：

$$\begin{cases} t_{def} = t_{lr} \\ aa_{ta} = \dfrac{2[v_t \times t_{def} - (d_{ts} - l_q)]}{t_{def}^2} \\ v_{ta} = v_t - aa_{ta} \times t \\ T_a = t_{def} \\ T = T_a \\ t \in [0,t_{def}) \end{cases} \tag{18-13}$$

该生态驾驶策略包括两种情形。一是当车辆系统做决策时信号为绿灯，然而车辆既不属于巡航也不属于加速过停车线。二是当车辆系统做决策时信号为红灯，停车线前无排队。如果车辆维持巡航速度，会在红灯结束前到达停车线。两种情况的决策条件分别见式(18-14)和(18-15)：

$$\begin{cases} t_{pa} \in [0,g) \\ aa_{ta} \in [0,d_{max}] \\ v_t \leqslant v_{limit} \\ t_c \geqslant t_{lg} \\ t_{ac} \geqslant t_{lg} \\ t_{de} \geqslant t_{lr} \\ d_{sp} \geqslant l_{fmax} \end{cases} \tag{18-14}$$

$$\begin{cases} t_{pa} \in [g,C) \\ aa_{ta} \in [0,d_{max}] \\ v_t \leqslant v_{limit} \\ l_q = 0 \\ t_c < t_{lr} \\ t_{de} \geqslant t_{lr} \\ d_{sp} \geqslant l_{fmax} \end{cases} \tag{18-15}$$

式中：d_{max}——最大减速度，设为$4m/s^2$。

④策略4：减速停车。策略目标如式(18-16)所示：

$$\begin{cases} t_{def} = t_{de} \\ aa_{ta} = a_{de} \\ v_{ta} = v_t - aa_{ta} \times t \\ T_a = t_{def} \\ T_{re} = t_{lr} - t_{def} \\ T = T_a + T_{re} \\ t \in [0,T_a) \end{cases} \tag{18-16}$$

式中：T_{re}——自动车辆到达停车线到信号灯变绿灯的剩余时间(s)。

该生态驾驶策略亦包括两种情形。一是决策时信号为绿灯，而是决策时信号为红灯，决策条件分别如式(18-17)和式(18-18)所示：

$$\begin{cases} t_{\text{pa}} \in [0, g) \\ aa_{\text{ta}} \in [0, d_{\max}] \\ v_{\text{t}} \leqslant v_{\text{limit}} \\ t_{\text{c}} \geqslant t_{\text{lg}} \\ t_{\text{ac}} \geqslant t_{\text{lg}} \\ t_{\text{de}} < t_{\text{lr}} \\ d_{\text{sp}} \geqslant l_{\text{fmax}} \end{cases} \tag{18-17}$$

$$\begin{cases} t_{\text{pa}} \in [g, C) \\ aa_{\text{ta}} \in [0, d_{\max}] \\ v_{t} \leqslant v_{\text{limit}} \\ l_{\text{q}} = 0 \\ t_{\text{c}} < t_{\text{lr}} \\ t_{\text{de}} < t_{\text{lr}} \\ d_{\text{sp}} \geqslant l_{\text{fmax}} \end{cases} \tag{18-18}$$

⑤策略 5：排队减速跟驰前车。该策略下减速加入队列的决策目标见式（18-13），跟驰决策见式（18-19）：

$$\begin{cases} v_{\text{ta}} = v_{\text{ft}} \\ T_{\text{f}} = \min\limits_{\forall t_{\text{f}} \in \{1,2\cdots\}} \left\{ \sum\limits_{t=1}^{t_{\text{f}}} v_{\text{ft}} > l_{\text{q}} \right\} \\ t \in [0, T_{\text{f}}) \end{cases} \tag{18-19}$$

式中：v_{ft}——车辆跟驰前车的瞬时速度（m/s）；

T_{f}——跟驰总时间（s）。

该策略下，自动车辆通过停车线的总时间为 $T = T_{\text{a}} + T_{\text{f}}$，决策条件见式（18-20）：

$$\begin{cases} t_{\text{pa}} \in [g, C) \\ aa_{\text{ta}} \in [0, d_{\max}] \\ v_{\text{t}} \leqslant v_{\text{limit}} \\ l_{\text{q}} > 0 \\ t_{\text{de}} \geqslant t_{\text{lr}} \\ d_{\text{sp}} \geqslant l_{\text{fmax}} \end{cases} \tag{18-20}$$

⑥决策 6：减速停车排队。该策略下减速至队尾的决策目标见式（18-16），跟驰前车见式（18-19）。总通过时间为 $T = T_{\text{a}} + T_{\text{re}} + T_{\text{f}}$，决策条件见式（18-21）：

$$\begin{cases} t_{\mathrm{pa}} \in [g, C) \\ aa_{\mathrm{ta}} \in [0, d_{\max}] \\ v_{\mathrm{t}} \leqslant v_{\mathrm{limit}} \\ l_{\mathrm{q}} > 0 \\ t_{\mathrm{de}} < t_{\mathrm{lr}} \\ d_{\mathrm{sp}} \geqslant l_{\mathrm{fmax}} \end{cases} \tag{18-21}$$

18.2.2.2 交通仿真软件下的生态驾驶设备

(1)应用推荐模型的 VISSIM 模型

为了使自动车辆运用生态驾驶模型,利用 VBA 在 VISSIM COM 中编程,流程如图 18-6 所示。

需要说明的是:每次只有一辆车被选为生态驾驶行为车辆,其他车辆均为普通车辆,普通车辆的驾驶行为由 VISSIM 默认生成。第二辆自动车辆在第一辆自动车辆离开交叉口邻近区域后在 1min 内随机生成,生态驾驶策略逐秒生成,以调整驾驶行为。

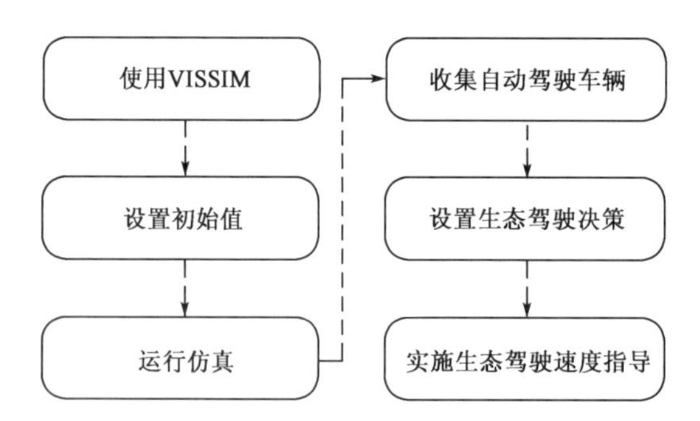

图 18-6 运用生态驾驶模型的自动车辆在 VISSIM COM 中的一般过程

(2)仿真设计

设置六种交通状况,V/C 比分别为 0.3、0.4、0.5、0.6、0.7 和 0.8。1 仿真秒为仿真步长,仿真行为设置随机。

18.2.2.3 排放评估方法

驾驶模拟器和 VISSIM 仿真环境中均使用 VSP 的概念及 MOVES 微观排放分析模型对排放进行分析评估。所有案例车辆假定为 5 年车龄的汽油小客车。从 MOVES 的数据库得知,选择车辆的排放率如表 18-1 所示。

总排放用式(18-22)计算:

$$E_i = \sum_{n=1}^{q} \left(\sum_{n=1}^{p} Er_n^{ij} \right) \tag{18-22}$$

式中:E_i——每辆车的 i 排放物总排放(g);

q——OpModel ID;

p——OpModel ID 频率 j;

Er_n^{ij}——j 排放物的平均排放率。

车龄5年的汽油客车各种OpModeID排放率　　表18-1

OpMode ID	运行模式		默认平均排放率(g/s)			
			CO_2	CO	NO_x	HC
0	制动		3.529	0.005 14	0.000 23	0.000 19
1	怠速		3.265	0.000 89	0.000 1	0.000 05
11	VSP＜0	1m/s≤v＜25m/s	5.134	0.017 69	0.000 34	0.000 13
12	0≤VSP＜3		7.089	0.028 88	0.000 52	0.000 1
13	3≤VSP＜6		9.852	0.026 62	0.001 22	0.000 19
14	6≤VSP＜9		12.449	0.038 2	0.002 15	0.000 26
15	9≤VSP＜12		14.845	0.055 39	0.003 81	0.000 36
16	12≤VSP		17.93	0.093 47	0.007 94	0.000 58
21	VSP＜0	25m/s≤v＜50m/s	6.985	0.023 05	0.000 67	0.000 2
22	0≤VSP＜3		7.95	0.030 55	0.001 09	0.000 18
23	3≤VSP＜6		9.683	0.039 28	0.001 65	0.000 2
24	6≤VSP＜9		12.423	0.057 42	0.002 79	0.000 38
25	9≤VSP＜12		16.578	0.065 17	0.003 91	0.000 37
27	12≤VSP＜18		21.855	0.097 87	0.006 16	0.000 59
28	18≤VSP＜24		29.459	0.239 24	0.013 54	0.003 84
29	24≤VSP＜30		40.359	0.506 67	0.023 78	0.006 81
30	30≤VSP		50.682	1.779 51	0.031 29	0.011 25
33	VSP＜6	50m/s≤v	9.951	0.017 31	0.001 44	0.000 19
35	6≤VSP＜12		15.956	0.029 56	0.003 96	0.000 27
37	12≤VSP＜18		20.786	0.043 51	0.005 54	0.000 34
38	18≤VSP＜24		27.104	0.219 28	0.011 5	0.002 59
39	24≤VSP＜30		36.102	0.231 37	0.017 12	0.003 76
40	30≤VSP		46.021	0.679 99	0.021 56	0.004 92

18.3　方法应用

18.3.1　生态驾驶策略实验方案

18.3.1.1　为驾驶员提供生态驾驶策略的驾驶模拟器方案

实验共设计三个方案：

(1)没有任何生态驾驶建议的普通驾驶(作为基本方案)；

(2)提供声音生态驾驶建议；

(3)提供视觉生态驾驶建议。

方案(2)(3)的提示信息分别按照每5s提示、每10s提示和每15s提示设置子方案。因此，共有7个方案。

18.3.1.2　为自动车辆提供的生态驾驶策略的仿真平台

仿真网络设为十字路口,邻近区域为每个交叉口中心至周边 200m 范围,每个入口有双向 4 条车道,车道宽 4m。交通信号设为两相位,pre-timed 控制,周期 120s,57s 绿灯,3s 黄灯。全网限速 65km/h,案例全路网只有小客车,自动车辆从交叉口北入口产生。为防止变换车道干扰,只有南北向有直行。前方视野距离 50m,与进入跟驰模型距离相同。在 VISSIM 中设置该距离使所有仿真车辆在进入该距离后使用跟驰模型。

18.3.2　驾驶模拟器测试结果

18.3.2.1　排放结果

该案例中,共进行 31 次驾驶测试。所有测试方案均收集 CO_2、CO、NO_x 和 HC 排放平均总量。图 18-7 表示三种方案下的 CO_2、CO、NO_x 和 HC 排放总量。第一过程是车辆在上游时的情况,第二过程是车辆在下游时的情况,第三过程是将两种情况加和,代表车辆在整个交叉口邻近区域的情况。

从图 18-7 中看出,减排效果主要体现在交叉口下游。三种方案下上游产生的排放物是可比较的。根据案例分析,可得到两点原因:一是驾驶员在开始正式测试之前已对驾驶方案和驾驶仿真环境十分熟悉。因此,驾驶员会根据之前获得的经验在上游采取较为舒缓的驾驶行为。二是在生态驾驶模型中,没有考虑在上游加速通过交叉口的可能性。因此,在上游的生态驾驶决策选项受限,且驾驶员在上游可选择的驾驶行为受限。

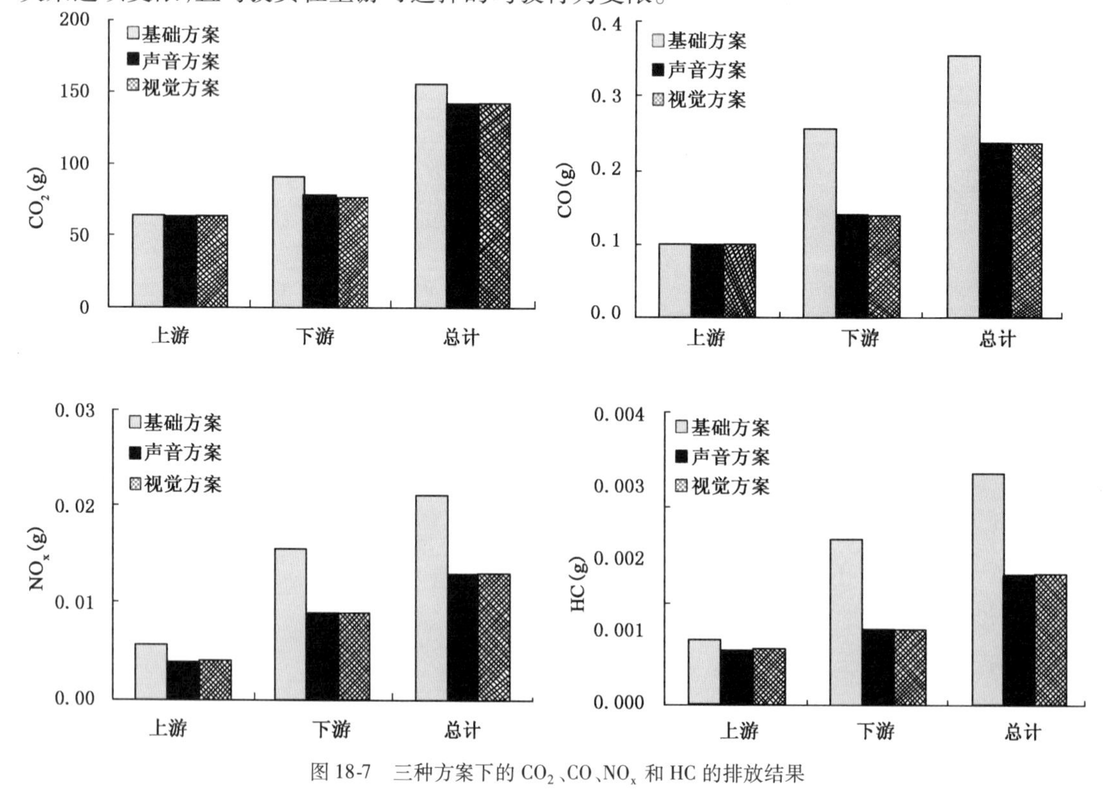

图 18-7　三种方案下的 CO_2、CO、NO_x 和 HC 的排放结果

图 18-8 表示了三个方案在不同提示频率下的排放物平均值。考虑到整个交叉口邻近区域的行驶过程,10s 间隔的声音提醒方案减少排放物的效果最为明显。各方案间的总排放量差距并不明显。

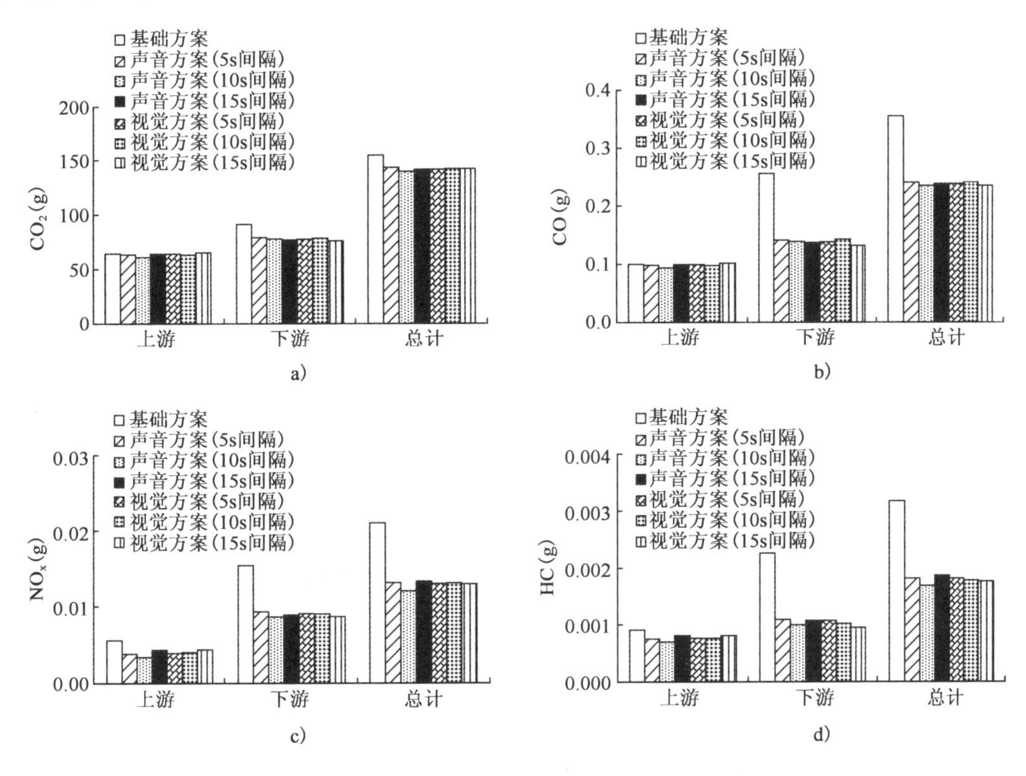

图 18-8 不同提醒频率下各方案排放量

18.3.2.2 VSP 分布

图 18-9 是各方案下瞬时 VSP 的分布图。结果显示各方案的图线呈铃铛形,提高 VSP 的 Bin,普通方案的 Bin 频率高于生态驾驶方案。基础方案的排放量更大的可能原因如表 18.1 所示,在相同速度范围内,更大的 VSP Bin 代表着更大的排放率。

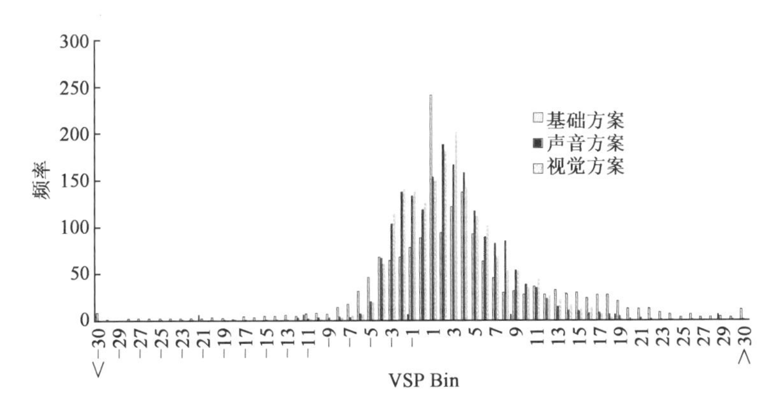

图 18-9 三方案下的瞬时 VSP 分布

另外,生态驾驶方案下的 VSP 分布与各子方案下的瞬时 VSP 分布结果均与基本方案类似。

18.3.2.3 瞬时速度与加速度

瞬时速度与加速度由交叉口邻近区域每米间隔计算获得。图 18-10 是各方案下的速度—距离曲线。由图可知,基础方案下车辆进入交叉口的速度高于生态驾驶方案。主要原因是,生态驾驶方案里有实时的驾驶策略提供给驾驶员,这些驾驶策略主要针对速度。一旦超过最大可接受速度时车内系统会警告驾驶员并限速。但在基础方案中则没有上述建议或警告。

图 18-11 是各方案下加速度—距离曲线。由图中可以看出,相比于生态驾驶方案,基础方案下驾驶员在上游驾驶行为更为激进。在基础方案中,驾驶员有明显在下游加速的情况。

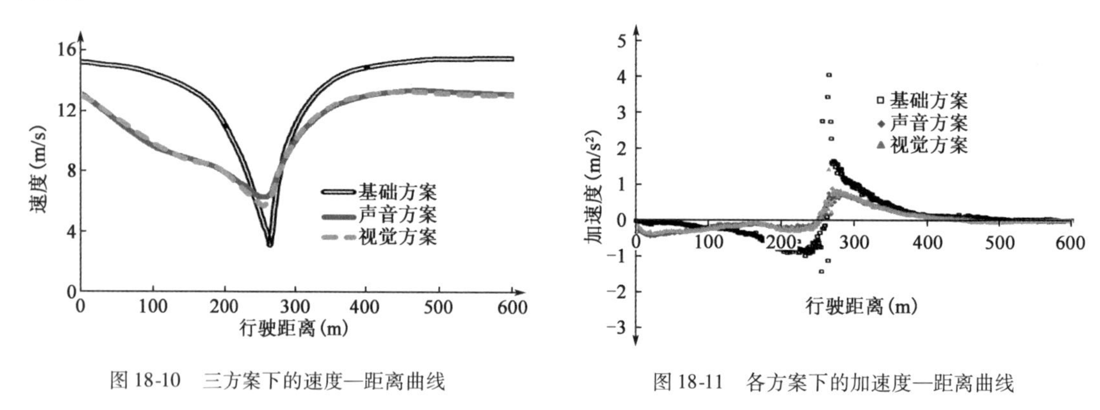

图 18-10 三方案下的速度—距离曲线

图 18-11 各方案下的加速度—距离曲线

从整个过程中的瞬时速度与加速度的箱线图(图 18-12)可以看出,基础方案下的速度分布比生态驾驶方案的分布要大,且基础方案的低速更多,激进加速行为也更频繁。

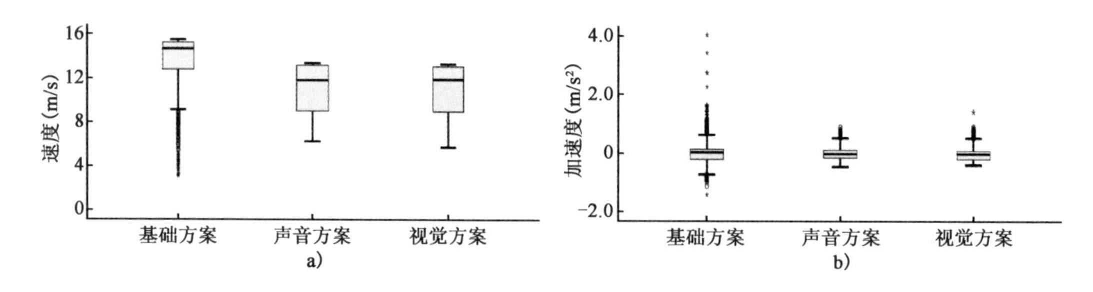

图 18-12 各方案下速度与加速度的箱线图

18.3.2.4 旅行时间

如图 18-13 所示,在生态驾驶方案下车辆比基础方案花费更多的时间。主要原因是驾驶员在基础方案时因为没有提醒而在通过停车线后驾驶更为突然。相反,生态驾驶方案则被建议要减速。

统计数据显示基础方案中怠速、加速和制动都比生态驾驶方案中频繁,且其时间占比也比生态驾驶方案大。具体如图 18-14 所示。

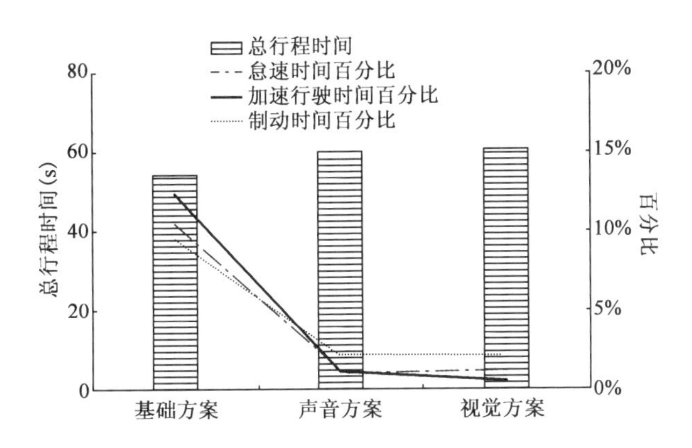

图 18-13　生态驾驶方案下怠速、加速和制动时间和总行程时间比较

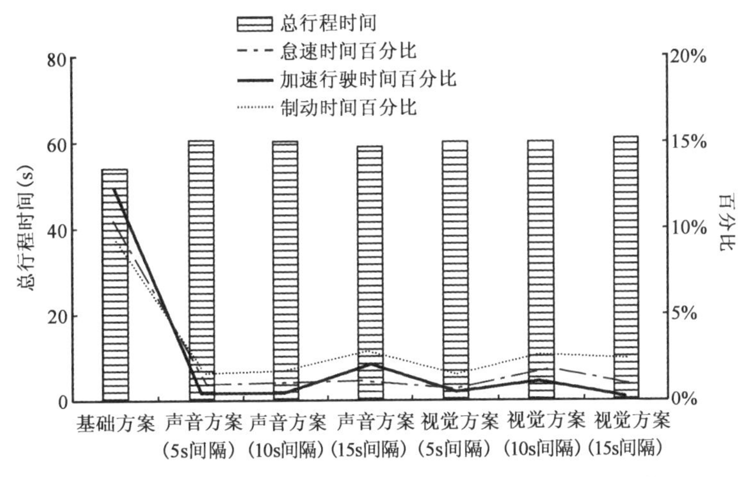

图 18-14　所有方案下怠速、加速和制动时间和总行程时间比较

18.3.3　VISSM 仿真测试结果

18.3.3.1　总排放分布

在 MATLAB 中对排放数据进行分析,图 18-15 是在不同交通状况条件下生态驾驶车辆与非生态驾驶车辆的 CO_2 排放分布。图中横轴代表某一种条件下的车辆总 CO_2 排放量,纵轴代表落在不同范围的车辆频率。黑色纵线代表车辆的平均 CO_2 排放。由图可知,同 V/C 相比,生态驾驶车辆的排放分布集中于更低的范围里,非生态驾驶车辆分布更分散,且生态驾驶车辆的平均排放更低。但生态驾驶车辆的排放受交通状况的影响。

18.3.3.2　减排率

生态驾驶车辆比非生态驾驶车辆的减排率由式(18-23)计算:

$$RE_{i,k} = \frac{|E_{i,k} - N_{i,k}|}{N_{i,k}} \times 100\% \tag{18-23}$$

式中:$RE_{i,k}$——生态驾驶车辆在 k 的 V/C 比下,第 i 种排放物的减排率;

$E_{i,k}$——生态驾驶车辆在 k 的 V/C 比下，第 i 种排放物的排放率；

$N_{i,k}$——非生态驾驶车辆在 k 的 V/C 比下，第 i 种排放物的排放率。

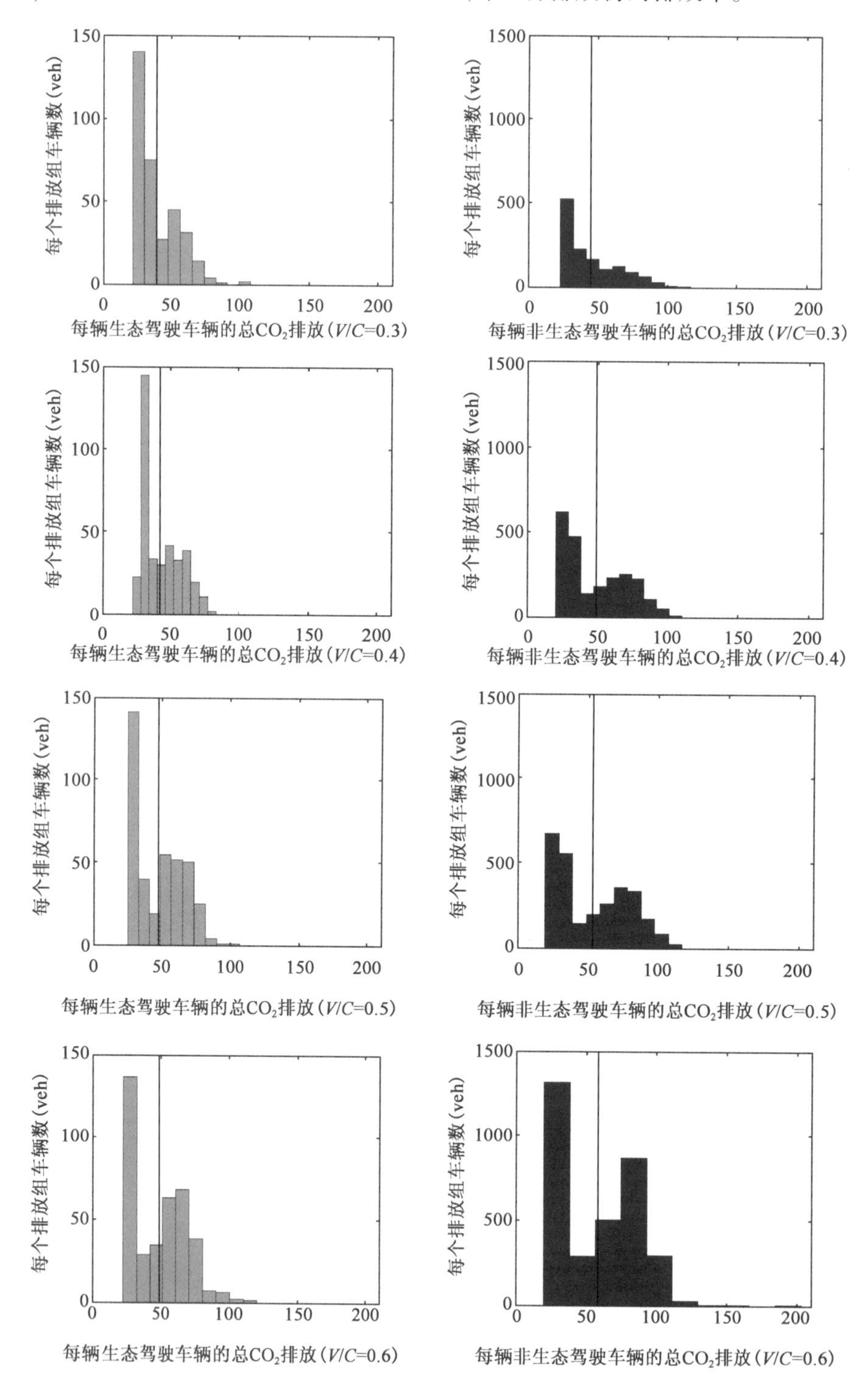

图 18-15

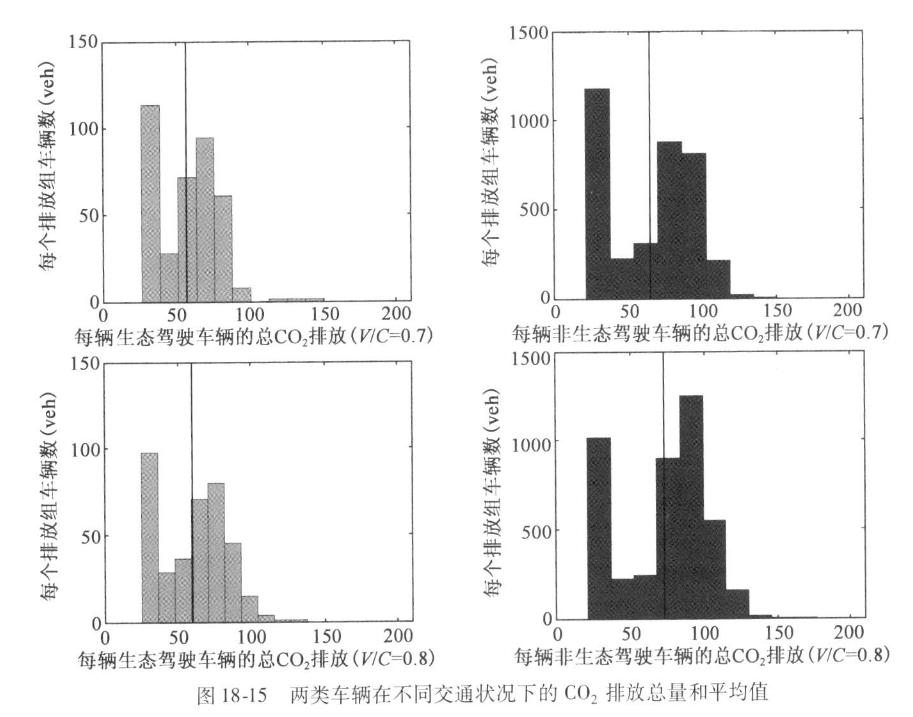

图 18-15　两类车辆在不同交通状况下的 CO_2 排放总量和平均值

图 18-16 是各交通条件下的生态驾驶减排率。从图中可以看出排放量与交通状况等级密切相关:*V/C* 比越大,排放量越大。该现象也许是因为随着 *V/C* 比的增长,车辆更容易进入排队状态并在上游区域等候。另外,随着 *V/C* 比的增加,四种排放物的减排率也在增加。

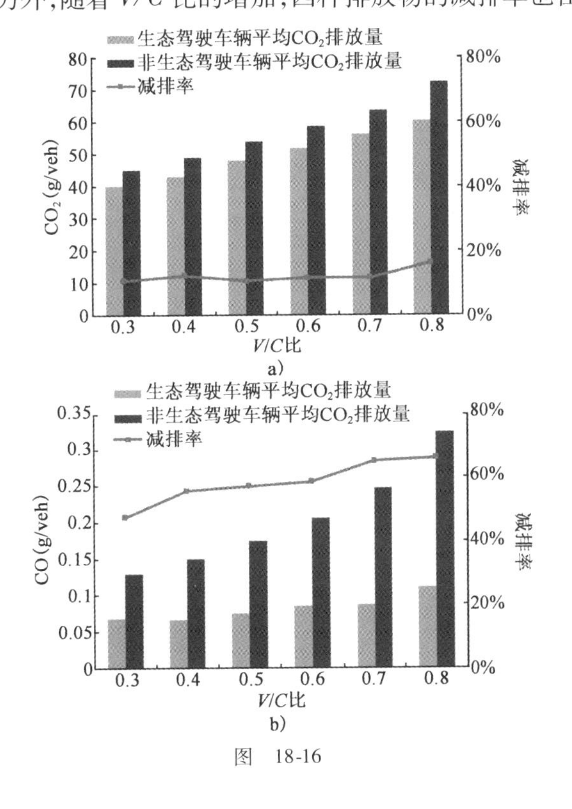

图　18-16

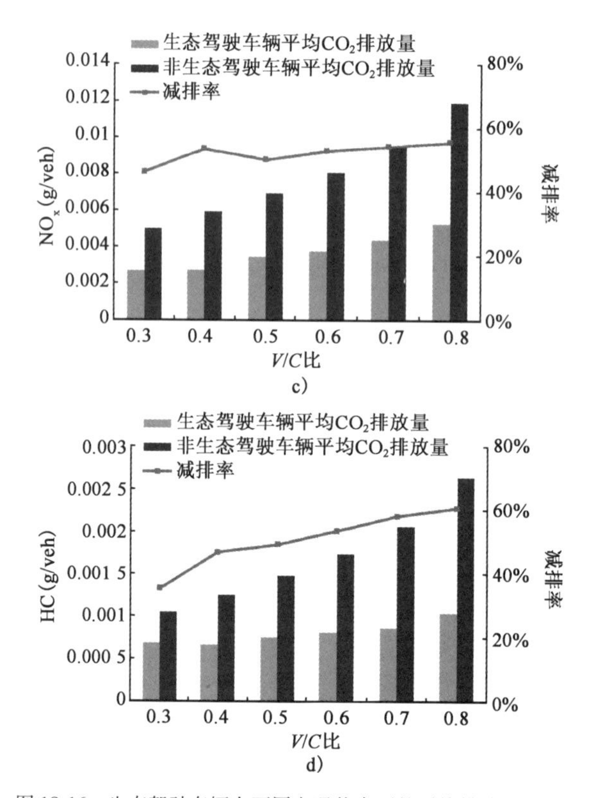

图 18-16 生态驾驶车辆在不同交通状态下的平均排放量和减排率

18.4 案例总结

该案例提出了针对驾驶员和自动车辆的个体实时生态驾驶模型。其目的一方面检验针对驾驶员的最有效的生态驾驶建议策略,另一方面针对自动车辆,评估生态驾驶对排放有潜在的影响。利用高保真度的驾驶模拟系统对针对驾驶员的生态驾驶模型进行编程评估,并在驾驶模拟环境中测试不同频率的实时音声驾驶建议的效果。在不同频率下,在一个驾驶模拟环境中测试实时音声生态驾驶建议策略。在不同交通状态下为自动车辆提供的生态驾驶模型被应用于 VISSIM 仿真平台里。评估驾驶模拟器和 VISSIM 模拟测试中的车辆排放的方法均为 MOVES 法。

结果显示:

(1)实时音声生态驾驶策略能在驾驶员驾驶车辆时有效减少 CO_2、CO、NO_x 和 HC。另外,在交叉口区域生态驾驶下的行驶方案轨迹线比普通方案更为流畅,然而生态驾驶方案的总行驶时间较长,机动性效率下降。

(2)平均情况下音频提醒比视觉提醒排放少,10s 间隔的声音提醒方案减少的排放物最多,但由于其他方案对排放减少亦有效果,所以不能说明某种方法有明显优势。

(3)实施生态驾驶策略对自动车辆亦有效,在相同 V/C 比下,自动车辆比普通车辆产生的排放物要少。

(4)自动车辆的排放受 V/C 比增加的影响。

参 考 文 献

[1] RS 600. (n. d.). Retrieved from DriveSafety website. www. drivesafety. com/products/9/18/RS-600.

[2] AHN K, RAKHA H. Ecolane Applications: Preliminary Testing and Evaluation [J]. Transportation Research Record Journal of the Transportation Research Board, 2014, 2427 (2427): 41-53.

[3] Office of Transportation and Air Quality. Development of Emission Rates for Light-Duty Vehicles in the Motor Vehicle Emissions Simulator (MOVES2010) Final Report(EPA-420-R-11-011) [R]. 14. 2011, August

[4] PARK S, AHN K, RAKHA H A, et al. Real-Time Emission Modeling with EPA MOVES: Framework Development and Preliminary Investigation [R]. Transportation Research Board 94th Annual Meeting (No. 15-2604), 2015

[5] Choi D,J. Koupal. (2011, June). MOVES Validation. In MOVES Workshop. Office of Transportation and Air Quality.

[6] PTV. VISSIM 5.40 User Manualam [M]. Karlsruhe, Germany, 2011.

案例19:驾驶行为对车辆排放的影响

19.1　案例目标

驾驶员个体行为对车辆活动有影响,因此影响车辆的排放。但目前关于个体驾驶行为的研究主要基于交通安全,很少有研究关注于个体驾驶行为对车辆排放的影响。目前,得克萨斯州提出了防御性驾驶过程(Defensive Driving Course)。其定义为:无论驾驶员周围状况或其他驾驶员行为如何,都安全驾驶并节省时间和金钱的一种驾驶过程。DDC 能够提升个体驾驶行为以降低驾驶风险。但是该驾驶过程对车辆排放的影响尚未研究。因此,本案例旨在研究 DDC 对车辆排放的影响。

19.2　方法设计

19.2.1　研究方法

本案例应用最新的 MOVES,能提供更为精确的排放评估结果。通过收集不同车辆的驾驶行为数据,车辆的排放数据可以比较和计算。通过比较是否采用 DDC 的个人数据结果,可以得出 DDC 对车辆排放是否有效的结论。EPA 提供了在 MOVES 中标准 VSP,如表 19-1 所示。

EPA 提供的 VSP Bin 定义　　表 19-1

VSP Bin	定义	VSP Bin	定义
1	VSP < -2	8	13≤VSP<16
2	-2≤VSP<0	9	16≤VSP<19
3	0≤VSP<1	10	19≤VSP<23
4	1≤VSP<4	11	23≤VSP<28
5	4≤VSP<7	12	28≤VSP<33
6	7≤VSP<10	13	33≤VSP<39
7	10≤VSP<13	14	39≤VSP

另外,EPA 还提出不同运行模式定义见表 19-2。

EPA 提供的运行模式定义　　表 19-2

运行模式编号	运行模式定义	运行模式编号	运行模式定义
0	制动:加速度在连续 3s 内小于 -2mile/(h·s),或小于 -1mile/(h·s)	25	巡航/加速:9≤VSP<12;25≤v<50
1	怠速:-1≤v<1	27	巡航/加速:12≤VSP<18;25≤v<50
11	低速行驶:VSP<0;1≤v<25	28	巡航/加速:18≤VSP<24;25≤v<50
12	巡航/加速:0≤VSP<3;1≤v<25	29	巡航/加速:24≤VSP<30;25≤v<50
13	巡航/加速:3≤VSP<6;1≤v<25	30	巡航/加速:VSP≤30;25≤v<50
14	巡航/加速:6≤VSP<9;1≤v<25	33	巡航/加速:VSP<6;50≤v
15	巡航/加速:9≤VSP<12;1≤v<25	35	巡航/加速:6≤VSP<12;50≤v
16	巡航/加速:12≤VSP;1≤v<25	37	巡航/加速:12≤VSP<18;50≤v
21	适当 v 滑行:VSP<0;25≤v<50	38	巡航/加速:18≤VSP<24;50≤v
22	巡航/加速:0≤VSP<3;25≤v<50	39	巡航/加速:24≤VSP<30;50≤v
23	巡航/加速:3≤VSP<6;25≤v<50	40	巡航/加速:30≤VSP;50≤v
24	巡航/加速:6≤VSP<9;25≤v<50		

注:VSP 的单位为 kW/t,速度 v 的单位为 m/s。

运行模式定义允许排放物和排放过程的差异,其目的是协调在能耗与排放中基于活动的重要影响的差异性。

在定义每一个运行模式 ID 的排放率后,在评估排放时仅需要速度和加速度数据。以上两数据均可使用 GPS 设备采集。该方法可简化复杂的排放评估计算,同时对设备要求很低。

本案例使用 PEMS 设备收集实时车辆排放数据,其目的是确定每一个运行模式向下的排放率。

19.2.2　数据收集设备

该案例中,实测数据收集包括两辆车,时间从非高峰到高峰,收集区域有休斯敦中心区和得克萨斯州 288 高速公路。其中一辆车装备 PEMS 和 GPS,另一辆仅装备 GPS。PEMS 提供车辆实时排放数据,GPS 提供速度和加速度数据。

19.2.2.1　车载排放测试系统(PEMS)

本案例中使用的 PEMS 设备是 OEM-2100AX Axion System(图 19-1),该设备在车辆实际行驶过程中收集数据,使用车辆发动机数据和从尾气管中的排放气体数据。

19.2.2.2　全球定位系统(GPS)

GPS 是基于空间的卫星定位系统,它可在各种条件下提供位置和时间信息。本案例中使用 Garmin OEM(图 19-2)。

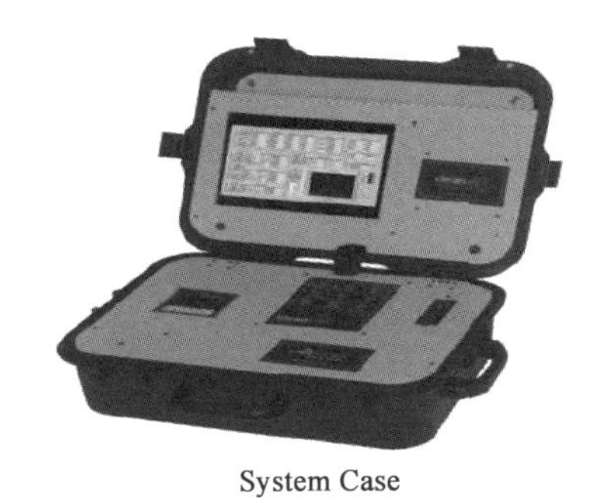

图 19-1　OEM-2100AX Axion System 设备

图 19-2　Garmin GPS 接收器

19.2.3　实验方案设计

实验方案采用:非保守驾驶员驾驶一辆 1998 年尼桑 Altima 2.4L,行驶里程为82 500mile;保守驾驶员驾驶一辆 2002 年福特 Taurus 3.0L,行驶里程 125 000mile。两辆车均为汽油车。两位驾驶员选自得克萨斯南方州立大学具有两年驾驶经验的 25 岁研究生。在进行测试之前,保守驾驶员将接受测试路线的引导和训练,以确保他的驾驶行为在测试中完全为保守驾驶行为。测试范围在两个不同的区域,见图 19-3 和图 19-4。图 19-3的区域在休斯敦中心区,代表低速情景;图 19-4 的区域在得克萨斯 288 高速公路,代表高速情景。

在中心测试区域,测试路程总距离为 1.6mile,包括 4 条道路和 26 个交通信号;在道路测试区域,测试路程总距离约 5.9mile,其中 5.7mile 在得克萨斯 288 高速公路上。测试时间从下午 16:00 至 18:00,包括从高峰到非高峰。

图19-3　休斯敦中心区测试区域

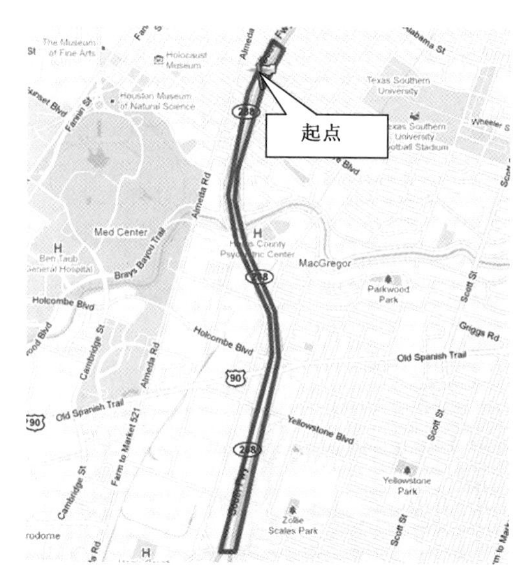

图19-4　得克萨斯288高速公路测试区域

19.2.4　数据收集

非保守驾驶员车上装配PEMS设备。从尾气管排放的CO_2、NO_x、HC、CO排放量和相应的车辆速度与加速度以逐秒回报;保守驾驶员车辆携带GPS设备收集实时逐秒速度数据,用以计算基于运行模式集成法的排放结果作为对比。

每一次的测试均经过如下步骤:

(1)测试的每一周,两名测试者均在16:00从出发点同时出发。

(2)两车均延测试路线行驶。

(3)为保证两车每次同时出发,非保守驾驶员需在下一周离开前等待保守驾驶员。

(4)每辆车完成8次试验,每周15min,整场测试从16:00~18:00,涵盖高峰和非高峰两个时段。

对运行模式集成法有验证测试。验证数据从中心城区收集,因为该地的驾驶速度更低且易于收集。携带有PEMS的尼桑车从16:00~18:00在测试路线上运行8周,收集期间的GPS数据。验证测试之后,可以计算评估结果并与现实数据进行比较。

19.2.5　数据流程和分析

由于测试路段较为平坦,道路坡度可假设为0,因此VSP计算公式可简化为:

$$VSP = v \times (1.1 \times a + 0.132) + 0.000302 \times v^3 \tag{19-1}$$

之后利用运行模式集成法计算车辆排放。虽然非保守驾驶员的车辆既收集了排放数据,也收集了GPS数据,保守驾驶员只收集了GPS数据,但是运行模式集成法可将保守驾驶员的

GPS 数据转换成从非保守驾驶员处获得的排放数据。换句话说，保守驾驶员仅用来收集运行模式数据。数据收集及计算流程如下：

（1）从非保守驾驶员装有 PEMS 的车辆中获取 GPS 数据以计算 VSP。

（2）用非保守驾驶员的 VSP 和瞬时速度根据 MOVES 标准计算运行模式分布。

（3）用从非保守驾驶员处的 PEMS 获得的排放数据确定步骤（2）中的排放率，非保守驾驶员的排放率如表 19-3 所示。

非保守驾驶员的运行模式排放率　　表 19-3

运行模式编号	CO_2(g/s)	CO(mg/s)	HC(mg/s)	NO_x(mg/s)
0	0.89	1.83	0.85	1.30
1	0.75	0.84	1.04	1.71
11	1.08	3.90	1.49	1.30
12	1.84	8.19	2.77	2.38
13	3.44	22.41	4.24	3.97
14	4.60	22.04	7.04	5.72
15	5.67	23.11	7.51	9.92
16	6.83	32.40	2.72	18.25
21	1.25	2.57	1.38	1.93
22	1.97	3.51	3.94	2.36
23	2.83	6.65	4.72	4.59
24	3.92	9.31	3.51	6.55
25	4.87	9.65	3.39	10.49
27	6.30	12.51	5.31	20.28
28	7.41	11.17	9.26	31.05
29	7.89	11.35	14.09	35.42
30	5.17	13.74	2.35	11.50
33	2.46	4.11	1.64	3.47
35	4.56	9.25	1.92	7.11
37	5.68	10.51	4.24	13.05
38	6.64	9.82	3.98	18.99
39	7.44	18.68	5.66	28.62
40	5.20	9.03	4.74	13.09

(4)用从保守驾驶员处获得的 GPS 数据计算 VSP。

(5)将从步骤(3)中的非保守驾驶员的排放率和步骤(4)中保守驾驶员的运行模式结合产生保守驾驶员的总排放。

图 19-5 是操运行模式区间划分方法的流程图。图中显示了驾驶行为对车辆排放的影响。相关差异越大,影响越大。相关差异为正,保守驾驶会产生更高的排放,为负说明排放更低,相关差异由式(19-2)计算:

$$相关差异 = \frac{保守驾驶排放 - 非保守驾驶排放}{非保守驾驶排放} \tag{19-2}$$

上述差异在时间上的改变同样显示了从高峰到非高峰的影响。

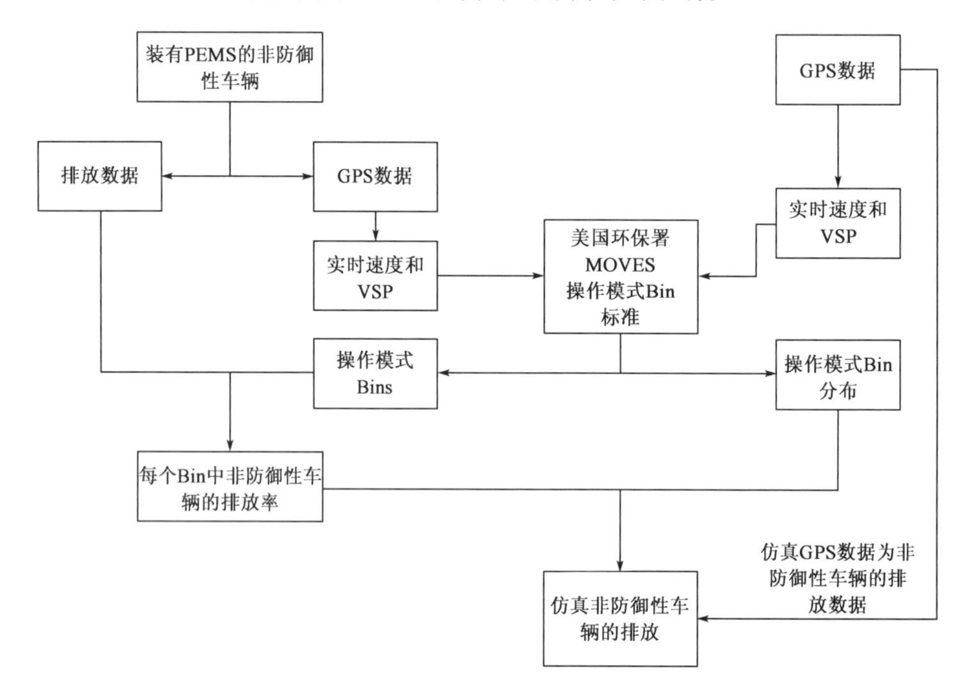

图 19-5 运行模式区间划分流程图

19.3 方法应用

根据上文描述的验证测试方法计算评估车辆排放,其结果与实地测量数据进行比较,合计相关误差如表 19-4 所示。

评估结果与实测数据的相关误差 表 19-4

污染物	CO_2	CO	HC	NO_x
误差百分比	3.8%	9.2%	9.4%	0.2%

可以看出:合计相关误差均低于 10%,但评估结果和实测数据间差异不明显,得出该方法可以评估有 GPS 数据的车辆排放这一结论。

由于测试在高峰和非高峰时段都有测试，所以高速和低速都可以测量得到。因此，中心区的验证测试在某种程度上也可以覆盖相对高速的情况。也是因为这个原因，在高速公路上的验证测试可以不必进行。在方法得到验证之后，之前的测试结果可以按照下列内容分析。

19.3.1　运行模式分布

根据在中心区测试的每周运行模式分布显示，两种驾驶行为每一周的观测结果都完全不同。结果显示：中心区限速48km/h，非保守驾驶者有时会以高加速或减速状态超速，保守驾驶员在限速下驾驶平稳，非保守驾驶员总希望节省时间，但保守驾驶员将安全视为优先。在高峰时段里，非保守驾驶没有在高速段中分布。这是由于在高峰期间，非保守驾驶员受道路交通流限制，使其行为模式不得不与保守驾驶员一致。

对于总的运行模式分布，如图19-6所示，保守驾驶员怠速状态比例高于非保守驾驶员，低速或低加速部分占比较大，高速或高加速部分非保守驾驶员占比较大。其原因是：保守驾驶员为考虑安全，速度较低、加速度也较小。

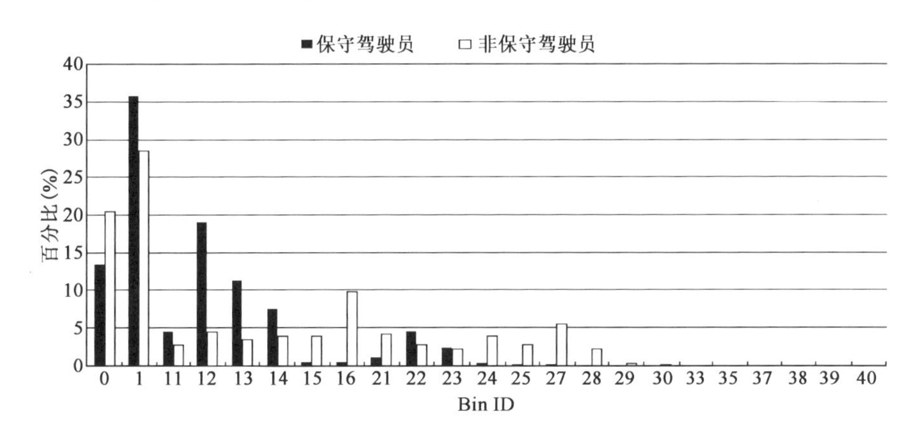

图19-6　休斯敦中心区运行模式分布合计

从得克萨斯州288公路的每周运行模式分布结果来看，由于该公路为高速公路，速度大于80km/h是合理的，但从VSP来看，加速度较低。因此，非保守驾驶员一般会比保守驾驶员有更高的速度或更大的加/减速度。保守驾驶员也比非保守驾驶员更小心，再一次验证保守驾驶员比非保守驾驶员更注重安全。在高峰时段，保守驾驶员速度较低，而非保守驾驶员依旧可维持较高速，其原因是高速公路交通状况优于中心区，即使在高峰时段，非保守驾驶员依旧可以通过变换车道维持高速，而保守驾驶员宁愿少换道维持低速，以保证安全。

总的高速公路区运行模式分布，如图19-7所示。由于在高速公路段，速度呈现两段，高速段和低速段。定义中Bin号从3开始定义为高速。由图19-7可得：保守驾驶员在高速情况下加速度依旧很低，但非保守驾驶员加速度很高。另外，保守驾驶员的低速百分比高于非保守驾驶员，因此，说明保守驾驶员的速度与加速度均低于非保守驾驶员。

19.3.2 车辆排放差异

车辆排放的相关差异计算公式如式(19-3)所示：

$$相关差异 = \frac{保守排放 - 非保守排放}{非保守排放} \tag{19-3}$$

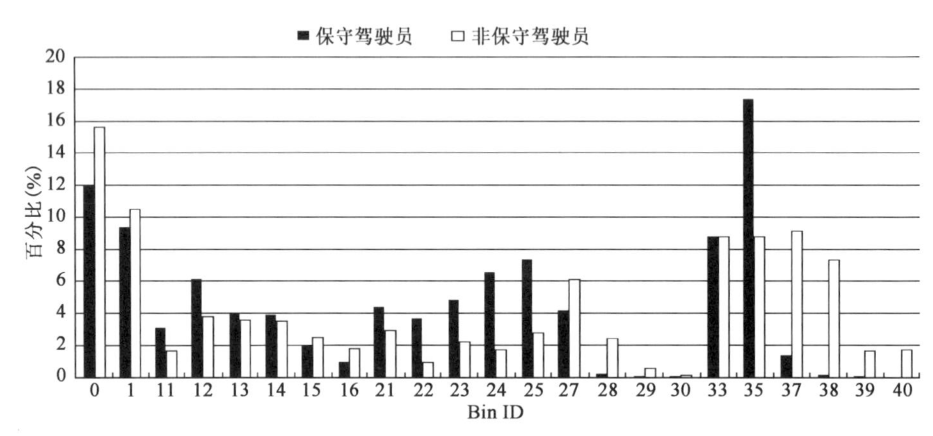

图 19-7 高速公路运行模式分布合计

图 19-8 说明保守驾驶行为增加了 HC 和 CO 的排放，减少了 CO_2 和 NO_x 的排放。从下午 4:45～5:50，时间从非高峰到高峰，交通流速度最低，非保守驾驶行为受周边高峰交通状况干扰，因此高峰时段的排放高于非高峰时段。

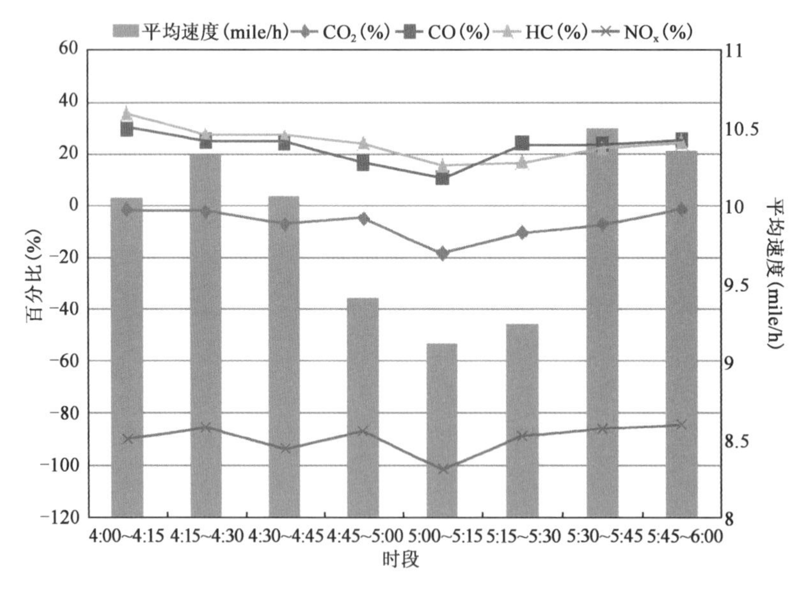

图 19-8 中心区车辆排放的相关差异

高速公路区的车辆相关差异如图 19-9 所示。保守驾驶在非高峰时段提升了 CO 排放但减少了 CO_2、HC，尤其是 NO_x 的排放。从下午 5:15～6:00，差异曲线斜率增大，说明进入高峰期。在该阶段中，保守驾驶员不得不减速跟随低速交通流；因此，保守驾驶员的排放更高，从下午

5:30～5:45 的表现最为明显,因为此时交通流速度最低。

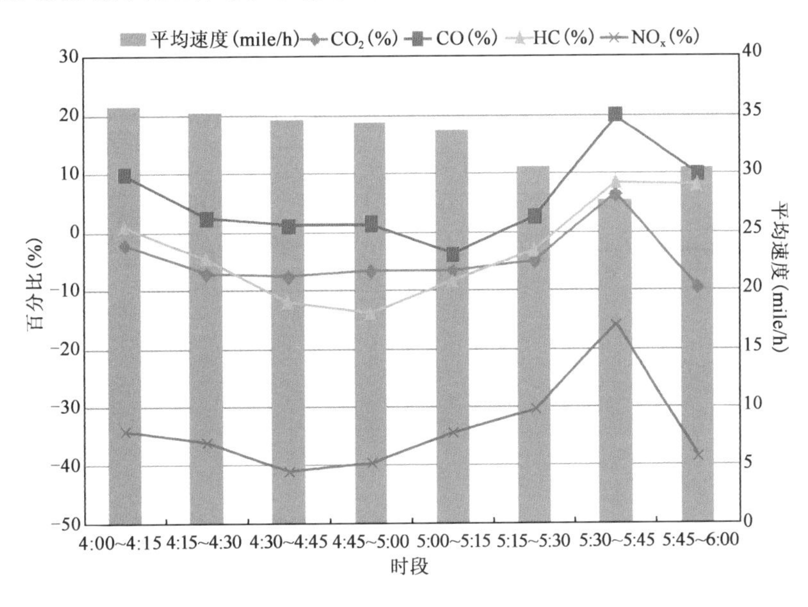

图 19-9 高速公路区车辆排放的差异

19.3.3 排放率差异

图 19-10 是中心区的排放率差异。由图看出:由于其完成一整周的时间较长,所以大部分保守驾驶员的排放率较低,但整体 HC 和 CO 排放结果在中心区依旧很高。然而,在高峰时段排放率有所增加,这是因为非保守驾驶员受到交通流的限制而与保守驾驶员的行为相似。

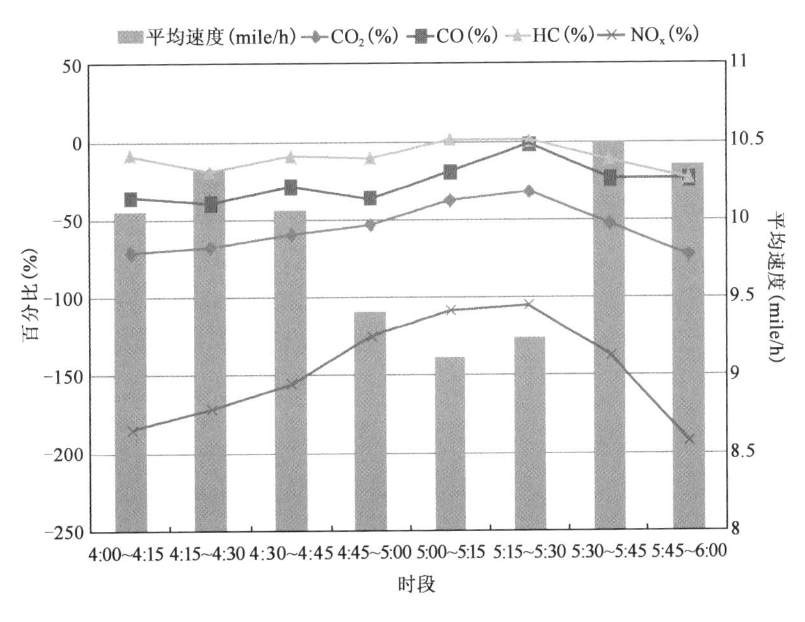

图 19-10 中心区车辆排放率的差异

图 19-11 是高速公路区的排放率差异。从图中可以看出,CO、HC、CO_2 和 NO_x 的排放率均有下降。保守驾驶行为在低排放率中占比较高。在高峰时段,由于两种车辆均无法有高加速度或减速度,所以排放率接近于 0。保守驾驶员完成一周的时间长于非保守驾驶员,而两辆车的排放率几乎相同,由此说明在高峰时段保守驾驶员的车辆排放较高。

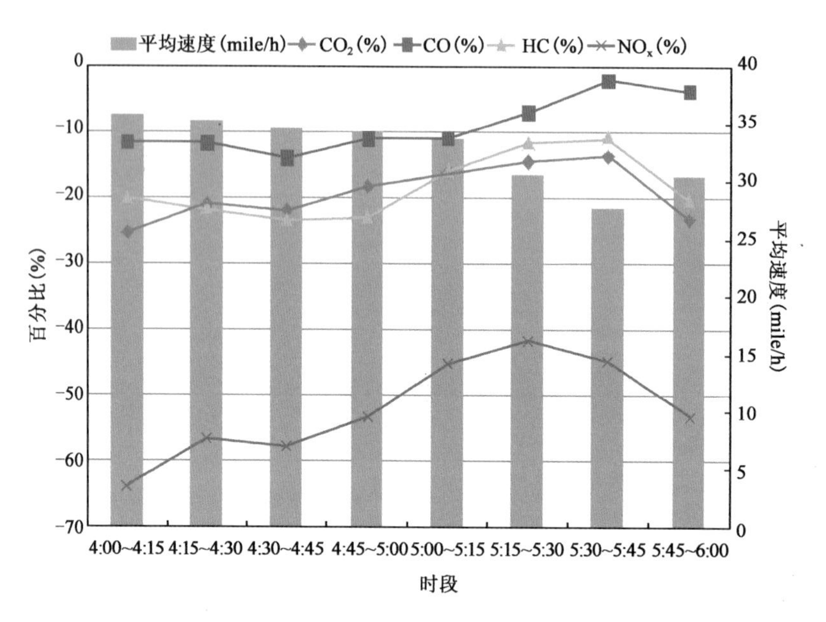

图 19-11　高速公路区车辆排放率的相关差异

19.4　案例总结

该案例应用运行模式分布来影响不同驾驶行为和车辆排放,用运行模式区间划分法计算车辆排放,对比车辆排放和排放率以说明驾驶行为对车辆排放的影响。

分析运行模式分布表明:非保守驾驶员有时超速驾驶或快加速减速。在中心区高峰时段,非保守驾驶员受周围交通状况影响而不得不减速跟随交通流,在道路区,非保守驾驶员可依旧维持高速。在中心区,保守驾驶行为增加了 CO 和 HC 的排放,减少了 CO_2 和 NO_x,从非高峰到高峰,非保守驾驶员因为不得不减速,导致排放增幅明显大于保守驾驶员,结果是,CO 和 HC 的增加效果减少,CO_2 和 NO_x 的减少效果增加;在道路区,非高峰时段保守驾驶仅 CO 增加,其余均减少。从非高峰到高峰时段,保守驾驶的排放增幅明显大于非保守驾驶。其原因是后者可以通过频繁变换车道维持高速但保守驾驶员只能跟随低速交通流行驶,结果是,CO 的增加效果提高,其余三项的减少效果削弱。一般来说,保守驾驶行为会减少车辆排放率,然而减少效果在高峰期间有所削弱。

参 考 文 献

[1] National Safety Council. The Defensive Driving Course [M]. Des Plaines, IL, 2010.

[2] KOUPAL J, CUNBERWORTH M. Draft Design and Implementation Plan for EPA's Multi-Scale Motor Vehicle and Equipment Emission System (MOVES) [Z]. Washington: U. S.

EPA, 2002, 2-6.
[3] HEIRIGS P L, HEIKEN J G, CARLSON T R, et al. Review of Moves2004 [R]. Prepared for Alliance of Automobile Manufacturers, 2004, Report No. SR2005-07-01.
[4] Clear Air Technologies International, Inc. Axion System User Guide Version 2.0 [M]. Buffalo\New York, 2008.

案例20:面向生态驾驶的智能手机应用开发与验证

20.1　案例目标

激进驾驶行为导致的排放在机动车排放中占有较高的比重。现有的研究已经表明大部分机动车尾气是由于激进驾驶行为导致的。因此,有必要控制由激进驾驶产生的车辆尾气排放。而生态驾驶是一种以缓和加速减速、避免空踩加速踏板及长时间怠速在内的驾驶习惯。生态驾驶通常被归纳为传统生态驾驶和动态生态驾驶两类。传统生态驾驶通过网络、宣传手册或者课堂培训等途径来增强驾驶员的节能减排意识,指导驾驶员的生态驾驶行为。另外一种策略是动态生态驾驶策略,即向驾驶过程中的驾驶员提供实时的生态驾驶行为建议。有研究表明向驾驶员提供动态生态驾驶建议可使机动车的油耗量和 CO_2 排放量降低 10% ~20%,且其行程时间不会有显著延长。Beusen 等人的研究表明动态驾驶行为建议可以使得长期范围内的平均油耗量降低 5.8%。

基于此,本案例尝试开发并检验一款生态驾驶智能手机应用,以实时提醒驾驶员减少激进驾驶行为,从而减少机动车排放。

20.2　方法设计

20.2.1　机动车排放微观测算

在机动车排放微观测算的研究中,其基本的方法是建立机动车排放和运行特征之间的关系。已有的动态生态驾驶系统通过设定机动车的瞬时速度和加速度的合理范围,来为驾驶员提供生态驾驶行为建议。随着 PEMS 的发展和应用,相关研究发现功率类的参数例如机动车比功率(VSP),与机动车油耗排放之间有着较强相关性。VSP 的含义是发动机每移动 1t 质量所输出的功率,单位为 kW/t。其与发动机油耗排放之间具有直接的物理关系。为分析机动车 VSP 与油耗排放之间的关系,需将 VSP 划分为若干个区间进行聚类分析,称为 VSP Bin。通过 VSP 区间划分,可描述机动车的运行模式。因此,通过对机动车的 VSP 的监测,可识别出激烈驾驶行为,并对此向驾驶员进行提醒,引导驾驶员改变激烈驾驶行为,降低机动车的排放。

智能手机集成了全球定位系统(GPS)芯片和加速度传感器,适合作为动态生态驾驶装置的研发平台。因此,本案例试图在智能手机平台上,开发基于 VSP 的生态驾驶的智能手机应用,并通过实测的机动车驾驶行为数据和排放数据检验生态驾驶应用在减少激烈驾驶,降低排放方面的应用效果。

20.2.2 生态驾驶手机应用的开发

本案例的基本思路是：设定机动车激烈驾驶行为的 VSP 阈值；收集机动车的瞬时速度和加速度数据，并在此基础上计算其瞬时 VSP 值；基于设定好的激烈驾驶行为 VSP 阈值来对其机动车进行激烈驾驶行为的判定和提醒，达到降低机动车排放的目的。

20.2.2.1 生态驾驶应用的交互界面

本案例选用 Android 4.4 KitKat 智能手机系统和型号为 Google Nexus 5 的智能手机作为生态驾驶手机应用的开发平台。在本研究中，GPS 的逐秒速度数据用来计算车辆的逐秒 VSP 值。当生态驾驶手机应用监测到车辆实时的逐秒 VSP 值超过设定的激烈驾驶行为阈值时，会发出音频和图像两种警告，提醒驾驶员已进入激烈驾驶行为状态。图 20-1 左侧部分为所开发的生态驾驶应用的 VSP 阈值设定界面，右侧部分则展示了其运行界面。

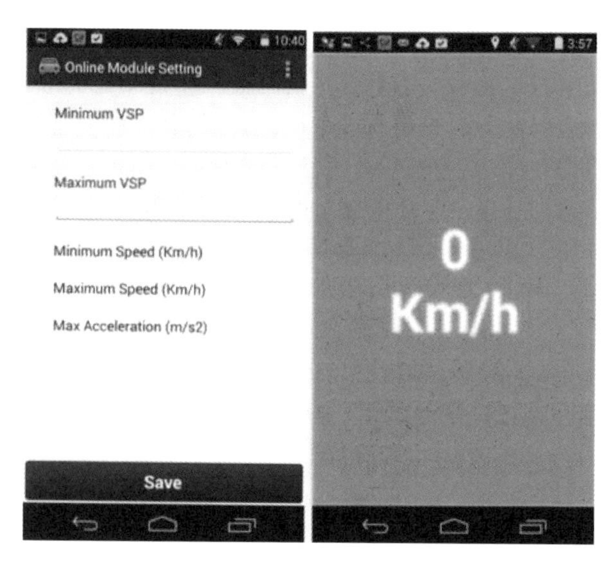

图 20-1 生态驾驶应用人机交互界面

20.2.2.2 PEMS 数据收集

本案例采用的 PEMS 设备为 OEM-2100AX Axion System。该设备可安装于各类型机动车上，收集车辆实际的运行数据和排放数据。该设备主要由五部分构成：双模尾气分析系统、颗粒物监测系统、发动机运行监测系统、内置计算机模块以及 GPS 模块。它可获取机动车逐秒的速度、发动机运行数据（转速、温度、进气压力）以及各排放物的排放浓度和排放量数据。图 20-2展示了该 PEMS 安装于测试车辆的场景。

20.2.2.3 激烈驾驶行为 VSP 阈值设定

轻型车的 VSP 计算公式见式(20-1)、式(20-2)：

$$\mathrm{VSP} = v \times [1.1 \times a + 9.81 \times \mathrm{grade}(\%) + 0.132] + 0.000\,302 \times v^3 \tag{20-1}$$

$$a_n = v_n - v_{n-1} \tag{20-2}$$

式中：v——瞬时速度（m/s）；

a——加速度（m/s^2）；

grade——道路坡度，在本研究中不考虑坡度的影响，因此 grade 取 0；

v_n——第 n 秒的速度（m/s）。

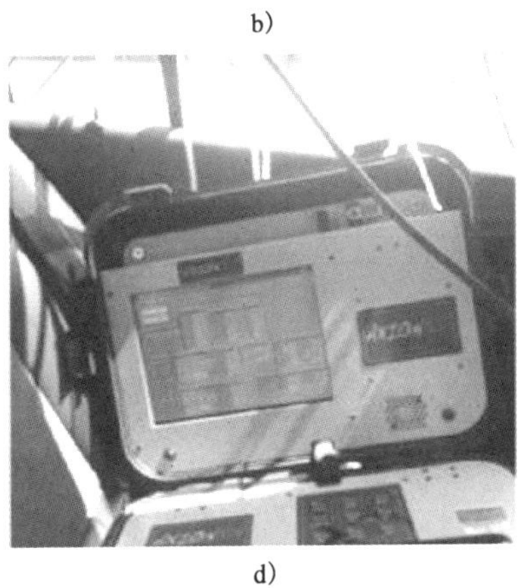

a)　b)　c)　d)

图 20-2　PEMS 测试

机动车的 VSP 分布为车辆在某个时间或空间范围内，在每个 VSP Bin 下的时间比例。对于同一机动车而言，在同一个 VSP Bin 下应具有相同的排放率。根据 Song 等人的研究，VSP 的分布具有规律性，其分布类型具有正态分布的特点。Song 发现当轻型车在城市快速路上以高于 20km/h 的平均行程速度行驶时，其 VSP 分布符合正态分布。式(20-3)、式(20-4)即为以平均行程速度为自变量的机动车 VSP 分布模型。

$$\mu = 0.132 \times \frac{s}{3.6} + 0.000302 \times \left(\frac{s}{3.6}\right)^3 \tag{20-3}$$

$$\sigma = 0.885 \times s^{0.4073} \tag{20-4}$$

式中：μ——轻型车的 VSP 分布均值；

σ——轻型车 VSP 分布的标准差；

s——平均行程速度（km/h）。

当机动车的 VSP 为负值或 0，即车辆处于减速或怠速状态时，其排放率处于较低水平。而当 VSP 值大于 0 时，其排放率也会随之增加。考虑到 VSP 呈正态分布特征，要想降低机动车排放量,需降低对应高排放率的 VSP 区间的贡献率,即减小其正态分布的方差。因此,本研究对测试车辆的 VSP 分布划分了若干个置信区间,作为非激烈驾驶行为的 VSP 范围。当车辆的 VSP 不在这个范围内时,就被认为处于激烈驾驶行为状态。经过实测的试用比选,确定[5%,95%]置信区间作为非激烈驾驶行为的 VSP 范围。

20.2.3 测试方案和数据收集

20.2.3.1 测试车辆和驾驶员

表 20-1 和表 20-2 为所选取的驾驶员和测试车辆的基本信息。本研究选取的测试车辆为轻型汽油车。考虑到不同驾驶特征对测试的影响,选择了两位具有不同驾驶特征的驾驶员,分别为驾驶员甲和乙。根据之前的了解,驾驶员甲的驾驶风格较为激进,而驾驶员乙的驾驶风格较为保守。这一点通过两位驾驶员的实测数据的 VSP 分布也可分析得出。

测试驾驶员信息 表 20-1

驾驶员	年龄	性别	驾龄
甲	29	男	9 年
乙	31	男	5 年

测试车辆信息 表 20-2

车辆品牌	车辆型号	行驶里程	最大总质量	排量
雪佛兰	迈瑞宝	38 600km	1 800kg	2.5L

20.2.3.2 测试方案设计及过程

本研究需要对比的是生态驾驶手机应用前后排放的变化,因此测试的环境条件应尽量保持一致。测试路线的道路运行状况如果出现严重拥堵,则会令驾驶员无法自主地选择和改变其驾驶行为。同时,测试路线上的交通流量也不能过低,避免出现整个测试过程均处于匀速行驶状态的情况。考虑上述因素,本研究选择了一条长约 15km 的城市快速路作为测试路线。

首先,在测试车辆上完成 PEMS 设备的安装调试工作,并将安装有生态驾驶应用的智能手机固定在驾驶员身旁。其次,测试驾驶员分别在关闭和运行生态驾驶应用的条件下,沿测试路线行驶,连续完成两次测试为一组。当生态驾驶应用处运行状态,且车辆的瞬时 VSP 超出上文所定义的非激烈驾驶行为的 VSP 范围时,智能手机会通过警告声和红色闪烁画面对驾驶员进行提醒,驾驶员可通过减速等驾驶行为作出回应。在两位驾驶员分别完成六组测试之后,将所收集到的 GPS 数据导入 GIS 软件,在地图上设定测试的起始点和终止点,总共筛选出 12 843 条起终点之间的有效逐秒数据,包括 GPS 数据和 PEMS 排放数据。

20.3 方法应用

20.3.1 VSP 分布

计算所收集到的逐秒 VSP 数据,并按 1kW/t 的间隔划分 VSP 区间。表 20-3 展示了每个 VSP Bin 下的占有率。

各 VSP Bin 的占有率　　表 20-3

VSP Bin	占有率	VSP 值	占有率
[-30.5,-29.5)	0.00%	(0,0.5)	2.09%
[-29.5,-28.5)	0.02%	[0.5,1.5)	2.97%
[-28.5,-27.5)	0.05%	[1.5,2.5)	2.67%
[-27.5,-26.5)	0.10%	[2.5,3.5)	3.75%
[-26.5,-25.5)	0.07%	[3.5,4.5)	4.34%
[-25.5,-24.5)	0.02%	[4.5,5.5)	4.15%
[-24.5,-23.5)	0.07%	[5.5,6.5)	3.36%
[-23.5,-22.5)	0.05%	[6.5,7.5)	4.12%
[-22.5,-21.5)	0.15%	[7.5,8.5)	6.28%
[-21.5,-20.5)	0.07%	[8.5,9.5)	5.89%
[-20.5,-19.5)	0.12%	[9.5,10.5)	4.00%
[-19.5,-18.5)	0.05%	[10.5,11.5)	4.74%
[-18.5,-17.5)	0.29%	[11.5,12.5)	3.70%
[-17.5,-16.5)	0.10%	[12.5,13.5)	4.20%
[-16.5,-15.5)	0.05%	[13.5,14.5)	3.12%
[-15.5,-14.5)	0.22%	[14.5,15.5)	2.92%
[-14.5,-13.5)	0.07%	[15.5,16.5)	3.90%
[-13.5,-12.5)	0.12%	[16.5,17.5)	2.53%
[-12.5,-11.5)	0.25%	[17.5,18.5)	2.58%
[-11.5,-10.5)	0.10%	[18.5,19.5)	2.16%
[-10.5,-9.5)	0.32%	[19.5,20.5)	1.84%
[-9.5,-8.5)	0.27%	[20.5,21.5)	1.82%
[-8.5,-7.5)	0.25%	[21.5,22.5)	1.69%
[-7.5,-6.5)	1.23%	[22.5,23.5)	1.45%
[-6.5,-5.5)	0.59%	[23.5,24.5)	2.75%
[-5.5,-4.5)	0.83%	[24.5,25.5)	1.10%
[-4.5,-3.5)	1.57%	[25.5,26.5)	0.98%
[-3.5,-2.5)	1.42%	[26.5,27.5)	0.91%
[-2.5,-1.5)	1.62%	[27.5,28.5)	0.71%
[-1.5,-0.5)	1.67%	[28.5,29.5)	0.00%
[-0.5,0)	1.52%	[29.5,30.5)	0.00%
0	0.02%		

为提高 VSP 分布对比的可信度，将所收集到的逐秒速度数据按 30s 为周期，分为 428 个连续逐秒数据组。根据计算，连续逐秒数据组的平均行程速度处于 90 ~ 115km/h，其中分布最多的平均行程速度区间为 100 ~ 105km/h。利用该区间内的逐秒数据，对比两个驾驶员的 VSP

分布(图 20-3),以及各自在使用生态驾驶应用前后的 VSP 分布(图 20-4、图 20-5)。图 20-4、图 20-5 中的虚线区域为所设定的非激烈驾驶行为的 VSP 范围。

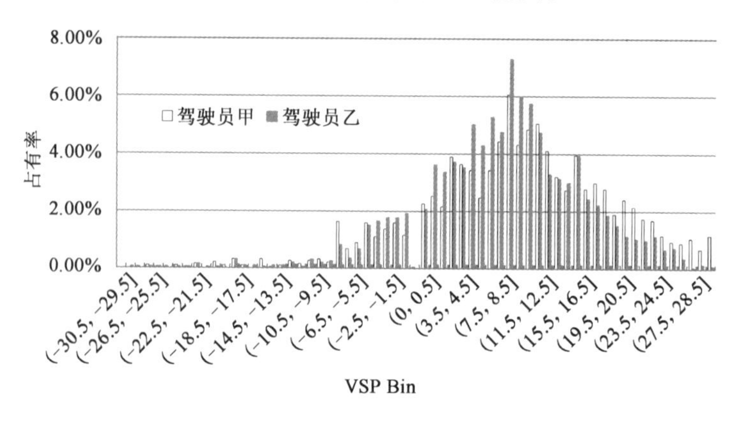

图 20-3　两位驾驶员 VSP 分布对比

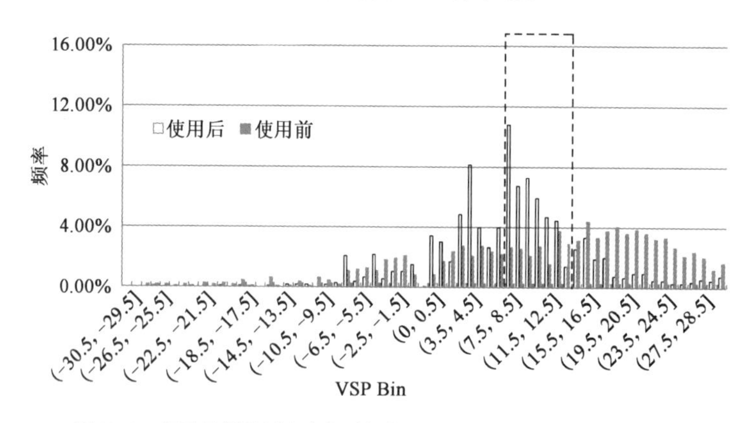

图 20-4　驾驶员甲使用生态驾驶智能手机应用前后的 VSP 分布对比

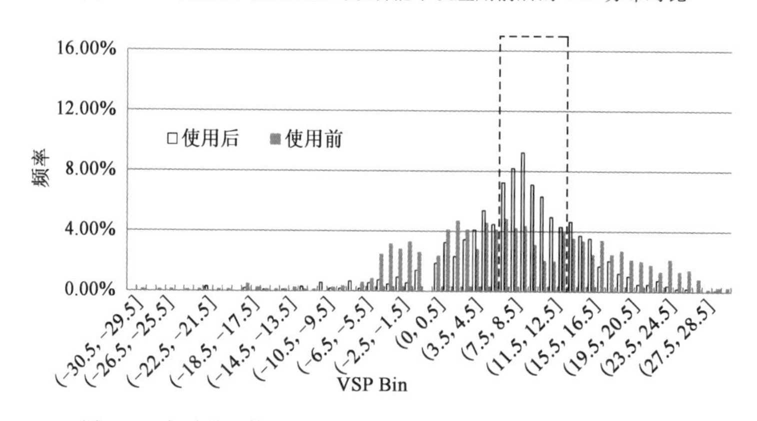

图 20-5　驾驶员乙使用生态驾驶智能手机应用前后的 VSP 分布对比

从图 20-3 中可以看出,两个驾驶员之间的 VSP 分布特征是有区别的,这说明两者的驾驶特征是不一样的。在高 VSP Bin 区间(VSP Bin 大于 16.5)内,驾驶员甲的 VSP 占有率高于驾驶员乙。由此可知,驾驶员甲的驾驶风格比驾驶员乙更为激进。

图 20-4 和图 20-5 展示了在使用生态驾驶应用的情况下,两个驾驶员在高 VSP Bin 区间下

的占有率降低。而占有率本来就较低的低 VSP Bin 区间的占有率进一步下降。因此,可知生态驾驶应用的使用改变了两个驾驶员的驾驶行为,使得 VSP 分布向中区域的 VSP Bin 区间集中。

为进一步验证生态驾驶应用的使用效果,表 20-4 展示了每个驾驶员在使用生态驾驶应用前后其 VSP 值处于非激烈驾驶行为范围内的比例变化。可以看出,对于两个驾驶员而言,在使用生态驾驶应用后其 VSP 值处于非激烈驾驶行为范围内的比例均得到增加。表 20-5 展示了每次测试的 VSP 数据的标准差。可以看出,在使用生态驾驶应用后其 VSP 的标准差得到降低。这表明使用生态驾驶应用后的 VSP 分布更为集中,即驾驶行为更加趋于平缓。

使用生态驾驶智能手机应用前后生态驾驶行为比例　　表 20-4

驾驶员甲使用前	驾驶员甲使用后	驾驶员乙使用前	驾驶员乙使用后
17.35%	42.29%	21.97%	49.77%

逐次测试 VSP 标准差　　表 20-5

项目	测试 1	测试 2	测试 3
驾驶员甲使用前	12.6	13.8	13.8
驾驶员甲使用后	5.3	6.9	4.2
驾驶员乙使用前	8.8	11.6	11.3
驾驶员乙使用后	5.5	7.9	6.6

20.3.2　排放因子的比较

基于收集到的 PEMS 测试车辆逐秒排放数据,可得到排放因子数据。表 20-6 展示了两个驾驶员在所有测试内四种排放物总的平均排放因子。表 20-7 和表 20-8 展示了两个驾驶员各自在使用生态驾驶应用前后的排放因子的对比。

两位驾驶员排放因子对比　　表 20-6

项目	CO_2(g/km)	CO(g/km)	HC(g/km)	NO_x(g/km)
驾驶员甲	157	0.80	0.23	0.011
驾驶员乙	150	0.91	0.28	0.004

驾驶员甲使用生态驾驶智能手机应用前后排放因子对比　　表 20-7

项目	CO_2(g/km)	CO(g/km)	HC(g/km)	NO_x(g/km)
使用前	169	1.04	0.22	0.016
使用后	146	0.61	0.19	0.007

驾驶员乙使用生态驾驶智能手机应用前后排放因子对比　　表 20-8

项目	CO_2(g/km)	CO(g/km)	HC(g/km)	NO_x(g/km)
使用前	181	1.59	0.15	0.008
使用后	142	0.46	0.37	0.002

从表 20-6 中可以看出,驾驶员甲的 CO_2 和 NO_x 的排放因子高于驾驶员乙,同时其 CO 和 HC 的排放因子低于驾驶员乙。两个驾驶员排放因子的差异是由驾驶行为特征导致的,同时这也说明在实际测试条件下,不同的排放物的排放变化趋势并不一致。

从表 20-7 中可以看出,驾驶员甲在使用生态驾驶应用后,其各个排放物的排放因子均降低。其中 CO_2 和 HC 的排放因子降低了约 13%,CO 和 NO_x 的排放因子分别降低了 40% 和 55%。

从表 20-8 中可以看出,驾驶员乙在使用生态驾驶应用后,其 CO_2 的排放因子降低了约 20%,CO 和 NO_x 的排放因子降低了约 70%。但值得注意的是,HC 的排放因子得到了增加。这部分原因并未得到确定,因此有必要在以后的研究中进一步分析驾驶行为对 HC 排放因子的影响。

20.4 案例总结

本案例基于动态生态驾驶策略的概念,开发了生态驾驶智能手机应用。基于 VSP 的相关理论,定义了非激烈驾驶行为状态的 VSP 范围,对驾驶行为进行监测和提醒。本研究利用 PEMS 开展车载尾气测试,收集实测的逐秒 GPS 和尾气排放数据。根据实测结果分析,所开发的生态驾驶应用使得驾驶员的驾驶行为发生了改变,其高 VSP Bin 区间下的占有率得到降低,其 CO、CO_2 和 NO_x 的排放因子也得到了降低,只有 HC 的排放因子呈现升高的现象,需要对其进行进一步的研究。

在以后的研究中,有两方面的问题需要解决。一是增大样本量,需要更多覆盖不同类型驾驶员、车辆、道路运行状况、道路类型等的数据;二是需要对激烈驾驶行为 VSP 阈值的确定进行深入探讨,需从不同于本案例的设定 VSP 阈值的角度考虑。

参 考 文 献

[1] NAM E K, GIERCZAK C A, BUTLER J W. A Comparison of real-world and modeled emissions under conditions of variable driver aggressiveness [C]. In 82nd Annual Meeting of the Transportation Research Board, Washington, D. C., 2003.

[2] BARTH M, BORIBOONSOMSIN K. Energy and emissions impacts of a freeway-based dynamic eco-driving system [J]. Transportation Research Part D Transport & Environment, 2009, 14 (6): 400-410.

[3] BEUSEN B, BROEKX S, DENYS T, et al. Using on-board logging devices to study the longer-term impact of an eco-driving course [J]. Transportation Research Part D Transport & Environment, 2009, 14 (7): 514-520.

[4] YOUNGLOVE T, SCORA G, BARTH M. Designing On-Road Vehicle Test Programs for the Development of Effective Vehicle Emission Models [J]. Transportation Research Record Journal of the Transportation Research Board, 2005, 1941 (1): 51-59.

[5] OSSES ALVARADO M, DAVIS N, LENTS J, et al. Development and Application of an International Vehicle Emission Model [C]. CD-ROM. Transportation Research Board Annual Meeting, Washington, D. C., 2005.

[6] JIMENEZ-PALACIOS J L. Understanding and Quantifying Motor Vehicle Emissions with Vehicle Specific Power and TILDAS Remote Sensing [D]. Cambridge US: Massachusetts Institute of Technology, 1999.

[7] SONG G, YU L. Estimation of Fuel Efficiency of Road Traffic by Characterization of Vehicle-Specific Power and Speed Based on Floating Car Data [J]. Transportation Research Record Journal of the Transportation Research Board, 2009, 2139 (2139): 11-20.

[8] HERRERA J C, WORK D B, HERRING R, et al. Evaluation of traffic data obtained via GPS-enabled mobile phones: The Mobile Century, field experiment [J]. Transportation Research Part C Emerging Technologies, 2009, 18 (4): 568-583.

[9] YU L, WANG Z, QIAO F, et al. Approach to Development and Evaluation of Driving Cycles for Classified Roads Based on Vehicle Emission Characteristics [J]. Transportation Research Record Journal of the Transportation Research Board, 2008, 2058 (2058): 58-67.

[10] 胥耀方,于雷,宋国华,等.针对二氧化碳的轻型汽油车 VSP 区间划分[J].环境科学学报,2010,30(7):1358-1365.

[11] 宋国华,于雷.城市快速路上机动车比功率分布特性与模型[J].交通运输系统工程与信息,2010,10(6):133-140.